中亚天山地区的水循环与水资源研究

主编　陈亚宁

副主编　李　稚　方功焕　范梦甜

科学出版社

北　京

内 容 简 介

本书系统研究中亚天山地区气候变化对水资源的影响，通过对天山地区温度、降水、冰川、积雪、河川径流等水文水资源要素变化的系统分析，解析了气候变化对中亚天山地区水循环和水资源的影响机理，预估了未来水资源变化趋势。研究结果可为中亚干旱区水资源管理和可持续发展提供科学依据与决策支持。

本书适合高等院校相关专业的师生、专业科研人员和工程技术人员、社会经济等管理部门决策者，以及对中亚天山地区的水循环和水资源研究感兴趣的读者阅读。通过阅读本书，可进一步加深对变化环境下天山地区水循环与水资源的认识，了解水资源变化规律，提高水资源管理和气候变化应对的科学水平与能力。

审图号：GS 京(2023)2076 号

图书在版编目(CIP)数据

中亚天山地区的水循环与水资源研究 / 陈亚宁主编．—北京：科学出版社，2023. 11

ISBN 978-7-03-076593-2

Ⅰ. ①中…　Ⅱ. ①陈…　Ⅲ. ①天山-水循环-研究②天山-水资源-研究　Ⅳ. ①P339②TV211. 1

中国国家版本馆 CIP 数据核字（2023）第 191454 号

责任编辑：张　菊 / 责任校对：邹慧卿

责任印制：徐晓晨 / 封面设计：无极书装

科 学 出 版 社 出版

北京东黄城根北街 16 号

邮政编码：100717

http://www.sciencep.com

北京建宏印刷有限公司 印刷

科学出版社发行　各地新华书店经销

*

2023 年 11 月第　一　版　开本：787×1092　1/16

2024 年 1 月第二次印刷　印张：18 1/2

字数：440 000

定价：238. 00 元

（如有印装质量问题，我社负责调换）

前　言

天山地处亚欧大陆腹地，是距海洋最远的山系，也是世界七大山系之一。天山地区地理位置独特，气候多样，发育了大面积冰川积雪，被誉为“中亚水塔”，是中亚干旱区的重要水源地。在全球气候变暖背景下，中亚天山地区以山区降水和冰雪融水补给为基础的水资源系统更为脆弱。气候变化打破了原有自然平衡，引起天山地区水循环和水系统的改变，可能引发水资源数量变化，加剧水文波动和水资源的不确定性，从而导致中亚地区间、国家间的水事争端和绿洲经济系统与荒漠生态系统的水资源供需矛盾加剧，影响中亚区域国家之间的关系以及丝绸之路经济带建设。为此，深入研究气候变化对中亚天山地区冰川、积雪及水文水资源的影响，准确掌握水资源的数量及变化，不仅对科学管理水资源、服务国家丝绸之路经济带建设具有重要意义，同时为我国在中亚地区国际河流水资源谈判中争取主动权提供重要的科技支撑。

天山地区的水资源构成多元，由高山区冰川积雪融水、中山森林带降水和低山带基岩裂隙水等组成。全球变暖加速了水循环，加快了以冰川、积雪为主体的“固体水库”的消融和萎缩，改变了山区产汇流过程和径流组分，加剧了极端水文事件，导致水文波动增强和水资源不确定性增大，给水资源管理带来了巨大挑战。《中亚天山地区的水循环与水资源研究》一书是对中亚天山地区水循环与水资源变化进行全面研究和探索的专著。本书旨在通过对天山地区温度、降水、冰川、积雪、河川径流等水文水资源要素变化进行系统分析研究，探讨与揭示气候变化对该地区水循环和水资源的影响机理以及未来变化趋势，为天山地区的水资源管理和可持续发展提供科学依据与决策支持。

本书是在国家自然科学基金项目（U1903208、42130512、41630859、42071046）的资助下完成的。全书共 9 章。第 1 章主要介绍中亚天山地区的气候变化与水资源特征；第 2 章分析了天山山区水汽来源及对区域降水的影响；第 3 章探讨了中亚天山降雪率变化及其对河川径流的影响；第 4 章基于研制的无云积雪产品，分析了中亚天山积雪物候变化；第 5 章解析了中亚天山地区冰川变化及对水资源的影响；第 6 章探讨了中亚天山地区的冰川湖变化特征及其影响；第 7 ~ 8 章揭示了天山地区的径流变化规律，并对未来趋势进行了预估；第 9 章结合对气候变化的影响分析，提出了未来与水循环和水资源变化相关的热点问题。通过对这些内容的系统分析和研究，我们将全面了解中亚天山地区水循环与水资源的现状、变化趋势以及对区域发展的影响，为未来的水资源管理和气候变化应对提供科学依据。

在本书编写过程中，我们充分利用了遥感、数值模拟、地理信息系统、机器学习等现代科学技术手段，从多维和不同尺度对中亚天山地区的水循环与水资源变化进行系统探究。同时，我们还参考了大量的国内外文献和研究成果，对相关理论和方法进行了综合分析与评估。参与各章节编写的主要人员有：第 1 章，陈亚宁、李稚、方功焕；第 2 章，姚俊强、陈海燕、陈亚宁；第 3 章，李稚、李玉朋；第 4 章，李玉朋、李稚、陈亚宁；第 5 章，张齐飞、陈亚宁；第 6 章，张齐飞、方功焕、陈亚宁；第 7 章，范梦甜、方功焕、徐建华；第 8 章，方功焕、范梦甜、陈亚宁；第 9 章，陈亚宁、张雪琪。陈亚宁对全书进行统稿和总撰。

本书面向水资源管理部门的决策者、科研机构的研究人员、高校的教师和学生以及对天山地区水循环与水资源感兴趣的读者。希望本书的出版能够加深读者对变化环境下天山地区水循环与水资源的认识，提高水资源管理和气候变化应对的科学水平与能力，促进区域可持续发展。本书的编纂及出版得到了国家自然科学基金委员会、中国科学院新疆生态与地理研究所的大力支持，并得到陈喜、丁永建、马耀明、王根绪、李忠勤、李小雁、梁忠民、秦伯强、沈彦俊、谢正辉等专家老师的指导和帮助，在此一并表示最真挚的感谢。

陈亚宁

2023 年 9 月于乌鲁木齐

目　　录

前言
1　天山地区的气候变化与水资源特征 …… 1
1.1　天山地区的气候变化特征 …… 2
1.2　天山地区的水资源基本特征 …… 10
1.3　天山地区的水资源要素变化特征 …… 17
2　天山山区水汽来源及对区域降水的影响 …… 26
2.1　天山山区大气水分变化特征 …… 27
2.2　天山山区降水的多尺度变化 …… 31
2.3　水汽来源对天山山区降水变化的影响 …… 35
2.4　天山山区不同水汽来源及影响 …… 44
2.5　再循环水汽的贡献及影响因素 …… 53
3　天山山区降雪率变化及其影响 …… 68
3.1　降雪率计算方法及验证 …… 68
3.2　天山山区降雪率变化及其对区域水文水资源的影响 …… 71
3.3　未来变化情景下降雪变化趋势预估 …… 78
4　天山山区积雪产品研制与积雪物候变化 …… 84
4.1　积雪产品综述 …… 85
4.2　天山无云日积雪产品的研制 …… 88
4.3　气候变化下的天山积雪变化 …… 93
5　中亚天山地区冰川变化及对水资源影响 …… 104
5.1　天山地区冰川信息的提取与计算方法 …… 104
5.2　天山冰川的空间分布特征 …… 108
5.3　天山山区冰川物质平衡变化特征 …… 122
5.4　天山冰川变化对河川径流的影响 …… 134
6　天山地区的冰川湖变化及其影响 …… 158
6.1　天山山区湖泊信息的提取方法 …… 159
6.2　天山湖泊的时空变化特征 …… 163
6.3　天山山区湖泊变化的影响因素分析 …… 175
6.4　天山冰川湖突发洪水问题 …… 187

7 天山地区径流变化及模拟 …… 194
7.1 天山地区气候数据的降尺度模拟 …… 194
7.2 气候变化对天山典型流域径流的影响 …… 209
7.3 天山典型流域气候-径流过程多尺度建模 …… 222
8 天山地区水资源变化趋势预估 …… 230
8.1 天山地区未来气候变化特征 …… 230
8.2 基于 SWAT-Glacier 的天山典型流域流量预估 …… 243
8.3 基于机器学习的天山典型流域径流预估 …… 251
9 气候变化的风险与挑战 …… 263
9.1 气候变化打破了原有自然平衡 …… 263
9.2 气候变化加剧了水系统的复杂性 …… 265
9.3 气候变化引发的科学问题 …… 268
参考文献 …… 273

1　天山地区的气候变化与水资源特征

中亚天山横亘于亚欧大陆腹地，东西长约2500km，南北宽250～350km，由一系列高大山地、山间盆地和谷地组成，是世界上距离海洋最远的山系，也是世界上现代冰川分布最广泛的山系之一（Chen et al.，2016）（图1-1）。天山地势复杂，由山脉、山谷、平原和盆地组成，山体海拔在3500m以上，主峰海拔4000～6000m（Tang Z G et al.，2017）。天山以典型的大陆性气候为主，昼夜温差大，年平均气温约5.72℃（Fan et al.，2021a），水汽输送系统主要受西风环流控制（Xu M et al.，2018）。天山拦截并抬升了西风气流挟带的水汽，降水丰富，形成我国西北干旱区的“湿岛”。根据我国第二次冰川编目，天山共有7934条冰川，总面积7179.78km^2（刘时银等，2015）。天山丰富的冰川、积雪和降水是中亚干旱区水资源的重要组成部分，天山作为中亚干旱区重要的水源地和生态屏障，被誉为“中亚水塔”。

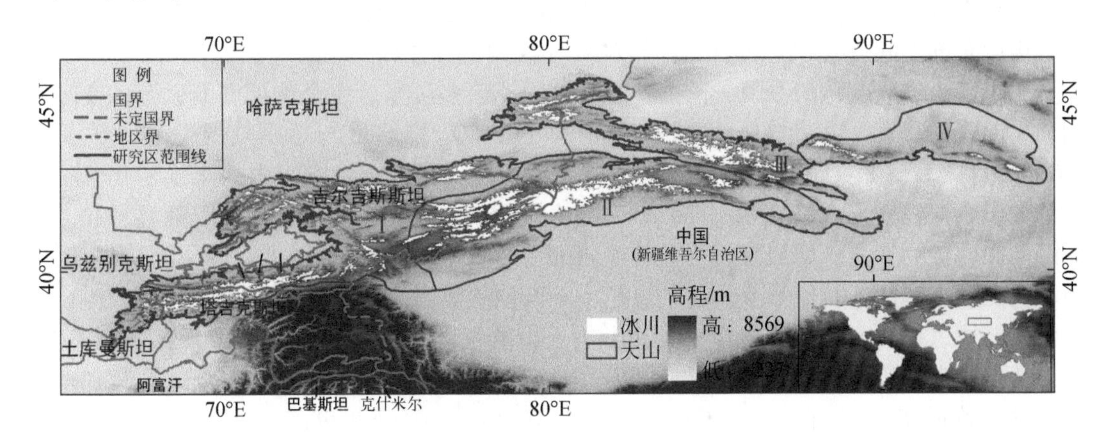

图1-1　中亚天山地区示意图

Ⅰ. 表示西天山；Ⅱ. 表示中天山；Ⅲ. 表示北天山；Ⅳ. 表示东天山

天山是众多河流的发源地，冰川、积雪融水和降水是径流的主要补给（陈亚宁等，2022），气候变暖引起的山区冰川/积雪融化直接影响河川径流过程与水资源量的改变。天山水资源的形成、补给、转化等方面的特点鲜明，在世界干旱区具有很强的代表性（Barnett et al.，2005；陈亚宁等，2014）。天山山脉连接着中国新疆维吾尔自治区及中亚的哈萨克斯坦、吉尔吉斯斯坦和乌兹别克斯坦等国。由于多国多民族的政治复杂性与自然地理单元的完整性叠加在一起，天山区域性研究成果具有局限性。气候变化引起的天山地区水循环和水系统的改变，可能引起水资源数量发生变化，加剧水文波动和水资源的不确定性，从而导致中亚地区间、国家间的水事争端及绿洲经济系统与荒漠生态系统的水资源供需矛盾加剧，影响中亚区域国家之间的关系及丝绸之路经济带的建设。为此，深入研究气候变化对中亚天山地区冰川、积雪及水资源的影响，准确掌握水资源的数量及变化，不仅对科学管理水资源、服务于国家丝绸之路经济带建设具有重要意义，同时为我国在中亚地区国际河流水资源谈判中争取主动权提供重要的科技支撑。

1.1 天山地区的气候变化特征

在全球变暖背景下，过去40年，天山的气温和降水呈增加趋势（陈亚宁等，2022），升温速率为0.3℃/10a（Xu W et al.，2018），降水的增加速率约为20mm/10a（Fan et al.，2020a）。天山的升温速率与祁连山脉相当，高于横断山脉和喜马拉雅山地区（Zhao et al.，2020）。自2000年以来，天山降水的增加趋势减弱，极端降水增加（Guan J Y et al.，2022；Wang S J et al.，2013）。近年来，天山出现了固态降水向液态降水转变的趋势，降雪率从1960~1998年的11%~24%降低到2000年以来的9%~21%（Chen et al.，2016；Li et al.，2018）。尽管气温和降水整体在增加，但由于独特的地理环境，其增加过程具有波动性，在季节上和空间上呈现出显著差异（Gheyret et al.，2020）。季节上，天山冬季升温最快，夏季增湿最快；空间上，气候呈现“两中心”特征，东段为“干热”中心，西段为“冷湿”中心，且气候反差呈扩大趋势（苟晓霞等，2019；张正勇等，2012）。过去40年，天山东部的吐鲁番-哈密地区升温较快，达0.40℃/10a。

对于天山气候变化的原因，国内外学者开展了诸多研究。在全球尺度上，全球变暖影响天山的气候变化。近年来，我国西北干旱区的 CO_2 排放量与冬季气温呈正相关关系（R=0.51）（Li B F et al.，2012a）。在区域尺度上，环流因子影响天山的气候变化，不同季节的影响存在差异（An et al.，2020）。研究表明，近年来，亚欧大陆秋季降温与北太平洋海温和西伯利亚高压增强有关（Li B F et al.，2020）。Xu 等（2018a）研究发现，天山冬季的升温速率高于其他季节，这主要是由于西伯利亚高压的控制。刘友存等（2016）指出，南亚季风指数和太平洋年代际涛动影响天山的气温变化。屠其璞（1992）研究表明，太阳活动及南方涛动与我国西北干旱区的气候变化存在密切关系。因此，全球变暖和环流变化都导致近年来天山变暖。天山的水汽输送系统主要受西风环流控制（Chen et al.，2016；Guan et al.，2022b）。研究表明，北极涛动和北大西洋涛动对天山的降水变化具有重要影响（Zhong et al.，2017）。夏季北大西洋涛动负位相年，西风带水汽输送增强，天山降水丰富，正位相年，降水异常偏少（杨莲梅和张庆云，2008）。An 等（2020）研究表明，印度夏季风、厄尔尼诺-南方涛动和太平洋年代际涛动与天山降水呈正相关关系，年尺度上，印度夏季风对天山的降水变化具有重要影响，年际尺度上，厄尔尼诺-南方涛动影响天山北坡的降水变化。此外，大气环流对区域气候变化的影响具有一定滞后性，Fan 等（2020a）研究表明，夏季的北极涛动和前一年冬季的北大西洋涛动是2000年以来天山降水增加的重要原因。

1.1.1 气温变化

在过去半个多世纪，中亚干旱区的年平均气温在1998年出现了“突变型”升高

(图 1-2)。统计气温突然升高以来约 15 年间(1998 ~ 2013 年)的气温发现,气温较之前 30 年升高了约 0.93℃,并且自 1998 年以来一直处于高位波动。在全球变暖,尤其是在当前气温持续高位波动的影响下,降水的时空分布和降水形式势必会发生改变,加快以冰川为主体的“固体水库”消融和萎缩,加大水资源不确定性,改变水资源构成和径流组分,对天山地区的水资源系统产生重要影响。

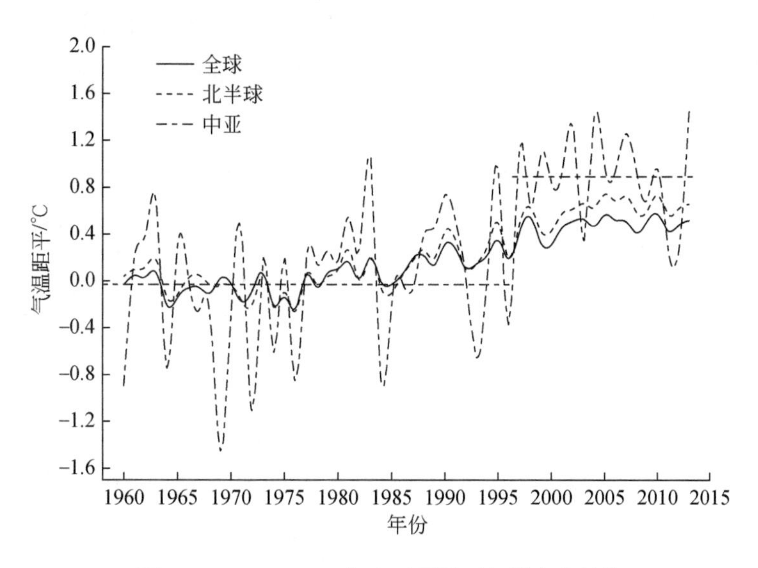

图 1-2 1960 ~ 2013 年中亚干旱区气候变化趋势

1.1.1.1 气温的年际变化

表 1-1 显示了 1979 ~ 2019 年天山年平均气温的描述性统计和趋势检验结果。天山多年平均气温为 4.92℃,东天山气温最高,为 8.32℃,其次是西天山,为 4.08℃,中天山海拔最高,气温最低,为 3.48℃。1979 ~ 2019 年,天山呈现变暖趋势,升温速率为 0.23℃/10a(Z=2.46,a=0.05),东天山升温最快,速率为 0.40℃/10a。Xu M 等(2018)的研究表明,1960 ~ 2016 年,天山升温速率为 0.32℃/10a,东天山升温速率为 0.41℃/10a,与该研究结果相似。

表 1-1 1979 ~ 2019 年天山年平均气温的描述性统计和趋势检验结果

地区	描述性统计				趋势检验	
	N	多年平均气温/℃	标准差	变异系数/%	升温速率/(℃/10a)	Z
天山	40	4.92	0.71	14.49	0.23	2.46 *
西天山	40	4.08	0.49	12.14	0.25	3.76 *
中天山	40	3.48	0.45	12.79	0.14	2.06 *
东天山	40	8.32	0.73	8.75	0.40	4.81 *

* 显著性水平 a=0.05

1.1.1.2 气温的年内变化

在年内分布上，天山地区的最高平均气温出现在7月，为16℃左右，最低平均气温出现在1月，低于-10℃（图1-3）。春季和秋季属于过渡季节，平均温度在5℃左右。年内的平均气温变幅在30℃左右。从气温的季节变化特征分析，各季节气温的距平均在-2～2℃，1986年前以负距平为主，1996年后以正距平为主，1986～1996年为气温变化的过渡时期。天山地区冬季升温最明显，升温速率达到0.6℃/10a以上，春季、夏季及秋季升温速率较小。

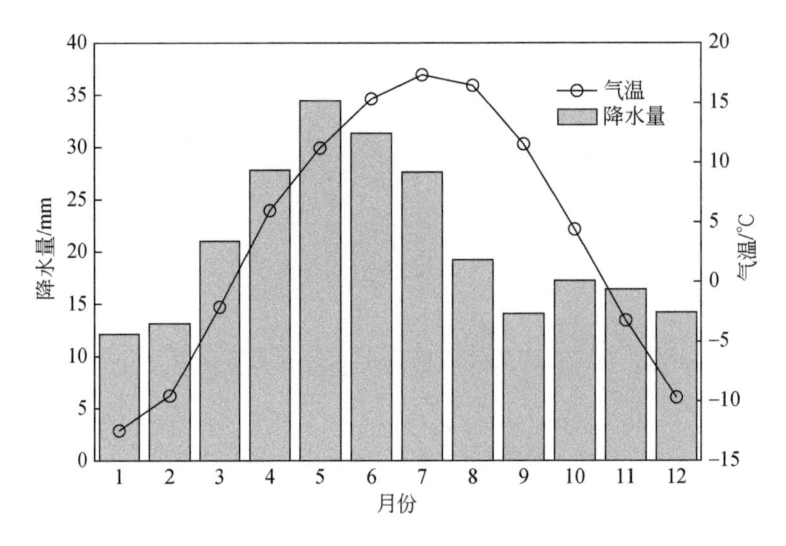

图1-3 天山气温和降水量的月平均分布特征图

1.1.1.3 气温的空间变化

在空间分布上，天山地区的气温变化表现为东天山气温最高（8.32℃），其次是西天山（4.08℃）和中天山（3.48℃）[图1-4（a）]。海拔是影响山区气温分布的主要因素（Deng et al.，2015；Giorgi et al.，1997）。东天山以平原和盆地为主，平均海拔1215 m，而西天山和中天山以高山为主，平均海拔分别为2057m和2186m，与东天山相比，西天山和中天山的气温较低。此外，纬度直接影响太阳辐射，对气温的分布具有重要影响（Wallace et al.，2010），与西天山相比，纬度较高也是中天山气温较低的重要原因。

从气温的空间变化［图1-4（b）］来看，1979～2019年，西天山、中天山和东天山的气温均呈上升趋势，东天山以平原和盆地为主，四面环山，升温最快，其次是西天山和中天山。与其他地区相比，天山的升温速率高于横断山脉、祁连山脉、喜马拉雅山和青藏高原中部地区（Li et al.，2011）。研究表明，西伯利亚高压对西北干旱区的气温变化具有重要影响（Li B F et al.，2012a），此外，西北干旱区的气温与温室气体排放量呈正相关（R=0.51）（Li B F et al.，2012b）。因此，全球变暖和西伯利亚高压减弱都导致近年来天山的温度升高。

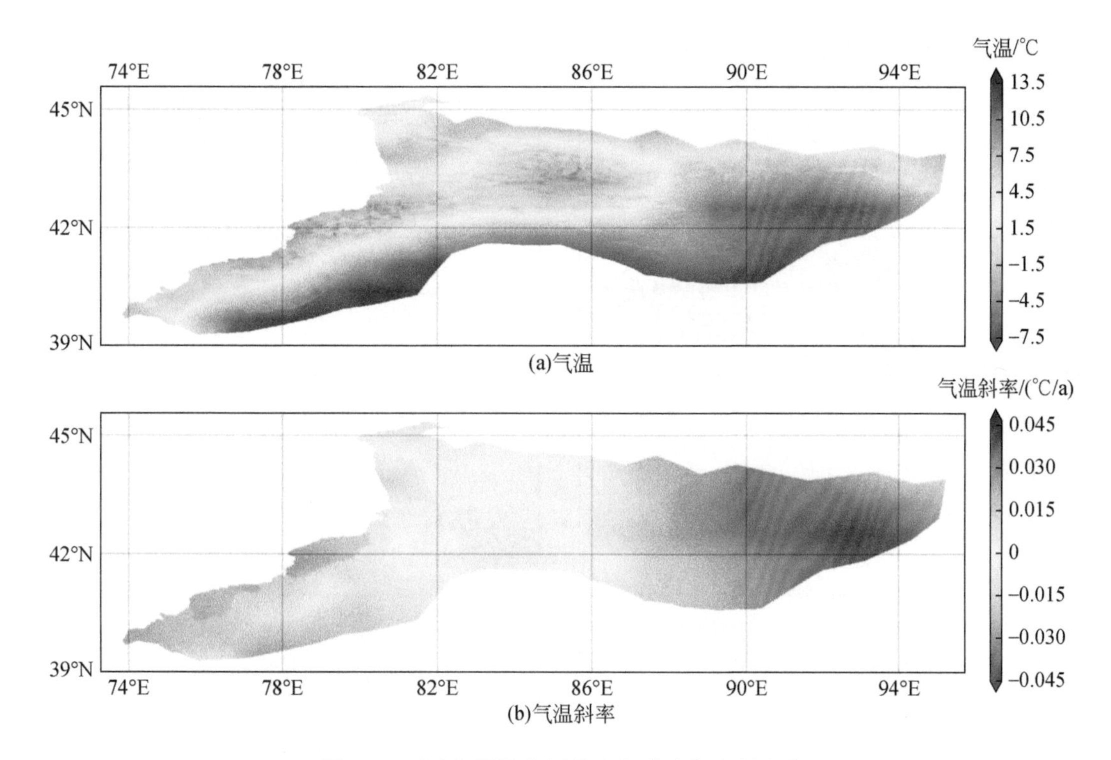

图 1-4　天山年平均气温的空间分布与空间变化

研究区包括阿克苏河流域，流域西部和北部位于吉尔吉斯斯坦境内

各季节气温的空间分布格局与年平均气温相似，即东高西低、南高北低（图 1-5）。西天山的春季气温为 5.68℃，夏季气温为 15.56℃，秋季气温为 4.25℃，冬季气温为 -9.16℃；中天山的春季气温为 5.05℃，夏季气温为 15.62℃，秋季气温为 3.52℃，冬季气温为 -10.24℃；东天山的春季气温为 10.48℃，夏季气温为 23.61℃，秋季气温为 7.96℃，冬季气温为-8.69℃。从季节气温的空间变化来看，春季，西天山、中天山和东天山的气温均呈上升趋势，东天山升温最快；夏季，西天山和中天山的气温变化较小，东天山升温较快；秋季，西天山、中天山和东天山气温变化较小，趋势接近 0；冬季，中天山和东天山的气温呈下降趋势，西天山气温变化较小。

总体来看，海拔较高的山区气温低但升温快，河谷和冲积扇地区气温高但升温慢。山区升温较快与冰川积雪广布和植被多样性有关。在低海拔地区，地形、纬度和生态系统稳定性导致山区气候对全球气候变化的响应具有缓冲性，升温较慢。

1.1.2　降水变化

天山位于中亚干旱区，深居亚欧大陆内部，总体上年降水量较少，多年平均降水量在 250～300mm。但是，受西风气流的影响，并在山体的抬升作用下，天山的迎风坡（天山西北部区域）降水较丰富，如伊犁河谷的局部区域年降水量超过 800mm，但大部分区域降

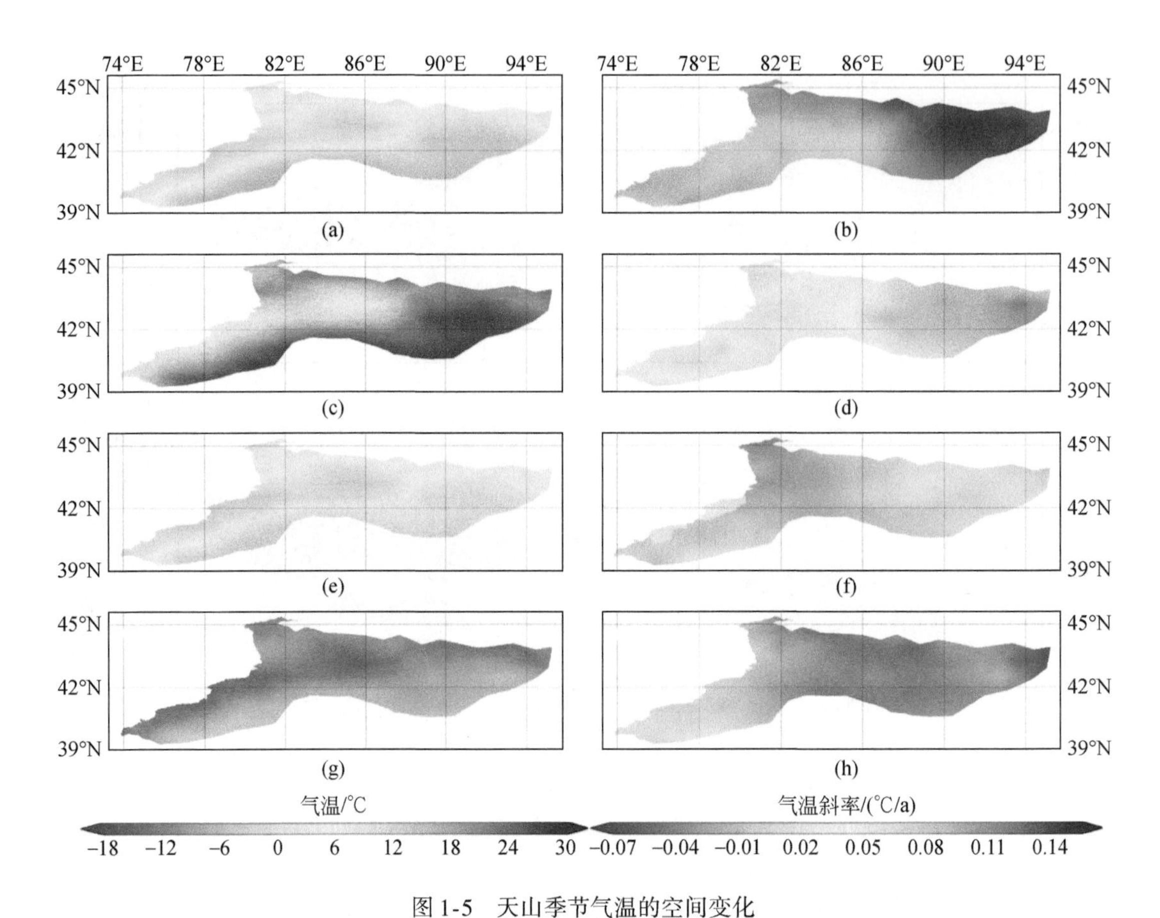

图 1-5　天山季节气温的空间变化

(a)、(c)、(e)、(g) 分别是春季气温、夏季气温、秋季气温和冬季气温的空间分布；(b)、(d)、(f)、(h) 分别是春季气温、夏季气温、秋季气温和冬季气温的空间变化；研究区包括阿克苏河流域，流域西部和北部位于吉尔吉斯斯坦境内

水量少，特别是天山的背风坡。中亚天山地区的冬半年降水量少，夏半年降水量多，降水集中在 4 ~ 7 月，最大降水量发生在 5 月。

1.1.2.1　降水量的年际变化

1979 ~ 2020 年天山年降水量的描述性统计和趋势检验结果（表 1-2）表明，天山多年平均降水量为 368.09mm，中天山降水最丰富，为 532.55mm，其次是西天山，为 405.26mm，东天山降水较少，仅 174.55mm。1979 ~ 2020 年，天山降水量的增加速率为 13.4mm/10a（$Z=1.42$，$a=0.10$）。西天山降水量增加最快，为 30.1mm/10a。标准差（SD）和变异系数（CV）表明，西天山和东天山降水量的多年差异性大于中天山。

表 1-3 显示了天山年降水量的突变检验结果。天山的年降水量在 1986 年发生突变，突变前年降水量为 353.68mm，突变后年降水量为 371.58mm，突变前后相差 17.90mm。西天山的年降水量在 1990 年发生突变，突变后年降水量增加了 6.65mm，中天山和东天山的降水量在研究期内未检测到突变。

表 1-2 1979～2020 年天山年降水量的描述性统计和趋势检验结果

地区	描述性统计				趋势检验	
	N	多年平均降水量/mm	标准差	变异系数/%	增加速率/(mm/10a)	Z
天山	41	368.09	32.53	8.84	13.4	1.42*
西天山	41	405.26	45.11	11.13	30.1	0.60
中天山	41	532.55	45.87	8.61	10.3	0.79
东天山	41	174.55	24.11	13.82	4.0	1.28*

*显著性水平 a=0.10

表 1-3 天山年降水量突变检验结果

地区	突变年份	突变前年降水量/mm	突变后年降水量/mm	差值/mm
天山	1986	353.68	371.58	17.90
西天山	1990	400.55	407.20	6.65
中天山	—	—	—	—
东天山	—	—	—	—

1.1.2.2 降水量的年内变化

通过对每年 3～5 月的降水量进行求和得到春季降水，对 6～8 月的降水量进行求和得到夏季降水，对 9～11 月的降水量进行求和得到秋季降水，对每年 12 月及翌年 1 月、2 月的降水量进行求和得到冬季降水。图 1-6 表明，过去 40 年，天山降水量的增加主要来自春季和夏季；在西天山，降水量的增加由春季、夏季和秋季共同贡献；在中天山，降水量的增加主要来自夏季；在东天山，降水量的增加主要来自春季。

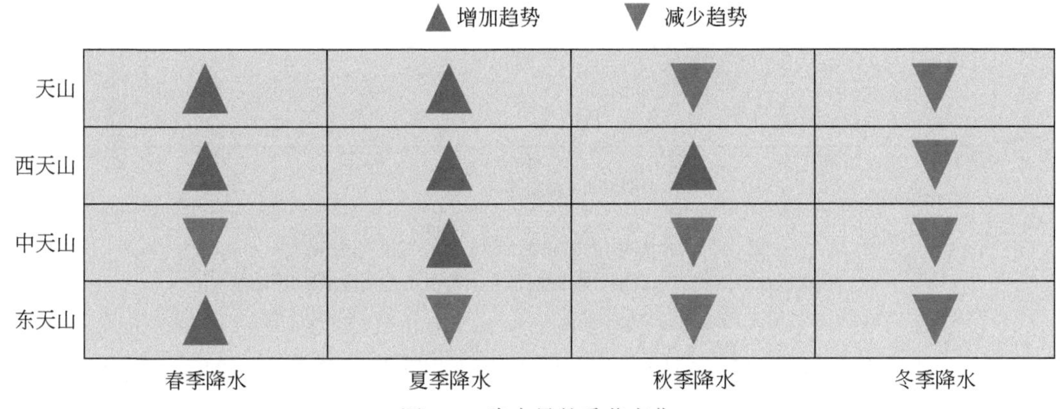

图 1-6 降水量的季节变化

1.1.2.3 降水量的空间变化

图 1-7 显示了天山年降水量的空间分布与空间变化。从年降水量的空间分布［图 1-7

(a)] 来看，天山北坡的降水量多于南坡。从东西方向来看，中天山降水最丰富(533mm)，其次是西天山（405mm）和东天山（175mm），西部的伊犁河谷地区和中部的博格达山脉是降水高值区，东部的吐鲁番-哈密地区和天山南部的平原地区是降水低值区，这与其他研究（Wang S J et al.，2016a）结果一致。造成这种空间分布的主要原因是天山的山体形态为中间宽，两侧窄，且海拔较高，对拦截和抬升大西洋和北冰洋的水汽非常有利（Chen F H et al.，2019）。来自大西洋的暖湿水汽通过盛行西风进入天山，天山西侧呈“口袋状”的伊犁河谷地区有利于水汽的积聚和植被的生长。从降水的空间变化［图 1-7(b)］来看，1979~2020 年，天山的降水量呈缓慢的增加趋势，速率约为 14mm/10a，西天山降水量增加最快，其次为中天山和东天山，西天山降水量增加趋势最明显，中天山北部和东天山东北部地区降水量呈减少趋势。已有研究表明，北大西洋涛动和北极涛动影响天山的降水量变化，且北大西洋涛动对天山的降水具有滞后影响（Qiao et al.，2015；Sung et al.，2006；Zheng et al.，2016）。

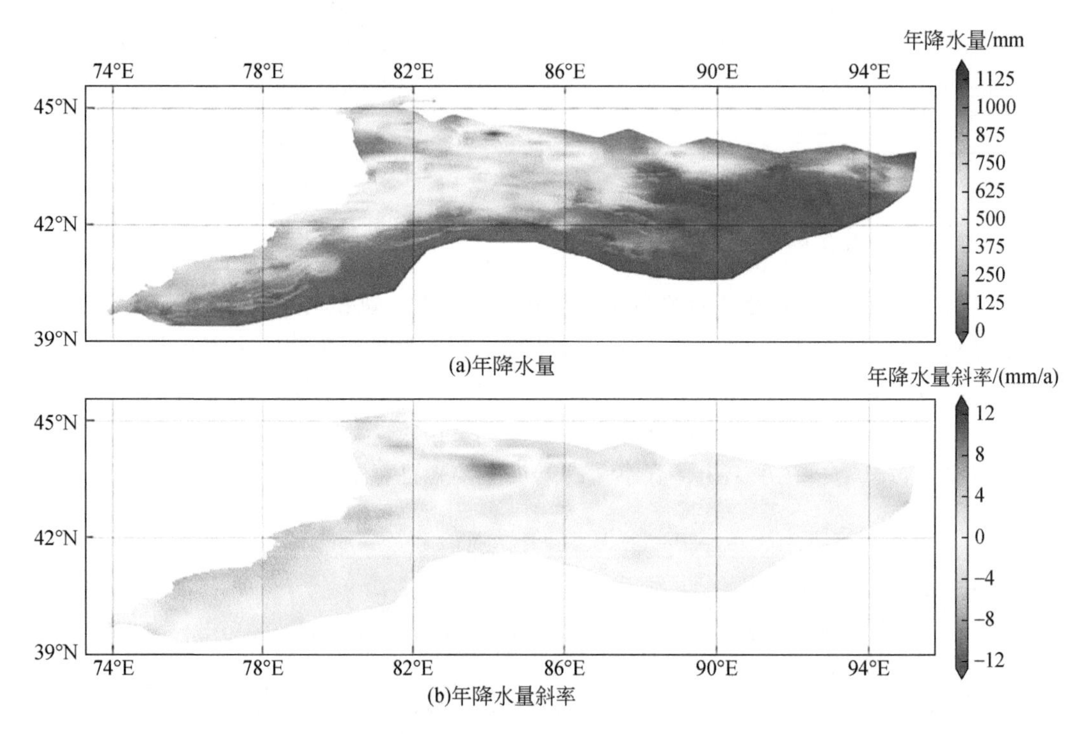

图 1-7　天山年降水量的空间分布与空间变化

研究区包括阿克苏河流域，流域西部和北部位于吉尔吉斯斯坦境内

天山各季节降水量的空间格局与年降水量相似，降水北多南少，中天山降水最丰富(图 1-8)。西天山的春季降水量为 103.04mm，夏季降水量为 189.89mm，秋季降水量为 82.07mm，冬季降水量为 30.05mm；中天山的春季降水量为 139.93mm，夏季降水量为 252.29mm，秋季降水量为 104.69mm，冬季降水量为 35.90mm；东天山的春季降水量为 41.58mm，夏季降水量为 89.08mm，秋季降水量为 32.56mm，冬季降水量为 10.97mm。夏

季，天山西部的伊犁河谷地区降水量达到800mm；冬季，吐鲁番-哈密地区降水匮乏，接近0。从各季节降水的空间变化来看，不同季节降水量的变化格局具有较大差异。春季，西天山和东天山降水量变化较小，中天山降水量缓慢减少，中天山北部降水量减少最明显[图1-8（b）]；夏季，西天山和中天山降水量缓慢增加，伊犁河谷地区和开都河流域的降水量增加较快，东天山的降水量缓慢减少[图1-8（d）]；秋季，西天山降水量缓慢增加，中天山降水量缓慢减少，东天山降水量变化较小[图1-8（f）]；冬季，降水量的变化趋势接近0，空间变化差异较小[图1-8（h）]。

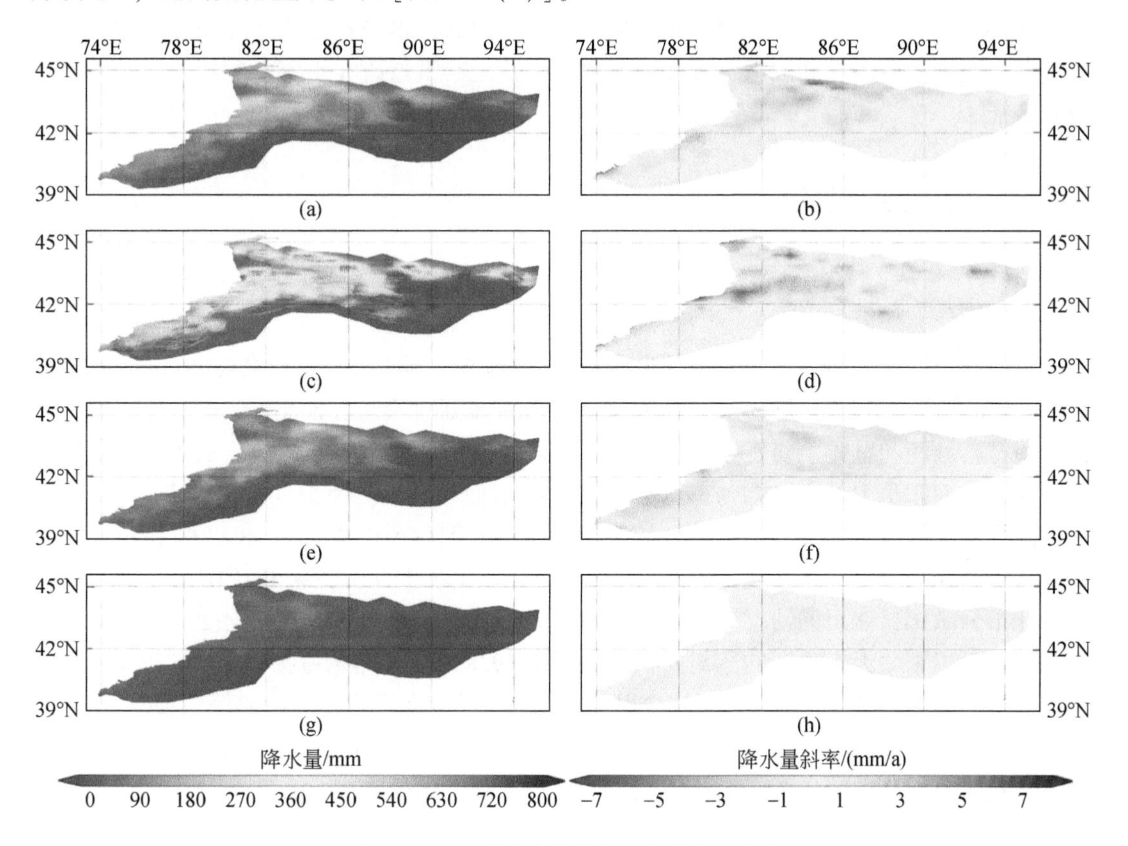

图1-8　天山季节降水量的空间分布与变化

（a）、（c）、（e）、（g）分别是春季降水量、夏季降水量、秋季降水量和冬季降水量的空间分布；（b）、（d）、（f）、（h）分别是春季降水量、夏季降水量、秋季降水量和冬季降水量的空间变化；研究区包括阿克苏河流域，流域西部和北部位于吉尔吉斯斯坦境内

总体来看，山区降水丰富且增湿快，河谷和冲积扇地区降水量少且增湿慢。山区海拔高，饱和水汽压降低，有利于降水形成，并且山区冰川积雪融化会增加水汽含量，更利于降水发生。此外，基于树木年轮的研究表明，气温和降水量在不同时期的变化趋势与气候波动有关，在过去200~300年，我国西北地区经历了周期性的冷暖干湿交替（Chen et al., 2012；Yang et al., 2012）。

1.2　天山地区的水资源基本特征

天山地区的水资源赋存形式多样，以冰川积雪、径流、湖泊（水库）蓄水及地下水、土壤水等形式为主。天山地处永久积雪区，积雪广布，冰川发育，冰川和积雪是天山重要的固体水资源，被誉为“固体水塔”。空中水资源是大气降水的物质基础，是一切水资源的源头。湖泊水资源和地下水资源是调配河湖水资源与维系植被生长的重要水源。河川径流是重要的地表水资源，其形成、转化独具特色。因此，本节首先介绍冰川水资源、积雪水资源、空中水资源、湖泊水资源和地下水资源，之后重点研究水资源的形成特征和空间分布特征。

1.2.1　水资源组成

1.2.1.1　冰川水资源

据中国第二次冰川编目，天山共发育冰川 7934 条，冰川面积为 7179.78km^2，冰储量为 756.48km^3，冰川集中分布在海拔 3800 ~ 4800m（刘时银等，2015）。天山冰川属大陆性冰川，其堆积和融化主要发生在夏季，属于夏季累积型冰川。在四级流域中，阿克苏河流域冰川水面积最大，为 1721.75km^2，伊吾河流域面积最小，为 56.03km^2。在各市（州）中，阿克苏地区冰川水资源量最多，其面积和储量分别占天山总量的 43.28% 和 68.85%，吐鲁番地区冰川水资源量最少，面积和储量仅占天山总量的 0.23% 和 0.07%。冰川对气候变化十分敏感，冰川的动态变化将直接影响天山水资源的时空分布。自 20 世纪 50 年代有观测资料以来，天山地区的冰川面积减少了 1619.82km^2，储量亏损了 104.78km^3，其中储减少以 <1km^2 的冰川最多，面积减少以 <5km^2 的冰川最为严重（邢武成等，2017）。

冰川作为“固体水库”，对天山地区的河川径流起到重要的调节作用。在湿润低温年份，热量不足，冰川消融微弱，冰川积累增加，冰川融水径流减少；在干旱少雨年份，晴朗天气增多，冰川消融加剧，释放出大量冰川融水补给河流。因此，冰川对维系水资源的相对平衡发挥了重要的调节作用，这也是天山多数河流水资源相对稳定、径流年际变化幅度小的原因所在。

1.2.1.2　积雪水资源

天山地处永久积雪区，积雪是天山重要的固态水资源。每年从秋末至翌年初春，山区降水常以降雪的形式发生，并储存于山区，当翌年春暖时，积雪随着温度升高而融化，补给河流，这些季节性积雪为河流提供了丰富的水源。山区积雪以雪线为界，天山山区的雪线海拔为 3900 ~ 4200m，近些年随着全球气候变暖，雪线海拔有上升的趋势。

天山地区的积雪覆盖面积在秋季 10 月开始累积扩张，至翌年春季 3 月开始消融退缩，积雪覆盖率呈单峰型分布，在冬季（1 ~ 2 月）达到最大值，夏季（7 ~ 8 月）达到最小值（张博等，2022）。天山冬季最大积雪深度（SD）为 30 ~ 60cm，≤10cm 积雪日数占该区域积雪总日数的48%~58%，10~20cm 积雪日数占24%~32%，20~30cm 积雪日数占12%~15%，>30cm 积雪日数约占5%（王慧等，2020）。2000~2018 年积雪覆盖频率>700 次、500~700 次、200~400 次的积雪区分别占天山总面积的3.53%、29.43%、64.34%（郝靖宇和高敏华，2020）。空间上，中天山积雪覆盖面积最大，且以永久性积雪为主。近30年来，天山山脉有雪区总体呈扩张态势，无雪区不断缩减，且大部分有雪区为季节性冰雪区，少部分为永久冰雪区。与1990年永久冰雪区相比，2020年只剩余中天山的托木尔峰、汗腾格里峰、博罗科努山脉为永久冰雪区，其余地区均转变为季节性冰雪区（王明明，2022）。在积雪量的影响因素方面，海拔、坡度、气温和降水是影响天山积雪分布的主要因素（朱淑珍等，2022）。在积累期、稳定期和消融期，积雪量与海拔呈显著正相关，相关系数均大于0.90，坡度越大，积雪量越大。

1.2.1.3 空中水资源

空中水资源是大气降水的物质基础，是一切水资源的源头。天山的外来水汽主要包括：源自大西洋的海洋气团，源自里海、黑海的中亚气团，源自印度洋的海洋气团和源自北冰洋的极地气团。其中，空中水资源受西风带水汽输送影响最大（陈亚宁等，2022；姚俊强等，2016）。天山的山体形态为中间宽，两侧窄，且海拔较高，对拦截和抬升大西洋与北冰洋的水汽非常有利，天山地区水汽总输入量占新疆水汽输入量的44.1%。

天山地区地面~100hPa 年平均水汽输入量为1.1504×10^{12}t，输出量为1.1337×10^{12}t，净收支1.67×10^{10}t。其中，西、北边界为输入，年均输入量分别为4.776×10^{11}t 和2.128×10^{11}t，东、南边界为输出，年均输出量分别为4.503×10^{11}t 和2.233×10^{11}t。对流层中层水汽输送量最大，低层次之，高层最小。在对流层低层，西边界、北边界为水汽输入边界，年均输入量为9.82×10^{10}t 和2.175×10^{11}t，东边界、南边界为输出边界，年均输出量为9.87×10^{10}t 和2.493×10^{11}t；在对流层中层，西边界、北边界分别有2.554×10^{11}t 和4.24×10^{10}t 水汽输入，东边界、南边界分别有2.264×10^{11}t 和9×10^{9}t 水汽输出，总水汽输入量6.007×10^{11}t，总水汽输出量5.382×10^{11}t，分别占整个对流层的52.2%和47.5%，净收支6.25×10^{10}t；在对流层高层，西边界、南边界为水汽输入边界，输入量分别为1.24×10^{10}t 和3.5×10^{10}t，东边界、北边界为输出边界，输出量分别为1.252×10^{11}t 和3.5×10^{10}t，边界水汽输送方向与中、低层有所不同，总水汽输入量、输出量达2.772×10^{11}t、2.906×10^{11}t，净收支-1.34×10^{10}t。各季节中，天山夏季水汽输送量最大，输入量和输出量占全年的41.6%，春季和秋季输入量、输出量相近，分别占全年的24.7%、24.3%和22.1%、22.4%，冬季最小，占全年的11.5%、11.6%。在各季节，西边界、北边界均为水汽输入，东边界、南边界均为水汽输出。春、夏、冬季水汽净收支为正，秋季为负（杨柳等，2013）。

1.2.1.4 湖泊水资源

天山地区的湖泊大致可分为两类：一类是分布在山区山间盆地的湖泊，这些山区的湖泊大多属于淡水湖；另一类是分布在平原区的湖泊，主要位于河流末端尾闾，大多是微咸水湖泊或咸水湖。

天山地区分布着众多湖泊，从西到东主要有赛里木湖、艾比湖、玛纳斯湖、博斯腾湖、天山天池和巴里坤湖。赛里木湖海拔2071m，东西长30km，南北宽25km，蓄水量达$2.1\times10^{10}m^3$。艾比湖是准噶尔盆地最大的湖泊，湖泊面积805km^2，湖水主要依赖地表径流补给，主要入湖河流有奎屯河、四棵树河、精河、阿卡尔河、大河沿子河、博尔塔拉河和时令河等。玛纳斯湖面积约550km^2，平均深度6m左右，是一个咸水湖。博斯腾湖是中国最大的内陆淡水湖，水域面积1646km^2，湖面海拔1048m，平均深度9m。天山天池位于三工河上游，湖面海拔1910m，面积380.69km^2，最深处达105m，蓄水量$1.6\times10^8m^3$，湖水主要由冰雪消融水、大气降水和泉水补给。巴里坤湖由四周自然泉水汇流注入而成，湖水面积112.15km^2。

山区湖泊和平原区湖泊的变化特征存在很大差异。近20年来，随着气候变化，天山地区的湖泊普遍存在扩张趋势。例如，近20年来，赛里木湖面积由460.05km^{2}增加到463.48km^2，水位上升1.28m，湖水体积扩大约0.41km^3。气候暖湿化及生态环境改善是导致赛里木湖扩张的主要因素，受地形影响，赛里木湖水体主要向地势相对平缓的西部扩张。平原区的湖泊，由于水利设施大量拦截入湖径流以满足绿洲区的农田灌溉，入湖水量大大减少，湖泊水量入不敷出，一些大型湖泊迅速萎缩并出现间歇性（或季节性）干涸，湖泊生态环境恶化，如艾比湖和巴里坤湖。2000～2015年，艾比湖的湖面面积呈波动缩减趋势，2003年后缩减加剧，2015年缩减至362km^2，仅为2003年的45%，缩减区域主要位于流域内靠近阿拉山口的西北方向。气温升高、蒸发量大且持续增加是导致艾比湖萎缩的主要因素（李旭冰，2022）。近年来，随着山区来水量增加及灌溉用水管控，这些湖泊均有一定程度的恢复。2017年7月，艾比湖的湖面面积已恢复至805km^2，达到2003年的水平。此外，人工水库的数量和面积在不断增加，如柳条河水库、榆树沟水库和乌沟水库等（史宁可等，2020）。

1.2.1.5 地下水资源

地下水是维持干旱区自然植被生存的主要水源，是天山水资源的重要组成部分，是水资源在运行、转化和开发利用中不可缺少的存在形式。地下水补给是天山地区河流补给的一种普遍形式，几乎每条河流都有一定数量的地下水补给。例如，春季，平原区地下水对开都河径流的贡献率为66%；夏季，地下水的贡献率为50%；秋季，地下水再次成为最主要的径流组分，贡献率为64%。山区地下水的补给来源包括冰川积雪融水及中低山带的降水，平原地区的地下水主要来自于地表水转化。天山地区地表水与地下水相互转化频繁，其转化和循环甚至是多次的。根据水文地质普查和水量平衡，山前平原地下水资源中有60%～86%是由地表径流转化而来的。

在过去的10年间，地下水开采强度不断加大，天山许多地区已出现地下水位持续下降态势。根据新疆维吾尔自治区水利厅资料统计，自治区水利部门建立的423个国家级地下水监测站结果显示，2018～2021年，地下水位年均下降0.41m，大部分地区的地下水处于超采状态。一些地区的地下水开采井埋深已由2000年前的60～100m下降到2013年的150m，有些地区地下水埋深甚至达到200m以上。例如，天山北坡地区，地下水超采严重，有些机井甚至打在河道两侧附近，强烈挤占了地表水。地下水位的大幅度下降，对天山水系统和干旱区生态系统造成严重影响，威胁着丝绸之路经济带建设。

1.2.2 水资源形成特征

天山冰川发育，积雪广布，降水丰富。高山区降水在低温条件下以雪、冰等固体形式储存起来发育成冰川，是天山水资源存在的特殊形式。天山地区水循环过程独特，水资源的形成、演变具有显著的区域特征。水资源形成于山区，消耗于平原区，对全球气候变化响应敏感；水资源由多源组成，冰川积雪调节作用明显；水资源形成受降水影响大，时空分布极不均匀，地表水与地下水相互转换频繁。天山地区水资源形成的主要特点如下。

1.2.2.1 水资源形成于山区，对全球气候变化响应敏感

天山被誉为“中亚水塔”，为中亚干旱区孕育了多条年径流量 $1\times10^{10}\,m^3$ 以上的河流，几乎所有河流都形成于山区，向平原、盆地汇集，众多河流形成向心式水系。每条内陆河流构成独立的水文单元和完整的流域系统，从源头至尾闾一般要流经山区、山前绿洲平原和荒漠等地貌单元。垂直分异显著的山地生态系统在天山地区扮演着水资源形成区和水源涵养区的重要角色，由山区冰雪融水和降水形成的径流量直接决定平原区绿洲与荒漠植被的范围及规模。

在全球变暖背景下，以降水和冰雪融水补给为主的干旱山区水资源系统，在水资源总量和时空分布上发生了重大改变（陈亚宁等，2014）。天山地区的气候和水循环过程对全球升温敏感，1979 ~ 2018 年，天山升温速率高于全球升温速率。在天山及典型流域，气温与全球气温的相关系数在 0.95 以上，降水与全球气温的相关系数在 0.63 以上。天山的气温和降水与全球气温存在多尺度相关性，在整个研究期内，气温和降水与全球气温存在 7 ~ 18 个月的显著共振周期，相关系数在 0.9 以上（范梦甜，2022）。气候变化对干旱山区水资源系统的影响受到国际社会的高度关注，是当前最主要的全球性环境问题之一。

1.2.2.2 水资源由多源组成，冰川积雪调节作用明显

天山山脉山体高大，发育了许多大规模现代冰川和多年积雪，水资源主要由高山区冰川积雪融水、中山森林带降水及低山带基岩裂隙水等组成（陈亚宁等，2014），冰川（雪）融水在水资源构成中占有重要比例。冰川融水主要发生在夏季（6 ~ 8 月），河川年径流量大多集中在这三个月，一般占全年的 50% ~ 60%；中山森林带主要为积雪融水和降水补给，分布在中山森林带的积雪大多为季节性积雪，当春季气温回升时，消融并汇入河流。中山森林带为降水带，降水往往可以直接产流汇入河道；低山带有大量的基岩裂隙水（地下水）出流，是河川基流的重要组成部分。山区暴雨常发生在中低山带，与冰雪融水叠加，在夏季极易形成暴雨-融水混合型洪水，甚至是泥石流灾害。不同区域由于所处位置和海拔存在差异，水资源的形成过程和组分特点也不尽一致。天山西部山地降水较为丰富，冰川发育，而东部山地海拔相对较低，降水少，冰川规模小、数量少，冰川融水在水资源构成中占比较低，雨水是河流的主要补给。

冰川和积雪是天山重要的固体水资源，是内陆河流域重要的补给来源，对水资源具有

调节作用。冰川覆盖率高的流域，径流年际变化通常更稳定（Deng et al., 2015）。此外，冰川和积雪的调节作用使径流对气温变化的响应具有一定滞后性（李玉平等，2018）。在气候变暖影响下，亚洲高山区冰川加速消失，将进一步影响区域水资源供给的可持续性（Zhang et al., 2023）。

1.2.2.3 水资源形成受降水影响大，时空分布极不均匀

天山降水丰富，年平均降水量为368mm。降水是水循环中最活跃的要素，也是河流和湖泊的关键补给来源，是天山水资源的重要组成部分。

天山降水量的时空分布极不均匀。季节上，降水主要集中在夏季，与融冰（雪）洪水出现时间一致，在冬半年主要以降雪形式出现。空间上，降水表现为北部多于南部，西部多于东部，山区多于平原，迎风坡多于背风坡，降水中心多位于中、高山带，较少降水中心位于盆地、谷地。区域上，中天山降水最丰富，为533mm，其次是西天山，为405mm，东天山降水较少，仅175mm。西部的伊犁河谷地区和中部的博格达山脉为降水高值区，东部的吐鲁番–哈密地区和天山南部的平原地区为降水低值区。伊犁河谷呈“喇叭口”向西展开，拦截来自大西洋的水汽，特殊的地形条件使伊犁河谷成为天山降水最丰富的地区，山区降水量甚至高达800～1200mm。

在过去的几十年间，天山地区的降水呈现增加趋势，季节上，天山夏季降水增加最快，空间上，西天山降水增加最快，为30.1mm/10a。自2000年以来，天山降水的增加趋势减弱，极端降水增加（Wang S J et al., 2013）。与此同时，降水呈现由固态向液态转变的趋势，1960～1998年降雪率为11%～24%，2000年以来，降雪率降低至9%～21%（Chen et al., 2016; Li et al., 2018）。天山地区的降水与外来水汽输送和辐合有密切关系（陈亚宁等，2012）。研究表明，北极涛动和北大西洋涛动对天山的降水变化具有重要影响（Fan et al., 2020a）。此外，印度夏季风、厄尔尼诺–南方涛动和太平洋年代际振荡与天山的降水量呈正相关关系（An et al., 2020）。

1.2.3 水资源空间分布特征

天山是众多河流的发源地，山区是地表径流形成和河流发育的重要源区，河川径流是天山地区重要的地表水资源。天山地域广阔，地形复杂，西高东低，受水汽来源及地貌条件的影响，水资源的分布及数量具有明显的区域差异。

1.2.3.1 天山北坡主要河流

天山北坡河流，从西到东主要有博尔塔拉河、精河、奎屯河、玛纳斯河、呼图壁河、三屯河、头屯河、乌鲁木齐河等。

（1）博尔塔拉河

博尔塔拉河发源于天山的空郭罗鄂博山的洪别林达坂，向东流经温泉县、博乐市后，在精河县境内接纳大河沿子河，后折向北偏东方向，注入艾比湖。河流全长252km，流域面积为15928km^2，年均径流量为5.70×10^{8}m^3。

（2）精河

精河发源于天山中段的博罗科努山北坡，主要由乌图精河与冬都精河两大源流汇合而成，由南向北经绿洲，最后注入艾比湖，全长114km，流域面积为2150km^2，年均径流量为4.77×10^{8}m^3。精河流域有129条冰川，冰川面积91km^2，冰川总储量5.4598×10^{9}m^3，冰川年融水量为9.6×10^{7}m^3。

（3）奎屯河

奎屯河发源于天山山脉的依连哈比尔尕山，全长320km，山区集水面积1945km^2，年均径流量为6.31×10^{8}m^3。在下游接纳四棵树河和古尔图河的部分洪水与灌溉回归水，有些年份可汇入艾比湖。

（4）玛纳斯河

玛纳斯河发源于天山山脉的依连哈比尔尕山，穿过古尔班通古特沙漠，最后注入玛纳斯湖，全长400km，是天山北部年径流量最大的河流，年均径流量1.27×10^{9}m^3。

（5）呼图壁河

呼图壁河发源于天山山脉的喀拉乌成山，流域面积1840km^2，年均径流量为4.50×10^{8}m^3。流域地势南高北低，南北高差近5000m。流域上游建有石门水文站，石门水文站以上集水面积为1840km^2，其控制年径流量占该河全流域年径流量的93.30%，石门水文站以下主要为径流散失区。

（6）三屯河

三屯河发源于天山山脉的天格尔峰，北流折向东流，经阿什里哈萨克族乡、三工镇等地，北流消没于沙漠。全长约200km，年均径流量为3.40×10^{8}m^3，其中常年性河段长70km。河流贯穿了山地–绿洲–荒漠系统，具有与头屯河相似的地貌、植被和气候特点，地表过程复杂。

（7）头屯河

头屯河发源于天山北坡中段喀拉乌成山北坡，东与乌鲁木齐河相邻，西与三屯河比肩，河流全长约190km，年均径流量为2.4×10^{8}m^3，流域总面积2885km^2，其中山区集水面积为1562km^2，平原区集水面积为1323km^2。流域南部最高处天格尔峰海拔4562m，北部最低处海拔400m左右，南北高差达4000m，流域内的气候、植被及水文要素垂直地带性分布十分明显。

（8）乌鲁木齐河

乌鲁木齐河发源于中天山天格尔Ⅱ峰北坡，河源为天山乌鲁木齐河源1号冰川，是乌鲁木齐市的主要供水源。河流全长214.30km，流域总面积为4684km^2，英雄桥水文站以上产流区面积为924km^2。河流沿天山北坡顺流而下，年均径流量为2.3×10^{8}m^3。近年来，随着用水量的逐渐增加，该区供需水矛盾日益突出，尽管沿河建有乌拉泊、红雁池、八一、猛进四座水库，总库容1.8×10^{8}m^3，但用水紧缺状况仍难以缓解。

1.2.3.2 天山西部主要河流

位于天山西部的伊犁河是新疆第一大河，年均径流量约1.30×10^{10}m^3。该河流主要分为四部分：西源为特克斯河，是伊犁河最大支流，流经昭苏、特克斯、巩留三县；东源南支为巩乃斯河，经新源县与特克斯县后汇入伊犁河；东源北支为喀什河，流经尼勒克县至伊宁县雅玛渡汇入伊犁河；此外，还有一些在雅玛渡以下汇入伊犁河的小支流。这些河流的主要特点是流域年降水丰沛，春季降水较多且中低山区冬季积雪较多，因而春季融化补给径流形成春汛。春夏汛连接，春汛4月开始，5月底结束，接着进入夏汛，至9月下旬结束，汛期长达约150天。塔城盆地水系可分为两部分：源于塔尔巴哈台山南坡的额敏河和源于巴尔鲁克山北坡的一些小河。这些河流受河谷地形影响，春汛约占年径流量的40%。由于冬季积雪不厚，加之春季4月气温急剧升高，积雪融水大量下泄成汛，一般发生在4月中旬至6月下旬。

1.2.3.3 天山南坡主要河流

位于天山南坡的河流，从西到东主要有阿克苏河、渭干河-库车河、迪那河和开都河-孔雀河等。

（1）阿克苏河

阿克苏河发源于天山西段南坡，是跨境河流，由库玛拉克河和托什干河在温宿县帕合提勒克汇合后，称为阿克苏河。阿克苏河是塔里木河的主要源流，全长588km（中国境内总长280km），流域总面积为$6.23\times10^4 m^2$（中国境内面积为$4.28\times10^4 m^2$，境外面积为$1.95\times10^4 m^2$）。库玛拉克河长度为293km（中国境内长度为144km），流域面积为$1.28\times10^4 m^2$（中国境内面积为$4.5\times10^3 m^2$）；托什干河长度为457km（中国境内长度为344km），流域面积为$1.92\times10^4 m^2$（中国境内面积为$1.63\times10^4 m^2$）。阿克苏河的年径流量为$8.264\times10^9 m^3$（境外流入量为$5.01\times10^9 m^3$），其中，阿克苏河流入塔里木河干流的多年平均年供给量为$3.404\times10^9 m^3$，占塔里木河总水量的76%以上。阿克苏河流域水资源总量为$1.0669\times10^{10} m^3$，其中地表水资源量为$9.533\times10^9 m^3$，地下水天然补给量为$1.136\times10^9 m^3$。

（2）渭干河-库车河

渭干河-库车河发源于天山南坡，由木扎提河、卡普斯浪河、台勒维丘克河、卡拉苏河、克孜尔河5条支流汇合而成，多年平均径流量为$3.641\times10^9 m^3$。其中，渭干河总长度为442km，流域面积为$3.26\times10^4 m^3$，多年平均径流量为$3.304\times10^9 m^3$；库车河总长度为221.6km，集水面积为$2.9\times10^3 m^3$，多年平均径流量为$3.37\times10^8 m^3$。渭干河、库车河分别在1985年和2004年断流，与塔里木河干流失去地表水力联系。

（3）迪那河

迪那河发源于天山南坡，流域集水面积$5777km^2$，总长度约400km，多年平均径流量为$4.02\times10^8 m^3$。其主要的支流包括吐尤克沟、托特沟、喀尔库尔沟、牙格迪那河、果尔达兰沟、阿特拉曼沟及阿散沟等。迪那河1984年断流，与塔里木河干流失去地表水力联系。

（4）开都河-孔雀河

开都河发源于天山南坡的萨尔明山（天山中部），穿过大尤勒都斯盆地、小尤勒都斯盆地，途经焉耆平原，最后注入博斯腾湖。河流全长560km，流域面积为$4.96\times10^4 m^2$（其中，山区集水面积为$3.30\times10^4 m^2$，平原区集水面积为$1.66\times10^4 m^2$），多年平均径流量为$3.981\times10^9 m^3$。博斯腾湖既是开都河的尾闾，又是孔雀河的源头。孔雀河从博斯腾湖的西南角流出，在经过苇湖区时汇集为孔雀河。孔雀河总长度为942km，在1920年之前曾经汇入罗布泊，但是在1970年之后，随着罗布泊的完全干枯，孔雀河的下游几乎断流，长度已经缩短到520km。自2016年向孔雀河中下游实施生态补水以来，孔雀河中下游生态得到拯救和恢复（李卫红等，2019）。开都河流域水资源总量为$4.256\times10^9m^3$，其中，地表水资源量为$4.075\times10^9m^3$，地下水天然补给量为$1.81\times10^8m^3$。

在全球气候变暖背景下，天山地区的冰川、积雪出现持续退缩的趋势，这势必影响到天山地区水资源的数量及时空分布。开展天山地区水资源未来变化趋势预估，直接关系到中亚干旱区未来的经济社会发展和生态安全。本书将在后续章节开展未来天山地区水资源趋势预测研究。

1.3 天山地区的水资源要素变化特征

气候变化对中亚天山地区的水循环要素产生了重要影响。在全球气候变暖背景下，中亚天山地区以山区降水和冰雪融水补给为基础的水资源系统更为脆弱，气候变化打破了原有的自然平衡，改变了水循环过程，加剧了水系统的脆弱性和不稳定性。

1.3.1 冰川、积雪变化

冰川、积雪作为“固态水库”储水于山区，是天山水资源的重要组成部分。气候变暖及持续高位振荡加剧了山区冰川、积雪和冻土等固态水体的消融，加快了“中亚水塔”的萎缩。气候变化对天山地区冰川积雪及河川径流变化的影响成为当前关注的热点。

1.3.1.1 冰川变化

在气候变暖背景下，中亚天山地区的冰川退缩严重。1960～2012年，约有97.52%的冰川表现为退缩状态，2.14%的冰川呈增加趋势，0.34%的冰川没有明显变化。我们对天山山区不同区域1960～2000年和2000～2012年这两个阶段的典型冰川变化情况进行分析，结果显示，在1960～2000年，西天山的冰川退缩速率最大，达20%，其次是中天山，退缩速率为15.01%；北天山和天山东部的博格达山区的冰川退缩速率分别为13%和3.1%。2000～2012年，西天山和中天山的冰川退缩速率明显减缓，分别为8.1%和10.1%，北天山和天山东部的博格达山区的冰川退缩速率增大，分别达到13.8%和7.45%，总体表现为天山西部地区（西天山、中天山西部及北天山西部）2000～2012年的冰川退缩速率要明显慢于前一阶段，而天山东部（中天山东部、北天山东部及博格达山）冰川退缩速率要明显快于前一阶段。

详尽分析北天山的冰川变化发现，1989～2012年冰川的平均最低海拔上升了47m，从3288m上升到3335m（Kaldybayev et al.，2016a）。对比不同海拔的冰川变化，结果显示，所有海拔范围内的冰川面积都呈减少趋势，分布在低海拔区域的冰川比高海拔区域退缩得更为明显。在北天山卡拉塔尔河（Karatal river）流域，分布在海拔3600m以下的冰川退缩速率约为27%，海拔3600m以上的冰川退缩速率约为16%。比较1989年、2001年及

2012 年三个时段的冰川变化发现，在 20 余年间，流域冰川由 1989 年的 243 条减少到 2012 年的 214 条，冰川面积也由 142. 8km^{2}减少到 109. 3km^2，减少了 23. 46%(表 1-4)。

表 1-4　中亚天山卡拉塔尔河流域冰川变化

区域	冰川面积（km^2）/数目				面积变化（%）/年平均变化率（%）					1989 年单条冰川的平均面积/km^2
	1956 年	1989 年	2001 年	2012 年	1956 ~ 1989 年	1989 ~ 2001 年	2001 ~ 2012 年	1956 ~ 2012 年	1989 ~ 2012 年	
Terisakkan	14. 1/36	8. 4/21	6. 5/21	5. 1/17	-40/-1. 23	-23/-1. 88	-22/-1. 96	-64/-1. 14	-39/-1. 71	0. 403
Koksu	108. 6/167	75. 3/140	64. 1/140	56. 1/135	-31/-0. 93	-15/-1. 24	-12/-1. 13	-48/-0. 86	-25/-1. 11	0. 506
Shyzhyn	8. 7/19	4. 9/11	4. 2/10	3. 8/10	-44/-1. 32	-14/-1. 19	-10/-0. 87	-56/-1. 01	-22/-0. 98	0. 445
Kora	49. 3/66	50. 8/62	45. 6/55	42. 7/52	3/0. 09	-10/-0. 85	-6/-0. 58	-13/-0. 24	-16/-0. 69	0. 873
总计	198. 9/285	142. 8/243	122. 2/226	109. 3/214	-28/-0. 85	-14/-1. 20	-11/-0. 96	-45/-0. 80	-23/-1. 02	0. 588
1956 年冰川面积小于 0. 1km^2	3. 6/73	2. 36/77	0. 76/39	0. 59/34	-34/-1. 04	-68/-5. 65	-22/-2. 03	-84/-1. 49	-75/-3. 26	0. 031

1. 3. 1. 2　积雪变化

山区积雪的变化对干旱区水资源情势具有直接影响。在气候变暖背景下，中亚天山地区的积雪面积萎缩严重。根据中分辨率成像光谱仪（MODIS）积雪数据，本节分析了过去 10 余年间（2002 ~ 2013 年）中亚天山的积雪变化。结果显示，在过去 10 余年间，天山山区的积雪面积总体呈减少趋势。其中，中天山的积雪面积减少得最为明显，最大积雪和最小积雪面积减少率分别为 672km^2/a 和 60km^2/a，西天山的积雪面积有所增加，最大积雪和最小积雪面积增加率分别为 2. 3km^2/a 和 16km^2/a。进一步比较不同区域的最大积雪和最小积雪覆盖面积与研究区面积之比（最大和最小积雪覆盖率），结果显示，中天山和北天山最大积雪覆盖率的递减率较大，分别为 0. 32%/a 及 0. 28%/a，西天山最大积雪和最小积雪覆盖面积略呈增加趋势，速率分别为 0. 001%/a 和 0. 085%/a(表 1-5)。

表 1-5　2002 ~ 2013 年中亚天山山区积雪变化

区域	最大积雪			最小积雪		
	覆盖率/%	面积变化/(km^2/a)	变化率/(%/a)	覆盖率/%	面积变化/(km^2/a)	变化率/(%/a)
西天山	87	2. 3	0. 001	1. 4%	16	0. 085
中天山	79	-672	-0. 32	4. 7	-60	-0. 029
北天山	90	-78	-0. 28	0. 51	-20	0. 02
东天山	54	-240	-0. 09	2. 1	17. 6	0. 08

注：最大积雪覆盖率是指各区域的最大积雪覆盖面积与该区域面积之比；最小积雪覆盖率是指各区域的最小积雪覆盖面积与该区域面积之比

1.3.1.3　降雪率变化

降雪率指降雪与降水的比率，是反映气候变化的重要指标。在气候变暖和气温持续高位波动的状态下，中亚天山地区的降水时空分布、海拔变化及雨雪比等发生了相应变化，出现降雪初日推迟、终日提前、降雪（日数、量）减少、雨雪比增加的现象（Barnett et al., 2005）。气温升高不仅导致山区降水量发生变化，同时还对降水形式（如降雪率、雨雪比）产生影响，进而改变山区的产汇流过程。有研究发现，美国降雪率呈降低趋势（Knowles and Knowles, 2006），特别是在日均温为-5℃左右、增温幅度在0～3℃的地带，并指出降雪率的降低不仅受到太平洋年代际涛动的影响，还受到气候长期变暖的影响。值得一提的是，在全球变暖背景下，虽然降雪率有降低趋势，但是极端降雪量没有相同的变化趋势。气温在0℃以下、海拔小于1000m的区域，虽然平均降雪量减少了65%，但是极端日降雪量增加了8%（O'Gorman, 2014）。在昆仑山、天山及瑞士阿尔卑斯山等地区，也发现了降雪日数相对于降雨日数减少和降雪率降低等现象（Feng and Hu, 2007; Serquet et al., 2011）。我们结合站点实测数据，对天山山区4个不同区域过去50年的降雪率变化进行了分析，研究结果显示，天山地区平均降水和气温均呈显著增加趋势，降雪率却呈现总体降低趋势，天山山区的降雪率分别从1960～1998年的11%～24%降低到2000年以来的9%～21%，这与Guo和Li（2015）对中国境内天山的研究结果是一致的。天山地区的伊犁河谷，在中海拔地区（1500～2500m）降雪率减少最为显著，在高海拔地区（>3500m）变化幅度较小，这是因为即使气候变暖，高海拔地区的气温仍低于0℃，不能达到降雪转为降雨的温度阈值。

降雪率变化不仅影响冰川物质的积累、消融过程，还显著影响径流过程和水资源变化。降水形式的变化会影响水文过程，但如何影响径流量变化暂无定论（Barnett et al., 2005; Regonda et al., 2005）。有研究通过Budyko水热平衡假设分析了美国420个流域降水形式变化对径流量的影响，指出降雪向降雨转变会导致径流量显著减少，但其影响机理尚不明确（Berghuijs et al., 2014）。在以融雪径流补给为主的地区，降雪向降雨的转变可能会导致径流季节分配变化，径流峰值向春季移动，而不再集中于需水量最高的夏秋季节。有些地区还可能在夏季出现水资源短缺或洪水灾害（Bocchiola, 2014）。山区径流的形成和多寡不仅受气温和降水影响，还与山区降水形式和降雪率变化有着密切联系。研究发现，山区降雪率大与径流量高有密切关系，降雪率下降，可能导致河川径流量减少（Berghuijs et al., 2014）。然而，在山区降水量不变、部分区域有所增加的情势下，降雪率变化如何影响水资源、抑制径流过程？其机理尚不得知。这对预估未来不同情景下的水资源变化趋势至关重要。

1.3.2　陆地水储量变化

陆地水储量（TWS）是陆地所有水体的总量，包括以冰川和积雪为主的固态水体，以江湖河水库为主的地表水体，以土壤水和地下水为主的地下水体及植被冠层水等（Syed et al., 2008）。同时，水储量变化是气候变化影响水文系统的指示器（Deng and Chen,

2017)。在全球气候变暖背景下，地表升温加速，极地和高山区以冰川积雪为主体的固态水体消融，地表水体蒸散发加剧，导致水循环加速（Haddeland et al., 2014）。水储量变化的计算是一项具有挑战性的工作。传统方法中，根据水量平衡方程计算水储量，即 $\Delta S=P-E-R$（其中，ΔS 为水储量，P 为降水量，E 为蒸发量，R 为径流量）。该方法适用于小流域，且是基于水文模型计算，同时也具有许多不确定性，如降水量的空间插值和蒸散发的计算等。因此，水量平衡方程对大范围水储量变化的计算能力较差。2002 年 3 月，由美国和德国共同开发研制的重力恢复和气候实验（GRACE）卫星计划的重力卫星发射成功(http://www.csr.utexas.edu/grace/)，为陆地水储量变化的研究提供了全天候、连续及高时空分辨率的数据。伴随全球气候变化，天山山区的陆地水储量发生了明显变化，并且与冰川积雪变化密切相关。基于 GRACE 重力卫星数据，本节分析了近 20 年天山山区陆地水储量的时空变化特征，同时结合冰川和积雪变化，解析了气候变化对天山山区水储量变化的影响，为干旱区河流流域的综合水资源管理提供理论基础。

在全球气候变暖背景下，高海拔山区的升温速度快于低海拔平原区（Pepin and Lundquist, 2008）。山区气温升高将会加速冰川和积雪消融，过去 50 年，天山山区的冰川物质平衡为负平衡（Farinotti et al., 2015），退缩速率约为（-5.4±2.8）Gt/a。通过比较 2000～2010 年和 1960～2000 年两个阶段的冰川退缩速率，发现天山中部和东部区域的冰川退缩呈加速趋势，西部区域表现为减速趋势。同时，近 10 年来天山山区的积雪覆盖率也呈减少趋势，速率约为-0.17%/a（Chen et al., 2016）。山区升温加速了冰川的退缩和积雪的消融，势必会驱动天山山区水储量的减少。在山区，水储量减少表现为冰川和积雪等固态水资源减少，短期内河流的出山口径流会增加。

1.3.2.1 年际变化

气候变暖及持续高位振荡加速了天山山区的冰川退缩，加剧了山区冰川、积雪和冻土等固态水体的消融（Li et al., 2006; Sorg et al., 2012; Wang et al., 2012），导致山区陆地总水储量减少（图 1-9）。详尽分析发现，2003～2013 年，天山地区水储量减小幅度约为 3mm/a。同时，不同地区的水储量变化不尽一致。天山山区水储量减少最为强烈的区域主要分布在中天山一带，达 5.5mm/a，天山西部地区水储量减少幅度较小，约为 0.12mm/a。甚至在冬半年西天山水储量还以 0.2mm/a 的速率表现为增加趋势。天山地区的冰川积雪萎缩及水储量减少与气候因子变化存在密切关系。中天山地区升温速率达到 0.4～0.8℃/10a，天山西部地区升温不明显。2003～2015 年，天山山区大部分区域的水储量减少速率小于 1cm/a。但是，天山山区中部偏东区域表现为水储量的急剧减少，减少速率达到 4～8cm/a。升温加速了冰川积雪消融，减少了冰川物质补给，是天山山区水储量减少的重要因素。

1.3.2.2 年内变化

水储量的季节变化是气温和降水存在季节差异所致。山区不同季节的水热组合条件不同，导致不同季节冰川和积雪的消融与积累差异明显。春季水储量为正距平，秋季为负距平，冬季和夏季处于二者之间，有年份为正距平，有年份为负距平。同时，天山山区 4 个

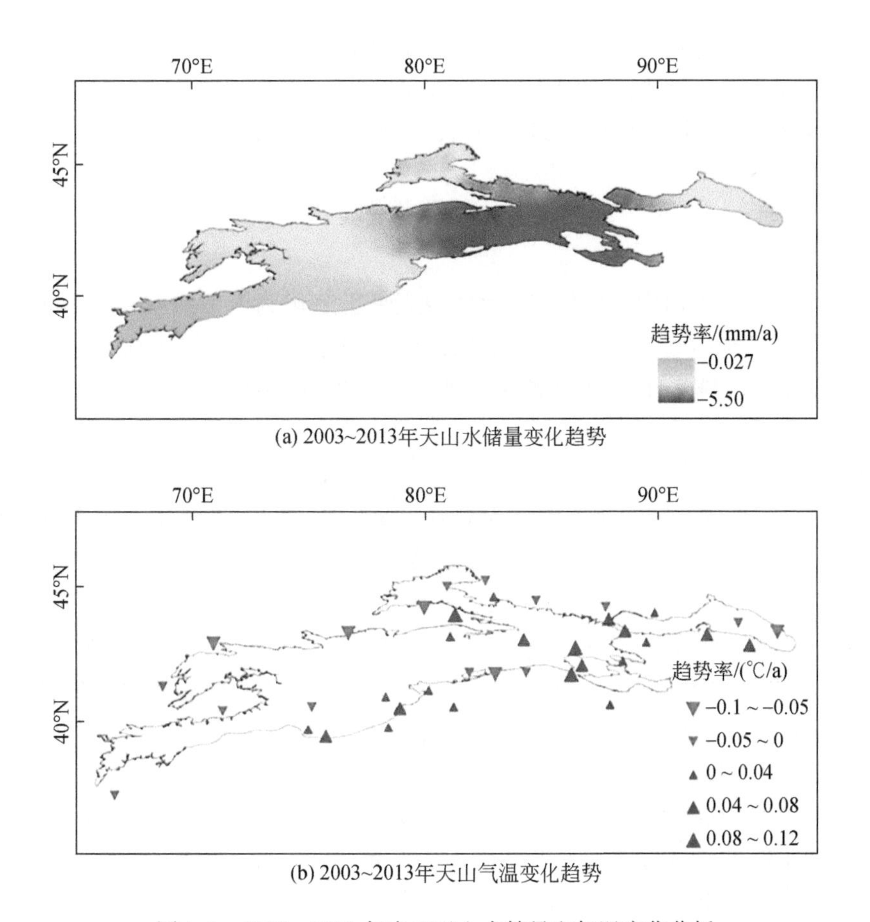

(a) 2003~2013年天山水储量变化趋势

(b) 2003~2013年天山气温变化趋势

图 1-9　2003 ~ 2013 年中亚天山水储量和气温变化分析

季节的水储量都呈减少趋势，这是因为在全球变暖大背景下，天山山区固态水体处于一种退缩状态。春季水储量为正距平，是因为天山山区整个冬半年固态水资源一直处于积累过程，春季达到积累最大值。同样，夏半年一直处于消融过程，秋季达到消融最大值。冬季和夏季处于正、负距平的过渡阶段，是由于气温和降水组合存在年际差异。冬季，水储量最大递减速率较大，春季和夏季递减速率较小。从月份的年际变化来看，冬半年的水储量变化为正距平，夏半年的水储量变化为负距平。同时，天山山区每个月水储量距平的年际变化呈递减趋势。

春末夏初，气温回升，降水增加，使得出山口径流增加。此时正是天山绿洲区域农作物播种的季节，对水资源的需求量不是很大，该季节水储量为正距平，出山口径流除了汇入湖泊和水库及渗入补给地下水外，有很大一部分水分被无效蒸发。秋季是农作物的成熟期，需要大量的水资源，此时水储量为负距平，出山口径流不多，导致绿洲区需要水资源时反而没有足够的水资源，若未控制好绿洲区的耕地规模，就会导致绿洲区湖泊和水库中的水被过度抽取，以及地下水的过度开发，这将不利于绿洲区的可持续发展。为了应对这种情况带来的不利影响，可适当在出山口以上区域修建水库，以储存春末和夏初山区的水资源，延迟这部分水资源的“下山”时间，在绿洲区用水高峰期时再将这部分水资源下放，这样既能提高水资源利用率，同时可减缓绿洲区湖泊和水库的萎缩速度，还可缓解地下水资源的过度开发。因此，控制绿洲区的耕地规模，不应以年均的出山口径流为依据，而应以山区的水资源储量为依据，即以山区的“水”来定绿洲区的“地”，让绿洲处于一种健康平衡的状态。

1.3.2.3 空间变化

2003～2015 年，天山山区水储量的年变化趋势存在较大的空间差异，不同水储量产品之间也存在较大差异。2003～2015 年，天山山区大部分区域的水储量减少速率小于 1cm/a，天山山区中部偏东区域水储量急剧减少，减少速率达到 4～8cm/a，这可能与该区域冰川面积急剧退缩有关。

从 2003～2015 年天山山区水储量的季节变化来看（图 1-10），基于陆地水储量（TWS）Mascon 产品的空间变化差异最为显著，变化最大的区域位于天山中部区域，在冬季的递减速率接近 10cm/a［图 1-10（a）］，夏半年速率稍低，为-6～-4cm/a［图 1-10（c）］。基于 TWS 产品的分析结果也表明，冬半年和夏半年水储量递减速率的空间差异明显，冬季最大递减速率为 0.8～1cm/a［图 1-10（e）］，春季和夏季递减速率相对较小［图 1-10（f）和图 1-10（g）］，为 0.2～0.6cm/a。基于 TWS 产品的分析结果显示，春季和夏季，阿克苏河流域有部分区域为增加趋势，速率为 0～0.04cm/a［图 1-10（f）和图 1-10（g）］，这可能是春季积雪融水补给地下水导致地下水储量增加。基于 TWS-Noah 产品的分析结果表明，水储量空间变化的季节差异不明显［图 1-10(i)～图 1-10(l)］。可见，基于不同水储量产品的分析结果存在较大差异，这可能与不同产品的反演算法有关，因此，对不同产品的不确定性进行评价至关重要。

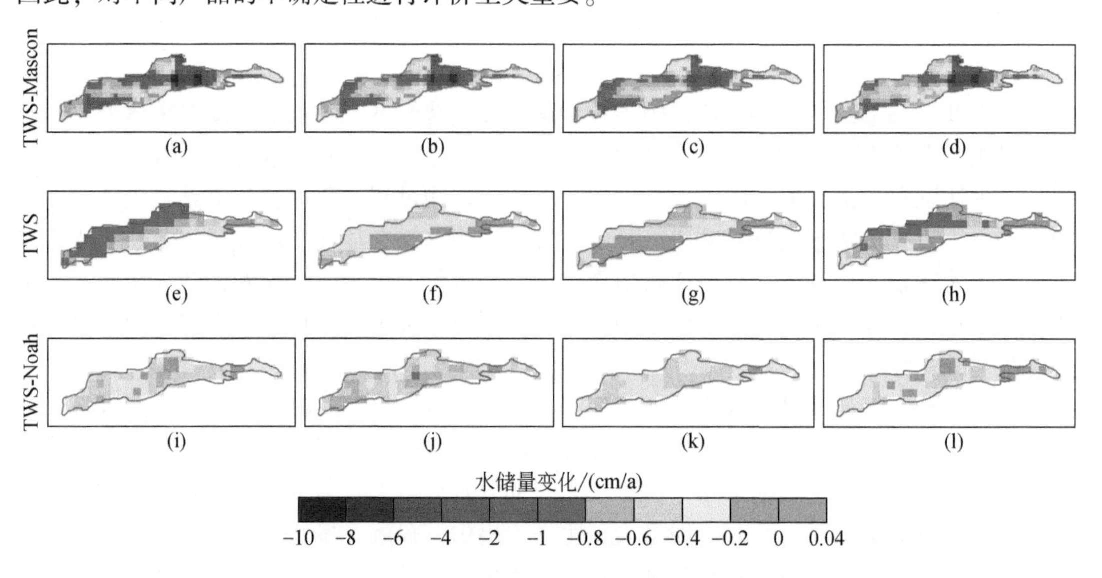

图 1-10 2003～2015 年天山山区水储量的季节变化

（a）～（d）为 TWS-Mascon；（e）～（h）为 TWS；（i）～（l）为 TWS-Noah。其中，（a）、（e）、（i）为冬季，（b）、（f）、（j）为春季，（c）、（g）、（k）为夏季，（d）、（h）、（l）为秋季。趋势检验方法为 Mann-Kendal 方法

1.3.2.4 原因分析

近半个多世纪以来，地球表面的剧烈升温是全球气候变化最显著的表现之一。气候变化是天山山区水储量变化的主要驱动力（Deng and Chen，2017）。本节基于天山山区的观测气温分析 2003 ~ 2013 年天山山区的气温变化，结果表明，气温变化的空间差异驱动山区冰川和积雪的变化，进一步驱动山区水储量变化。天山中东部区域气温呈增加趋势，水储量的递减速率大，天山西部区域气温呈减少趋势，水储量的递减速率小。

气温变化的空间特征驱动了冰川和积雪的空间变化差异。本节基于冰川物质平衡模型（Farinotti et al.，2015）对天山主体部分的冰川变化进行模拟，结果显示天山中部和东部区域的冰川退缩速率大，达 $1.2\times10^3\sim3.01\times10^3$kg/($m^2\cdot a$)，天山西部区域退缩速率小，为 $4\times10^2\sim1.2\times10^3$kg/($m^2\cdot a$)。同时，在天山西部区域有部分冰川呈增加趋势，速率为 $0\sim2.2\times10^2$kg/($m^2\cdot a$)。冰川是天山山区最主要的水资源储量，冰川退缩速率大的区域，水储量的减少速率大，如天山中东部区域水储量的递减速率达到 4 ~ 7.95cm/a。冰川退缩速率较小的区域，水储量的递减速率也相对较小，如天山西部的水储量递减速率约 1cm/a。另外，天山东部区域（主要是指博格达山）的水储量递减速率较小，但是该区域的升温速率较大，主要是因为该区域冰川分布面积较小，可融化的冰川已基本融化，未融化的冰川由于海拔较高，在当前升温趋势下退缩速率较慢，因此该区域水储量的递减速率相对较小。

在全球变暖背景下，天山山区气温上升，这会带来两方面的影响：一方面导致山区降水形式由降雪向降雨转变（Berghuijs et al.，2014），使得降雪率减少；另一方面加速了山区冰川和积雪的消融速度。降雪率降低也会使积雪积累的物质来源减少，从而导致山区冰川和积雪面积减少，进而导致山区水储量减少，影响流域的水资源变化。同时，冰川和积雪减少会对山区气温变化产生反馈，冰川和积雪消融导致山区反照率降低，对太阳辐射的吸收量增加，导致进一步升温。因此，引入水文模型评价气候变化对山区水资源的影响十分必要。本书将在后续章节引入分布式水文模型模拟气候变化对天山山区水资源的影响。

1.3.3 河川径流变化

中亚地区的河流几乎都发源于山区，山区降水和冰川积雪融水是河流的主要补给来源，冰川积雪变化对流域水文过程产生重大影响。气温持续的高位波动，改变了原有山区冰川积雪的积累和消融规律，打破了冰川表面的能量平衡和质量平衡，导致山区冰川和积雪表面反照率减少与冰雪融化之间的一系列反馈作用，直接影响区域水循环的变化及水系统的稳定性，引起下游径流补给方式和水资源数量的改变。气候变暖加速水循环，加大了水文波动和水资源不确定性。干旱区水循环各环节受陆表格局和气候变化影响显著。伴随着气温升高和高位振荡，水循环要素发生了改变，山区的降水、冰川、积雪等因气候变化而对河流水文过程的影响也变得更为复杂（Barnett et al.，2005），水资源系统更为脆弱。中国境内天山过去 50 年的气候变化对水文过程包括径流、潜在蒸散发、冰川积雪影响的研究结果显示，气候变暖引起的冰川、积雪变化的区域差异性和对气候变化响应的复杂性加大了融冰、融雪径流研究的不确定性（Chen，2014；Sorg et al.，2012）。

1.3.3.1 水文波动加大

气候变暖加快了水循环的速度，中国西北干旱区的蒸发量由 1993 年以前的以 6.7mm/a的速度下降逆转为以 10.7mm/a 的速度上升（Li Z et al.，2013）；加大了极端气候水文事件的频度和强度，极端水文事件的发生频率由 20 世纪 80 年代以前的 40 次/10a，增加到 80 年代后期以来的 78 次/10a（Sun et al.，2014；Wang et al.，2015）。随着冰川退缩、冰川水资源补给量减少、冰川调节功能下降及因降水异常等极端气候水文事件的影响，天山地区的河川径流变率增大，不确定性增加（Barnett et al.，2005；Berghuijs et al.，2014）。例如，我国最大的内陆河——塔里木河，2009 年和 2010 年上游的来水量分别为 $1.402\times10^9m^3$ 和 $7.2\times10^9m^3$（陈亚宁等，2014），分别是塔里木河流域有水文记录以来径流量的最小值和最大值，后者的径流量约为前者的 5 倍多。在过去近 20 年间，天山中西部河川径流增加的同时，天山东段的一些流域随着冰川退缩和冰川水资源补给量减少，出现了径流量减少趋势，部分地区已经出现冰川消融拐点。而位于天山西部的伊塞克湖流域，几乎所有小河流的径流量都呈增加趋势，增加幅度在 3.2%～36%；楚河流域未来的径流量将减少 6.6%～27.7%，径流量峰值亦相应提前（Dikich and Hagg，2003）。

1.3.3.2 水文过程改变

研究结果显示，以冰雪融水补给为主的河流，其水文过程受冰川积雪变化影响显著，尤其是山区径流过程对冬季气温变化反应敏感（Barnett et al.，2005）。天山地区的河川径流对冰川（积雪）的依赖性较强。天山北坡地区以融雪径流补给为主的河流，积雪消融期提前；天山南坡地区以冰川融水补给为主的河流，出现了冰川和积雪消融期提前、径流量峰值提前、汛期径流量增加的现象（Sorg et al.，2012）；西天山一带以降水补给为主的河流，径流变率增加。

同时，气候变暖引起水资源补给和水源组分（如蒸散发、冰雪融水、地表水、基流等）的变化，这给变化环境下的水资源未来趋势预估带来了新的挑战。基于分布式 VIC 模型，Zhao 等（2015）分析了天山南坡阿克苏河的径流组分及气候变化的影响问题，指出冰川融水、积雪融水和降雨分别占发源于天山库玛拉克河及托什干河两大支流径流补给量的43.8%、27.15%、28.5%与23.0%、26.7%、50.9%，由于气温升高、冰川退缩，预估到2050 年夏季径流量和年径流量将会减少 2.8%～19.4%；另外，在气候变暖条件下，2070～2099 年塔里木河流域的冰川退缩 32%～90%，尽管塔里木河在 21 世纪早期径流量增加，但是在 21 世纪末期径流量减少，而且面临着巨大的不确定性（Duethmann et al.，2015）。再如，位于天山东段的乌鲁木齐河，在 1950～2009 年径流量增加了 10%（Kong and Pang，2012），其中 1994 年以后 69.7% 的径流量增加是冰川融水导致的（Sun et al.，2013），冰川融水所占比例从 62.8% 增加到 72.1%（Sun et al.，2015）。天山西部伊犁河流域，其主要支流特克斯河的冰川退缩尤为突出，引起河流补给类型的改变，降雨径流所占比例减少。研究显示，自 20 世纪 70 年代以来，特克斯河流域冰川退缩了 22%，降雨径流由 1966～1975 年的 9.8% 减少到 2000～2008 的 7.8%（Xu et al.，2015）。

1.3.3.3 径流年内分配改变

在气候变暖背景下，径流的年内分配发生了改变（图 1-11）。对于天山南坡的流域，年内分配主要表现为夏季径流大幅增加，而冬季径流增加量较少。但是从相对变化来看，冬季和夏季的流量变化相当，天山南坡 12 条流域的夏季流量平均增长 25.5%，范围为 -3.6%~57.0%，而冬季流量平均增长为 31.6%，范围为-8.0%~66.2%。

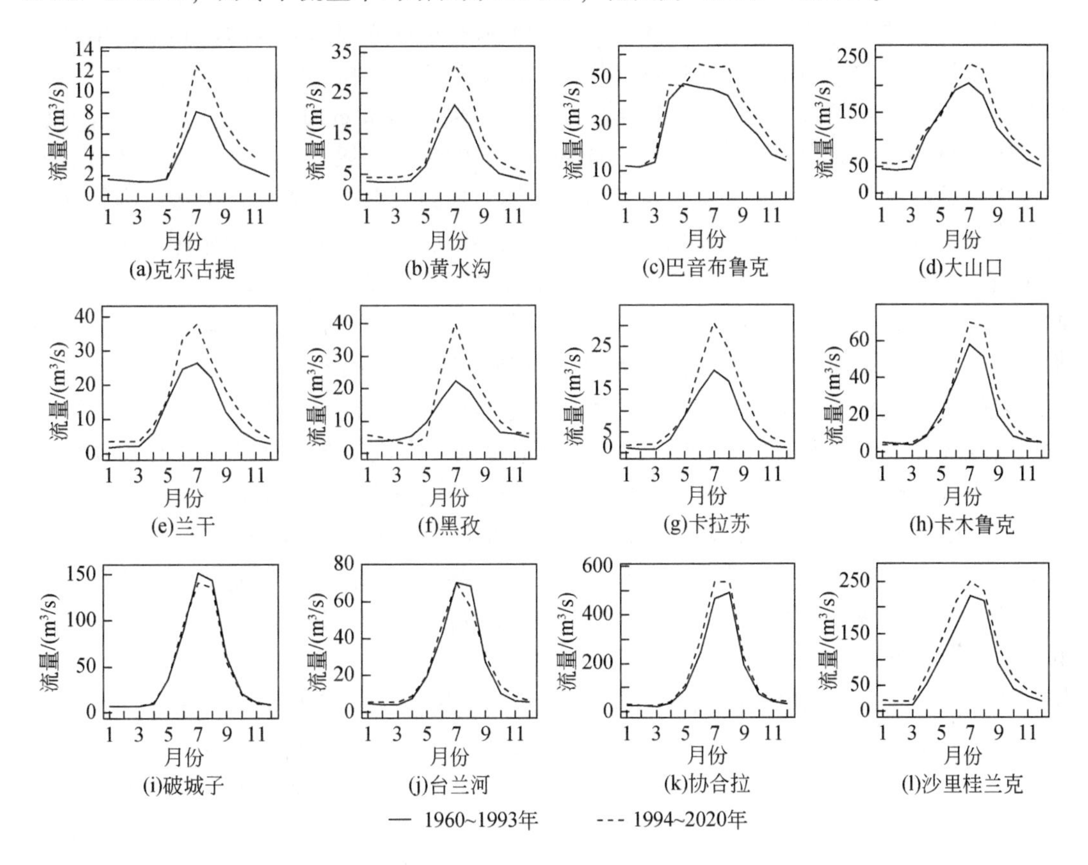

图 1-11 天山南坡河流的季节径流的年内分配变化

2 天山山区水汽来源及对区域降水的影响

天山是全球干旱地区最大的山系，也是距离海洋最远的山系。天山山脉绵延横亘在亚欧大陆腹地，孕育了锡尔河、阿姆河和塔里木河等中亚地区重要的河流，被誉为“中亚水塔”，是中亚地区主要的水资源来源（胡汝骥，2004；Chen et al.，2017）。中亚天山水循环系统独具特色，成为国际水问题和全球变化研究的热点区域（Chen et al.，2017）。天山作为中亚地区的主要水源地，降水是其所有水体形式的根本补给源，空中水汽则是降水的物质基础（胡汝骥，2004）。每年流经天山的水汽输送总量约为$1.15\times10^{12}m^3$，山区上空的云水资源丰富，但受青藏高原热动力作用的影响，降水转化率相对偏低（杨莲梅等，2014）。20世纪80年代中后期以来，气候变化使天山外来水汽净输入量微弱减少，但垂直方向水汽循环显著加速，山区降水明显增加（陈活泼等，2012；吴永萍等，2010）。大尺度系统性降水和局地对流降水的水汽来源与辐合存在差异，而水汽的输送和辐合与降水变化密切相关（王会军和薛峰，2003）。天山地形复杂，水汽来源、输送路径和辐合机制存在一定争议，外来水汽输送和本地蒸发水汽对降水的定量贡献仍不清晰（Zhao and Zhang，2016）。水汽源地、输送路径及辐合决定了降水的时空分布（徐祥德等，2015），因而开展中亚天山水汽输送研究，系统分析水汽来源、输送路径和辐合对天山夏季降水的影响，对加强中亚天山区域降水变化的成因理解和提高预报预测水平具有重要的科学意义与应用价值。

对于某一个地区的降水而言，其水汽由海洋水面或陆面蒸发形成的外来水汽和陆地表面（含陆地水面）蒸散发形成的本地水汽两部分构成（孔彦龙，2013；Guo and Wang，2014）。外来水汽输送影响着区域水分平衡，而本地水汽补给增加局地对流降水，水汽循环变化直接关系着降水天气与气候状况。中亚天山地区距离海洋遥远，东西部降水系统的水汽输送路径完全不同，东部夏季水汽输送路径与东亚季风活动密切相关，而西部则与东亚夏季风的水汽输送关系相对不大（杨青等，2013；蔡英等，2015）。气候态上，中亚天山降水水汽主要依靠西风带水汽输送，但大尺度大降水过程发生时，低纬水汽显得尤为重要，低纬热带海洋水汽通过偏南路径和偏东路径输送到天山形成降水。热带印度洋是年代际增湿的重要水汽补充源地之一，印度洋增暖通过影响水汽的向北输送，促使中亚夏季降水增加（Zhao and Zhang，2016）。

除外来水汽外，山区及周边绿洲地表蒸发水汽形成降水，即水汽再循环过程对降水的影响也十分明显，尤其是在山区。相关学者从气候学和水量循环角度建立了众多的水汽再循环模型，在全球各地得到了广泛应用。全球水汽再循环评估发现，在全球气候变暖背景下，水汽再循环率有增加的趋势，干旱区的水汽再循环率增加得更加明显（康红文等，2005）。刘国纬（1997）开展了水汽再循环研究，发现中国干旱区当地蒸发水汽形成的降水量仅占5.95%，但山区水汽再循环活跃，中国境内天山为9.32%（张良等，2014）。同位素分馏过程可以量化，且影响因素较少，可以用来研究水循环和示踪水汽来源，是研究水汽再循环的有效工具（顾慰祖，2011）。依据降水同位素观测数据，Wang S J 等（2016b，2017）基于三元模型评估了新疆 4 个绿洲区水汽再循环对当地降水的贡献，并进行了不确定性分析；Pang 等（2011）对天山地区的蒸发水汽再循环补给作用进行了探讨；孔彦龙（2013）改进了氘盈余方法，得出乌鲁木齐的水汽再循环率为 8%。这些研究为利用同位素方法研究水汽输送和再循环提供了基础与方法。

水汽输送过程及其对降水的影响是当前研究的热点问题（陈斌等，2011；江志红等，2013；Guo and Wang，2014）。中亚天山地形格局差异影响外来水汽输送路径和水汽再循环结构，决定了水汽辐合和降水形成过程。受水汽输送路径和山脉走向的影响，天山南北坡降水差异颇大（陈亚宁，2014）。伊犁河谷的“喇叭口”地形有利于汇聚西来的丰富水汽，在地形抬升作用下形成丰沛的降水，形成天山最大降水中心（陈曦，2010）。而天山山区及山间盆地局地对流降水偏多，在局地强对流情况下形成短时强降水，降水水汽主要来源于陆面蒸发源水汽和蒸腾水汽（孔彦龙，2013；Wang S J et al.，2017）。

因此，从水汽变化的角度研究水汽输送和辐合对中亚天山降水的影响，加深对中亚天山地区水循环过程问题的科学认识，为合理开发利用天山空中水资源、解决干旱区水资源问题提供科学支撑。

2.1 天山山区大气水分变化特征

2.1.1 天山山区大气水分组成及变化

大气中的水分不仅以气态水的形式存在，还包括液态水和固态水。大气柱总含水量（total column water）是指从地球表面延伸到大气顶部的柱状结构中各种形式的水的总和，包括大气柱水汽含量、大气柱云液水含量、大气柱云冰水含量、大气柱雨水总量和大气柱雪水总量等。

大气柱水汽含量（total column water vapour）是指从地球表面延伸到大气顶部的柱状结构中的水汽含量。大气柱云液水含量（total column cloud liquid water）是指从地球表面延伸到大气顶部的柱状云滴中所含的液态水的含量，其中雨滴的大小和质量要大得多，不包含在内。大气柱云冰水含量（total column cloud ice water）是指从地球表面延伸到大气顶部的柱状云滴中所含的冰状水的含量，其中不包括大气柱中的雪。大气柱雨水总量（total column rain water）是指从地球表面延伸到大气顶部的柱状结构中以雨滴的形式（可以降水的形式落到地表）存在的总水量。大气柱雪水总量（total column snow water）是指从地球表面延伸到大气顶部的柱状结构中以雪的形式（聚集的冰晶，可以降水的形式落在地表）存在的总水量。

天山山区被誉为“中亚水塔”，不仅地表水资源丰富，空中水资源也很丰富，大气水分存在气态、液态和固态三种形式。受山区海拔分布的影响，天山山区大气水分含量的空间分布和变化趋势也存在明显的空间差异。基于最新的欧洲中期天气预报中心第五代大气再分析数据（ERA-5），本书研究了1979～2021年中亚天山山区大气柱总含水量、水汽含量、云液水含量、云冰水含量、空中雨水含量和空中雪水含量的空间分布及变化趋势。

天山山区大气水分含量有明显的空间差异特征，各要素因水分存在形式的差异而分布不同（图2-1）。大气柱总含水量的高值区主要分布在天山两侧区域、伊塞克湖盆地和东天山，低值区主要沿山脊分布，中天山受海拔影响为低值区；从天山各分区来看，东天山大气柱总含水量最大，多年平均值为8.16kg/m²，其次是西天山和中天山，多年平均值为7.80kg/m²和7.32kg/m²，北天山最小，多年平均值为6.94kg/m²。水汽含量的空间分布与大气柱总含水量相似，低值区在托木尔峰周边地区；从天山各分区来看，东天山水汽含量最大，多年平均值为9.00kg/m²，其次是西天山和北天山，多年平均值为8.24kg/m²和7.94kg/m²，中天山最小，多年平均值为7.68kg/m²。

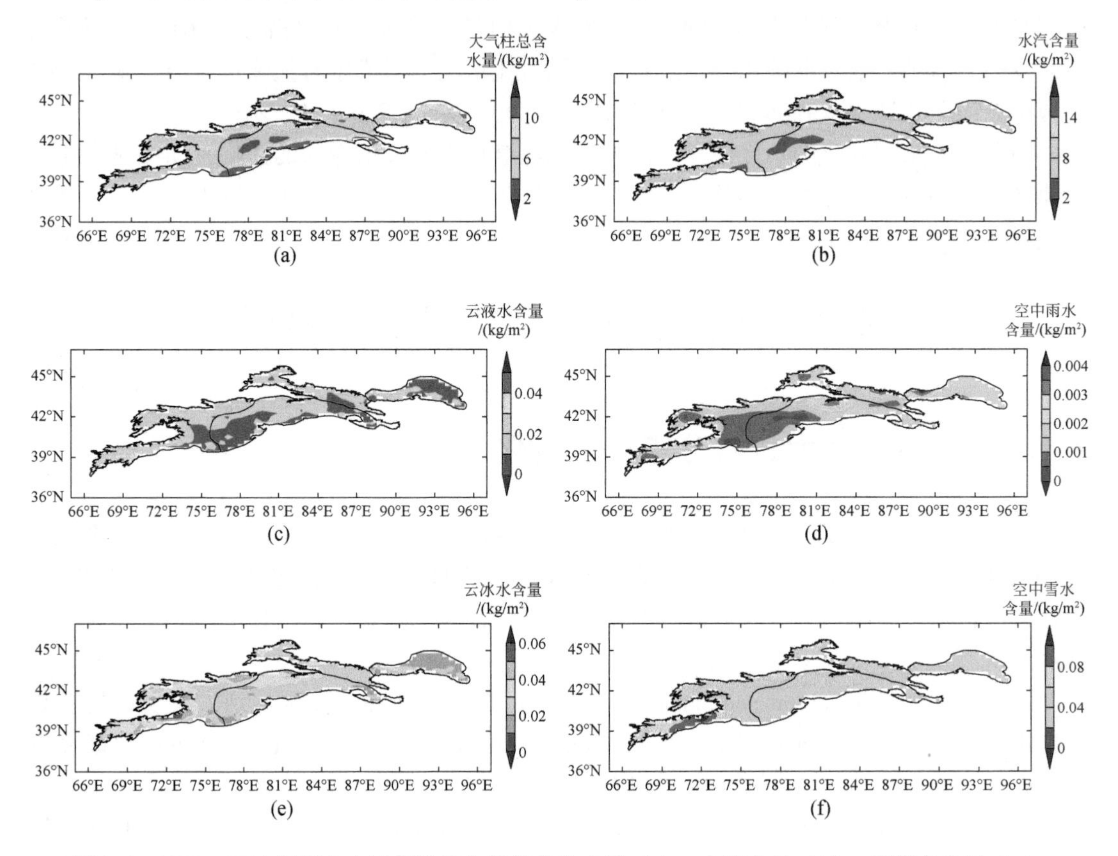

图2-1 1979～2021年天山山区年平均大气柱总含水量（a）、水汽含量（b）、云液水含量（c）、空中雨水含量（d）、云冰水含量（e）和空中雪水含量（f）的空间分布

与水汽含量相比，大气柱云液水含量、云冰水含量、空中雨水含量和空中雪水含量均较低。云冰水含量略大于云液水含量，空中雪水含量明显大于空中雨水含量，这主要与天山山区海拔较高有关，降水更多以雪的形式降落到地表，大气中水分更多以固态冰晶形式存在。云液水含量和云冰水含量的空间分布基本一致，在西天山最大，其次是北天山和中天山，东天山最小。空中雪水含量和空中雨水含量的空间分布存在差异，其中西天山两者

均为最大，但空中雨水含量在中天山最小，而空中雪水含量在东天山最小。在平原、河谷和盆地地区，大气柱较厚，大气水汽含量值较大；在高原山地地区，地形较高，大气柱较薄，大气水汽含量值较小。虽然山区水汽含量低于平原，但水汽能否产生降水，其动力条件是至关重要的。对于干旱区来说，降水转化率在山区高于盆地，因此形成了降水量与大气水汽含量相反的分布特征。

从天山山区大气柱总含水量、水汽含量、云液水含量、空中雨水含量、云冰水含量和空中雪水含量的变化趋势分布图（图 2-2）可以看出，天山山区大气柱总含水量和水汽含量总体呈显著增加趋势，显著增加的区域以中国境内的天山部分为主，在西天山西部也有部分显著增加趋势，而中天山大部分和西天山北部为不显著的增加趋势。云液水含量、云冰水含量、空中雨水含量和空中雪水含量的变化趋势以减少为主，其中在西天山均有显著的减少趋势，而东天山为不显著的增加趋势，其他分区变化趋势不显著。

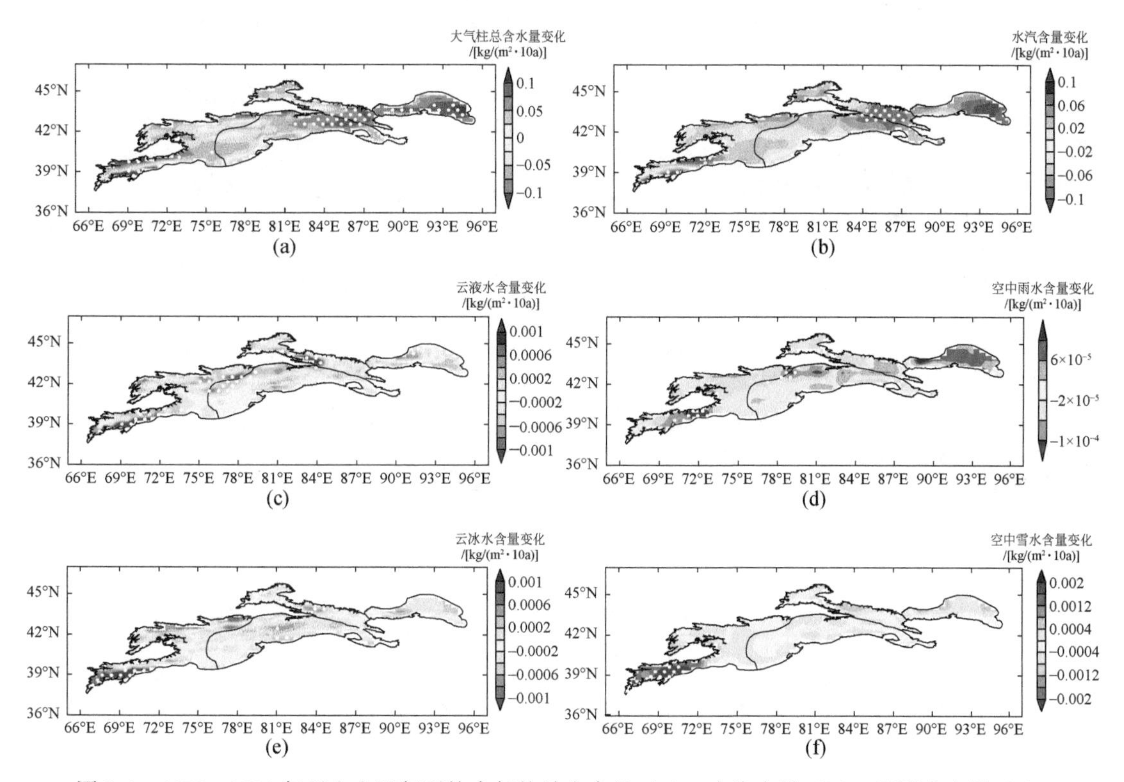

图 2-2　1979～2021 年天山山区年平均大气柱总含水量（a）、水汽含量（b）、云液水含量（c）、空中雨水含量（d）、云冰水含量（e）和空中雪水含量（f）的变化趋势

点状区域为通过 90% 显著性检验的区域

2.1.2　天山山区大气水汽含量季节变化

从 1979～2021 年天山山区水汽含量的季节分布和变化趋势来看，中亚天山大气水汽含量呈现“夏多冬少、春秋相似”的分布特征，受地形作用影响，海拔更高区域的水汽含量显著低于盆地河谷地区。从各季节的分区来看，东天山水汽含量最大，其次是西天山和

北天山，中天山最小。

从水汽含量的季节变化趋势可知，天山山区不同季节水汽变化速率存在明显差异(图2-3)。春季天山大部分地区整层水汽含量以增加为主，其中东天山增加趋势显著；夏季在81°E以东呈显著增加趋势，但其以西呈微弱增加趋势，且不显著；秋季水汽含量变化趋势不显著，天山中部微弱增加，而天山西部和东部呈微弱减少趋势；冬季水汽含量以减少为主，显著减少的区域位于东天山，其余地区变化均不显著。

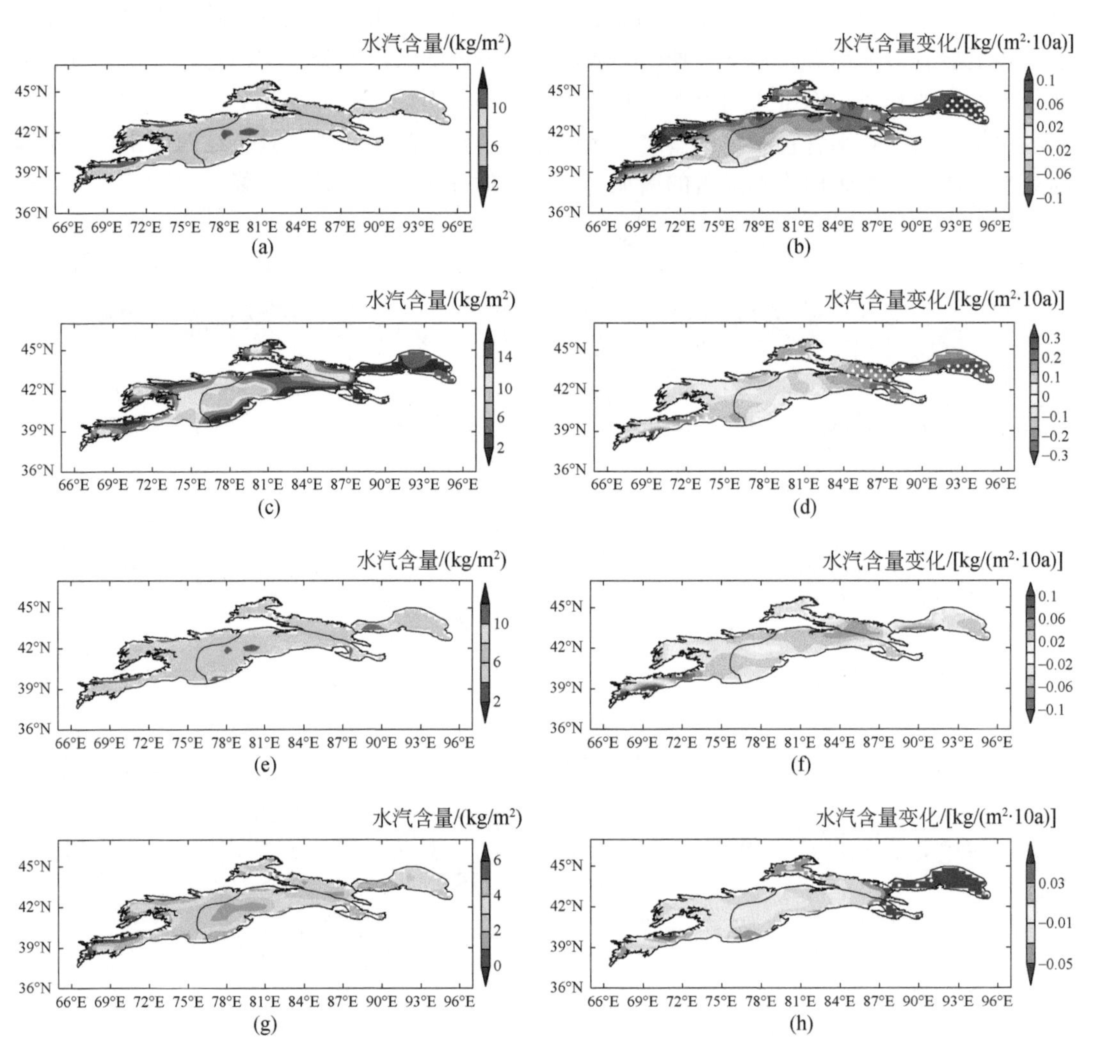

图2-3 1979~2021年中亚天山春季（a）、夏季（c）、秋季（e）、冬季（g）平均水汽含量以及春季（b）、夏季（d）、秋季（f）、冬季（h）水汽含量变化趋势

点状区域为通过90%显著性检验的区域

天山西部水汽主要由中纬度的盛行西风输送，且与中亚深低槽有关，而东部地区还会受到多种季风环流的影响。20世纪80年代，西风指数出现减弱趋势，由西风系统挟带输送至中亚天山的水汽明显减弱，可能造成天山西部水汽减少。而西风减弱有利于东亚季

风、印度季风输送水汽至天山东部，秋季季风爆发相对于夏季更弱，秋季水汽相较于夏季可能出现减少的趋势。

2.2 天山山区降水的多尺度变化

天山山区是中亚干旱区降水最丰富的地区，被誉为“中亚水塔”（Chen et al.，2017；Guan X F et al.，2022a）。基于全球最常用的全球降水气候中心（GPCC）降水数据集，采用 Mann-Kendall（M-K）和集成经验模态分解（EEMD）方法，本书系统开展了中亚天山地区不同时间尺度的降水变化特征研究。

2.2.1 中亚天山降水年际变化及线性趋势

1950～2016 年，中亚天山山区多年平均降水量为 253mm，其中，东天山年降水量为 97mm，西天山年降水量为 455mm。天山年降水量总体呈不显著的增加趋势，变化速率为 0.90mm/10a（图 2-4）。最大年降水量出现在 1969 年（305mm），远高于其他年份，最干旱的年份是 2001 年，年降水量为 231mm。除了 1969 年为异常多降水外，1986 年以前大部分年份的年降水量基本都在 265mm 以下，而 1986 年以后大多数年份的降水量在 265mm 以上。通过累积距平分析发现，1986 年以后天山进入了降水偏多期，且 1986～2016 年降水量的年变化幅度高于 1950～1986 年。

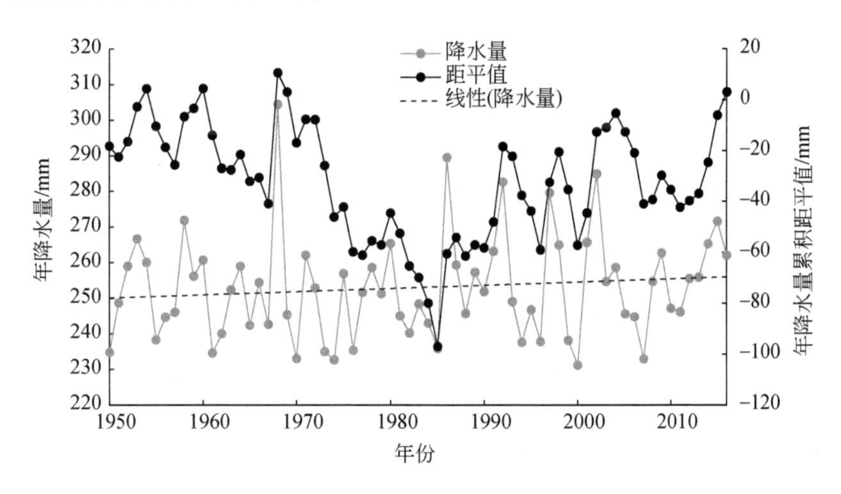

图 2-4　1950～2016 年天山年降水量、线性趋势及年降水量累积距平值

中亚天山降水量存在明显的区域差异。西天山和北天山地区降水量最多，多年平均降水量分别为 403mm 和 312mm（图 2-5）。东天山和中天山地区降水量较少，年降水量分别为 140mm 和 156mm。东天山、北天山和中天山降水量的增加趋势与天山一致，分别以 1.47mm/10a、1.93mm/10a 和 1.14mm/10a 的速率增加。此外，东天山和中天山年降水量的增加趋势显著（$P<0.05$）。从累积距平分析发现，1986 年以后东天山、北天山和中天山

的年降水量显著增加，而西天山在过去 67 年呈微弱的下降趋势，变化速率为-1.14mm/10a。西天山降水量变化经历了 4 个时期：1950~1969 年和 1986~2000 年为降水量增加时期，1970~1985 年和 2001~2014 年为降水量减少时期。天山西部降水量变率较大，降水特征比天山其他地区更为复杂。

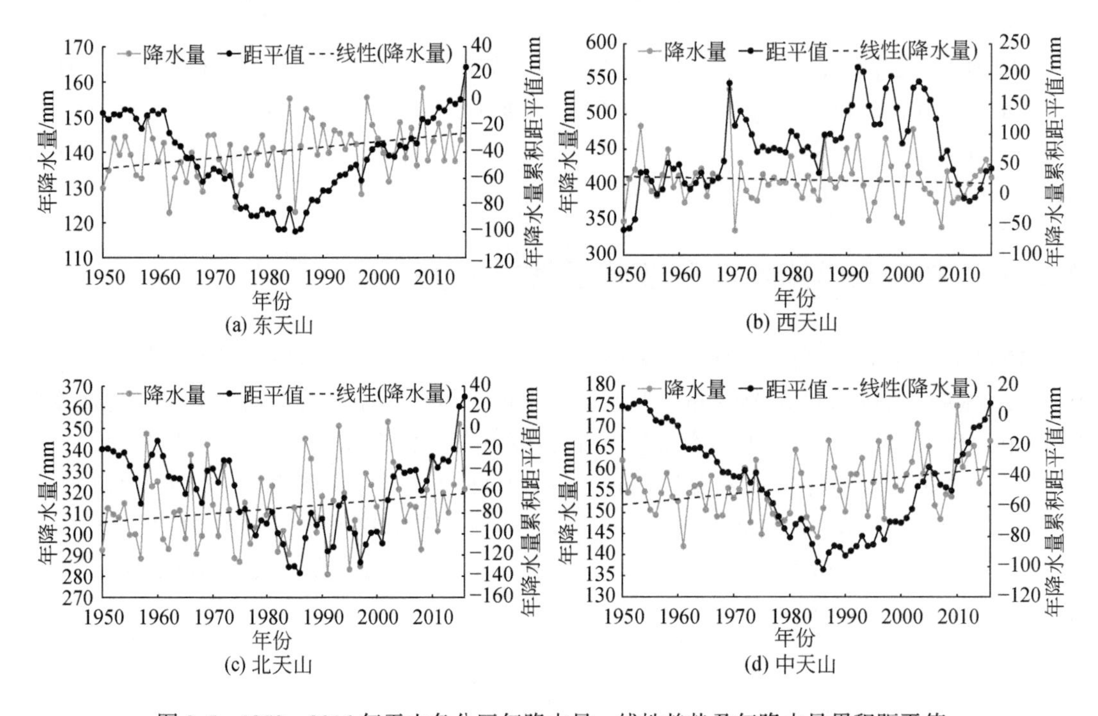

图 2-5　1950~2016 年天山各分区年降水量、线性趋势及年降水量累积距平值

天山西部和天山北部降水丰富。西天山一些地区的年降水量甚至超过 900mm；天山大部分地区在研究期间年降水量呈增加趋势。其中，北天山和中天山的增加趋势最为明显。除东天山西南部降水量减少外，东天山其他地区年降水量均有显著增加趋势。而年降水量最高的西天山地区在 1950~2016 年降水量呈减少趋势，降水量明显减少的地区主要集中在西天山的高海拔山区。

2.2.2　中亚天山降水的多时间尺度变化

利用 EEMD 方法将 1950~2016 年天山年降水量序列分解为 5 个独立的固有模态函数（IMFs）和 1 个趋势分量，显示其多时间尺度特征和非线性趋势。IMF1~IMF5 反映了降水从高到低的频率波动，每个 IMF 都呈现出一个具有确定周期的振荡分量，而趋势代表了年降水量的非线性、非平稳趋势。

EEMD 结果表明，天山地区年降水量的振荡周期分别为 3.3 年、6.4 年、12.2 年和 26.8 年，其中 IMF1 和 IMF2 的频率最高、振幅最大、波长最短，反映出年际时间尺度上的分量。为了比较各 IMF 分量，揭示原始序列的本质振荡，计算 IMF 的方差贡献率，其中

IMF1 为 55.2%，占主导地位，其次是 IMF2（22.4%），即年际信号是天山地区年降水量变率的主导分量。此外，在年代际和多年代际尺度上分别检测到 12.2 年（IMF3）与 26.8 年（IMF4）的周期，对降水量变率的贡献为 15.8%。

天山各分区的年降水量均表现出准 3 年和准 6 年的年际变化特征。年际变化也是天山各分区年降水量的主导分量（IMF1 和 IMF2），分别占到 64%（东天山）、62%（北天山）、84%（西天山）和 63%（中天山）的方差贡献，特别是西天山的准 3 年振荡解释了 68% 以上的方差贡献。在年代尺度上，各分区表现出不同的特征，其中，东天山的年代际变化周期为 10.8 年、28.0 年和 33.2 年，北天山的年代际变化周期为 14.4 年和多年代际变化（MDV）周期为 40.2 年。西天山和天山的年降水量在年代际尺度上分别存在 13.7 年与 16.1 年的周期变化。此外，这两个地区的年代际周期分别为 29.4 年和 22.7 年。

在 26.8 年的时间跨度内，天山地区年降水量存在显著的 MDV。从趋势线来看，1986 年以后降水量为正距平。MDV 叠加在非线性趋势上，导致 1950～2016 年出现 2 个降水负距平的干旱期和 2 个降水正距平的湿润期。其中，干旱期为 1950～1962 年和 1973～1984 年，湿润期为 1962～1972 年和 1985～2016 年。由于 MDV 分量趋势的加强，2004 年以来天山呈现持续增湿的趋势（图 2-6）。从图 2-6 可以看出，天山的变干趋势时段为 1968～1978 年和 1991～2004 年。1955～1968 年、1979～1991 年和 2004～2016 年为增湿期。

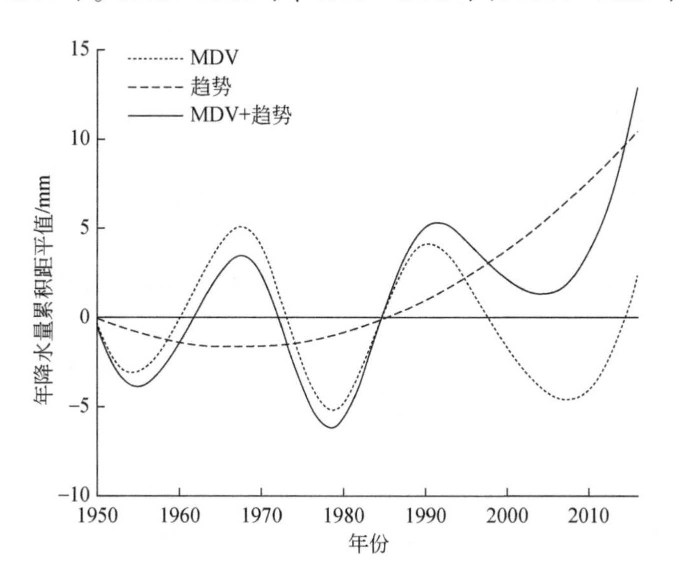

图 2-6　基于 EEMD 方法的天山多年代际降水特征

MDV 代表多年代际变化，MDV+趋势反映了多年代际变化趋势

中亚天山山区子区域的多年代际振荡和周期长度存在具体差异。东天山的多年代际变化周期分别为 28.0 年和 33.2 年；东天山的年降水量在 1993 年以后转为正距平。MDV 表明，1986 年以前东天山处于干旱期，之后进入湿润期，特别是 1999 年以来东天山处于明显的增湿过程。天山北部干旱期较长，为 40.2 年。此外，其长期趋势呈现出快速的线性增长特征，在 1981 年以后趋于正距平。MDV+趋势表明，1950～1959 年和 1970～1988 年

分别为北天山的干旱期，而 1960 ~ 1969 年为相对湿润期，1989 年开始为连续湿润期。

西天山存在明显的 30 年多年代际振荡，尽管在研究期内降水量呈下降趋势，但降水量距平趋势仍处于正距平。与趋势叠加的 MDV 表明，1951 ~ 1974 年和 1983 ~ 2000 年西天山为相对湿润期，2001 ~ 2014 年为干旱期，而自 2014 年以来一直处于相对湿润期。与天山其他子区域相比，天山中部年降水量表现出不同的多年代际尺度特征，虽然中天山降水量的多年代际周期振荡也在 20 年左右，但长期趋势呈现先减少后增加的非线性特征，降水量在 1955 年进入负距平，1994 年进入正距平，此后呈增加趋势。中天山地区降水量的多年代际振荡与长期趋势叠加，1955 ~ 1987 年为干旱期，1988 年以来为相对湿润期。

综上所述，东天山、北天山、中天山的长期变化趋于增湿。其中，北天山在 1981 年首次进入降水正距平；东天山降水距平由负转正发生在 1993 年，中天山是 1994 年由变干转为增湿。由于多年代际变化和长期趋势的共同作用，整个天山目前不仅处于相对湿润期，还处于明显增湿期。因此，在几十年尺度上，天山已进入异常湿润期，但天山各分区间的降水量变化存在显著差异。特别是西天山与研究区其他地区相比，表现出明显不同的变化格局。

2.2.3 中亚天山降水量的季节变异性

天山地区降水主要集中在春季和夏季，平均降水量分别为 87mm 和 74mm，分别占年降水量的 34.4% 和 29.2%，其次为秋季（48mm）和冬季（44mm），分别占年降水量的 19.0% 和 17.4%。但是天山 4 个子区域的降水特征有明显的季节差异特征。西天山和北天山春季降水量分别达到 171mm 和 102mm，分别占全年降水量的 42.6% 和 32.8%。除春季外，北天山夏季降水量较多（88mm，占年降水量的 22.6%），西天山冬季降水量较多（98mm，占年降水量的 24.3%）。东天山和中天山降水主要集中在夏季，平均降水量分别为 33mm 和 73mm。天山东部和中部冬季平均降水量均为 13mm。

1950 ~ 2016 年，天山山区春季降水量呈下降趋势（-0.60mm/10a），其余季节降水量呈增加趋势。从空间分布来看，春季降水量下降趋势主要体现在西天山和北天山部分地区。在天山西部，春季降水量变化趋势为-2.67mm/10a。夏季降水量的下降趋势集中体现在天山中西部地区。相比之下，东天山地区降水量呈显著增加趋势，秋冬季天山北部和中部降水量呈明显增加趋势。冬季降水量总体呈增加趋势，但天山东部和西部降水量呈减少趋势。

EEMD 结果表明，天山地区季节性降水也表现出 3 年和 6 年准周期的高频变化。年际变化是四季降水的主导分量（IMF1 和 IMF2），其方差贡献率分别为 86.3%（春季）、77.3%（夏季）、88.6%（秋季）和 80.5%（冬季）。在多年代际尺度上，春季降水的周期为 12.2 年和 26.8 年，而夏季和秋季降水的周期为 33.5 年。此外，冬季降水在年代际和多年代际尺度上分别存在 13.4 年和 44.7 年的周期性变化。

2.3 水汽来源对天山山区降水变化的影响

2.3.1 天山山区水汽收支分解

图 2-7 显示了中亚天山夏季降水标准化距平和 9 年滑动时间序列。由图 2-7 可见，中亚天山夏季降水具有明显的年代际变化特征，1961～1987 年及 2006～2021 年降水整体处于负位相。1988～2005 年，大部分降水处于正位相，仅有 4 年降水处于负位相，且有 7 年降水正异常超过 1 个标准差。基于图 2-7 的结果，我们将整个时段分成三个子时段，分别为 1961～1987 年（P1 时期）、1988～2005 年（P2 时期）和 2006～2021 年（P3 时期）。

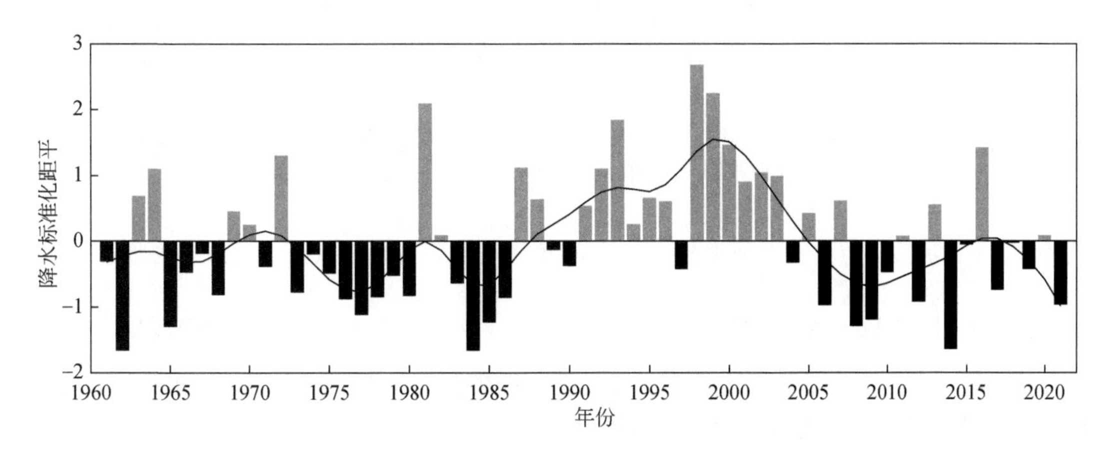

图 2-7 中亚天山夏季降水标准化距平和 9 年滑动时间序列

分析 1961～2021 年中亚天山夏季平均降水量空间分布可知［图 2-8（a）］，夏季平均降水量并没有显著的空间分布差异，降水量在 300～600mm。从中亚天山夏季降水量趋势来看［图 2-8（b）］，西部降水量增加显著，超过 1.0mm/a；其余区域增加减少交替出现，没有明显的趋势。图 2-8（c）给出了 P2 时期中亚天山夏季平均降水量与 P1 时期平均降水量的差值。除了中亚天山中部微弱减少，其他区域均为增加，中亚天山西部降水量增加最大幅度超过 80mm，东部和北部降水量增加的幅度也在 40mm 以上；图 2-8（d）为 P3 时期中亚天山夏季平均降水量与 P2 时期平均降水量的差值，表现出与图 2-8（c）几乎完全相反的区域变化分布，这表明 P1 时期和 P2 时期的降水空间分布类似，整个中亚天山区域表现出降水增加—减少的年代际变化。

大气水汽输送收支方程表示在季节尺度上通过其边界进、出大气柱的降水量、蒸发量和水汽输送量是平衡的，单位气柱水汽平衡方程可写成：

$$\frac{\partial w}{\partial t}+\nabla \cdot Q=E-P \tag{2-1}$$

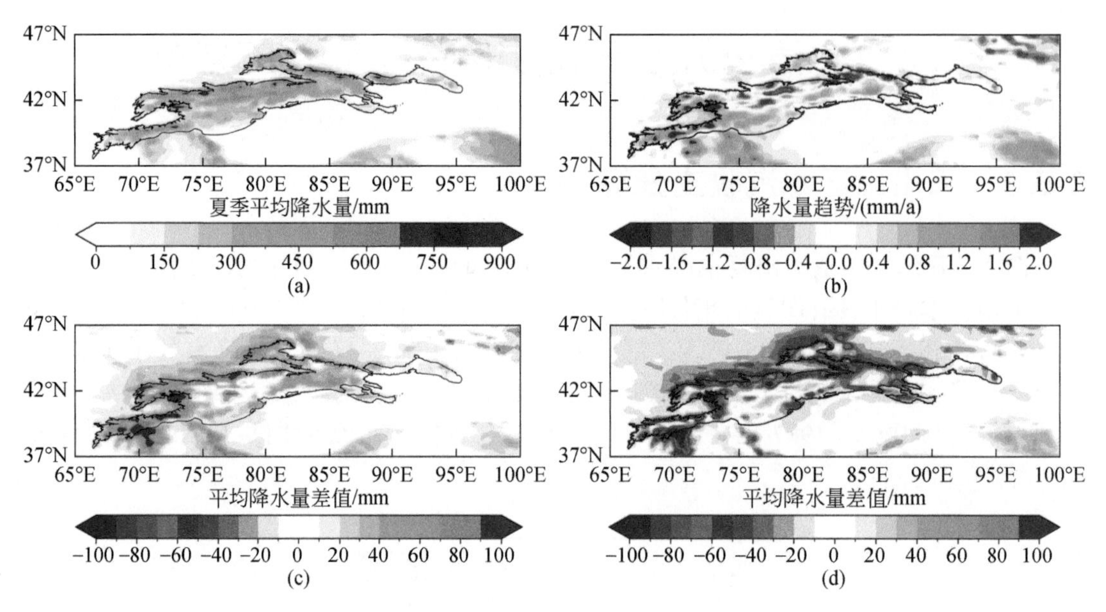

图 2-8 1961～2021 年中亚天山夏季平均降水量（a）、降水量趋势（b）、降水量年代际差异（P2 时期–P1 时期）(c)、降水量年代际差异（P3 时期–P2 时期）(d)

式中，$w=\int_{p_t}^{p_s} q\mathrm{d}p/g$ 为大气可降水量，p_s 为地面气压，p_t 为高层气压，g 为重力加速度，q 为比湿；$Q=\int_{p_t}^{p_s} q\vec{V}\mathrm{d}p/g$ 为垂直积分的水汽通量项，$\vec{V}$ 为三维矢量风场；∇为物理量的梯度；E 为蒸发量；P 为降水量。为了量化水汽各项变化在水汽收支中的作用，将水汽通量项分解为定常和瞬变，于是水汽平衡方程简化为

$$\frac{\partial w}{\partial t}=E-P+\left[\frac{1}{\rho_w g}\int_{p_t}^{p_s}\nabla(\bar{q}\cdot V')\mathrm{d}p+\frac{1}{\rho_w g}\int_{p_t}^{p_s}\nabla(q'\bar{V})\mathrm{d}p+\frac{1}{\rho_w g}\int_{p_t}^{p_s}\nabla(\overline{q'V'})\mathrm{d}p+qV_s\cdot\nabla p_s\right] \tag{2-2}$$

式中，变量上标横线表示月平均量，即 $\bar{V}$ 为水平矢量风场，$\bar{q}$ 为月平均比湿；而 V'、q'为相对于月平均值的偏差；ρ_w 为水汽密度；V_s 为风速。对于较长时间（月数据）、较大范围的平均状况而言，大气的局地水汽储存变化率$\frac{\partial w}{\partial t}$非常小，可忽略不计。式（2-2）右侧中括号中第一项为水汽平流动力项；第二项为水汽平流热力项；第三项为水汽平流非线性项；第四项为地表变量项，相对于其他项一般可忽略不计。

图 2-9（a）为 1961～2021 年中亚天山夏季各边界水汽收支变化趋势。从图中可以看出，纬向边界、经向边界水汽收支变化趋势一致达到收支平衡，水汽净收支略有增加；相对于东西边界，南北边界的水汽变化趋势更为显著。从 P2 时期与 P1 时期的差值来看［图 2-9（b）］，虽然纬向边界水汽盈余，但经向边界水汽亏损更多，导致净收支为负值。从 P3 时期与 P2 时期的差值来看［图 2-9（c）］，与图 2-9（b）变化相反，纬向边界水汽亏损，但经向边界水汽盈余，净收支为正值。

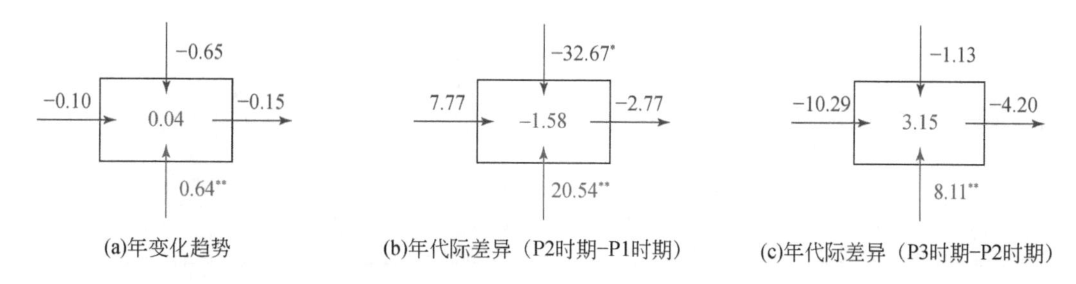

(a)年变化趋势　(b)年代际差异（P2时期-P1时期）　(c)年代际差异（P3时期-P2时期）

图 2-9　1961～2021 年中亚天山夏季各边界水汽收支年变化趋势及不同时期水汽收支差值（单位：10^{10}t）

*表示置信度超过 95%，**表示置信度超过 99%

从 P2 时期与 P1 时期水汽平流各项差值及散度变化［图 2-10（a）、图 2-10（c）、图 2-10（e）］可以看出，水汽平流热力项造成中亚天山西风水汽输送增强；水汽平流动力项的水汽来源于中亚气旋异常西风及西北太平洋异常东风水汽；水汽平流非线性项产生的异常水汽沿北边界和东边界进入。水汽平流各项散度均在中亚天山尤其是西部产生异常辐合，造成此时期降水量增加。而 P3 时期与 P2 时期水汽平流各项及散度差值［图 2-10（b）、图 2-10（d）、图 2-10（f）］表现为，水汽平流热力项和水汽平流动力项表现为东风和南风水汽输送异常，此时期西边界输入和东边界输出减弱；二者产生的中亚天山各区域水汽散度呈现反向变化。虽然水汽平流非线性项产生了异常西风水汽输送和异常水汽辐合，但相对于水汽平流热力项和动力项量级较小。综合来看，P2 时期，热带印度洋及气旋引起的西风水汽自西边界和南边界进入中亚天山，西北太平洋水汽异常沿东边界进入中亚天山，并产生了水汽辐合异常，降水量增加。而 P3 时期，异常水汽均来源于中高纬大陆反气旋环流异常，并且水汽平流各项散度变化不一致，降水量减少。

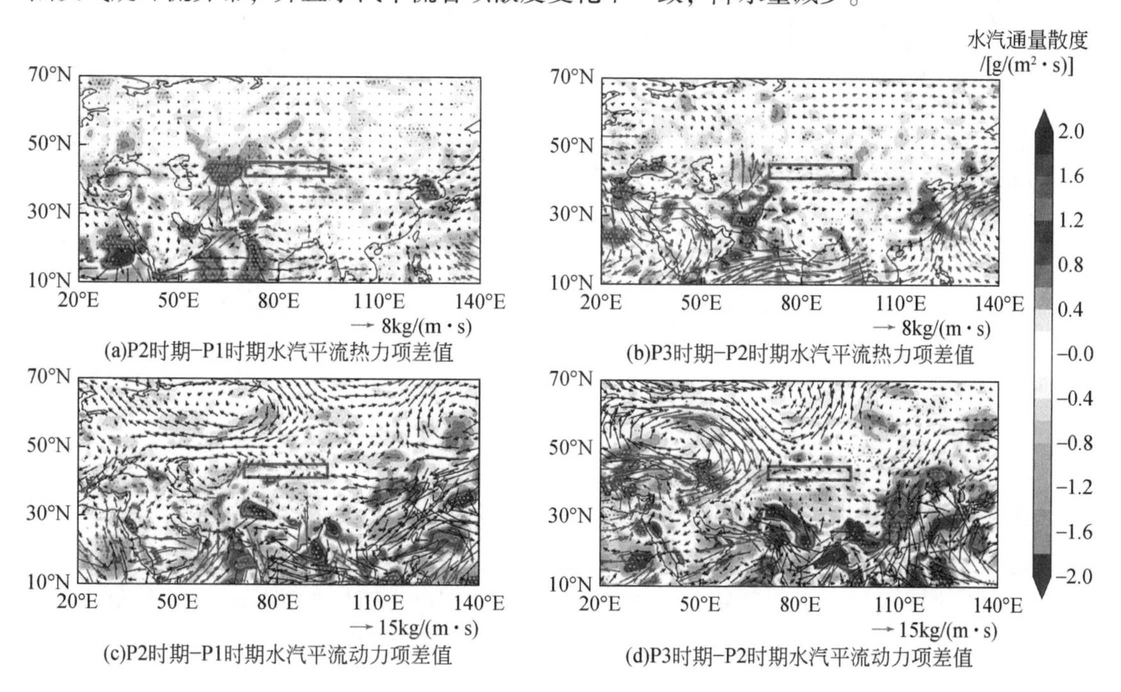

(a)P2时期-P1时期水汽平流热力项差值　(b)P3时期-P2时期水汽平流热力项差值

(c)P2时期-P1时期水汽平流动力项差值　(d)P3时期-P2时期水汽平流动力项差值

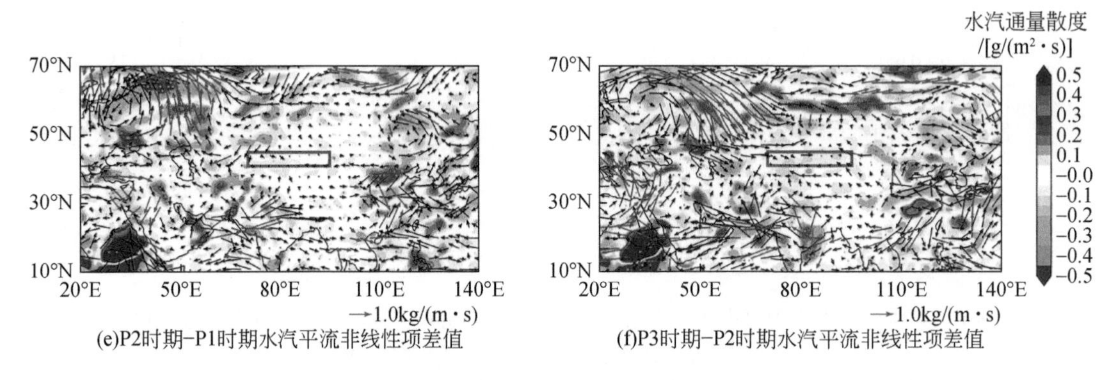

图 2-10 中亚天山不同时期夏季水汽平流热力项差值、水汽平流动力项差值、水汽平流非线性项差值及对应水汽通量散度变化

红色方框为中亚天山，蓝色箭头及灰色点区表示差值通过 95% 显著性检验

从 P2 时期与 P1 时期 u-ω 垂直剖面来看［图 2-11（a）］，70°E～85°E 及 90°E 附近对流层中低层异常上升运动显著，使得降水量增加，尤其是在 70°E～75°E 存在异常气旋式环流，中亚天山西部降水正异常更为显著。P3 时期与 P2 时期 u-ω 垂直剖面［图 2-11（b）］中，沿纬向上升运动与下沉运动交替出现，下沉运动的强度和范围均强于上升运动，显著加强的上升运动导致此时期降水量减少。

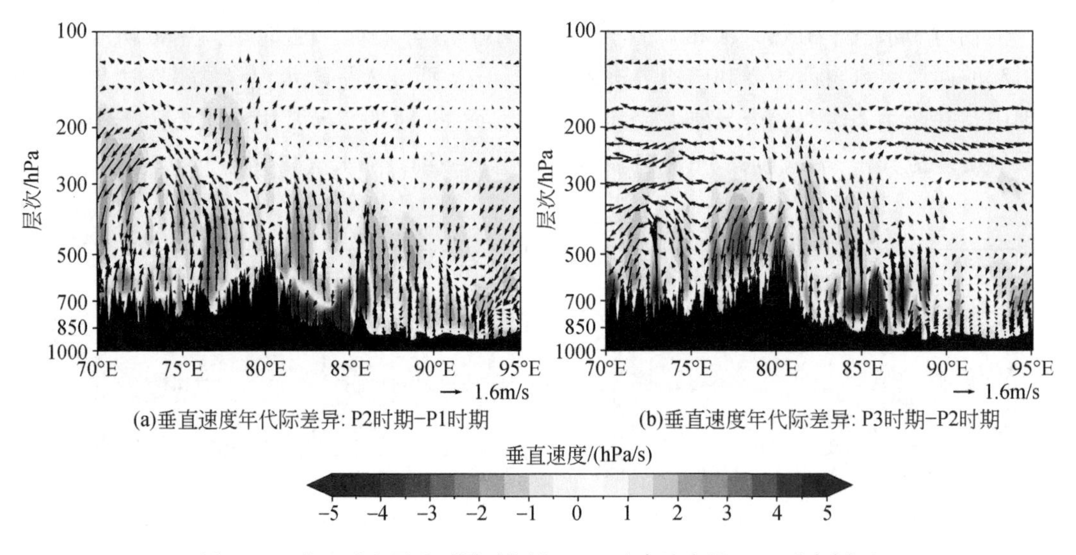

图 2-11 中亚天山夏季不同时期沿 42°N 垂直速度及 u-ω 垂直剖面

灰色点区表示差值通过 95% 显著性检验

为了更进一步理解中亚天山降水量和水汽变化原因，我们绘制了不同时期中亚天山区域平均降水量、水汽方程各项及垂直速度差值图（图 2-12）。从降水变化来看，中亚天山降水量在三个子时期中出现了显著增加到显著减少的变化。而从 P2 时期与 P1 时期的水汽方程各项及垂直速度差值可以看出，显著增强的水汽平流动力项增加了中亚天山的水汽输

送，加之上升运动（ω）和水汽辐合增强，导致 P2 时期的降水量明显增加；从 P3 时期与 P2 时期的水汽方程各项及垂直速度差值可以看出，此时期水汽方程各项及垂直速度差值与 P2 时期一致，但水汽由辐合转为辐散，造成降水量减少。

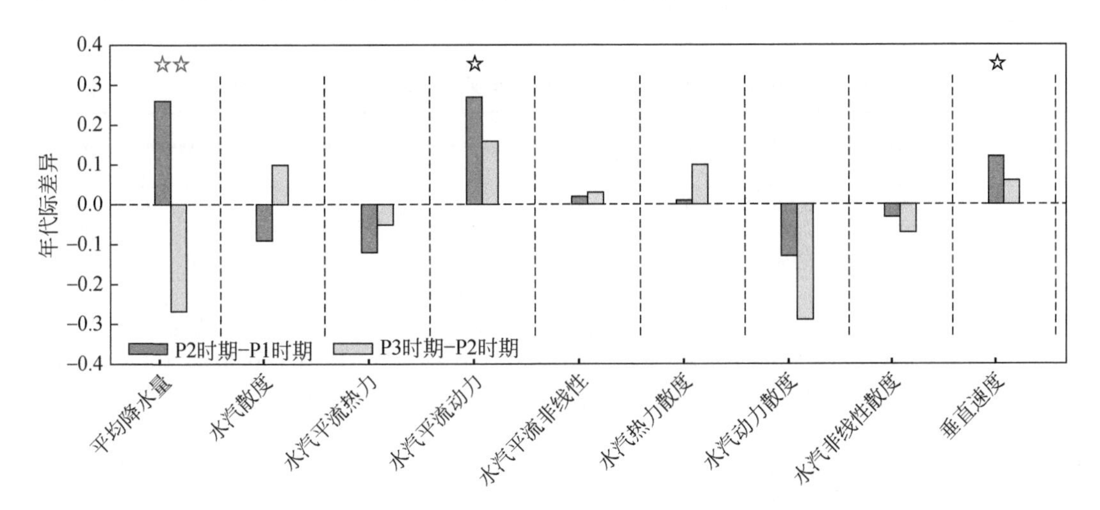

图 2-12　不同时期中亚天山平均降水量（mm/d），水汽散度、水汽平流热力、水汽平流动力、水汽平流非线性（10℃/s），水汽热力散度、水汽动力散度、水汽非线性散度［10^{-5}kg/(m^2·s)］，以及垂直速度（hPa/s）差值

一星星标、两星星标分别表示变量差值通过 95%、99% 的显著性检验

2.3.2　天山山区降水异常的水汽输送机理

2.3.2.1　冬季降水

中亚天山全区冬季降水为 44mm，是四季中降水最少的季节，占全年降水的 17.4%。但是，天山地区冬季降水分布极不均匀，其中，天山中部冬季平均降水仅为 13mm，而西天山冬季平均降水为 98mm。

表 2-1 给出了 1950～2016 年大气环流指数与天山冬季降水的相关系数，可以看出，天山冬季降水除与东大西洋/俄罗斯西部（EATL/WRUS）遥相关型呈显著正相关外，与其他大气环流指数无明显相关关系。冬季降水与 EATL/WRUS 遥相关型的相关系数为 0.42，通过了 99% 置信水平统计检验，表明 EATL/WRUS 遥相关型是影响天山冬季降水年际变化重要的大气环流模态。

500hPa 位势高度异常和 700hPa 水平风异常对天山冬季降水距平的回归分析表明，从北欧到中亚再到东亚，存在遥相关波列，形成三个中心的东西模态分布，其中偏西正位势高度异常中心位于北欧（“A”），负异常中心位于里海东北部和俄罗斯西南部（“B”），在中国东北和朝鲜有一个类似北欧的异常中心（“C1”）。这个大气环流结构精确地反映了 EATL/WRUS 遥相关型（Barnston and Livezey，1987）。此外，在印度北部 70°E～80°E、

25°N～35°N（“C2”）出现了一个正位势高度异常中心。天山正好位于中亚异常气旋环流和印度北部异常反气旋环流之间。北侧高度负异常与南侧高度正异常之间存在强烈的异常压力梯度，诱导出强烈的西风和西南风（图 2-13），使亚欧大陆和阿拉伯海水汽平流输送，导致天山冬季降水增加。

表 2-1　1950～2016 年大气环流指数与天山冬季降水的相关系数

大气环流指数	NAO	AO	PNA	PDO	AMO	EA	SCAND	WP
相关系数	0.16	0.06	0.15	0.17	0.04	0.15	-0.01	0.10
大气环流指数	EP/NP	ENSO	SOI	MEI	EATL/WRUS	ISM	DMI	WYM
相关系数	0.27	0.03	0.05	-0.13	0.42 **	0.05	0.08	-0.09

注：NAO 表示北大西洋涛动；AO 表示北极涛动；PNA 表示太平洋-北美遥相关型；PDO 表示太平洋年代际振荡；AMO 表示大西洋年代际振荡；EA 表示东大西洋遥相关型；SCAND 表示斯堪的纳维亚；WP 表示西太平洋遥相关型；EP/NP 表示东太平洋/北太平洋振荡指数；ENSO 表示厄尔尼诺-南方涛动指数；SOI 表示南方涛动指数；MEI 表示多变量 ENSO 指数；EATL/WRUS 表示东大西洋/俄罗斯西部型；ISM 表示印度季风指数；DMI 表示印度洋偶极子指数；WYM 表示韦伯斯特和杨氏季风指数。下同

** 通过了 99% 置信水平统计检验

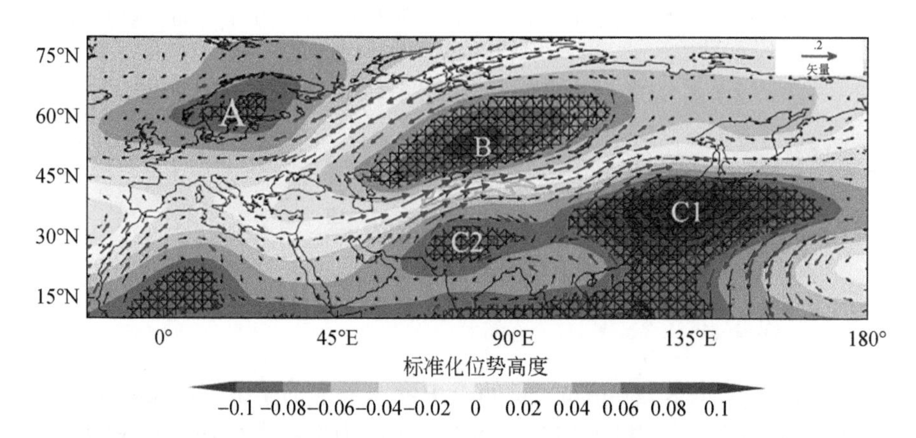

图 2-13　1950～2016 年 500hPa 位势高度异常和 700hPa 水平风异常对天山冬季降水距平的回归分析
对位势高度和水平风进行了标准化处理，网状区域和蓝色箭头区域表示相关性通过了 99% 置信水平上的检验，绿色边框区域代表天山区域

为了更准确地解释 EATL/WRUS 遥相关型对天山冬季降水的影响，本书定义了一个修正的 EATL/WRUS 指数。根据 EATL/WRUS 大气遥相关指数的计算，将该指数定义为多个位势高度异常中心的线性组合。因此，我们将 H_{index} 定义为图 2-13 中 A（10°E～30°E，55°N～65°N）、B（70°E～90°E，45°N～60°N）、C1（120°E～140°E，30°N～40°N）、C2（70°E～80°E，25°N～35°N）4 个区域的标准化位势高度的线性组合：

$$H_{\text{index}} = \frac{1}{4}H_{\text{A}} + \frac{1}{4}H_{\text{C}} - \frac{1}{2}H_{\text{B}} \tag{2-3}$$

H_{A}、H_{B}、H_{C}是 A、B、C（C1+C2）区域的平均归一化位势高度，重新定义的 H_{index} 与

美国国家海洋和大气管理局（National Oceanic and Atmospheric Administration，NOAA）提供的每月 EATL/WRUS 指数呈现一致的变化。两者的相关系数为 0.49，在 99% 置信水平上显著。因此，可以考虑用 H_{index} 来表征天山地区与降水相关的 EATL/WRUS 特征。标准化 H_{index} 与 1950～2016 年天山冬季降水变化密切相关（在 99% 置信水平下相关系数为 0.60）。NOAA 的 EATL/WRUS 指数是基于 Barnston 和 Livezey（1987）的定义，他们将 EATL/WRUS 的正相位定义为位于欧洲和中国北部的正高度异常，以及位于北大西洋中部和里海北部的负高度异常。根据这一定义，在印度北部 70°E～80°E、25°N～35°N 的正高度异常没有被捕捉到，我们在图 2-13 中描述为“C2”。而 H_{index} 则考虑了印度的活动中心，从而更充分地解释了天山冬季降水的 MDV。1968 年和 1969 年冬季异常降水与 H_{index} 有较强的相关性。NOAA 提供的原始 EATL/WRUS 记录中没有反映出这种强烈的一致性。因此，以印度北部为中心的正高度异常可能是与 EATL/WRUS 共同引发 1968 年和 1969 年冬季降水异常正距平的重要因素。因此，不但位于欧洲、中国北部、里海和北大西洋中部的 4 个主要活动中心对天山冬季降水有重要影响，而且以印度北部为中心的异常也是相关影响因素。

将 1950～2016 年天山冬季降水序列分解为 3.6 年、6.7 年、13.4 年的振荡周期，多年代际变化周期为 44.7 年。从 MDV 可以看出，1988 年以前天山冬季降水处于干旱期，1989～2013 年为相对湿润期，长期趋势呈先增加后减少的非线性特征。受观测到的 MDV 特征的影响，降水的长期趋势仍然不足以改变 1988～2010 年降水一直处于湿润阶段。

由于 H_{index} 指数很好地代表了 EATL/WRUS 遥相关型，它的 MDV 在 1988 年出现了移位，长期趋势也呈现出先上升后下降的非线性特征。该指数的 MDV 叠加在非线性趋势上，导致 1988 年之前为负值，1989～2014 年为正值。由于 1988 年天山冬季降水 MDV 和 EATL/WRUS 发生了移位，因此比较了 1950～1988 年和 1989～2016 年两个时段的环流差异。500hPa 位势高度异常对天山冬季降水距平的回归分析均表现出明显的 EATL/WRUS 特征，但在第二时段，EATL/WRUS 的纬向特征减弱，经向特征增强。低压中心在里海上空向西移动，而原本位于印度西北部的低压中心向东移动。同时，低纬度地区受高压控制，强度大于第一时段。天山在两个时段都处于气旋和反气旋之间；第一时段的气旋和反气旋分别位于天山北部和南部，而在第二时段中，这两个中心位于天山西部和东南部，增强了两个气压系统之间低纬度的西南气流。因此，这一特征增强了南向水汽平流，有利于天山降水的增加。

选取第二时段（1989～2016 年）中标准化降水大于 1 的年份（1990 年、1992 年、1998 年、2003 年、2005 年、2006 年、2010 年）表示降水正距平期。在此基础上，计算了各年的垂直积分水汽通量距平。在降水正距平年份，包括天山山脉在内的中亚大部分地区的总可降水量（PWC）为正值。中亚地区受气旋控制，一个中心在里海附近，另一个中心在阿拉伯半岛上空。通过水汽通量可以推断，进入天山的水汽路径有三条：天山位于中亚气旋的东南方，来自欧洲大陆的水汽通过中亚气旋的西南风输送至天山（水汽路径 1）；阿拉伯海上空存在高水汽中心异常，由于气旋的延伸，来自阿拉伯海的大量水汽平流至天山山脉（水汽路径 2）；位于低纬度的高压系统将水汽从孟加拉湾向北输送至天山（水汽路径 3）。

2.3.2.2 夏季降水

中亚天山夏季降水为74mm，占全年降水的29.2%。与冬季降水相比，天山夏季降水分布相对均匀，西天山降水为70mm，而北天山降水达到87mm。表2-2给出了1950～2016年大气环流指数与天山夏季降水的相关系数，发现天山夏季降水与SCAND遥相关型呈显著负相关，相关系数为-0.45，通过了95%的置信水平统计检验。从空间分布来看，SCAND指数与西天山、北天山和东天山的降水呈显著负相关，而与中天山的相关性较弱。此外，PNA、PDO和WP与天山夏季降水也在95%置信水平上显著相关。

表2-2 1950～2016年大气环流指数与天山夏季降水的相关系数

大气环流指数	NAO	AO	PNA	PDO	AMO	EA	SCAND	WP
相关系数	-0.13	-0.01	0.30*	0.29*	0.03	0.26	-0.45*	-0.31*
大气环流指数	EP/NP	ENSO	SOI	MEI	EATL/WRUS	ISM	DMI	WYM
相关系数	0.04	0.20	-0.05	-0.03	0.15	-0.05	-0.11	-0.09

*通过了95%置信水平统计检验

从1950～2016年500hPa位势高度异常和700hPa水平风异常对天山夏季降水距平的回归分析来看，其空间模态是明显的SCAND遥相关型的负位相分布（图2-14），其特征为斯堪的纳维亚半岛和日本海上空的负位势高度异常，以及西伯利亚上空以乌拉尔山脉为中心的正位势高度异常；此外，中亚上空还有一个明显的异常气旋。这种遥相关型存在于对流层的下部到上部。天山位于异常气旋和反气旋之间的南向平流区，这种环流结构使来自北方的水汽沿着天山西部的气旋环流输送至天山地区。此外，结合来自西南方向的水汽输送，天山夏季降水增加。

选取1950～2016年标准化夏季降水大于1的年份（1954年、1958年、1969年、1972年、1981年、1987年、1992年、1993年、1998年、1999年、2003年、2005年）和小于-1的年份（1956年、1962年、1968年、1971年、1973年、1975年、1977年、1978年、1980年、1985年、1986年、2006年、2008年）分别表示降水增加和降水减少的年份。在降水正距平的年份，位势高度场表现出以下特征：①500hPa位势高度异常场呈负SCAND遥相关型，为“气旋-反气旋-气旋”异常分布，在乌拉尔山脉上空存在强反气旋；②位于里海东部的中亚气旋（60°E、35°N）深度较强。相应地，北部乌拉尔山脉反气旋与南部中亚气旋之间形成了较强的气压梯度，增强了高纬度地区向中亚的气流输送；③降水正距平年份，伊朗副热带高压（5860g/min）和南亚高压（12520g/min）控制面积比降水负距平年份的控制面积大。相比之下，在降水负距平年份，500hPa位势高度异常场呈现正SCAND遥相关型，天山受反气旋趋势的控制。

从气候态来看，夏季天山的水汽主要由西风环流输送。在降水增加期间，西伯利亚和中亚大部分地区的PWC值为正，垂直积分的水汽通量与700hPa水平风场的异常特征相似。来自北冰洋的水汽被西伯利亚上空的反气旋输送到中亚，并被里海以东的中亚气旋进

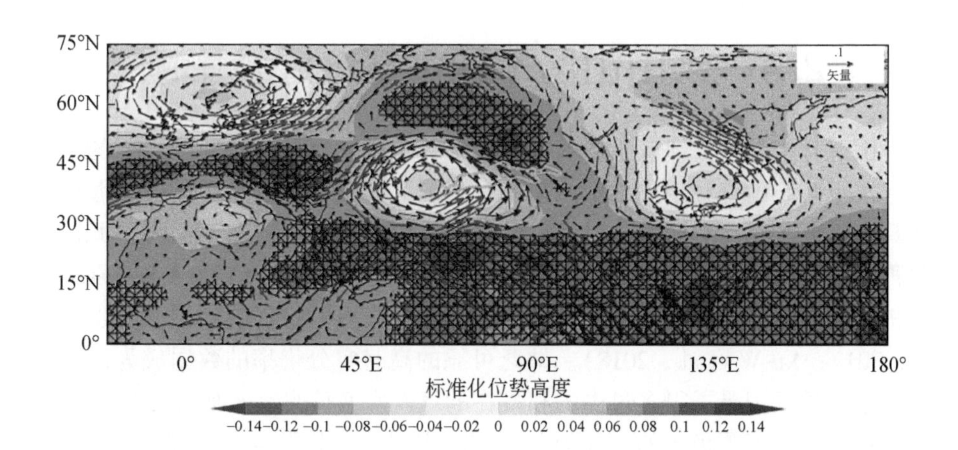

图 2-14　1950 ~ 2016 年 500hPa 位势高度异常和 700hPa 水平风异常对天山夏季降水距平的回归分析
对位势高度和水平风进行了标准化处理，网状区域和蓝色箭头区域表示相关性通过了 99% 置信水平上的检验，绿色边框区域代表天山区域

一步输送到天山山脉。因此，西伯利亚上空的高压和中亚上空的低压对天山夏季降水的增加起着至关重要的作用。这一发现与杨莲梅等（2011）的研究一致，认为中亚低压系统与乌拉尔脊共同触发了大气环流异常，从而增加了中亚的夏季降水。

天山地处中纬度地区，低纬度和高纬度的大气环流共同影响着天山山区的气候变化。结果表明，亚欧遥相关和东亚中高纬度遥相关的位置与强度在不同时期对天山降水都有影响。低纬度印度高压系统对天山冬季降水的变率也有一定的影响。此外，研究发现伊朗副热带高压和南亚高压在降水正距平年份的控制面积相对大于降水负距平年份的控制面积，这可能与低纬度印度季风和印度降水有关。副热带高压、南亚高压和季风雨带是相互作用和遥相关的关系。事实上，西南季风气流的流入导致中国东部地区的冷凝加热是西太平洋副热带高压加强的最直接动力。此外，印度上空降水释放的潜热有利于加强暖高压性质的南亚高压（Qian W et al.，2002；Qian Y F et al.，2002）。而 ISM、DMI、WYM 与天山冬季和夏季降水的相关性均较弱。印度夏季风降水与天山降水之间可能存在滞后关系，但未对此进行研究。印度夏季风与天山降水的关系值得进一步研究。ENSO 作为热带环流的一个重要特征，其作用不可忽视。虽然根据我们的计算，天山地区冬、夏降水与 ENSO 的相关性未通过显著性检验，但 ENSO 与天山地区年际降水、春季降水和秋季降水的相关系数在 95% 置信水平下分别达到 0.44、0.37 和 0.43，这说明 ENSO 对天山地区的降水有影响。以往的研究确实证实了 ENSO 与中亚地区年降水量存在显著的正相关关系，可能是 ENSO 年际变化所致（Hu et al.，2017）。此外，研究表明，天山夏季降水与 PDO 之间也存在显著的相关关系。但天山 4 个子区域的降水变化不同，季节差异较大。ISM、ENSO、PDO 与中亚天山地区降水和水汽输送的关系，以及 ISM、ENSO 和 PDO 如何影响它们，将是未来工作的重点。

2.4 天山山区不同水汽来源及影响

天山中山森林带是天山地区重要的森林资源分布区，也是天山地区主要的水资源形成区与储存区。了解天山森林带降水水汽来源对于了解气候变化背景下天山水循环过程与水资源变化具有重要意义。然而，这一区域观测站稀少，且主要分布于山脚平原区，尽管遥感资料与再分析资料已经非常丰富，但是天山地区地形复杂，各参数时空差别大，遥感资料或再分析资料的分辨率很低，这一区域的遥感资料或再分析资料的可信度也很低（Tang Z G et al., 2017; Xu W et al., 2018）。缺乏可靠的高时空分辨率的数据成为区域水文研究的难点。降水同位素记录了很多过去的和现在的气候水文信息，是研究区域乃至全球过去与当代水循环过程的客观稳定的示踪剂。区域降水同位素往往与气象条件（气温、降水）和地理条件（海拔、距海距离）相关。在现代环境中，降水同位素组成是水的起源、相变及传输路径的稳定示踪剂。

通过分析天山北坡玛纳斯河流域中山森林带的红沟与低山草原带的肯斯瓦特的降水同位素特征，结合拉格朗日后向轨迹模型和端元混合模型分析天山北坡森林带与山地草原带的水汽来源。了解内陆地区中海拔山区的降水水汽来源及其对降水同位素的影响，对于了解区域水循环过程及重建区域古气候资料具有重要意义。

2.4.1 典型河流

2.4.1.1 乌鲁木齐河

乌鲁木齐河流域位于中国天山北坡中段，地理位置为86°45′E～87°56′E、43°00′N～44°07′N。该河流全长214km，流域总面积4684km^2，出山口以上山区集水面积924km^2，是新疆乌鲁木齐市工农业生产和城市生活用水的重要水源（Li Z Q et al., 2012）。本节主要研究英雄桥断面以上的山区流域（图2-15）。海拔3600m以上的高山区为现代冰川发育区，据第二次冰川编目统计，流域内共有冰川123条（图2-15），冰舌末端海拔为3390～4448m。

乌鲁木齐河流域的气候类型为典型的大陆性高山气候，冬季漫长，降水稀少而集中，山区降水多集中在6～8月。根据大西沟气象站近30年的观测数据，6～8月的降水占全年降水的66.5%。山区气温随着海拔升高而降低，递减率以夏季最大，6月达到最大。高山区年平均气温的变化范围为-6.7～-3.8℃，夏季平均气温为4.6℃，冬季平均气温为-14.2℃，一年内长达8个月的气温低于0℃，最冷月为1月，最热月为7月。

乌鲁木齐河发源于乌鲁木齐河源一号冰川，河源区径流主要受冰雪融水和降水混合补给，一般10月至翌年4月的降水为固态降水，此期间为河流封冻期；5月河流解冻，出现径流。随着夏季气温逐渐升高，河流径流逐渐增加，多在7月末出现最大径流量，8月过后气温降低，径流逐渐减少直至消失。

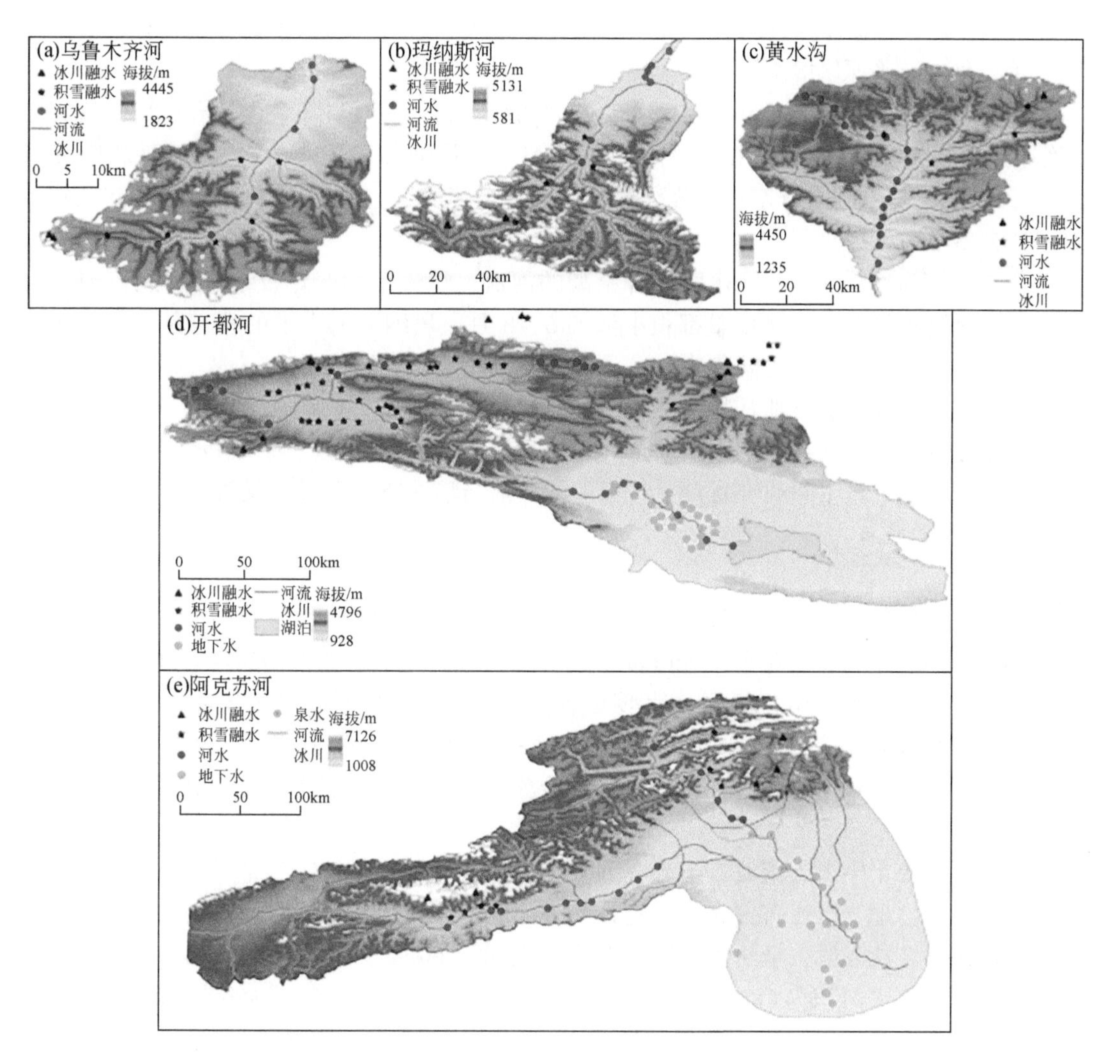

图 2-15　研究区地形图与采样图

2.4.1.2　玛纳斯河

玛纳斯河流域位于中国天山北坡中段，准噶尔盆地南缘，地理位置为 43°N ~ 46°N、85°E ~ 87°E。玛纳斯河是准噶尔盆地水量最大、流程最长的内陆河，源于天山北坡的依连哈比尔尕山脉，最终注入玛纳斯湖，河流全长 324km，山区集水面积 5844km^2。但为了减少蒸发下渗损失，满足下游绿洲用水需求，目前，肯斯瓦特以下河道已经渠化，只在洪水期有部分河水从原河道下泄。流域内地势由东南向西北倾斜，最高海拔 5131m，最低海拔 582m，由南向北依次分别为山地、山前平原和沙漠三大地貌类型区。

海拔 3900m 以上的高山区为永久冰雪覆盖区域，据中国科学院寒区旱区环境与工程研究所 2014 年发布的中国第二次冰川编目统计，玛纳斯河拥有 726 条冰川，面积 637. 8km^2，是玛纳斯河径流的主要补给源之一。玛纳斯河流域地表覆被具有典型的垂直地带性分异，自高海拔山区至下游平原区依次分布着高山垫状植被和地衣、高山草甸、云杉林、山地草原、荒漠草原及平原区的绿洲和荒漠交错。

玛纳斯河流域的气候类型为典型的温带大陆性气候，气温与降水也具有典型的垂直带谱结构。其年均温 4.7 ~ 5.7℃，最高气温达 43℃，最低气温为-42.8℃，年平均降水量 115 ~ 200mm，降水的季节差异显著，春季降水占全年的 34.8%，夏季占 31.4%，秋季占 21.9%，冬季占 11.9%。

玛纳斯河为冰雪融水与降水混合补给型的河流，径流年际变化较小，年内分配集中，汛期集中于降水量和冰雪融水量都很丰沛的 6 ~ 8 月。玛纳斯河洪水的特点是峰值高，流量大，持续时间长，发生时间集中。

流域内共有煤窑、肯斯瓦特、红山嘴和清水河子 4 个水文观测站，但由于肯斯瓦特以下河道渠化及在清水河与玛纳斯河汇合处修建肯斯瓦特大坝，现已撤掉清水河子与红山嘴两个水文观测站。本书只研究肯斯瓦特以上的目前与玛纳斯河有直接联系的山区区域。

2.4.1.3 开都河

开都河流域位于中国天山南坡，塔里木盆地北缘，地理位置为 42°14′N ~ 43°21′N、82°58′E ~ 86°05′E。该河流全长 560km，流域面积 44147km^2，海拔 928 ~ 4796m。流域地势自西北向东南倾斜，山盆相间，地形复杂。据中国科学院寒区旱区环境与工程研究所 2014 年发布的中国第二次冰川编目统计，在海拔 4000m 以上发育着现代冰川 818 条，面积 445.7km^2（图 2-15），是开都河的重要补给源之一。区域内土壤植被类型多样，垂直地带性分异明显。

开都河发源于中天山南坡，干流上游河段先自东向西流，后自西北向东南流，先后经过小尤勒都斯盆地、巴音布鲁克、大尤勒都斯盆地和呼斯台西里，河段长约 280km；河流中游段流经山区峡谷段，抵达大山口水文站（出山口断面），河道长约 160km；大山口水文站以上山区集水面积为 18827km^2；大山口以下至博斯腾湖入湖口为开都河下游段，河长 126km。开都河下游段流经焉耆盆地，于博湖县的宝浪苏木分水枢纽处分为东、西两支，东支注入博斯腾湖大湖区，西支注入博斯腾湖小湖区。开都河源流区的地形由西北向东南倾斜，致使地下水流向基本与地形坡降一致，埋深由南向北、由西向东，逐渐变浅。开都河为雨雪冰混合补给型河流，春季由季节性积雪融水补给，夏季由降水和冰川融水混合补给。

开都河的气候类型属温带大陆性气候。水汽受天山山脉的阻挡，整个流域的气候特征在上、中、下游存在明显的差异，从半湿润到干旱气候均有分布，但以干旱、半干旱气候为主。根据巴音布鲁克气象站（2485m）多年的观测数据（1981 ~ 2010 年），山区年均温为-4.2℃，春、夏、秋、冬四季的平均气温分别为-1.5℃、10.2℃、-2.4℃和-23.2℃，四季分明；≥10℃年积温为 622.6℃，生长期短；极端最高气温和极端最低气温分别达 28.3℃（1990 年）和-48.1℃（1981 年）；年平均降水为 280.5mm，最大年降水达 406.6mm（1999 年），最小年降水仅 208.9mm（1995 年），最大日降水达 38mm（1999 年 7 月 19 日），降水主要集中于夏季，占全年降水的 68%。根据焉耆气象站（1055.3m）多年的观测数据（1981 ~ 2010 年），平原区年均温为 8.9℃，春、夏、秋、冬四季的平均气温分别为11.8℃、22.6℃、8.9℃和-7.7℃，四季分明；≥10℃年积温为3664.8℃，生长期长；极端最高气温和极端最低气温分别达38.8℃（2000年，2006年）和-26.8℃（1996年）；年平均降水为84.3mm，降水主要集中于夏季，占全年降水的47.3%。

2.4.1.4 黄水沟

黄水沟发源于中天山南坡，是典型的降水与冰雪融水混合补给的河流，地理位置为85°55′E～86°54′E、42°12′N～43°09′N。黄水沟发源于高山冰川，最终注入博斯腾湖，出山口后的平原区是主要的径流耗散区。山区（出山口水文站——黄水沟水文站以上）集水面积约4311km^2，流域最高海拔为4398m，最低海拔为1047m；海拔3600m以上的区域为终年积雪覆盖区（图2-15）；降水集中于6～8月，山区降水多，平原区降水少。流域内气候、植被与土壤的垂直带谱结构分异显著。由于流域内冰川面积小，径流的年际变化与年内变化都比较大。

2.4.1.5 阿克苏河

阿克苏河流域位于中国西天山南坡，塔里木盆地西北边缘，地理位置为75°37′E～81°07′E、40°07′N～42°28′N（图2-15），流域面积5.14×10^4 km^2。阿克苏河的两大支流——托什干河与库玛拉克河在阿克苏市境内汇合后称为阿克苏河。阿克苏河在80°59′E、40°32′N的肖夹克处汇入塔里木河，是塔里木河水系中最大的长期供水支流。

阿克苏河流域地势西北高、东南低，植被与土壤垂直地带性分异显著。海拔4000m以上的极高山带冰川广布；海拔3000～4000m的高山带分布着第四纪冰川痕迹和冰缘地貌；海拔2300～3000m的中山带是森林植被分布区，降水较充沛；海拔1300～2300m的低山丘陵带是荒漠戈壁分布区；海拔1300m以下的山前冲积平原是绿洲和荒漠分布区，受人类活动影响最大。山区是阿克苏河的产流区，平原和盆地是径流的耗散区。

阿克苏河流域北部和西部被天山环绕，山区多地形雨，降水充沛，降水随海拔的降低而减少，年降水从海拔2650～3500m的300～400mm降低至平原区的50mm左右，降水集中于夏季。平原区的年降水虽少，但降水集中，夏季高强度的暴雨时有发生。

山区降水和冰雪融水是阿克苏河的主要径流补给来源。然而，随着流域自然条件、降水形式和高程的变化，径流的补给形式具有差异性，如高山径流主要来自冰雪融水补给，中低山地带则由多种来源混合补给，包括降雨、冰川融水、季节性积雪融水及地下水。此外，阿克苏流域两大支流的径流补给形式略有差异。

2.4.2 数据与方法

2.4.2.1 水文与气象数据

(1) 气象数据、GNIP站点数据、NCEP/NCAR数据与冰川积雪数据

气象数据、GNIP站点数据和NCEP/NCAR数据从相应的网站免费下载。气象数据从中国气象数据网（http://data.cma.cn/）下载；GNIP站点数据从国际原子能机构

(IAEA) 和世界气象组织 (WMO) 联合建立的全球降水同位素网 (GNIP)(https://nucleus. iaea. org/wiser/gnip. php) 下载; NCEP/NCAR 数据从美国国家环境预报中心 (NCEP) 和美国国家大气研究中心 (NCAR) 联合发布的全球大气 40 年再分析资料共享网 (http://www. esrl. noaa. gov/psd/data/reanalysis/reanalysis. shtml) 下载，空间分辨率为 1°×1°。积雪数据采用 MODIS Terra MOD10A2 积雪产品 (https://modis. gsfc. nasa. gov/data/dataprod/mod10. php)，空间分辨率为 500m，时间分辨率为 8 天。冰川数据利用 Landsat TM 数据和 Landsat 8 OLI/TIRS C1 Level-1 数据 (https://glovis. usgs. gov/app?fullscreen) 结合第一期世界冰川调查 (world glacier inventory, WGI) 和伦道夫冰川调查 (randolph glacier inventory, RGI 6.0) 数据解译得到。

(2) 径流数据

径流数据从各流域水文站获取，分别从乌鲁木齐河的英雄桥水文站、开都河的大山口水文站和宝浪苏木水文站、玛纳斯河的红沟水文站和肯斯瓦特水文站、黄水沟的黄水沟水文站、阿克苏河的协合拉水文站和沙里桂兰克水文站获取水文数据。

2.4.2.2 野外调查、样品采集与分析

野外工作包括野外调查与样品采集两部分。选择天山中段南、北坡典型内陆河流域，包括北坡的乌鲁木齐河、玛纳斯河，南坡的开都河、黄水沟和阿克苏河作为靶区（图 2-15）。具体野外调查与采样过程如下所述。

野外调查主要是在采样期间向当地居民了解水情、用水情况等。具体来说，在山区向当地牧民了解当年牧草生长情况、用水问题（山区牧民一般就近取水，牧民用水的便利度可以反映山区降水和山区冰雪融水情况）、降水情况、当年转场的具体时间（转场时间的决定因素主要有两个：气温是首要因素，草场状况也是重要的影响因素）及其以上情况与往年的异同等。在平原区主要了解地下水井深度、出水位、水质、水量及其季节变化，以及种植结构（可以反映用水结构与用水量的变化）、水费收取方式等。

样品采集分两种方式进行，一种是流域尺度的地表水、地下水系统采样与调查，分春、夏、秋、冬 4 个季节对乌鲁木齐河、玛纳斯河、开都河、黄水沟和阿克苏河进行流域尺度的地表水、地下水采样与调查。地表水主要沿河流自上游山区向下游平原区采集河水、湖水和水库水。地下水主要沿河流下游绿洲区长轴方向采集，并辅以垂直于河流的剖面，同时也采集山区出露的泉水。平原区地下水采样点选用了农用井和民用井，采样前洗井至少半小时，并保证不同层的地下水充分混合。地下水采样的同时调查井深、水位、水质、水量及其季节变化。春季融雪期采集各流域小溪流的水样作为季节性积雪融水样品。夏季 7 ~ 8 月，采集各流域发源于冰川的小溪流的水样作为冰川融水样品。为了采集最有代表性的季节性积雪融水和冰川融水的样品，必须保证采样前三天天气晴朗、气温接近同时期多年平均气温。所有采样点利用手持全球定位系统 (GPS) 定位。另一种是定点长期观测取样。在各流域选择合适的站点长期定时监测取样。收集每次降水，同时于每月 5 日、10 日、15 日、20 日、25 日和每月最后一天采集河水样品。表 2-3 展示了各流域样品数量信息。

表 2-3　各流域样品数量信息　　（单位：个）

流域	降水	河水	地下水	积雪融水	冰川融水
乌鲁木齐河	—	24	—	7	11
玛纳斯河	217	160	—	10	8
开都河	—	91	231	21	17
黄水沟	—	41		4	3
阿克苏河	—	59	50	9	6

由于天山北坡的乌鲁木齐河下游与玛纳斯河下游河道已经渠化，正常情况下河水从没有渗透性的水渠通过，不存在河水与地下水的自然交互过程。因此，这里只采集了天山南坡存在地表水与地下水自然交互过程的开都河和阿克苏河下游地下水，以及开都河山区出露泉水和阿克苏河山前出露泉水样品。

不同的样品采集和处理方法存在差异。对于雨水样品，降雨后立即将水样装入干净且干燥的5mL 棕色玻璃瓶中。对于降雪样品，降雪前放一只干净且干燥的小桶在空旷的离地面 1m 的地方，降雪后立即将小桶内所有的雪装入密封袋，待雪样在室温下融化后和雨水样品一样装入干净且干燥的 5mL 棕色玻璃瓶中。对于冰川样品，要避免只采集表层冰体，样品采集到 50mL 高密度聚乙烯瓶中，并立即密封，在室温下融化后再装入干净且干燥的 5mL 棕色玻璃瓶中。对于河水，取样时要注意避免采取表层水或河滩边的水，尽量采集河流中心线的、水面以下河水深度 1/3 处的水，最大限度地避免蒸发的影响。采样前先在采样点将采样瓶清洗至少 3 次，然后再采取样品。所有同位素样品都采集两个重复，样品采集后立即盖好瓶盖用封口膜封好，避免采样后受到蒸发的影响。所有样品都要戴上聚丙烯手套采集，避免样品受到污染。对于采样时间，降水样品在降水事件发生后立即收集；地表水与地下水样品尽量在当地时间中午 12 点至下午 2 点采集；定点河水取样固定在当地时间中午 12 点采样。

所有同位素样品都保存在-18℃的低温环境中，分析前两天将它们放到 2℃的环境中，使样品缓慢融化，从而最大限度地减少蒸发。并尽快在中国科学院新疆生态与地理研究所荒漠与绿洲生态国家重点实验室进行分析，所用仪器为洛斯加托斯研究公司（Los Gatos Research Inc.）开发的液态水同位素分析仪——LGR DLT-100，测量结果用 δ 值表示同位素含量。δ 值是指样品中某元素的同位素比值（R）相对于标准水样同位素比值（RVSMOW）的千分偏差。$\delta^{18}O$ 与$\delta^{2}H$的测量精度分别可达±0. 1‰与±0. 8‰。电导率在采样现场利用电导率仪进行测量。

2. 4. 2. 3　混合单粒子拉格朗日积分轨迹模式

混合单粒子拉格朗日积分轨迹模式（hybrid single- particle Lagrangian integrated trajectory，HYSPLIT）是美国国家海洋与大气管理局（NOAA）大气资源实验室（air resources laboratory）开发的可以辅助研究大气气团运动轨迹的系统（Draxier and Hess，1998；Draxier and Rolph，2016），常用于大气气团、污染物的运移轨迹及建立源-受体关系研究。本节使用的是 HYSPLIT 4，模式运行所用的气象资料为美国国家环境预报中心运行的全球同化数据系统（global data assimilation system，GDAS），空间分辨率为1°×1°。

后向轨迹模拟需要输入起算时间、回溯天数、起算地点及起算高度。起算时间依据每次降水初始时间的气象记录；回溯天数为10天；起算地点为玛纳斯河流域红沟站；起算高度即发生降水的高度，本研究以抬升凝结高度（lifting condensation level，LCL）作为后向轨迹起算高度。抬升凝结高度可以根据冷凝高度气温与气压、地表气温与气压等气象参数，以及基于拉普拉斯压高（Laplace pressure）公式估算：

$$H_{LCL}=18400\left(1+\frac{t_{mean}}{273}\right)\lg\frac{P}{P_{LCL}} \tag{2-4}$$

式中，t_{mean}为冷凝高度气温（T_{LCL}）与观测站点地表气温的平均值,℃；P与P_{LCL}分别为观测站点地表气压与冷凝高度气压，hPa。冷凝高度气压可以根据式（2-5）计算：

$$P_{LCL}=P\left(\frac{T_{LCL}}{T}\right)^{3.5} \tag{2-5}$$

式中，T_{LCL}与T分别为冷凝高度气温与观测站点地表气温，K。冷凝高度气温可以根据式（2-6）计算：

$$T_{LCL}=T_d-(0.001296T_d+0.1963)(T-T_d) \tag{2-6}$$

式中，T与T_d分别为观测站点的地表气温与露点温度,℃。

为了进一步确定降水水汽进入气团的时间与地点，从气团运移轨迹上水汽的补给强度来判断水的起源地。即在后向回溯的过程中，以6h为时间间隔，如果较早时刻的比湿高于后一时刻的比湿超过0.2g/kg，且气团轨迹模拟高度位于大气边界层以下时，则该时间点所对应的位置即被判断为水汽起源地。

2.4.2.4 端元混合模型

基于质量守恒定律和同位素平衡模型，外来水汽、蒸发和蒸腾对降水水汽的贡献可以用三端元混合模型进行估算（van der Ent et al.，2010；Wang S J et al.，2016b）。

$$\delta_{pv}=\delta_{tr}f_{tr}+\delta_{ev}f_{ev}+\delta_{adv}f_{adv} \tag{2-7}$$

$$f_{tr}+f_{ev}+f_{adv}=1 \tag{2-8}$$

式中，f_{tr}、f_{ev}、f_{adv}分别为植物蒸腾水汽、地表蒸发水汽及外来水汽对降水水汽的贡献率；δ_{pv}、δ_{tr}、δ_{ev}、δ_{adv}分别为降水水汽、植物蒸腾水汽、地表蒸发水汽与外来水汽的同位素值。

降水水汽中的同位素值（δ_{pv}）可以通过降水同位素值（δ_p）计算（Gibson and Reid，2014）：

$$\delta_{pv}=\frac{\delta_p-k\varepsilon^+}{1+k\varepsilon^+} \tag{2-9}$$

式中，δ_p为降水同位素值；k为调节因子；ε^+为水和水汽之间的平衡分馏系数，计算如式（2-10）：

$$\varepsilon^+=\alpha^+-1 \tag{2-10}$$

式中，α^+为基于温度（K）的平衡分馏因子（Horita and Wesolowski，1994）：

$${}^2\alpha^+=\exp\left(\frac{2.4844\times10^4}{T^2}-\frac{76.248}{T}+5.2612\times10^{-2}\right) \tag{2-11}$$

$$^{18}\alpha^{+}=\exp\left(\frac{1.137\times10^{3}}{T^{2}}-\frac{0.4156}{T}-2.0667\times10^{-3}\right) \tag{2-12}$$

地表蒸发水汽同位素值（δ_{ev}）可以通过简化的 Craig-Gordon（1965）模型进行计算：

$$\delta_{ev}\approx\frac{\delta_{s}/\alpha^{+}-h\delta_{adv}-\varepsilon}{1-h+\varepsilon_{k}} \tag{2-13}$$

式中，δ_s 为当地地表水同位素值；δ_{adv}为外来水汽同位素值；h 为相对湿度；ε 为总分馏系数；ε_k 为动力分馏因子。

总分馏系数定义为（Skrzypek et al., 2015）

$$\varepsilon=\varepsilon^{+}+\varepsilon_{k} \tag{2-14}$$

动力分馏因子 ε_k 可以根据式（2-15）和式（2-16）计算（Gat，1996）：

$$^{2}\varepsilon_{k}=12.5(1-h) \tag{2-15}$$

$$^{18}\varepsilon_{k}=14.2(1-h) \tag{2-16}$$

外来水汽同位素值（δ_{adv}）可以根据瑞利分馏公式进行计算：

$$\delta_{adv}=\delta_{pv-adv}+(\alpha^{+}-1)\ln F \tag{2-17}$$

式中，δ_{pv-adv}为外来降水水汽同位素值；F 为剩余水汽比率，可采用可降水量进行估算（Wang S J et al., 2016b）。

在稳定状态下，相对于当地植物所用水源，植物蒸腾水汽同位素不会发生分馏。玛纳斯河流域植被的主要水源是降水和冰雪融水转化成的地下水与地表水，而玛纳斯河的河水是各种水体的混合物，因此选用河水同位素作为植物蒸腾水汽同位素。

2.4.3 拉格朗日模型对水汽来源的验证

氘盈余（d-excess）反映了水汽源区的湿度、温度等特征，同一区域，相近的 d-excess 表明相同的水汽来源（Gat et al., 1994）。尽管肯斯瓦特降水平均氢氧稳定同位素高于红沟降水平均氢氧稳定同位素，但两地的平均 d-excess 极为接近，表明两地的水汽来源一致。而两地的 d-excess 都低于 10‰，表明内陆再循环水汽对当地降水具有重要的贡献（Kong et al., 2013）。云下二次蒸发会降低降水的 d-excess 值，尤其是干旱区（Kong et al., 2013）。而蒸发强度主要受雨滴降落过程所经过的大气相对湿度及周围大气水汽的氢氧同位素影响（Jeelani et al., 2018）。除了冬季，红沟和肯斯瓦特都有部分降水的 d-excess 为负值。冬季也有部分降水的 d-excess 值低于 10‰，这与水汽来源及水汽输送距离有关（Guo et al., 2017）。

图 2-16 展示了 2015 年 8 月 ~2016 年 7 月红沟降水前 10 天的气团运移轨迹。红沟降水前的气团运移轨迹比较一致，主要来自北方或者西北方向（图 2-16 和图 2-17）。根据气团运移轨迹，红沟的水汽来源可以分为 4 部分：①北冰洋水汽；②大西洋水汽；③地中海–黑海–里海水汽；④亚欧大陆再循环水汽。同时也发现了来自东部或者西南部红海、波斯湾的气团，然而，这部分气团出现频率极低。从季节来看，红沟各季节的水汽来源没有显著差异，但大西洋水汽夏季出现的频率高于其他季节，地中海–黑海–里海水汽春季出现的频率高于其他季节。

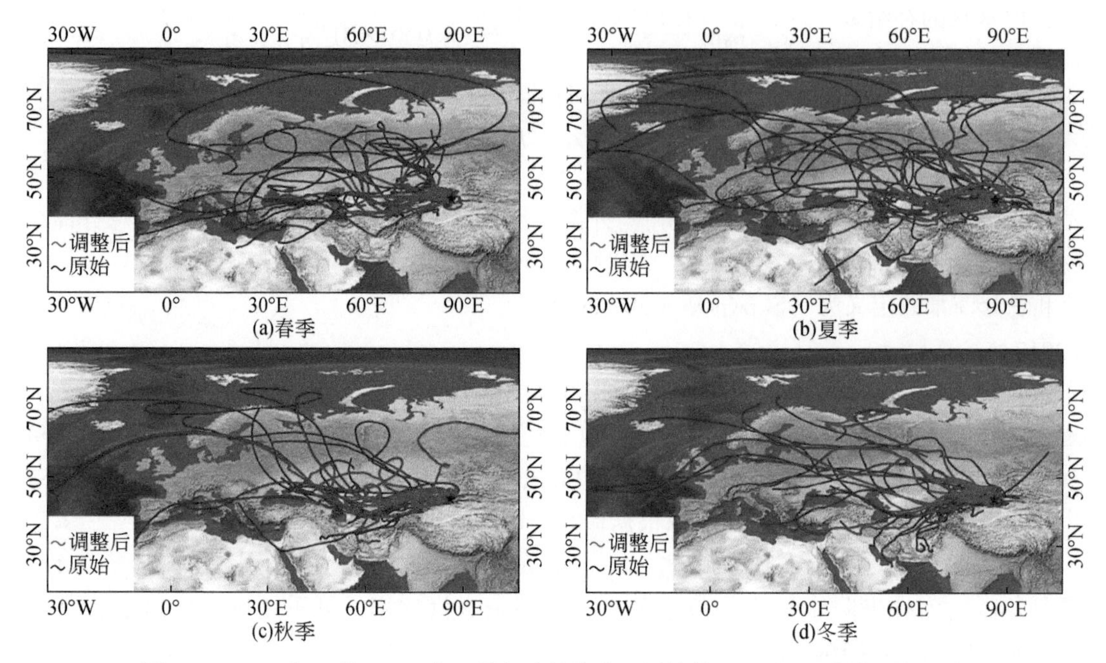

图 2-16　2015 年 8 月 ~2016 年 7 月红沟站降水日原始的和经过比湿判断后的后向轨迹时空分布图

土地利用卫星地图来源于 Natural Earth（http：//www. naturalearthdata. com）

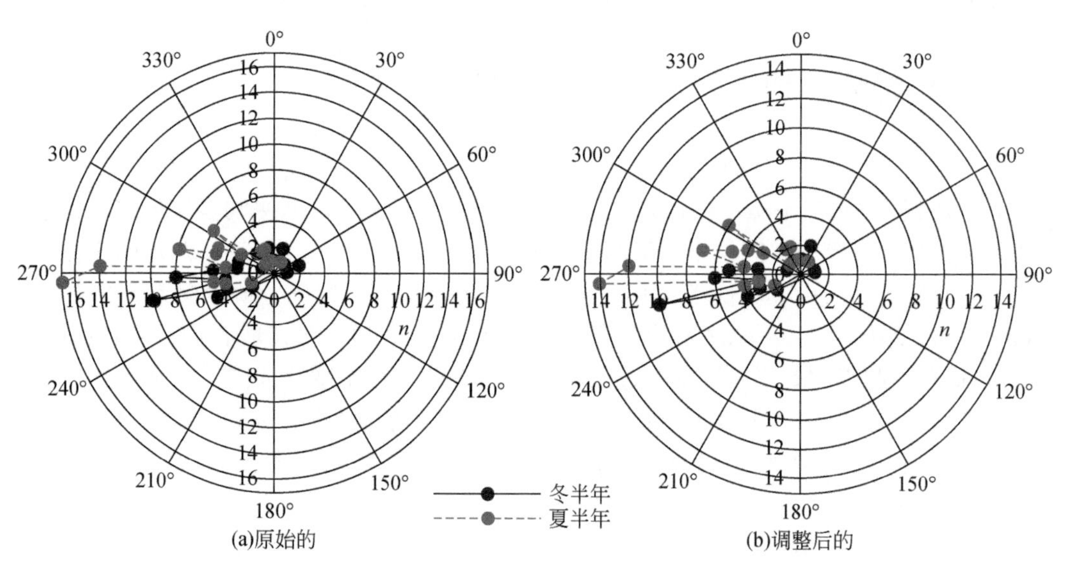

图 2-17　2015 年 8 月 ~2016 年 7 月红沟站不同方向水汽源地的分布情况

n 为频次

拉格朗日后向轨迹模型被广泛用于水汽、粉尘等的运移轨迹研究，然而，传统的后向轨迹模型设置为相同的运行时间，没有考虑可能引起错误识别水汽源的气象变量，因此难以确定水汽是在哪一位置显著进入气团的。技术上很容易获得降水前 10 天气团的运移轨迹，但水汽的补给未必发生在10天前那么早。为了更具体地确定水汽来源，本研究基于比湿，从轨迹上水汽的补给强度出发来判断水汽的源地（Sodemann et al., 2008；Crawford et al., 2013)。结果表明，红沟各个季节降水的后向轨迹相对于调整前都缩短了，降水水汽来源主要包括亚欧大陆再循环水汽和地中海-黑海-里海水汽，降水水汽直接来源于大西洋或北冰洋的降水频次很低（图2-16)。

本研究结果与Dai等（2007）基于ERA-40再分析数据对新疆地区、Wei等（2017）基于NCEP再分析数据和后向轨迹分析对北疆地区、Tian等（2007）基于NCEP/NCAR再分析数据和降水同位素数据、Liu等（2015）基于降水和冰川同位素及Wang S J等(2017）基于降水同位素、NCEP/NCAR数据和拉格朗日后向轨迹模型对北疆的研究结果一致，天山北坡降水水汽主要来源于西方或者西北方向。但基于比湿校正后的水汽运移轨迹表明，红沟降水水汽主要来源于亚欧大陆再循环水汽和地中海-黑海-里海蒸发水汽，与前人认为主要来源于大西洋和北冰洋有所差异，但与Wang S J等（2017）的研究结果相近。事实上，受地形影响，天山山区，尤其是迎风坡，地形雨占区域年降水量很大的比重。

2.5 再循环水汽的贡献及影响因素

2.5.1 再循环水汽的贡献

表2-4展示了蒸发水汽、植物蒸腾水汽及再循环水汽对红沟与肯斯瓦特降水的贡献率。蒸发水汽对红沟春、夏、秋、冬降水水汽的贡献率分别为3.67%、1.22%、2.69%、0.37%，对肯斯瓦特春、夏、秋、冬降水水汽的贡献率分别为2.46%、1.27%、4.36%、0.53%；植物蒸腾水汽对红沟春、夏、秋、冬降水水汽的贡献率分别为0.42%、5.35%、1.12%、0.01%，对肯斯瓦特春、夏、秋、冬降水水汽的贡献率分别为1.70%、3.79%、0.95%、0.01%。

表2-4　春、夏、秋、冬四季红沟与肯斯瓦特站气象参数与不同组分氢氧稳定同位素组成（$\delta^{18}O$, $\delta^{2}H$）统计

站点	季节	T /℃	H /%	$\delta^{18}O_p$ /‰	δ^2H_p /‰	$\delta^{18}O_{pv}$ /‰	δ^2H_{pv} /‰	$\delta^{18}O_{evap}$ /‰	δ^2H_{evap} /‰	$\delta^{18}O_{tr}$ /‰	δ^2H_{tr} /‰	$\delta^{18}O_{adv}$ /‰	δ^2H_{adv} /‰	F_{evap} /%	F_{tr} /%	F_{adv} /%
红沟	春	4.33	66.71	-11.92	-83.22	-16.57	-127.39	-19.89	-130.60	-10.54	-105.02	-16.50	-127.48	3.67	0.42	95.91
	夏	-7.38	61.49	-4.94	-32.05	-11.22	-78.78	-14.19	-83.39	-10.94	-73.03	-11.18	-79.02	1.22	5.35	93.43
	秋	7.28	72.13	-13.18	-95.19	-18.78	-138.96	-22.97	-140.65	-10.32	-60.08	-18.77	-139.91	2.69	1.12	96.19
	冬	18.32	89.45	-22.97	-172.21	-28.21	-229.39	-31.95	-229.88	-10.29	-69.78	-28.18	-229.42	0.37	0.01	99.62
肯斯瓦特	春	6.31	61.29	-10.80	-72.76	-16.54	-126.69	-20.99	-133.10	-10.55	-70.87	-16.50	-127.48	2.46	1.70	95.84
	夏	-7.25	58.17	-5.58	-34.91	-11.20	-78.81	-13.59	-86.39	-10.92	-72.71	-11.18	-79.02	1.27	3.79	94.94
	秋	9.99	68.64	-11.59	-82.57	-18.85	-139.70	-22.97	-144.65	-10.29	-75.55	-18.75	-140.12	4.36	0.95	94.70
	冬	21.18	86.15	-12.79	-92.52	-25.20	-215.00	-31.96	-232.88	-9.50	-63.13	-25.18	-215.42	0.53	0.01	99.46

注：F_{evap}为蒸发水汽对降水水汽的贡献率；F_{tr}为植物蒸腾水汽对降水水汽的贡献率；F_{adv}为再循环水汽对降水水汽的贡献率；T为气温；H为相对湿度

春季，尽管红沟气温低于肯斯瓦特，但红沟海拔高，春季积雪时间长，可以提供充足的蒸发水汽源，蒸发水汽对红沟降水水汽的贡献率大于肯斯瓦特。其他季节，肯斯瓦特气温更高，蒸发更加旺盛，蒸发水汽对肯斯瓦特降水水汽的贡献率高于红沟。春季，海拔较低的肯斯瓦特升温快，而冬季积雪融水提供了充足的水源，植被得以快速复苏，植物蒸腾水汽对肯斯瓦特降水水汽的贡献率高于海拔较高、气温回升慢的红沟。冬季，气温低，植物蒸腾都非常微弱，植物蒸腾水汽对降水的贡献可以忽略。红沟处于连片云杉林中，肯斯瓦特位于草原带，在植物生长季，森林的蒸腾比草地旺盛，森林区植物蒸腾水汽对降水水汽的贡献率比草地大。

再循环水汽对红沟降水水汽的贡献率高于同样位于森林带的乌鲁木齐河流域的后峡站，再循环水汽对 5 月、6 月、7 月降水水汽的贡献率分别为 1.2%、1.8%、0.9%，这是因为红沟海拔比后峡低，气温高，蒸发与蒸腾的动力条件更好（Kong et al., 2013）。与玛纳斯河流域平原区的石河子相比，尽管水汽来源相似，但是，再循环水汽的贡献率存在差异。夏季，蒸发水汽与植物蒸腾水汽对石河子降水水汽的贡献率分别为 0.6% 与 2.8%，低于草原带的肯斯瓦特，也低于森林带的红沟。尽管石河子气温更高，蒸发潜力更大，但是石河子位于人工绿洲中间，绿洲分布不像红沟的森林带与肯斯瓦特的草原带那样呈大片连续分布，蒸发蒸腾潜力低。

2.5.2 影响再循环水汽比的因素

西北干旱区深居亚欧大陆腹地，地形复杂，降水稀少，不同地形单元之间气候与气象特征差异显著，水文过程复杂，再循环水汽对区域降水水汽的贡献具有极大的时空差异性（Chen et al., 2016）。在全球尺度上，植物蒸腾水汽是全球再循环水汽的主要组成部分，几乎占降水的 39% ±10%，占总陆面蒸散发的 61% ±15%（Schlesinger and Jasechko, 2014）。研究再循环水汽对区域降水的贡献对于区域水循环研究具有重要的指导意义。

当下垫面能够提供充足的蒸散发水汽源时，气温是影响再循环水汽比的主要控制因子（表 2-5）。例如，在乌鲁木齐河流域，乌鲁木齐站、后峡站与高山站所在区域的土地利用类型分别为人工绿洲、森林和草地，在温度适宜的情况下，蒸散发能力都很强，气温成为影响再循环水汽比的主要控制因素，因此海拔越高，再循环水汽比越低（Kong et al., 2013）；再如青藏高原西北部，在海拔 6000m 以上的冰川积雪分布区或者海拔 3193m 的青海湖流域，再循环水汽源充足，气温是控制再循环水汽比的主要因子（An et al., 2017; Cui and Li, 2015）。当土地利用类型相同时，一方面，海拔越高，再循环水汽比越高；另一方面，区域内植被面积越大，再循环水汽比也越高。天山北坡的石河子、蔡家湖与乌鲁木齐的土地利用类型都是人工绿洲，人工绿洲面积逐次变大，石河子与蔡家湖的海拔相近，都是 440m 左右，乌鲁木齐的海拔则是 935m，各地区的再循环水汽比逐次增加，蒸发水汽与植物蒸腾水汽都是如此（Wang S J et al., 2016b）。在石羊河流域，随着海拔升高，土地利用类型由人工绿洲到裸地再到森林，再循环水汽比先升高，后下降（Li et al., 2016）。在玛纳斯河流域，从荒漠草原带至云杉林带，随着海拔升高，夏季降水再循环水汽比也呈升高趋势，而在其他季节呈降低趋势。

表 2-5　中国西北地区基于稳定氢氧同位素估算的再循环水汽对降水水汽的贡献

站点	时间	纬度	经度	海拔/m	再循环水汽比/%		地表覆被
					蒸发	蒸腾	
乌鲁木齐河流域-乌鲁木齐站	2003 年 4 月 ~ 2004 年 7 月夏	43°47′N	86°37′E	918	6.8 ~ 12		人工绿洲
乌鲁木齐河流域-后峡站		43°17′N	87°11′E	2100	0.9 ~ 1.8		森林
乌鲁木齐河流域-高山站		43°06′N	86°50′E	3545	0 ~ 1.0		草地
青藏高原西北-崇测	1979 ~ 2012 年	35°14′N	81°07′E	6010	15.0 ~ 82.6		冰川积雪
青藏高原西北-藏色岗日	1979 ~ 2008 年	34°18′N	85°51′E	6226	24.7 ~ 81.6		
青藏高原西北-青海湖流域	2009 年 7 月 ~ 2010 年 6 月	36°32′N ~ 37°15′N	99°36′E ~ 100°47′E	3193	23.42		水体
天山-石河子	2012 年 8 月 2013 年 9 月夏	44°59′N	86°03′E	443	0.6±1.7	2.8±3.6	人工绿洲
天山-蔡家湖		44°12′N	87°32′E	441	1.2±1.6	6.8±3.0	
天山-乌鲁木齐		43°47′N	87°39′E	935	6.2±1.4	12.0±2.1	
石羊河流域-西大河	生长季	38°6′N	101°24′E	2900	9	15	森林
石羊河流域-安远		37°18′N	102°54′E	2700	12	19	裸地
石羊河流域-九条岭		37°54′N	102°6′E	2225	10	16	裸地
石羊河流域-永昌		38°12′N	102°0′E	1976	9	12	人工绿洲
石羊河流域-武威		37°54′N	102°42′E	1531	8	13	人工绿洲
石羊河流域-民勤		38°36′N	103°6′E	1367	5	9	人工绿洲
玛纳斯河流域-红沟	2015 ~ 2016 年春	43°43′N	85°44′E	1472	3.67	0.42	森林
玛纳斯河流域-红沟	2015 ~ 2016 年夏	43°43′N	85°44′E	1472	1.22	5.35	森林
玛纳斯河流域-红沟	2015 ~ 2016 年秋	43°43′N	85°44′E	1472	2.69	1.12	森林
玛纳斯河流域-红沟	2015 ~ 2016 年冬	43°43′N	85°44′E	1472	0.37	0.01	森林
玛纳斯河流域-肯斯瓦特	2015 ~ 2016 年春	43°58′N	85°57′E	860	2.46	1.70	草地
玛纳斯河流域-肯斯瓦特	2015 ~ 2016 年夏	43°58′N	85°57′E	860	1.27	3.79	草地
玛纳斯河流域-肯斯瓦特	2015 ~ 2016 年秋	43°58′N	85°57′E	860	4.36	0.95	草地
玛纳斯河流域-肯斯瓦特	2015 ~ 2016 年冬	43°58′N	85°57′E	860	0.53	0.01	草地

再循环水汽比的估测也受到主客观原因引起的不确定性的影响，包括样品采集与分析过程中的不确定性，即统计不确定性，以及利用不同方法估算引起的不确定性，即模型不确定性（Delsman et al., 2013）。对于基于同位素的端元混合模型来说，不同端元的选择也是很重要的不确定性来源。例如，尽管植物蒸腾水汽同位素不受同位素分馏的影响，但是植物水分利用特征时空差异显著，物种之间差别也很大，这都会给确定植物蒸腾水汽同位素带来不容忽视的不确定性。还有一个不确定性来源是迄今为止同位素观测不连续，基于同位素的估算多采用一年的观测数据或者一个季节的观测数据，不一定能够代表一个区域的一般情形（Chen H et al., 2018）。

2.5.3 水汽来源对降水同位素的影响

水汽来源是影响降水同位素组成的重要因素。在中欧的波斯托伊纳，陆源降水的 $\delta^{18}O$ 与 δ^2H 比海源降水更加贫化；而受到雨滴与大气水汽之间凝结交换及蒸散发作用的影响，不同海洋水汽来源的降水同位素没有显著的差异（Krklec et al.，2018）。在澳大利亚的悉尼盆地，当降水水汽来源于内陆时，降水 $\delta^{18}O$ 高；当降水水汽来源于海洋时，降水 $\delta^{18}O$ 低；而由于水汽混合及云下二次蒸发的影响，陆源降水与海源降水的 d-excess 没有显著的差异（Crawford et al.，2013）。位于东亚季风区的南京，当水汽源区对流过程强烈时，水汽输送距离越远，降水量效应越强，降水 $\delta^{18}O$ 越贫化；反之，当水汽源区对流过程较弱时，水汽输送距离越近，降水量效应越弱，降水 $\delta^{18}O$ 越富集（Tang et al.，2015）。同样位于东亚季风区的北京，一方面，与南京相似，也是水汽输送距离越远，降水 $\delta^{18}O$ 越贫化；另一方面，水汽源区空气湿度越低，水汽输送过程中不平衡蒸发过程越强烈，降水 d-excess 越高（Tang Y et al.，2017）。喜马拉雅山南坡的印度洋季风区，在季风期时，降水水汽来源于海洋，降水同位素低；在非季风期时，西风水汽或陆地再循环水汽对降水水汽的贡献更大，降水同位素富集（Jeelani et al.，2018）。喜马拉雅山北坡的西藏阿里地区，7 ~ 9 月尤其是 8 月印度洋季风盛行时，降水水汽主要来源于印度洋，降水 $\delta^{18}O$ 低；当水汽来源于地中海、亚欧大陆或者大西洋时，降水 $\delta^{18}O$ 与 d-excess 高；而当内陆再循环水汽是主要的降水水汽来源时，降水同位素极为富集。位于亚欧大陆腹地的天山北坡，则是绿洲面积越大，蒸发蒸腾越旺盛，再循环水汽比越高，降水同位素越贫化（Wang S J et al.，2016b）。

玛纳斯河流域同样位于天山北坡，但降水同位素与水汽输送天数和运移距离没有显著的相关性，即不同运移天数与不同水汽输送距离情况下，降水同位素没有显著差别（图 2-18和图 2-19）。这是因为干旱区降水水汽来源复杂，且空气湿度低，水汽运输过程

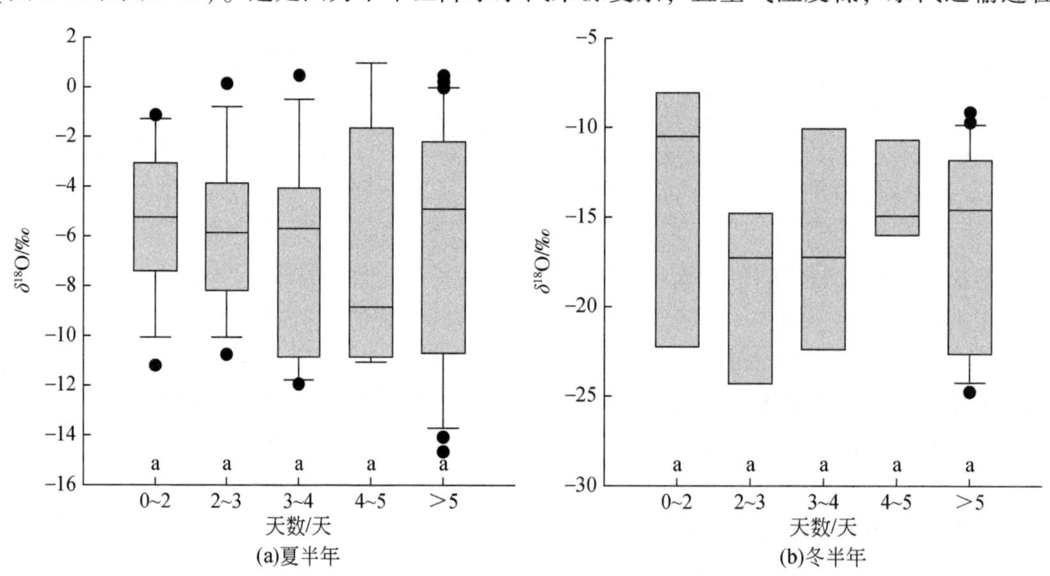

(a)夏半年 (b)冬半年

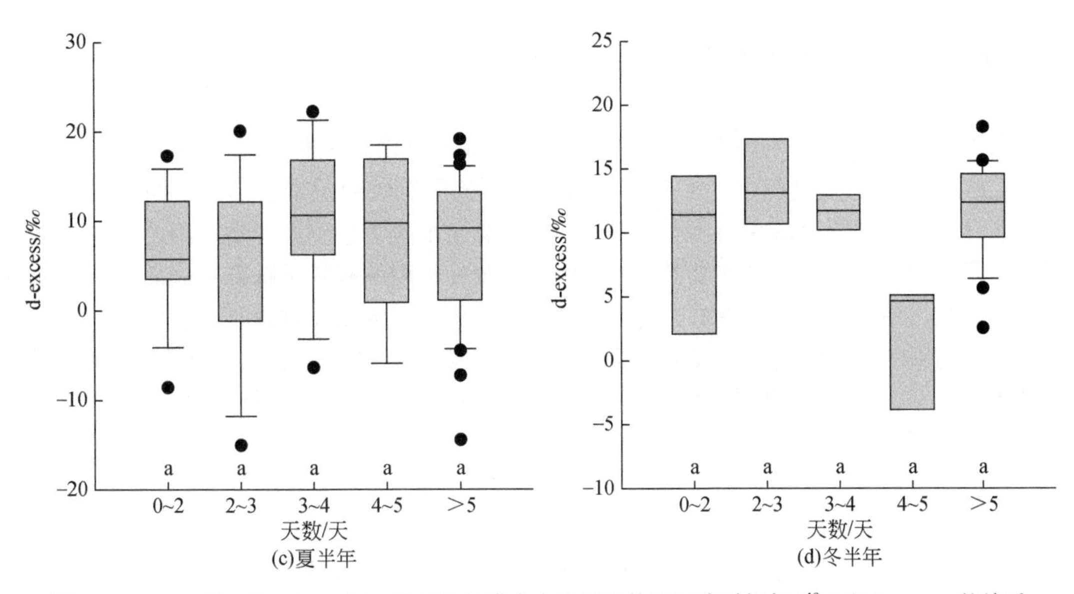

图 2-18 2015 年 8 月 ~2016 年 7 月红沟站降水水汽后向轨迹回溯时间与 $\delta^{18}O$ 和 d-excess 的关系

● 表示异常值；不同字母表示不同组数据的平均值具有显著差异性

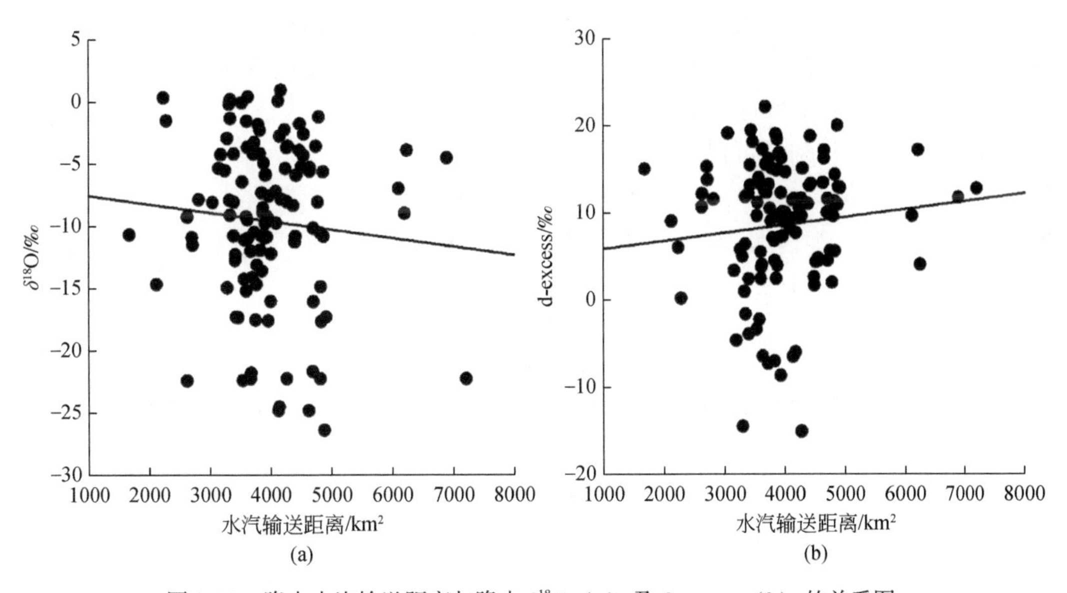

图 2-19 降水水汽输送距离与降水 $\delta^{18}O$（a）及 d-excess（b）的关系图

中降水水汽与周围大气水汽交换强烈，云下二次蒸发强烈，降水同位素中的水汽来源信息被抵消。受干旱区降水同位素的海拔效应，以及森林带蒸腾作用比草地更加旺盛、再循环水汽比更高的影响，红沟的降水同位素较肯斯瓦特的降水同位素更低。然而，难以量化区分海拔效应与下垫面不同的影响（van der Ent et al.，2014；Jeelani et al.，2018）。

2.5.4 蒸发过程对降水同位素的影响

蒸发是水循环的重要过程之一，全球60%的降水是由地表蒸发引起的（Diamond and Jack，2018）。在蒸发过程中，水分子中的氢氧同位素发生同位素分馏，轻同位素优先逃逸出水体，而重同位素留在剩余水体中，从而使剩余水体富集重同位素。因此，稳定氢氧同位素是监测和量化全球尺度或者区域尺度水体蒸发强度的有效示踪剂。然而，定性描述不能满足数值模拟参数化的要求，当运用同位素定量研究水循环过程时，需要定量分析在蒸发分馏的影响下，降水、地表水与地下水同位素发生了怎样的变化。中国天山是新疆重要的水资源储存区，基于同位素研究天山蒸发过程对于了解天山水循环过程及应对气候变化带来的不利影响具有重要的指导作用。

2.5.4.1 理论大气降水线斜率

雨滴形成后，会迅速与云团的气相脱离，这个过程中伴随着瑞利平衡分馏（Rayleigh equilibrium fractionation）过程（Criss，1999），其公式如式（2-18）所示：

$$\frac{R^i}{R_0^i}=\frac{1+\delta^i}{1+\delta_0^i}=f^{^i\alpha-1} \tag{2-18}$$

式中，i 为 ^{18}O 或者 ^{2}H；R 与 R_0 分别为蒸发水体与初始水体的同位素比值；δ 与 δ_0 分别为蒸发水体与初始水体的同位素组成；f 为雨滴经过下落过程后剩余质量占原质量的比例，即雨滴蒸发剩余比；α 为同位素的平衡分馏系数。

对式（2-18）取对数可得

$$\delta^{18}O-\delta^{18}O_0\approx({}^{18}\alpha-1)\ln f \tag{2-19}$$

$$\delta^{2}H-\delta^{2}H_0\approx({}^{2}\alpha-1)\ln f \tag{2-20}$$

那么理论降水线斜率为

$$S=\frac{\delta^{2}H-\delta^{2}H_0}{\delta^{18}O-\delta^{18}O_0}\approx\frac{{}^{2}\alpha-1}{{}^{18}\alpha-1} \tag{2-21}$$

水汽交换平衡条件下，平衡分馏系数 α 受绝对温度 T（K）控制，计算公式如式（2-22）和式（2-23）（Majoube，1970）：

$$10^3\ \ln{}^{18}\alpha=1.137\times10^6/T^2-4.156\times10^2/T-2.0667 \tag{2-22}$$

$$10^3\ \ln{}^{2}\alpha=2.4844\times10^7/T^2-7.6248\times10^4/T+52.612 \tag{2-23}$$

2.5.4.2 Froehlich 模型

受云下二次蒸发的影响，地面降水同位素组成与云底雨滴中的同位素组成有不同程度的差别。Froehlich 等（2008）假设云底雨滴与周围水汽达到同位素平衡，则地面降水 d-excess与云底雨滴 d-excess 之差（Δd）为

$$\Delta d=\left(1-\frac{{}^{2}\gamma}{{}^{2}\alpha}\right)(f^{^2\beta}-1)-8\left(1-\frac{{}^{18}\gamma}{{}^{18}\alpha}\right)(f^{^{18}\beta}-1) \tag{2-24}$$

式中，${}^{2}\alpha$ 与 ${}^{18}\alpha$ 为平衡分馏系数；f 为雨滴蒸发剩余比。${}^{2}\gamma$、${}^{18}\gamma$、${}^{2}\beta$、${}^{18}\beta$ 由 Stewart（1975）

定义：

$$^{2}\gamma=\frac{^{2}\alpha h}{1-^{2}\alpha\ (^{2}D/^{2}D')^{n}(1-h)} \tag{2-25}$$

$$^{18}\gamma=\frac{^{18}\alpha h}{1-^{18}\alpha\ (^{18}D/^{18}D')^{n}(1-h)} \tag{2-26}$$

$$^{2}\beta=\frac{1-^{2}\alpha\ (^{2}D/^{2}D')^{n}(1-h)}{^{2}\alpha\ (^{2}D/^{2}D')^{n}(1-h)} \tag{2-27}$$

$$^{18}\beta=\frac{1-^{18}\alpha\ (^{18}D/^{18}D')^{n}(1-h)}{^{18}\alpha\ (^{18}D/^{18}D')^{n}(1-h)} \tag{2-28}$$

式中，$^{2}\alpha$ 与 $^{18}\alpha$ 为平衡分馏系数；h 为相对湿度；参考 Merlivat（1978），$^{2}D/^{2}D'$ 与 $^{18}D/^{18}D'$ 分别取 1.024 和 1.0289，而 Cappa 等（2003）通过实验分析得出 $^{2}D/^{2}D'$ 与 $^{18}D/^{18}D'$ 分别取 1.016 和 1.032，两者差别很小；$n=0.58$。

雨滴蒸发剩余比（f）可以考虑为降落到地面时的雨滴质量（m_{end}）与云底原始雨滴质量（m_0）之比，即

$$f=\frac{m_{\text{end}}}{m_0}=\frac{m_{\text{end}}}{m_{\text{end}}+m_{\text{ev}}} \tag{2-29}$$

式中，m_{ev} 为雨滴下落过程中蒸发损失掉的质量。

$$m_{\text{ev}}=r_{\text{ev}}t \tag{2-30}$$

式中，r_{ev} 为雨滴质量蒸发损失速率，即单位时间内蒸发损失掉的雨滴质量；t 为雨滴从云底降落到地面所花的时间。

由于雨滴以匀速下落，雨滴降落时间为

$$t=\frac{H_{\text{c}}}{v_{\text{end}}} \tag{2-31}$$

式中，H_{c} 为雨滴下落高度（云底高度）；v_{end} 为雨滴落地时的速度。

根据拉普拉斯压高（Laplace pressure）公式，抬升凝结高度 H_{LCL}（m）可以根据式（2-4）计算。

冷凝高度即抬升凝结高度（lifting condensation level，LCL），是不饱和湿空气干绝热上升过程中开始凝结的高度。冷凝高度气温可以用式（2-6）计算（Barnes，1968）。

雨滴落地时的速度 v_{end} 可以根据式（2-32）计算：

$$v_{\text{end}}=\begin{cases}958\exp(0.0354H)\left\{1-\exp\left[-\left(\dfrac{D}{1.77}\right)^{1.147}\right]\right\},0.3\leqslant D<6.0\\ 188\exp(0.0256H)\left\{1-\exp\left[-\left(\dfrac{D}{0.304}\right)^{1.819}\right]\right\},0.05\leqslant D<0.3\\ 2840D^{2}\exp(0.0172H),D<0.05\end{cases} \tag{2-32}$$

式中，D 为雨滴直径，mm；H 为降水高度，km，采用云底高度。

雨滴质量蒸发损失速率 r_{ev} 可以表示为（Kinzer and Gunn，1951）

$$r_{\text{ev}}=4\pi r\left(1+\frac{Fr}{S'}\right)\cdot D(\rho_{\text{a}}-\rho_{\text{b}})=Q_1\cdot Q_2 \tag{2-33}$$

$$Q_1=4\pi r\left(1+\frac{Fr}{S'}\right) \tag{2-34}$$

$$Q_2 = D(\rho_a - \rho_b) \tag{2-35}$$

式中，r 为雨滴半径，cm；F 为测量水汽交换的实际热量与能量之比的无量纲量；S' 为雨滴外壁的有效厚度；ρ_a 与 ρ_b 分别为下落雨滴表层蒸发水汽密度与周围空气密度。

Q_1(cm) 对环境湿度不敏感，主要受雨滴直径与周围气温控制；Q_2[g/(cm · s)] 主要受湿度与温度控制。Kinzer 和 Gunn（1951）通过实验确定了不同温度、雨滴直径与相对湿度条件下 Q_1 和 Q_2 的取值，但没有得出具体的数学关系。王圣杰（2015）利用双线性内插法得出了不同条件下的 Q_1 与 Q_2，本节也采用这种内插法获取 Q_1 与 Q_2。

尽管雨滴在降落过程中形状会随雨滴直径变化，但为了模拟方便，假设雨滴的形状为球体，则雨滴落地时的质量 m_{end} 为

$$m_{end} = \frac{4}{3}\pi r_{end}^3 \rho \tag{2-36}$$

式中，r_{end} 为雨滴落地时的半径；ρ 为水的密度。

2.5.4.3 同位素蒸发模型

Craig-Gordon 模型（Graig and Gordon，1965）把开放水体表面到自由大气分为 3 层，在这 3 层中由蒸发引起的同位素分馏也分层讨论。将开放水体称为蒸发水体，在紧贴蒸发水面的边界层中，水和水汽之间维持着同位素平衡；在黏滞扩散层中，水汽分子之间发生动力分馏；再向上是紊流混合层，其间不再发生同位素分馏。基于 Langmuir 线性阻力模型（Gat，1996）可以推导出蒸发水汽的同位素组成 δ_E，它是环境参数尤其是湿度的函数（Gat et al.，2001）。

$$\delta_E = \frac{\alpha\delta_L - h_N\delta_A + \varepsilon_{eq} + \varepsilon_{diff}}{1 - h_N - \varepsilon_{diff}} \tag{2-37}$$

式中，δ_L 为蒸发水体同位素组成；h_N 为归一化的大气相对湿度；α 为蒸发水体表面温度下，蒸发水体与蒸发水汽之间同位素的平衡分馏系数；ε_{eq} 为同位素平衡富集系数；ε_{diff} 为动力富集系数；δ_A 为蒸发水体上空自由大气水汽的同位素组成，一般很难观测。云层中雨滴的形成过程可以近似为瑞利平衡分馏过程，则自由大气水汽的同位素组成可以根据降水同位素组成 δ_p 推导而来：$\delta_A = \delta_p - \varepsilon_{eq}$。

$${}^i\varepsilon_{eq} = 1000 \times ({}^i\alpha - 1) \tag{2-38}$$

根据 Craig-Gordon 模型（Craig and Gordon，1965），动力富集系数（ε_{diff}）为分子扩散引起的同位素分馏，可以根据式（2-39）计算：

$$\varepsilon_{diff} = n\Theta(1-h_N)(1-D_m/D_{mi}) = n\Theta(1-h_N)\,{}^i\Delta_{diff} \tag{2-39}$$

式中，n（$0.5 \leqslant n \leqslant 1$）为反映蒸发表面空气边界层特性的因子，对于自然状态下的自然水体，$n=0.5$；对于静态气层里的蒸发，如土壤与叶片蒸发，$n=1$。对于蒸发水汽不会扰动周围环境湿度的小型水体，$\Theta=1$；对于北美五大湖区，$\Theta=0.88$；对于地中海，$\Theta=0.5$；$\Theta=0.5$ 为大型水体的下限值。${}^i\Delta_{diff}$ 表示扩散层中，^2H 与 ^{18}O 的最大消损量，Merlivat（1978）计算了 $H_2{}^{18}O/H_2{}^{16}O$ 与 $^1H^2H^{16}O/{}^1H_2^{16}O$ 的分子扩散率，得出 D_m/D_{mi} 分别等于 0.9723 和 0.9755，因此，${}^{18}\Delta_{diff} = -28.5‰$，${}^2\Delta_{diff} = -25.5‰$。$h_N$ 为归一化的大气相对湿度（Gat et al.，2001）。D_m 和 D_{mi} 为分子扩散率。

Gonfiantini 等（2018）提出一种新的统一的 Craig-Gordon 模型，可以同时考虑各个控制海水或淡水蒸发的变量。利用这个模型可以模拟出蒸发水体的原始同位素组成：

$$\delta_0=\left[\delta_{\mathrm{L}}+\frac{A}{B}(\delta_{\mathrm{A}}+1)+1\right]\Big/F^B-\frac{A}{B}(\delta_{\mathrm{A}}+1)-1 \tag{2-40}$$

$$A=-\frac{h}{\alpha_{\mathrm{diff}}^{X}(\gamma-h)} \tag{2-41}$$

$$B=\frac{\gamma}{\alpha_{\mathrm{eq}}\alpha_{\mathrm{diff}}^{X}(\gamma-h)}-1 \tag{2-42}$$

$$\frac{A}{B}=-\frac{h\alpha_{\mathrm{eq}}}{\gamma-\alpha_{\mathrm{eq}}\alpha_{\mathrm{diff}}^{X}(\gamma-h)} \tag{2-43}$$

式中，δ_0 为蒸发水体原始同位素组成；F 为剩余水体比；h 为相对湿度；γ 为水的热力学活度系数；α_{eq}为平衡分馏系数；X 为蒸发水体上空大气的湍流指数，对于完全湍流的大气，$X=0$，对于静止大气，$X=1$，自然条件下，X 一般取 0.5；α_{diff}为饱和平衡层水汽与扩散层水汽之间的同位素分馏因子，对于分子扩散，这里采用 Merlivat（1978）实验得出的结果，对于$^1H^2H^{16}O/^1H_2^{16}O$，$\alpha_{\mathrm{diff}}=1.0251$；对于 $H_2^{18}O/H_2^{16}O$，$\alpha_{\mathrm{diff}}=1.0285$。

2.5.5 云下二次蒸发对降水同位素的影响

雨滴下落过程所经历的大气相对湿度变化是影响云下二次蒸发的主要因素，当云下二次蒸发显著时，局地大气降水线的斜率低于 8。基于最小二乘法，根据玛纳斯河流域 2015 年 8 月~2016 年 8 月各次降水 $\delta^{18}O$ 和 δ^2H 建立的红沟与肯斯瓦特站的当地大气降水线（LMWL）分别为 $\delta^2H=7.57\delta^{18}O+4.37$ 和 $\delta^2H=7.03\delta^{18}O+1.33$。根据红沟与肯斯瓦特站 2015 年 8 月~2016 年 8 月气温计算的理论大气降水线斜率分别为 9.31 和 9.21。两站的 LMWL 斜率既低于全球大气降水线（GMWL），又低于理论大气降水线斜率，表明流域降水同位素受到了云下二次蒸发的影响。

尽管 0℃以下时，降水同位素也发生分馏，但这种分馏并不是蒸发分馏过程（顾慰祖，2011）。本节主要分析气温高于 0℃的降水事件，即降水同位素受云下二次蒸发的影响情况。

2.5.5.1 d-excess 变化模拟

图 2-20 展示了玛纳斯河流域不同雨滴半径等级的降水事件出现频次。雨滴半径主要分布在 0.2~0.5mm，算术平均值和中位数分别为 0.36mm 和 0.35mm，半径小于 0.6mm 的降水事件占总降水事件的 90%。红沟站雨滴半径算术平均值和中位数分别为 0.35mm 和 0.34mm，肯斯瓦特站雨滴半径算术平均值和中位数都是 0.38mm。

根据上述雨滴半径，可以计算出雨滴落地速度（图 2-21）。大部分降水事件的雨滴落地速度在 1~5m/s。雨滴落地速度为 1~5m/s 的降水事件占总降水事件的 86%。红沟站雨滴落地速度的算术平均值和中位数分别为 2.71m/s 和 2.68m/s，肯斯瓦特站雨滴落地速度的算术平均值和中位数分别为 3.01m/s 和 2.90m/s。

降水事件的雨滴蒸发速率具有显著的时空变化（图 2-22）。红沟站降水事件的雨滴蒸

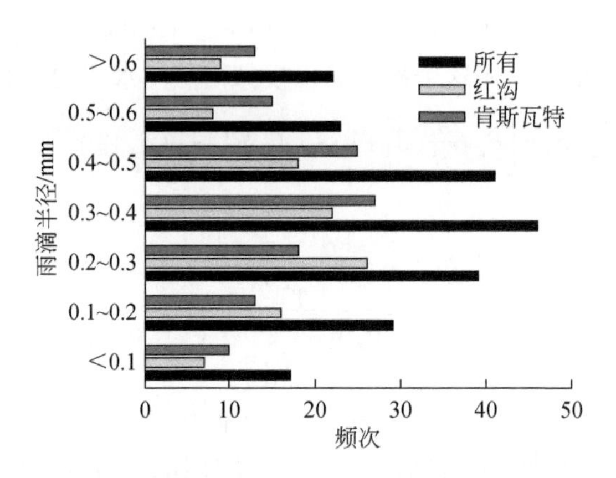

图 2-20　2015 年 8 月 ~ 2016 年 8 月玛纳斯河流域不同雨滴半径等级的降水事件出现频次

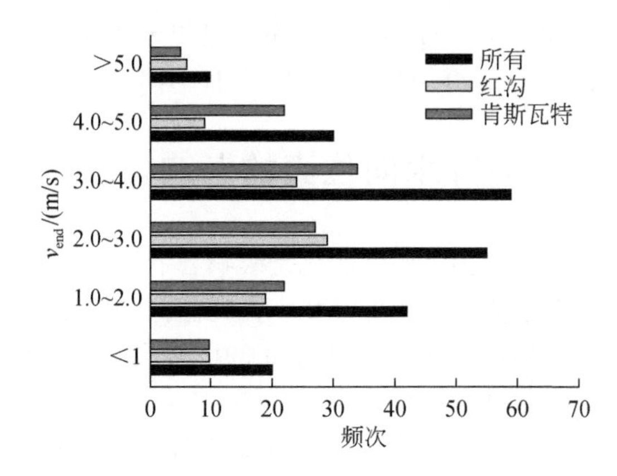

图 2-21　2015 年 8 月 ~ 2016 年 8 月玛纳斯河流域不同雨滴落地速度范围的降水事件出现频次

发速率的算术平均值和中位数分别为 0. 59ng/s 和 0. 52ng/s，肯斯瓦特站降水事件的雨滴蒸发速率的算术平均值和中位数分别为 0. 82ng/s 和 0. 76ng/s。肯斯瓦特站的雨滴蒸发速率高于红沟站，且肯斯瓦特站的变化幅度大于红沟站。季节变化上，2015 年 8 ~ 11 月，降水事件雨滴蒸发速率逐渐降低；2016 年 3 ~ 7 月，降水事件雨滴蒸发速率逐渐升高。

雨滴蒸发剩余比是计算云下二次蒸发对降水同位素影响程度的重要参数。根据式（2-29）可以计算降水事件雨滴蒸发剩余比（图 2-23）。假设温度高于 0℃时才发生云下二次蒸发，流域降水事件雨滴蒸发剩余比的算术平均值为 87%。季节变化上，2015 年 8 ~ 11 月，降水事件雨滴蒸发剩余比逐渐升高；2016 年 3 ~ 6 月，降水事件雨滴蒸发剩余比逐渐降低；7 ~ 8 月，降水事件雨滴蒸发剩余比又有升高趋势，这可能是因为 7 ~ 8 月，尽管气温更高，蒸发潜力更强，但降水强度变大，雨滴下落速度更快，蒸发损失比相对变小。

Δd 反映的是降水 d-excess 受到云下二次蒸发影响后的变化量（图 2-24）。Δd 的空间差异较小，但季节变化明显。红沟站降水 Δd 的中位数为-4. 82‰；肯斯瓦特站降水 Δd 的中位数为-5. 33‰。季节变化上，2015 年 8 ~ 11 月，降水 d-excess 的变化逐渐变小；2016 年 3 ~ 6 月，降水 d-excess 的变化逐渐变大；7 ~ 8 月，降水 d-excess 与降水蒸发损失比一

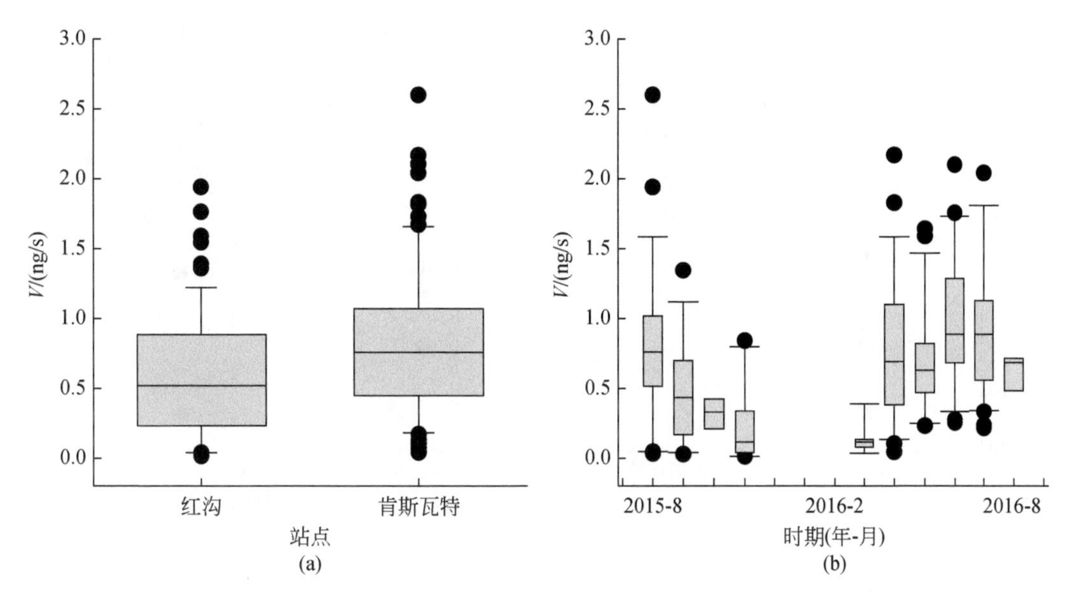

图 2-22　2015 年 8 月～2016 年 8 月玛纳斯河流域雨滴蒸发速率时空分布

● 表示异常值，下同

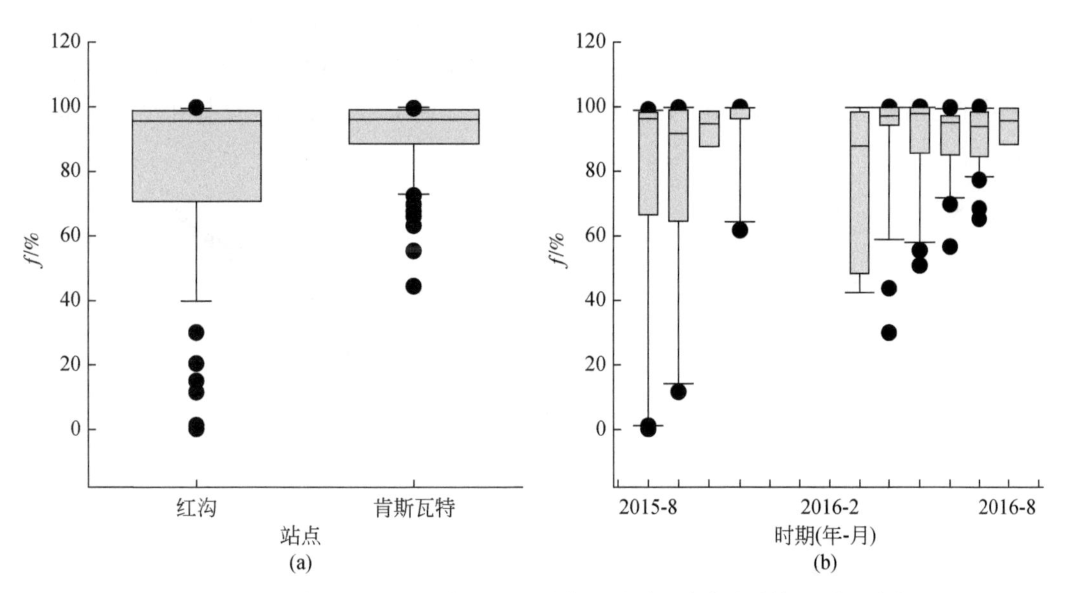

图 2-23　2015 年 8 月～2016 年 8 月玛纳斯河流域雨滴蒸发剩余比时空分布

样，有变小趋势。

Δd 与降水雨滴蒸发剩余比存在显著的相关性（图 2-25）。总体来看，降水雨滴蒸发剩余比与 Δd 存在 1.09‰/% 的线性关系，即蒸发损失量每增加 1%，降水 d-excess 降低 1.09‰。这与 Froehlich 等（2008）对阿尔卑斯山及 Kong 等（2013）对天山北坡乌鲁木齐河流域的研究结果相近（1‰/%）。Wang S J 等（2016b）对 2012 年中国天山的研究结果是 1.16‰/%，只有当降水雨滴蒸发剩余比大于 90% 时，降水雨滴蒸发剩余比才与 Δd 存

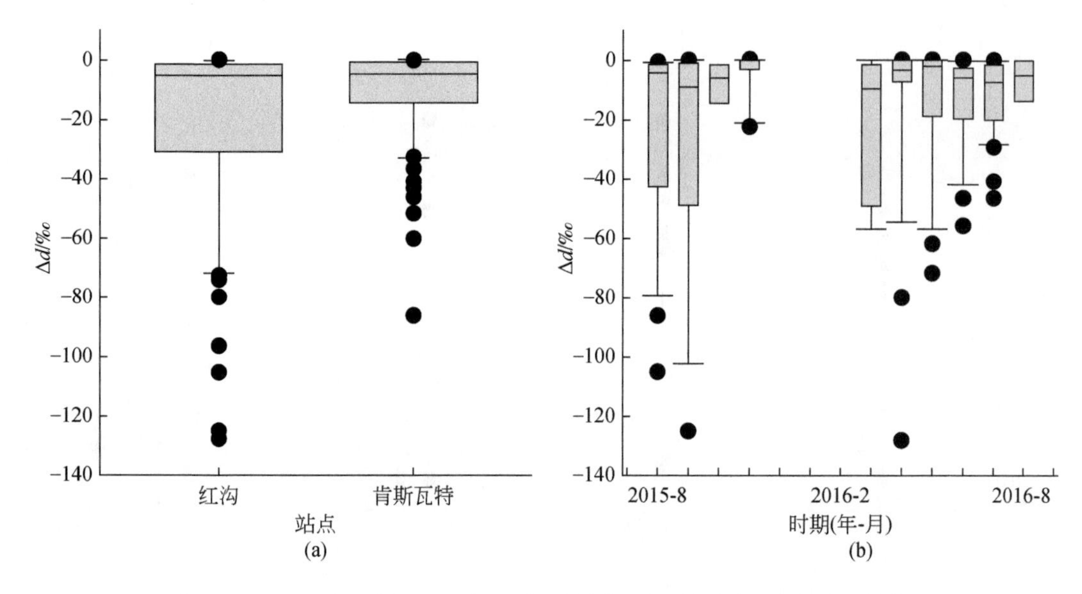

图 2-24　2015 年 8 月 ~2016 年 8 月玛纳斯河流域降水中 Δ*d* 的时空分布

在 1.01‰/% 的关系，高于我们的研究结果。这是因为 Wang S J 等（2016b）的研究对象是中国天山地区，包括天山北坡、天山山区和天山南坡，范围更广，环境更复杂，尤其是南坡，气候干燥，蒸发强烈。尽管玛纳斯河流域也位于天山北坡，然而我们的观测站点——红沟站和肯斯瓦特站都位于山区，下垫面土地利用类型分别为森林和草地，蒸发相对较弱。

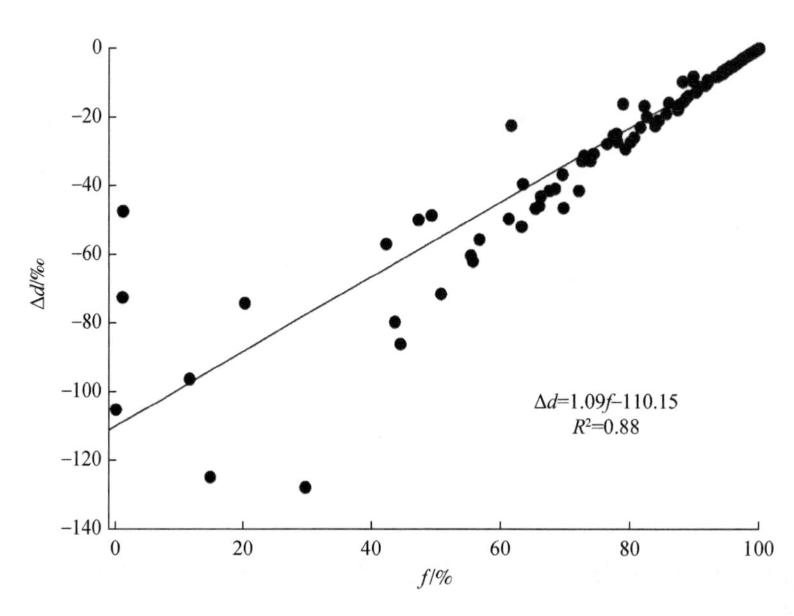

图 2-25　2015 年 8 月 ~2016 年 8 月玛纳斯河流域降水雨滴蒸发剩余比与降水中 Δ*d* 的关系

从以上分析可以看出，在干旱山区，降水雨滴蒸发剩余比与 Δ*d* 之间的 1‰/% 的线性关系可以推广。然而，在干旱的平原区，利用这种经验关系还需要进一步检验。

2.5.5.2 Δd 与气象要素的关系

降水 δ^{18}O 与气象要素之间存在不同的相关性（表2-6），降水 Δd 与气象要素之间是否也存在相关性呢？下面分析 Δd 与不同气象要素（气温、降水量、相对湿度与雨滴半径）之间的关系（图2-26）。Δd 与气温、降水量、相对湿度和雨滴半径都存在显著的线性关系。随着气温升高，Δd 逐渐变小，斜率逐渐增大。当气温低于 20℃ 时，斜率接近 1‰/%，而当气温高于 20℃时，斜率高达 1.41‰/%。随着降水量增大，雨滴蒸发剩余比增大，Δd 逐渐变小，斜率逐渐变小，但总大于 1‰/%。当降水量小于 1mm 时，斜率为 1.39‰/%；当降水量在 1～5mm 时，斜率为 1.27‰/%；当降水量高于 5mm 时，斜率为 1.21‰/%。随着相对湿度升高，雨滴蒸发剩余比增大，Δd 逐渐变小，斜率逐渐变小。当相对湿度低于 70% 时，斜率为 1.16‰/%；当相对湿度为 70%～85% 时，斜率为 0.86‰/%；当相对湿度高于 85% 时，斜率为 0.81‰/%。随着雨滴半径增大，雨滴蒸发剩余比增大，Δd 逐渐变小，斜率逐渐变小，但总大于 1‰/%。当雨滴半径小于 0.3mm 时，斜率为 1.36‰/%；当雨滴半径为 0.3～0.5mm 时，斜率为 1.35‰/%；当雨滴半径大于 0.5mm 时，斜率为 1.27‰/%。

表 2-6　2015 年 8 月～2016 年 8 月玛纳斯河流域地面降雨、云底降雨及大气水汽的 δ^{18}O、δ^{2}H 与 d-excess 的时空变化　（单位：‰）

地区	季节	地面降雨			云底降雨			大气水汽		
		δ^{18}O	δ^{2}H	d-excess	$\delta^{18}O_0$	$\delta^{2}H_0$	d_0-excess	$\delta^{18}O_A$	$\delta^{2}H_A$	d_A-excess
红沟	全年	-6.94	-45.77	9.12	-10.08	-64.29	19.91	-33.15	-143.37	128.06
	春	-9.43	-68.01	11.69	-13.41	-84.74	21.01	-35.40	-155.61	130.22
	夏	-4.16	-32.79	7.17	-7.80	-43.05	16.49	-30.83	-125.55	127.21
	秋	-8.05	-49.08	9.72	-14.67	-96.31	20.43	-34.44	-147.56	118.65
肯斯瓦特	全年	-6.51	-43.11	9.62	-8.67	-51.54	17.03	-32.79	-129.65	131.27
	春	-10.55	-70.51	13.82	-11.03	-72.27	15.92	-37.65	-166.46	132.33
	夏	-3.56	-23.94	4.53	-6.46	-40.24	19.28	-29.36	-106.73	130.08
	秋	-9.88	-65.19	11.63	-14.65	-84.15	16.37	-36.44	-172.77	129.25

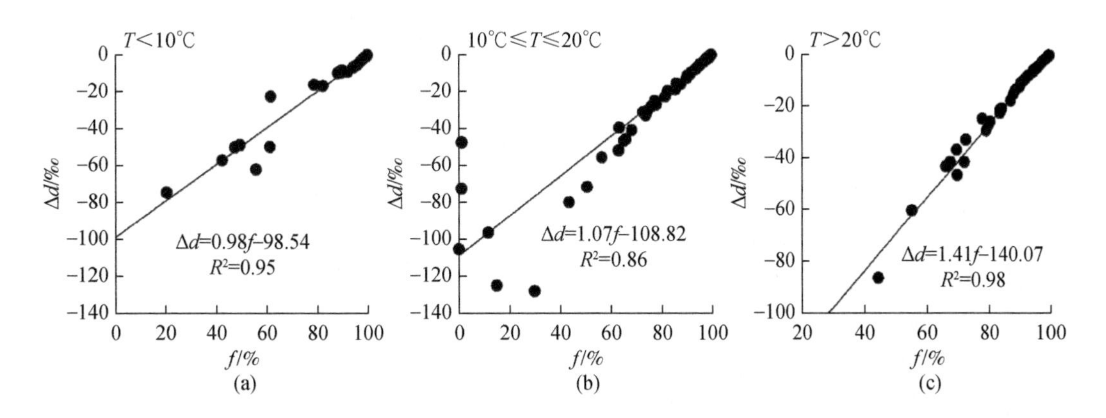

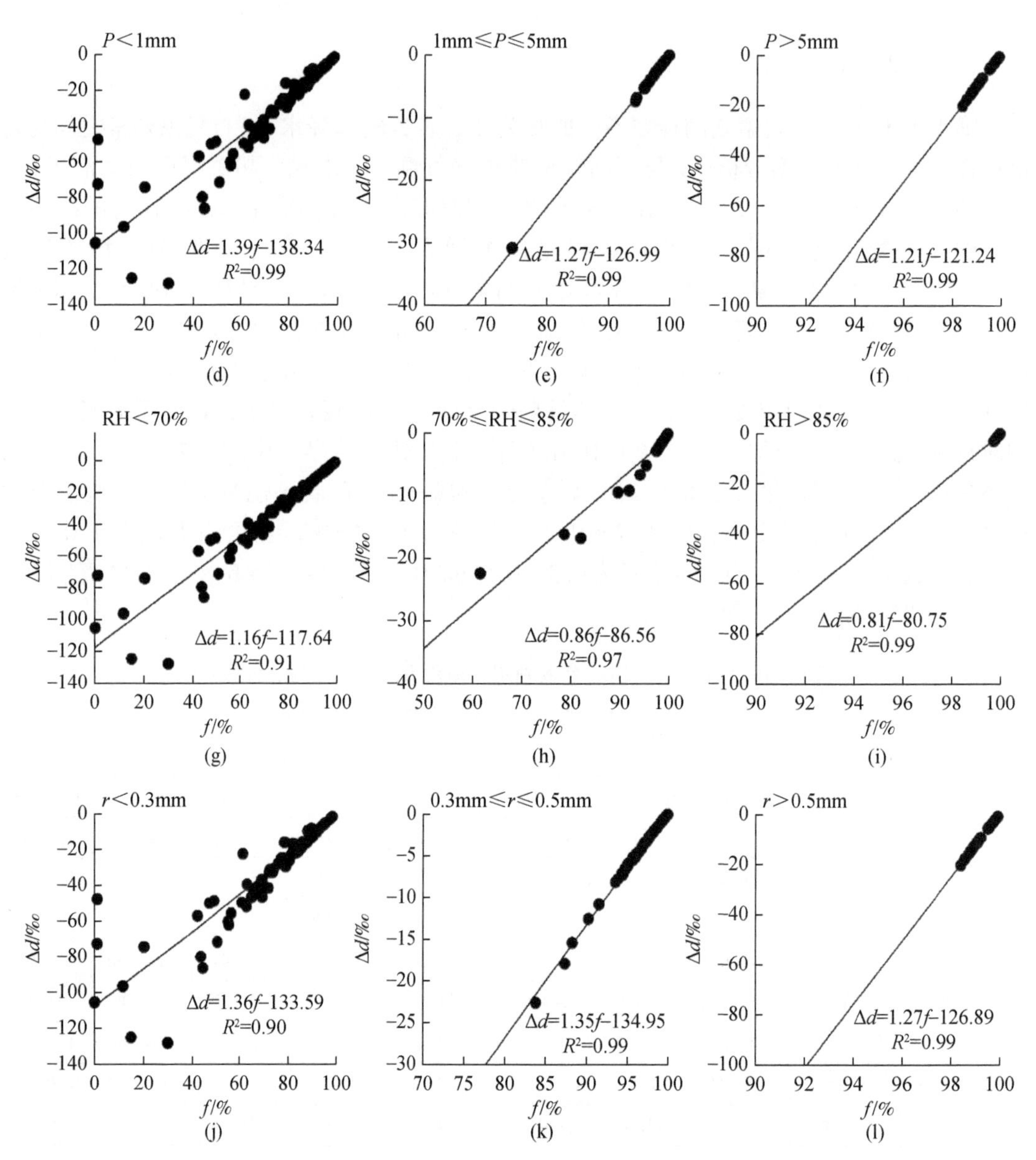

图 2-26　2015 年 8 月 ~2016 年 8 月玛纳斯河流域不同气象条件下降水雨滴蒸发剩余比与 Δd 的关系

T 表示气温；P 表示降水量；RH 表示相对湿度；r 表示雨滴半径

总结不同气象条件下，降水 Δd 与雨滴蒸发剩余比的线性回归结果发现，气温越低、降水量越大、相对湿度越高、雨滴半径越大，雨滴蒸发剩余比越高，Δd 越小，二者之间的线性关系越显著，斜率越低，甚至小于 1‰/%；反之，气温越高、降水量越小、相对湿度越低、雨滴半径越小，雨滴蒸发剩余比越低，Δd 越大，二者之间的线性关系越弱，斜率越高，往往高于 1‰/%。

Δd 随气象要素的变化而变化（图 2-27）。Δd 随气温升高而变大；降水量和雨滴半径很小时，Δd 变化很大；随着降水量、雨滴半径及相对湿度增大，Δd 逐渐趋于 0。

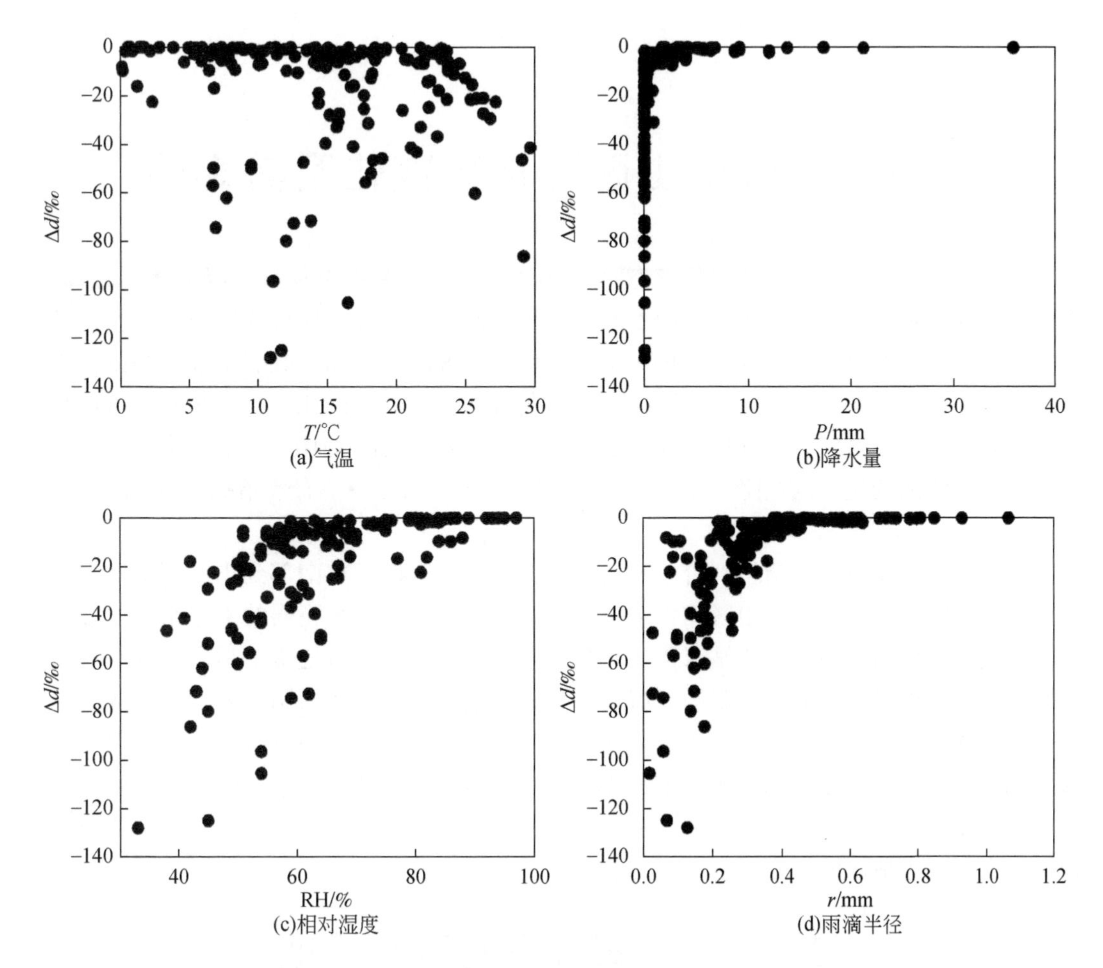

图 2-27　2015 年 8 月 ~ 2016 年 8 月玛纳斯河流域不同气象要素与 Δd 的关系

虽然一部分降水的 Δd 很大（达−140‰），但是这主要是少数降水量小、相对湿度低及雨滴半径小的降雨事件，其中 70% 降雨事件的降水 Δd 为−16.74‰ ~ −0.01‰。根据降雨 $\delta^{18}O$、δ^2H 及 d-excess 校正云底降雨 $\delta^{18}O_0$、δ^2H_0及d_0-excess，并根据 Craig-Gordon 模型和改进的 Craig-Gordon 模型计算了大气水汽的 $\delta^{18}O_A$、δ^2H_A及 d_A-excess（表 2-6）。云底降雨的 $\delta^{18}O$ 与 δ^2H 显著低于地面降雨，云底降雨的d-excess显著高于地面降雨；大气水汽的 $\delta^{18}O$ 与 δ^2H 显著低于云底降雨，d-excess 显著高于云底降雨。对于地面降雨和大气水汽的 $\delta^{18}O$、δ^2H 与 d-excess，红沟和肯斯瓦特没有显著的差异。但红沟云底降雨的 $\delta^{18}O$、δ^2H 略低于肯斯瓦特，d-excess 略高于肯斯瓦特。这表明，经过订正后，海拔效应显现出来。季节变化上，大气水汽 $\delta^{18}O$、δ^2H 与 d-excess 的季节变化最小，但夏季水汽 $\delta^{18}O$ 与 δ^2H 高于春秋季，水汽 d-excess 没有明显的季节变化特征。地面降雨与云底降雨的 $\delta^{18}O$、δ^2H 具有显著的夏季高、春秋季低的特征，d-excess 的季节变化特征与 $\delta^{18}O$ 和 δ^2H 相反。

3 天山山区降雪率变化及其影响

天山山区的降水形式主要包括液态降水（降雨为主）和固态降水（降雪为主）。降雪作为降水的一种重要形式，是山区冷季水文过程中重要的一环，被视为反映气候变化的重要指标之一，其对温度和降水变化的响应极为敏感（Mankin and Diffenbaugh，2015；Guan et al.，2016）。降雪率（*S/P*）是降雪量（*S*）与降水量（*P*）的比率，*S/P* 的变化取决于降雪量和降水量的共同变化（Guo and Li，2015；Safeeq et al.，2016）。由于降雪和降水可能存在不一致的变化，因此降雪率可以用作反映气候变化的一个有效指标（Serquet et al.，2011）。

天山山脉从乌兹别克斯坦到吉尔吉斯斯坦，从哈萨克斯坦东南部到中国新疆，覆盖了中亚干旱区的大部分区域。山区作为水源涵养区，在维持干旱区脆弱的生态系统方面发挥着至关重要的作用。山区监测站点稀疏，多分布于山前或出山口地带，高山区降水观测十分稀少，这使得对降雪的准确观测和解析存在较大难度，极大地限制了人们对山区降水及其水文过程的认识；境外站点的监测时间往往更短或者不连续，亦不能很好地反映山区降水（雨/雪）水平，仅有的监测资料难以准确支撑对山区降水（雨/雪）变化的研究。因此，我们在此重点介绍如何利用多源数据组合，分析 *S/P* 的变化及这些变化对中亚以融冰融雪为主的高山地区河川径流的影响。

3.1 降雪率计算方法及验证

在目前对降雪的观测分析中，国际上大多数研究采取温度阈值法判定降水是以降雨还是降雪的形式发生。Auer（1974）基于 1000 个气象站定义温度<0℃时，降水全部以降雪的形式发生，温度>6.1℃时，降水全部以降雨的形式发生；Berghuijs 等（2014）将 1℃定义为区分降雪和降雨的阈值；Dai（2008）基于 15000 个陆地站点数据，指出当温度在 -2 ~ 4℃时，陆地降水形式会由降雪向降雨转变；而 0℃ <*T*<2℃ 被更多地应用为判定阈值（Gillies et al.，2012）。并有研究使用湿球温度和相对湿度来定义阈值，以此来划分固态降水和液态降水形式（Berghuijs et al.，2014；Ding et al.，2014；Deng et al.，2017）。

S/P 计算的数据和方法验证表明，*S/P* 随时间的变化非常大。Sun 等（2018）强调全面估算的重要性，评估长期降水变化时的自然变异性。本研究确定了天山 -1 ~ 2℃的降水形式阈值，之所以选择这个温度范围，是因为在刮风的条件下，对降雪的测定难度大于对降雨的测定（Räisänen，2008；Pavelsky et al.，2012），这可能导致在混合条件下高估降雪量。降雪向降雨的转变虽然只是降水形式的变化，但其在山区产汇流过程中的作用极为复杂，这也正是众多学者关注山区降水形式判定的原因所在。

在大多数高寒地区或气候恶劣地区，观测站数量有限，有学者选择可靠的网格数据或

再分析数据来估算 *S/P*。为了弥补中亚高山地区观测站稀少的局限性，我们利用高分辨率观测数据（APHRODITE）及美国国家海洋和大气管理局（NOAA）气候预测中心（CPC）的日气温与降水数据集。APHRODITE 数据集来自亚洲的雨量计观测网，与其他数据集相比其更为准确。APHRODITE 是高质量的数据集，考虑到该数据集在国际合作和质量控制中的起源，将其作为研究中亚天山最合适的资料。该数据集分辨率为 0.25°×0.25°，持续时间为 1951 ~ 2007 年。为了延长时间，我们还使用了 1979 年至今的 CPC 每日数据，分辨率为 0.50°×0.50°。该数据集是 CPC 统一降水项目产品套件的一部分。该项目的主要目标是通过综合 CPC 提供的所有信息源，并利用最优插值客观分析技术，创建一套质量提高、数量一致的统一降水产品，许多学者在全球和地区范围内使用了该数据集。

本研究从国家气象信息中心（http://data.cma.cn/site/index.html）收集了天山 27 个气象站的资料，这些气象站几乎记录了 1958 年以来的所有气候因子，包括 2m 高的日气温（最低、最高、平均）、降水量、相对湿度、日照时数、平均水汽压和 10m 高的风速等。在这 27 个站点中，有 5 个在海拔 500m 以下、6 个在海拔 500 ~ 1000m、9 个在海拔1000 ~ 1500m、3 个在海拔 1500 ~ 2000m、3 个在海拔 2500 ~ 3000m、1 个在海拔 3500m 以上。为了确保数据的质量（可靠性和同质性），删除那些数据缺失超过 5% 或一个月内缺失超过 5 天的台站。最终的这套数据降雪事件被标记为 31XXX（XXX 为雪水当量），雨夹雪事件被标记为 30XXX，其他为降雨。

3.1.1 降水与气温数据集的融合和时段延续

本研究从 APHRODITE 和 CPC 中选取了 2000 ~ 2007 年重叠期的日气温和降水数据，并绘制了数据的回归相关图。APHRODITE 和 CPC 数据之间存在非常密切的关系，气温具有高度一致性（决定系数 $R^2=0.998$）[图 3-1（a）]。降水的决定系数达到 $R^2=0.80$［图 3-1（b）]。该研究在重叠期间使用每像素一元线性回归模型来整合不同的数据源，以获得 1960 ~ 2017 年的新数据系列。

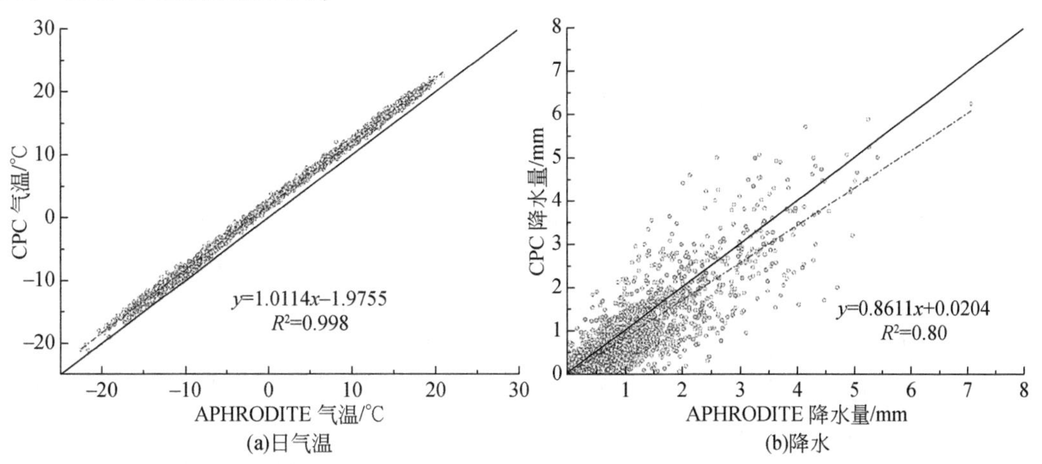

图 3-1　2000 ~ 2007 年 APHRODITE 与 CPC 日气温和降水数据的相关性

3.1.2 数据源和方法的验证

许多学者采用单一温度阈值法和 Ding 动态阈值参数法两种方法，根据日平均气温将雨雪分开。为了比较单一温度阈值法和 Ding 动态阈值参数法两种方法的结果，我们分别根据27个气象站数据（日气温、降水、相对湿度和压力）对 *S/P* 进行了估算。结果表明，两种方法的相关系数达到 $R^2=0.92$ [图 3-2 (a)]。本研究使用 27 个气象站的观测数据，并提取了1961～2017年的相应网格数据。基于单一温度阈值法，比较了网格数据和观测数据估算 *S/P* 的结果。结果表明，相关系数为 $R^2=0.61$ [图 3-2 (b)]。从图 3-2 可以看出，采用的数据和方法适用于中亚天山山脉的 *S/P* 估算。

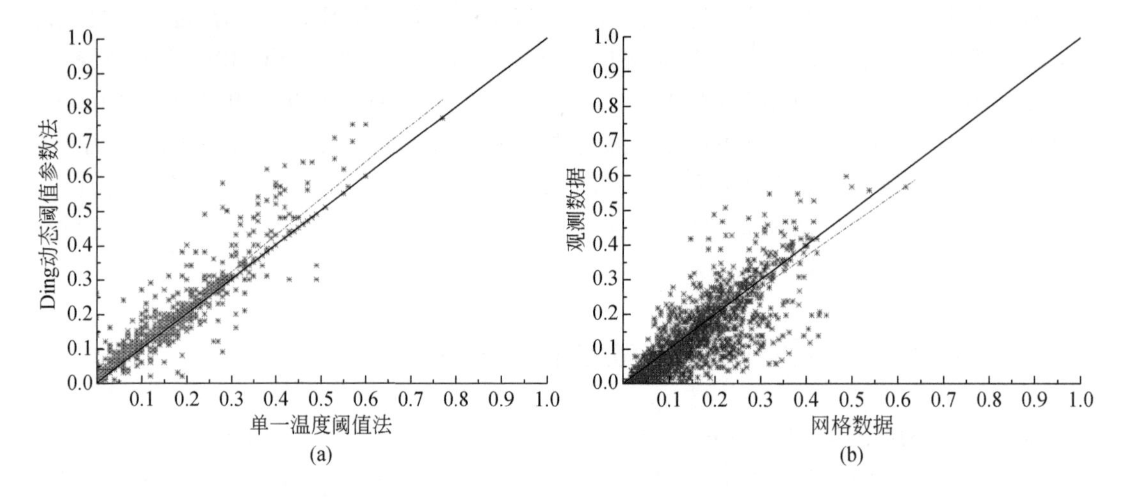

图 3-2　基于天山山脉 27 个气象站（中国部分）的两个温度阈值比较

(a) *X* 轴是基于单一温度阈值法的 *S/P*，*Y* 轴是基于 1960～2017 年每个站点 Ding 动态阈值参数法的 *S/P*；
(b) 基于单一温度阈值方法利用观测数据和相应网格数据的 *S/P* 比较

3.1.3 单一温度阈值法

网格数据的局限性是缺乏相对湿度（RH）数据。因此，我们选择了单一温度阈值来甄别降雪量和降雨量。在平均温度低于温度阈值时发生的降水被认为是完全降雪，而在平均温度高于温度阈值时发生的降水被认为是完全降雨。在天山山脉，地形复杂，海拔差异大，确定温度阈值可能会考虑不同的海拔。在位于天山山区的 27 个气象站中，降雪量和降雨量是分开记录的。其中，20 个气象站位于低海拔（1500m 以下），6 个位于中等海拔（1500～3000m），1 个位于相对高海拔（3500m 以上）。27 个站点的记录提供了 1960～1979 年的天气代码：雪（包括暴风雪）标记为 31XXX（XXX 是雪水当量），雨夹雪标记为 30XXX。选择这两种类型的每日平均温度，然后从每个站点获取两者的温度范围，从而确定雪和雨的临界温度。通过考虑不同温度阈值的估计误差，能够区分−1～2℃每 0.5℃

的降雪量和日降水量。

3.1.4 Ding 动态阈值参数法

每一天的记录数据都使用一个温度阈值来近似计算降雪量。温度阈值方法使用温度或湿球温度和相对湿度来定义划分降水类型的阈值。

$$P_{type}=\begin{cases}雪, & T_w\leqslant T_{min}\\ 雨夹雪, & T_{min}\leqslant T_w\leqslant T_{max}\\ 雨, & T_w\geqslant T_{max}\end{cases} \tag{3-1}$$

式中，P_{type}为每天的降水类型（雪、雨或雨夹雪）；T_w为每日湿球温度；T_{min}和T_{max}为两个边界阈值温度。每日湿球温度（T_w）包含空气温度、湿度和压力信息，可通过式（3-2）计算：

$$T_w=T_a-\frac{e_{sat}(T_a)\times(1-\mathrm{RH})}{0.000643\times P_s+\frac{\partial e_{sat}}{\partial T}} \tag{3-2}$$

$$e_{sat}(T_a)=6.1078\times e^{\frac{17.27\times T_a}{T_a+237.3}} \tag{3-3}$$

式中，T_a为每日温度，℃；P_s为每日气压，hPa；RH 为相对湿度，%；e_{sat}（T_a）为饱和蒸汽压，hPa。T_{max}和T_{min}由式（3-4）和式（3-5）计算：

$$T_{min}=\begin{cases}T_0-\Delta S\times\ln\left(e^{\frac{\Delta T}{\Delta S}}-2e^{\frac{\Delta T}{\Delta S}}\right), & \frac{\Delta T}{\Delta S}>\ln 2\\ T_0, & \frac{\Delta T}{\Delta S}\leqslant\ln 2\end{cases} \tag{3-4}$$

$$T_{max}=\begin{cases}2\times T_0-T_{min}, & \frac{\Delta T}{\Delta S}>\ln 2\\ T_0, & \frac{\Delta T}{\Delta S}\leqslant\ln 2\end{cases} \tag{3-5}$$

$$\Delta T=0.215-0.099\times\mathrm{RH}+1.018\times\mathrm{RH}^2 \tag{3-6}$$

$$\Delta S=2.374-1.634\times\mathrm{RH} \tag{3-7}$$

$$T_0=-5.87-0.1042\times Z+0.0885\times Z^2+16.06\times\mathrm{RH}-9.614\times\mathrm{RH}^2 \tag{3-8}$$

式中，Z为气象站的海拔，m。

3.2 天山山区降雪率变化及其对区域水文水资源的影响

在全球变暖背景下，位于北半球中纬度的干旱/半干旱地区变暖尤为明显。中亚天山位于亚欧大陆腹地，1960～2017 年平均气温上升速率约为 0.34℃/10a。同期变暖率明显高于全球平均升温水平。鉴于气温急剧升高，中亚天山降水形式的时空变化如何，对于理解山区径流过程和水系统的稳定性至关重要。

3.2.1 降雪率的时空变化特征

3.2.1.1 降雪率与降水和降雪的关系

天山降水和降雪的时空变化如图 3-3 所示，中亚天山多年平均降水量约为 280mm。虽然近半个世纪来年降水量略有增加，但天山北部有明显的增加趋势，而山体最西端的阿姆河流域则有下降趋势。

与全球降水量持续增加的趋势不同（Donat et al., 2016；Lui et al., 2019），天山地区降水量在 1998 年以后略有下降。降雪量的变化几乎与降水量一致，但并不完全一致。降雪序列可分为两个时期，跳跃点出现在 1993 年左右。在第一个时期（1960 ~ 1993 年），降雪量以 0.46mm/a 的速度波动增加，而在第二个时期（1994 ~ 2017 年），降雪量以 1.34mm/a 的速度减小。从空间来看，降水量增幅最大的是天山北部，降雪量增幅最大的是天山西部北坡。总体而言，天山最西端的降雪量和降水量都有类似的减少。

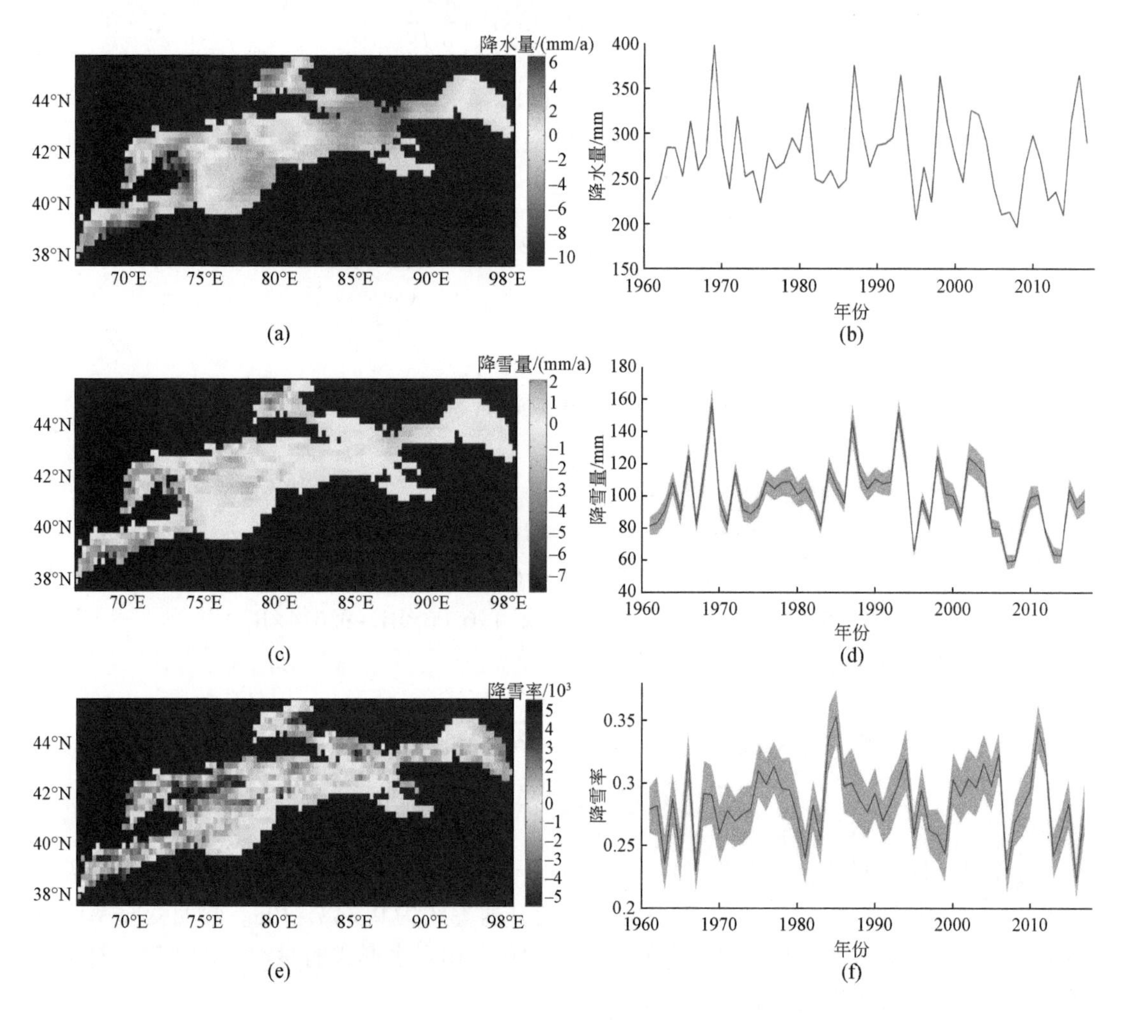

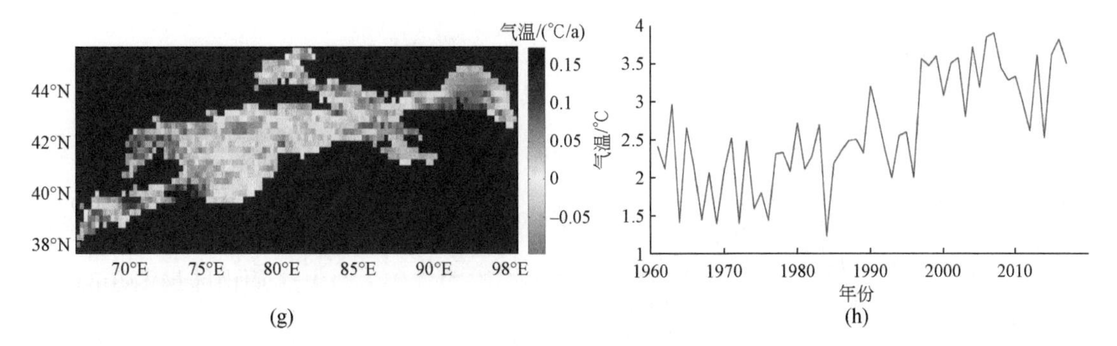

图 3-3　1960 ~ 2017 年天山降水和降雪的时空变化

（a）降水量的空间趋势变化；（b）降水量随时间的变化；（c）降雪量的空间趋势变化；（d）降雪量随时间的变化；（e）降雪率的空间趋势变化；（f）降雪率随时间的变化；（g）气温的空间趋势变化；（h）气温随时间的变化

3.2.1.2　在冷季和暖季均发生降雪向降雨转变

对冷季和暖季（冷季为 11 月至翌年 4 月，暖季为 5 ~ 10 月）的降雪量与降雨量比例变化计算分析（根据冷季或暖季的降雪量或降雨量占全年降水量的百分比确定）发现，在冷季和暖季均发生降雪向降雨转变的现象。如图 3-4 所示，1960 ~ 2017 年，暖季降水量增加，冷季降水量减少。然而，在 1998 年前后，随着气温的突然升高，降雪量比例在寒冷季节下降，而降雨量比例在寒冷季节增加，20 世纪 80 年代中期左右的暖季也出现了类似的现象。关于降雪率的季节性变化，图 3-4（d）显示了冷季和暖季的减少。总体而言，冷季降水量减少，尤其表现为降雪量减少，而暖季降水量增加且降雨起主导作用。

3.2.2　降雪率变化驱动因素

在中低海拔地区，温度引起 *S/P* 降低（Screen and Simmonds，2012）。降雪量的变化是 *S/P* 变化的主要原因，但温度是影响降雪量的关键因素。在过去的半个世纪里，天山几乎所有的地区都经历了明显的变暖过程［图 3-3（g）］。从 20 世纪 70 年代末开始，气温

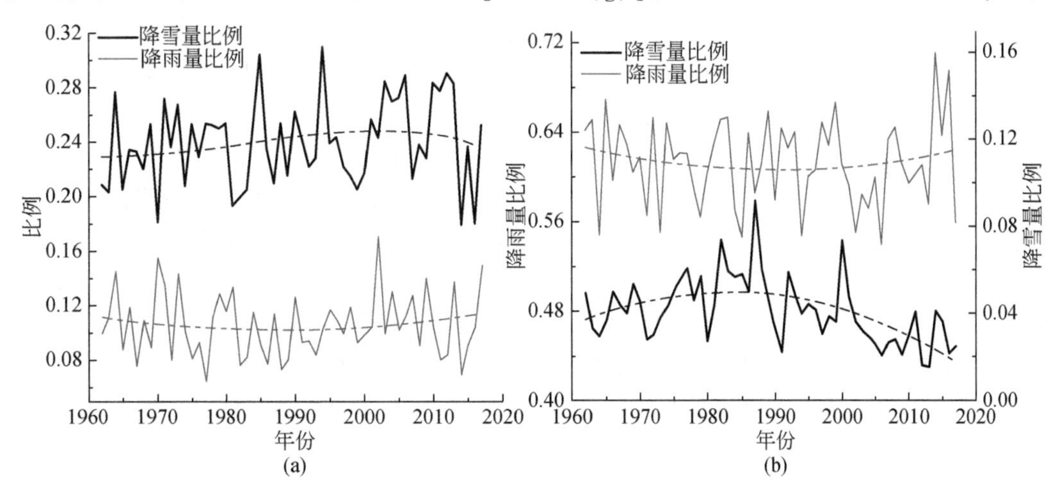

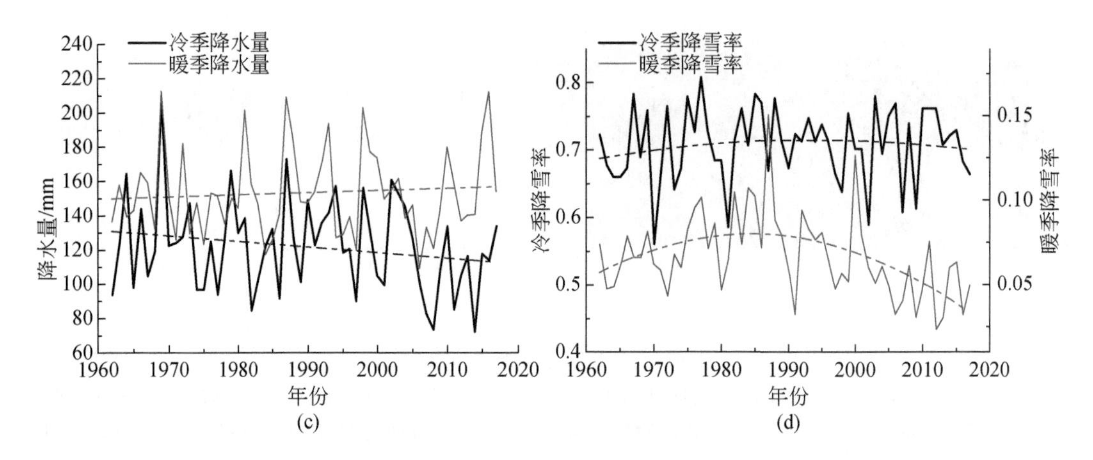

图 3-4　降水量及降水形式（雨、雪）在冷季和暖季的变化趋势

（a）冷季降雪量和降雨量比例的变化；（b）暖季降雪量和降雨量比例的变化；

（c）冷季和暖季降水量的变化；（d）冷季和暖季降雪率的变化

上升趋势开始加速，每 10 年都比上一个 10 年气温高，1998 年前后气温出现了“跃动式”急剧上升趋势［图 3-3（h）］。天山平均气温虽呈上升趋势，但仍存在空间差异。最明显的暖化区是天山西部、北部和东部最西端，而西天山东部的气温略有下降。气温通常随着海拔的升高而下降，而在过去的 30 年间，低海拔区域的气温上升趋势高于中高海拔区域，*S/P* 降低速率也较中高海拔区域明显。因此，在分析 *S/P* 的任何变化时，应考虑 *S/P* 与海拔的关系。

低温与高 *S/P* 有关，而高温与低 *S/P* 有关。值得注意的是，气温的上升并没有导致 *S/P* 的持续下降。几乎所有的海拔都经历了持续的变暖趋势，但对于超过 3500m 的海拔来说，这种趋势明显放缓（图 3-5）。图 3-5 箱线图显示了不同海拔的降水量、降雪量、*S/P* 和温度的变化。不同海拔地区的降水量和降雪量变化无显著差异。近 20% 的天山山脉位于海拔 1500m 以下，低海拔地区约 74% 的 *S/P* 呈小幅上升趋势。在海拔 1500 ~ 3500m 的中部地区，约 53% 的 *S/P* 下降。然而，在海拔 3500m 以上（约占天山面积的 16%）的地区，*S/P* 下降很小，约 32% 由于温度始终保持在 0°以下而呈现上升趋势。由于气温变化的负效应减弱，该地区降水多以降雪形式出现。除气温外，其他气象因素也会影响 *S/P*，如由于温度升高而增加的饱和蒸汽压会促进蒸发和升华。

综观国际研究，Knowles 等（2006）提出，日最低气温显著影响降雪的变化，当日最低气温超过−5℃时，降雪量将会显著减少。Feng 和 Hu（2007）表明美国中部和太平洋西北地区的 *S/P* 已大幅下降，但美国东部的下降幅度较低。尽管如此，美国新英格兰地区仍呈现出显著下降趋势，这与北大西洋涛动和太平洋−北美遥相关型有关。瑞士的降雪量也有类似的下降趋势（Serquet et al.，2011），美国大陆（Knowles et al.，2006；Feng and Hu，2007）、青藏高原（Wang J et al.，2016；Deng et al.，2017）和中国天山（Guo and Li，2015）的降雪量也表现为下降趋势。预计北半球大部分地区的年降雪量将减少，在典型浓度路径（representative concentration pathways，RCP）4.5 情景下，降雪量在高纬度地区会

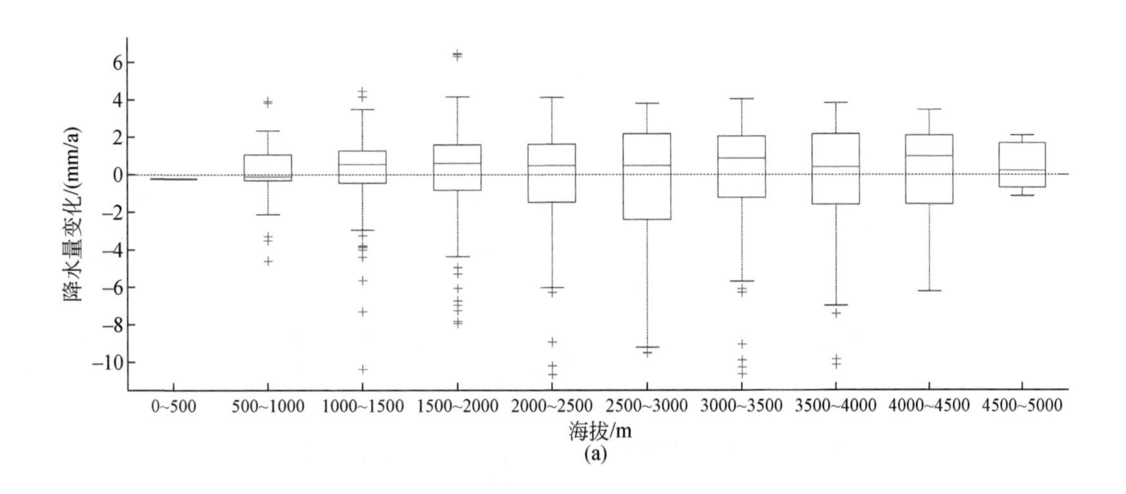
6
4
2
0
−2
−4
−6
−8
−10
降水量变化/(mm/a)
0~500
500~1000
1000~1500
1500~2000
2000~2500
2500~3000
3000~3500
3500~4000
4000~4500
4500~5000
海拔/m
(a)

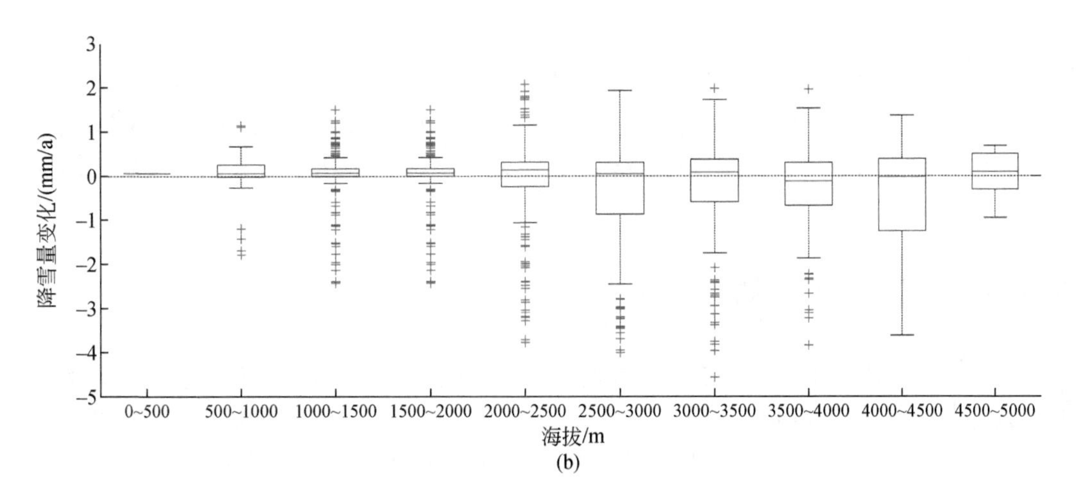
3
2
1
0
−1
−2
−3
−4
−5
降雪量变化/(mm/a)
0~500
500~1000
1000~1500
1500~2000
2000~2500
2500~3000
3000~3500
3500~4000
4000~4500
4500~5000
海拔/m
(b)

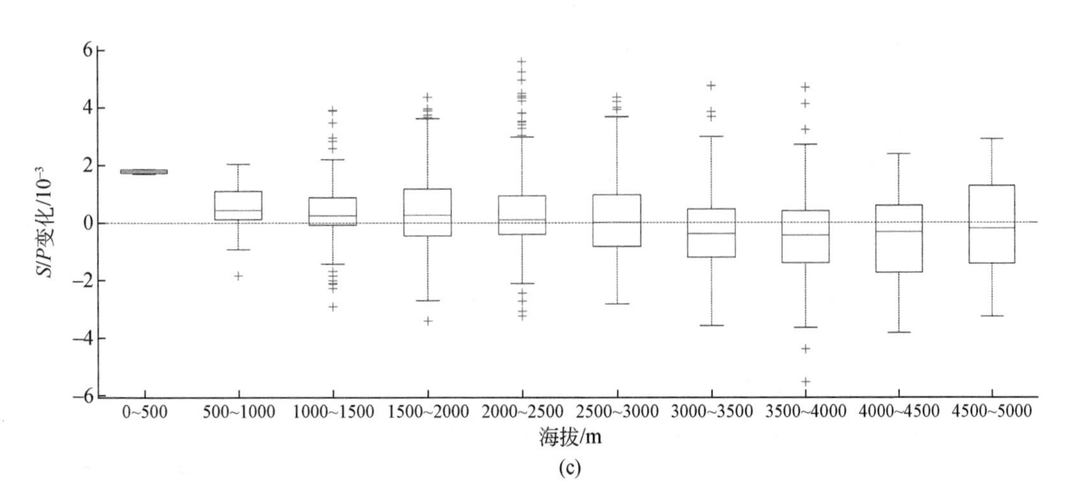
6
4
2
0
−2
−4
−6
S/P变化/10⁻³
0~500
500~1000
1000~1500
1500~2000
2000~2500
2500~3000
3000~3500
3500~4000
4000~4500
4500~5000
海拔/m
(c)

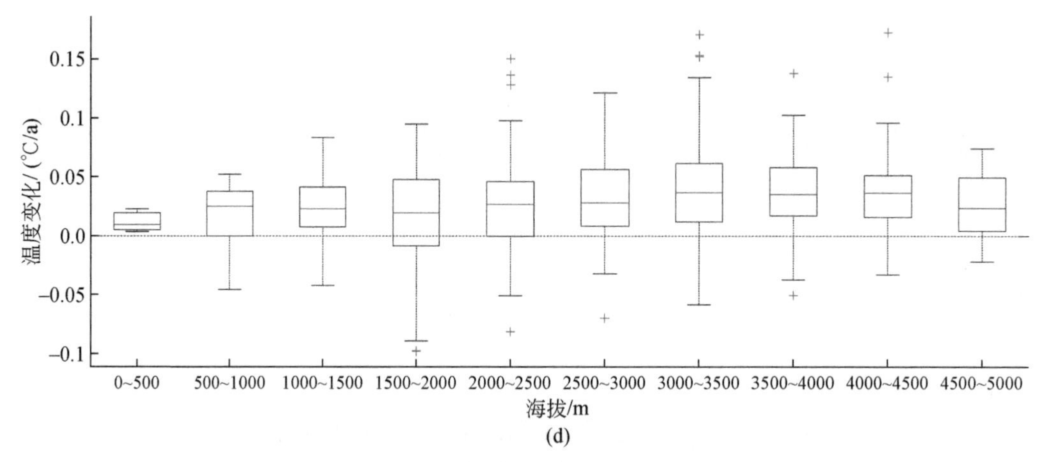

(d)

图 3-5　不同海拔的降水量、降雪量、S/P 和温度的变化

每个箱线图，中心标记表示中值，箱体的底部和顶部边缘分别表示第 25 个和第 75 个百分点

增加（Deb et al.，2019）。影响 S/P 变化的因素很多，在美国大陆，S/P 不仅受到长期变暖的影响，还受到太平洋十年振荡的影响。在瑞士阿尔卑斯山，北部山脉主要受温度影响，而南部山脉受北大西洋涛动影响（Godsey et al.，2014），未来应更多地关注大规模气候变化（如环流和水汽）。

3.2.3　降雪率变化的影响分析

气候变暖加剧了干旱区水系统的脆弱性，加大了山区以冰雪融水和降水补给为主的河川径流变化的复杂性（Chen et al.，2017）。气温升高导致的山区雪期缩短和降水形式变化极大地改变着山区产汇流过程及径流构成，从而影响水资源数量变化和水系统稳定性（Barnett et al.，2005；Berghuijs et al.，2014），进而影响中亚干旱区生产、生活和生态用水，甚至引发国家和地区间的水问题冲突。在气候变暖和持续高位波动状态下，山区降水的时空分布、S/P 变化及融雪情势的改变，显著影响河川径流变化。因为山区径流的形成不仅受气温和降水影响，还与山区降水形式和 S/P 变化有着密切联系。山区水资源管理的性能与冬季以积雪为主、春季以融化为主的地表水文过程区域的 S/P 变化密切相关。S/P 的降低可能导致冬季或早春期间的水损失增加，而 S/P 的增加则有利于更多的降水以积雪的形式储存（Barnett et al.，2005）。在水文循环中，两个被广泛预测的变化是：变暖会引起降水从雪转变为雨，以及积雪消融提前（Hamlet et al.，2005；Chen et al.，2016），这两个变化都对水资源利用产生重大影响。即使降水强度没有任何变化，降水相态的变化也会导致河流径流峰值发生变化。

中亚天山地区有许多国家共有的跨界河流纵横交错。1960 年以来，较大河流的径流变化如图 3-6 所示。一般而言，河流径流呈增加趋势。与喀什 4～7 号水文站呈持续增加的趋势不同，其他径流在 20 世纪 90 年代中期以后，随着气候变暖和 90 年代以来 S/P 的明显下降而有所减少。通过应用 Budyko 水热平衡框架，Berghuijs 等（2014）将观测到的长期径流和降水测量置于Budyko假设的背景下，发现年 *S/P* 的降低几乎总是与年径流的减少相关。例如，在天山最西端的阿姆河流域，1～3号水文站的 *S/P* 下降，流量下降，而4～7号水文站的 *S/P* 上升，流量上升。同时，中天山南部（Ⅱ）和东天山南部（Ⅳ）的 *S/P* 与径流之间也有一定的一致性变化。最近对天山流域径流趋势的研究表明，河川径流

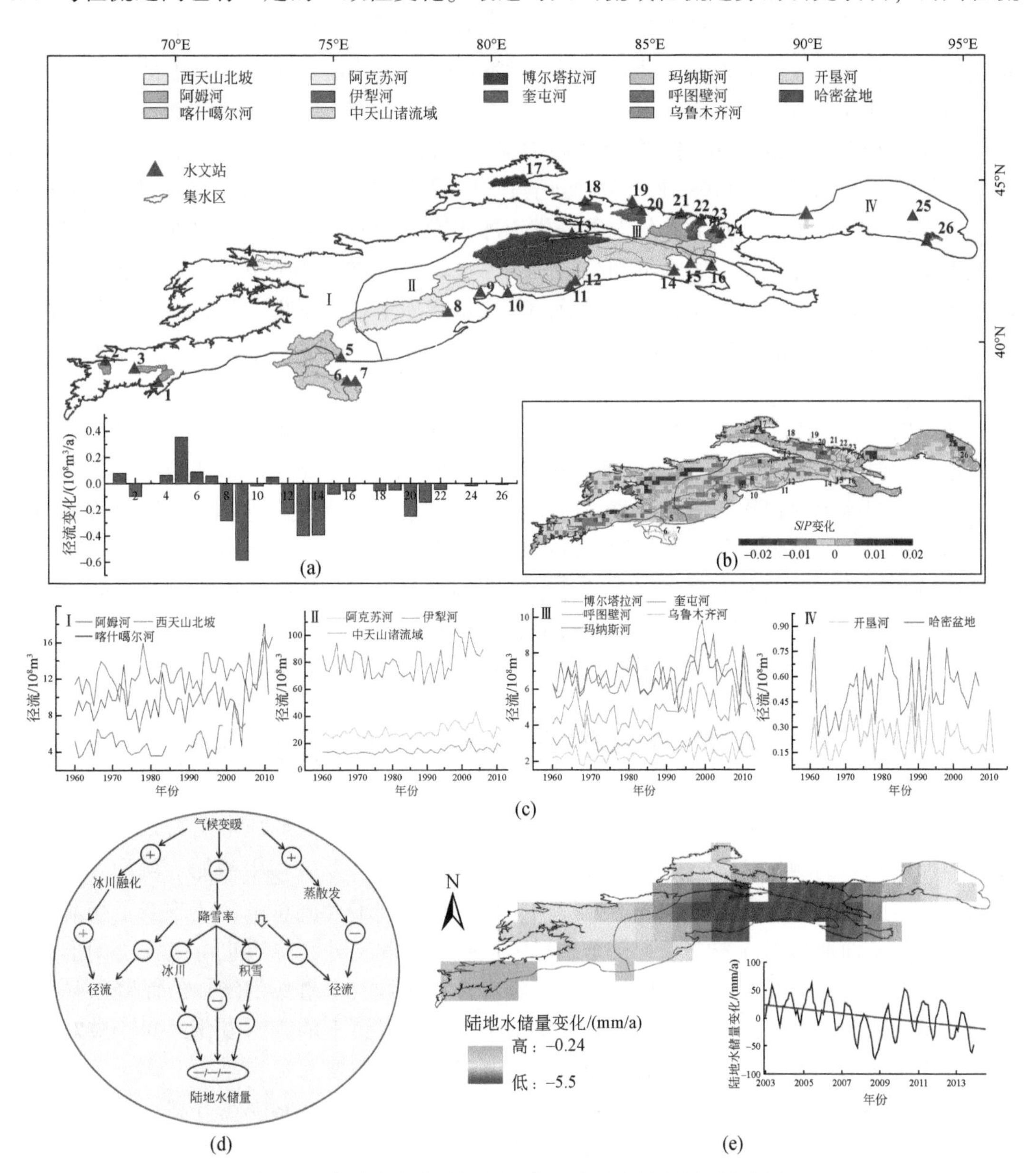

图3-6　降雪率变化对河川径流及陆地水储量的可能影响

（a）20世纪90年代至2017年径流变化；（b）20世纪90年代至2017年 *S/P* 变化；

（c）天山西部、天山中部、天山北部和天山东部典型流域径流变化特征；

（d）气候变化对水资源潜在影响示意图；（e）陆地水储量变化

（a）和（b）中的数字代表水文站编号；Ⅰ表示西天山；Ⅱ表示中天山；Ⅲ表示北天山；Ⅳ表示东天山

对气候变化的响应十分复杂。在过去，以冰川/雪为主、*S/P* 较高的集水区的径流变化趋势主要表现为增加趋势，而冰川覆盖较低或没有冰川和积雪的集水区的径流变化则表现出较大的变化。此外，预计降水和冰川/融雪补给河流中的径流会有更多的不确定性，气候变暖将显著加速冰川消融、降雪量减少和 *S/P* 下降。在山区气候持续变暖的情况下，季节性积雪和冰川的蓄水能力预计发生变化。根据 2003 ~ 2013 年天山山脉的 GRACE 数据，陆地水储量（TWS）呈下降趋势，下降率为 3.72mm/a，尤其是在天山山脉中部，下降率为 5.5mm/a（Chen et al.，2016）。

图 3-6（d）为气候变化对水资源潜在影响的示意图。半个多世纪以来，中亚的天山山脉经历了明显的变暖，1998 年气温急剧上升，气温的升高速度超过了降水量。这些变化已经对水资源产生了重大影响。气温上升推动冰川融化加速，导致径流增加。但气温升高导致蒸发蒸腾量增加，使土壤水分和径流减少，进而对水资源产生负面影响。随着降雪量的减少，冰川和积雪的积累减少，这对总的蓄水量产生了负面影响。预测的持续升温和 *S/P* 的降低将不可避免地影响雪、冰川的积累与融化过程，进而进一步影响河流流量和陆地水储量。

在天山山脉，由于地形的复杂性和不同海拔的气候差异，雨雪冰川融水对径流的影响存在显著的时空差异（Tachibana et al.，2008）。*S/P* 的降低将导致雪季开始延迟和结束提前，也将影响冰川的积累和融化过程。因此，受雨雪冰川成分变化的影响，河流流量和水资源的变化将更加复杂。受长期持续升温的影响，中亚高山水文循环可能由以冷季降雪和暖季冰川融化转移为主向以夏季降水为主转变，预计冰川/融雪和降水补给河流的径流将存在更多的不确定性。因此，厘清 *S/P* 变化的影响机制、*S/P* 对气候变化的响应及径流对 *S/P* 变化的敏感性，将为中亚地区水资源管理和丝绸之路经济带建设提供更多科学依据。

3.3 未来变化情景下降雪变化趋势预估

积雪形成的直接来源是降雪。气候变暖可以降低降水中降雪的比例，影响冷季积雪的发育，加速积雪的融化。降雪形式的改变也会导致自然灾害发生频率增加。例如，降水形式从固体向液体的转变促进了积雪消融提前，这不仅影响了径流总量，还改变了径流的季节性分布，从而增加了春季洪水和夏季干旱的风险。除此之外，降雪也可以灾害的形式给人类带来巨大的社会经济损失。例如，大量降雪常常导致汽车事故的增加，而降雪的缺乏则影响了旅游业和冬季娱乐的经济效益。了解全球变暖背景下的降雪变化，对于应对和缓解气候变化对水资源、农业、交通和经济的不利影响具有重要意义。

总体而言，由人类活动造成的温室气体排放使全球平均温度将继续升高。如果降水量没有变化，气候变暖可能会减少总降水量中降雪的比例，从而减少降雪量。虽然降水量的变化是不确定的，更多地取决于地区和季节，但在气温很低的地区，降水量的增加将有助于降雪的增加。未来天山在不同的情景下温度和降水量都会增加，导致对未来天山降雪量的预测存在不确定性。

2015 年 6 月，美国国家航空航天局（National Aeronautics and Space Administration，NASA）发布了一个新的高分辨率每日统计降尺度气候数据集，称为美国国家航空航天局地球交换中心全球每日降尺度气候预测（NASA earth exchange global daily downscaled projections，NEX-GDDP）。NEX-GDDP是由21CMIP5模型模拟得到的，具有高的空间分辨率（25km）和时间分辨率（每日）。目前为止，它在全球和区域研究中得到广泛应用。基于NEX-GDDP数据集，我们进一步分析了在RCP 4.5和RCP 8.5排放情景下的未来天山地区的降雪时空变化。

3.3.1 未来降雪量的变化

降雪对气候变化敏感，受温度和降水的双重控制。到21世纪末，在RCP 4.5和RCP 8.5情景下，模拟的天山地区年平均气温升温幅度均超过3℃。总体而言，天山东部地区的升温幅度高于天山西部地区。模拟的降水量表现为增加趋势，不过降水变化具有空间异质性，降水量增加的区域主要位于西天山地区。

在这种背景下，图3-7显示了21世纪末（2070～2099年）相对于1976～2005年两种排放情景下总降雪量的时空变化。尽管降水量有所增加，但在两种排放情景下，天山的大部分地区降雪量都有所减少。到21世纪末，在RCP 4.5和RCP 8.5情景下，天山地区多年平均降雪量分别减少了28.5%和40.2%，该模型预测的减少超过50%的区域主要集中在中天山和北天山地区。相比之下，由于独特的气候环流及冬季降水量的增加，西天山部分地区预计降雪量在RCP 4.5情景下表现为增加趋势。

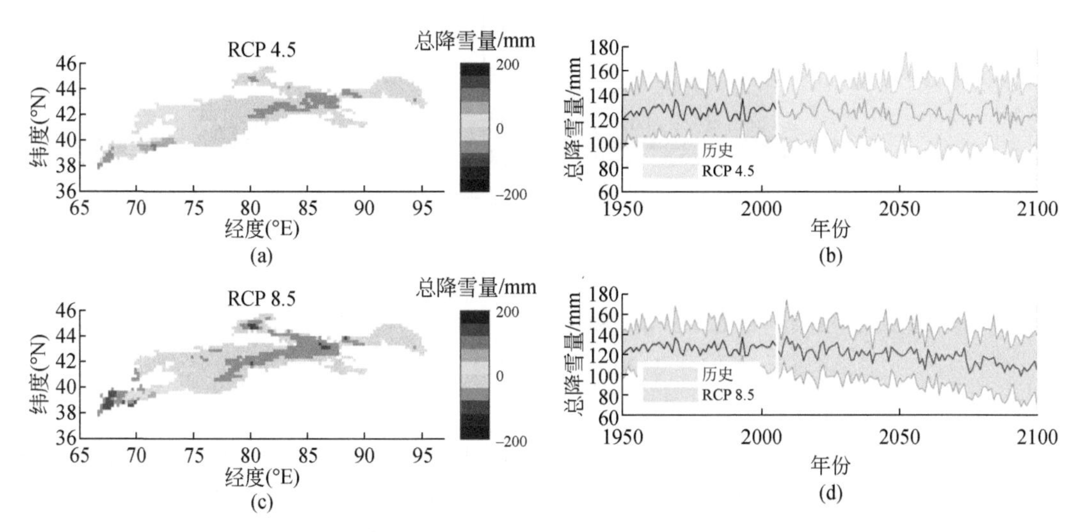

图3-7 相对于1976～2005年，在RCP 4.5和RCP 8.5情景下，2070～2099年天山区域总降雪量的时空变化

（b）和（d）的阴影代表标准差与模型之间的不确定性

一般来说，气温升高通常会导致降雪量减少。然而，当气温不变的情况下，在一些温度较低的地区更多的降水将会有更多的降雪。为了进一步验证这一假设并评估降水量和温度在降雪变化中的作用，将降雪变化分解为$P_0\Delta f$、$f_0\Delta P$、$\Delta P\Delta f$三项，分别代表温度、降水和两者交互对降雪的影响。从图3-8可以看出，在RCP 4.5和RCP 8.5情景下，气温升

高将会导致降雪量呈减少态势。

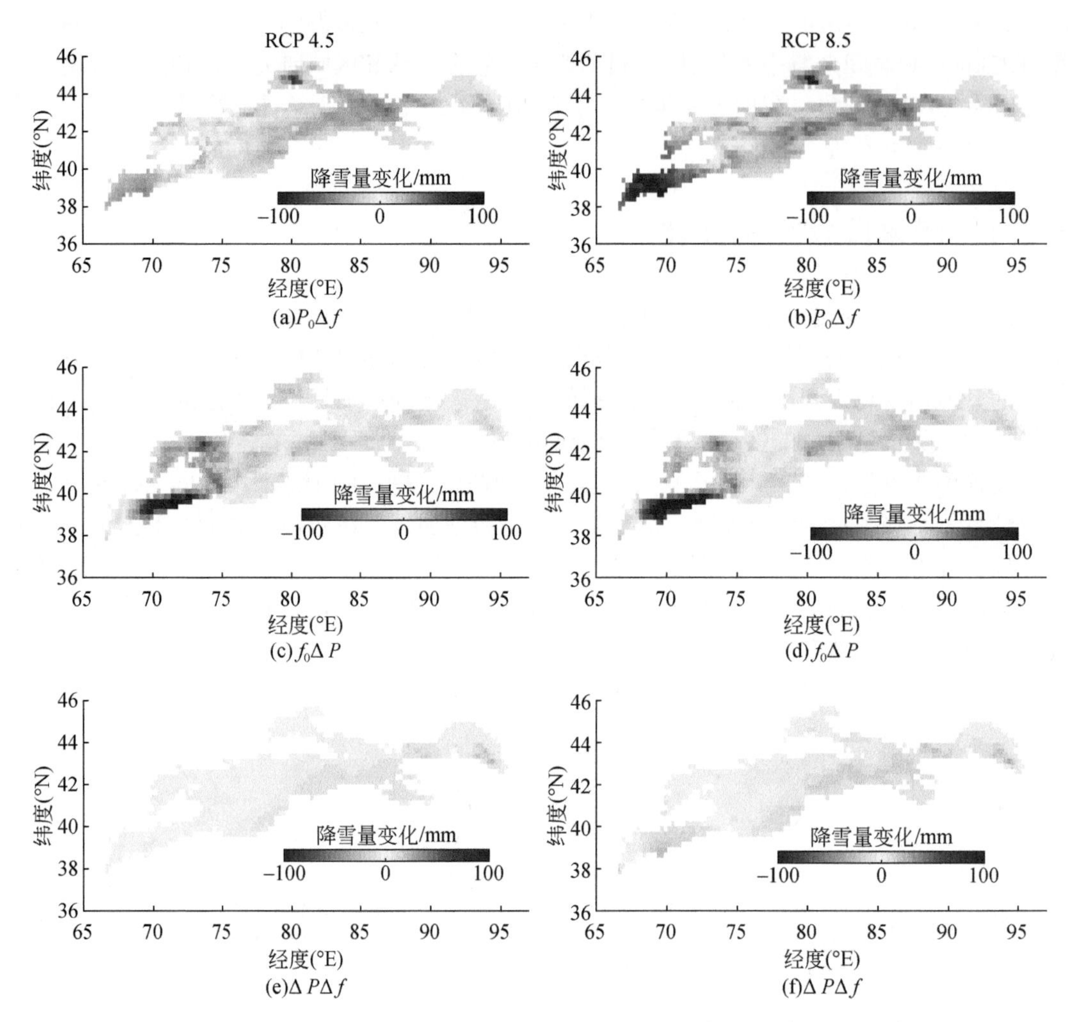

图 3-8 相对于 1976～2005 年，在 RCP 4.5 和 RCP 8.5 情景下，解构温度（$P_0\Delta f$）、降水（$f_0\Delta P$）及二者交互（$\Delta P\Delta f$）对 2070～2099 年降雪量变化（ΔS）的影响

另外，在排除温度的影响下，降水对降雪的作用存在空间分异。模式显示到 21 世纪末，在 RCP 4.5 和 RCP 8.5 情景下，西天山地区降水量增加会导致降雪量增加，而其他地区降水量的增加则会进一步加剧降雪量的减少。此外，气温与降水之间的相互作用较小，主要对降雪量的增加起到促进作用。在天山的大部分地区 $P_0\Delta f$ 都起到主导作用，这也解释了为何大部分区域的降雪量减少。然而，在帕米尔地区，$P_0\Delta f$ 部分抵消了 $f_0\Delta P$ 对降雪的不利影响，降雪量表现为略微增加。

3.3.2 未来降雪天数的变化

降雪频率的空间变化整体上与降雪量的空间变化一致。到 21 世纪末，RCP 4.5 情景下的降雪频率下降了 32.7%，RCP 8.5 情景下的降雪频率下降了 52.3%（图 3-9）。在 RCP 4.5情景下，降雪天数显著减少的区域主要集中在中天山和北天山，在西天山地区降雪天数呈现略微增加，与降雪量在该区域的增加一致。在 RCP 8.5 情景下，天山整个区域的降雪量和降雪天数均呈现不同程度的减少。

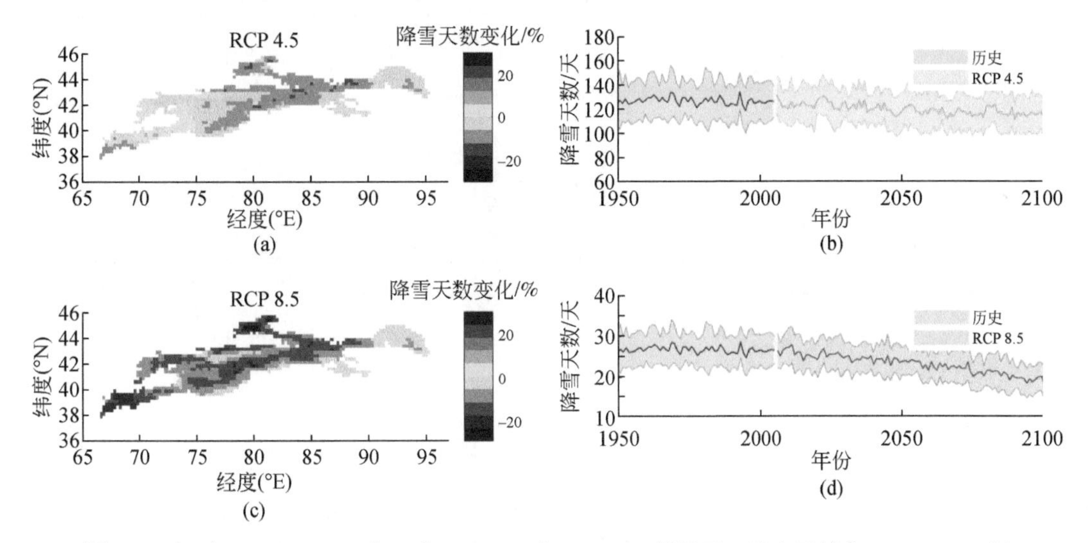

图 3-9 相对于 1976～2005 年，在 RCP 4.5 和 RCP 8.5 情景下，天山区域在 2070～2099 年降雪天数的时空变化

（b）和（d）的阴影代表标准差与模型之间的不确定性

为了分析不同降雪级别的天数变化，本书进一步研究了两种排放情景下小雪、中雪、大雪和暴雪天数的空间变化（图 3-10）。在天山地区，小雪和中雪的频率在总降雪天数中占主导。因此，这两类降雪事件的变化可以很好地解释整个天山降雪频率的变化。小雪、中雪变化的空间结构也与总降雪天数的空间结构一致。换言之，小雪、中雪的频率在天山西部的增加和小雪、中雪的频率在天山东部的减少是导致天山东西部降雪天数出现空间差异的直接原因。值得一提的是，西天山暴雪频率有所增加，即使暴雪天数只占总降雪天数的一小部分，但对经济和人类生活造成较大程度的影响，未来需要对这一现象做进一步分析。

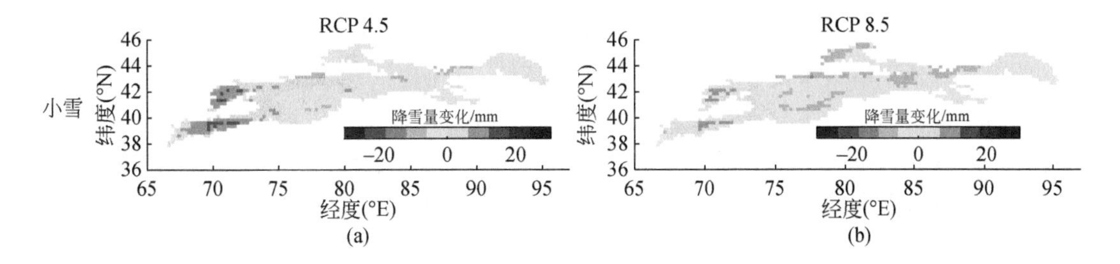

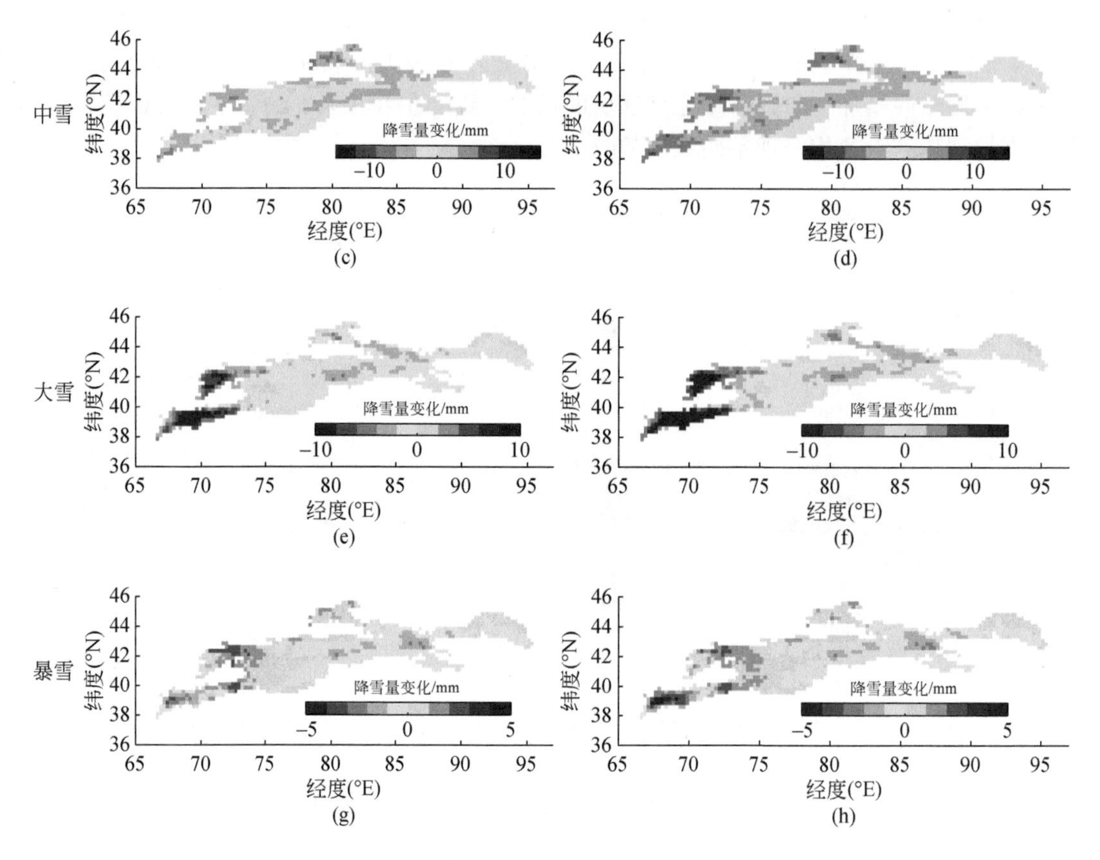

图 3-10 相对于 1976～2005 年，在 RCP 4.5 和 RCP 8.5 情景下，天山的小雪、中雪、大雪和暴雪在 2070～2099 年的空间变化

3.3.3 未来降雪率的变化

气候变暖将导致更多的降水表现为降雨，从而导致降雪率下降。到 21 世纪末，在 RCP 4.5 和 RCP 8.5 情景下，天山地区的降雪率将分别减少 30.3% 和 40.3%。与降雪量的减少相对应，东天山、中天山和北天山是降雪率减少幅度较大的地区。得益于降雪量的增加，在 RCP 4.5 情景下，西天山的降雪率下降幅度较小甚至略微增加（图 3-11）。

为了更好地了解未来气候变暖对降雪率的影响，我们进一步以降雪率为指标将天山划分为降雨主导区、雨雪主导区和降雪主导区（图 3-12）。根据历史数据，现今天山以降雨为主、过渡区和以降雪为主的区域分别占整个天山的 2.1%、50.6% 和 47.3%。以降雪为主的区域主要分布在北天山北部、西天山大部分地区和中天山中部地区。以降雨为主的区域主要分布在东天山东部边缘地区。

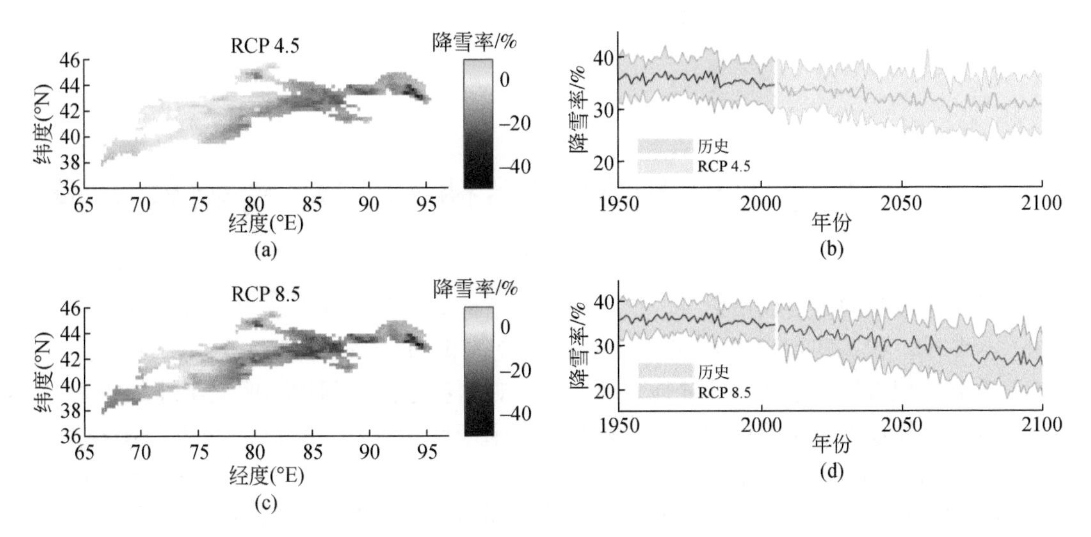

图 3-11　相对于 1976 ~ 2005 年，在 RCP 4.5 和 RCP 8.5 情景下，天山和各个区域在 2070 ~ 2099 年降雪率的时空变化

（b）和（d）的阴影代表标准差与模型之间的不确定性

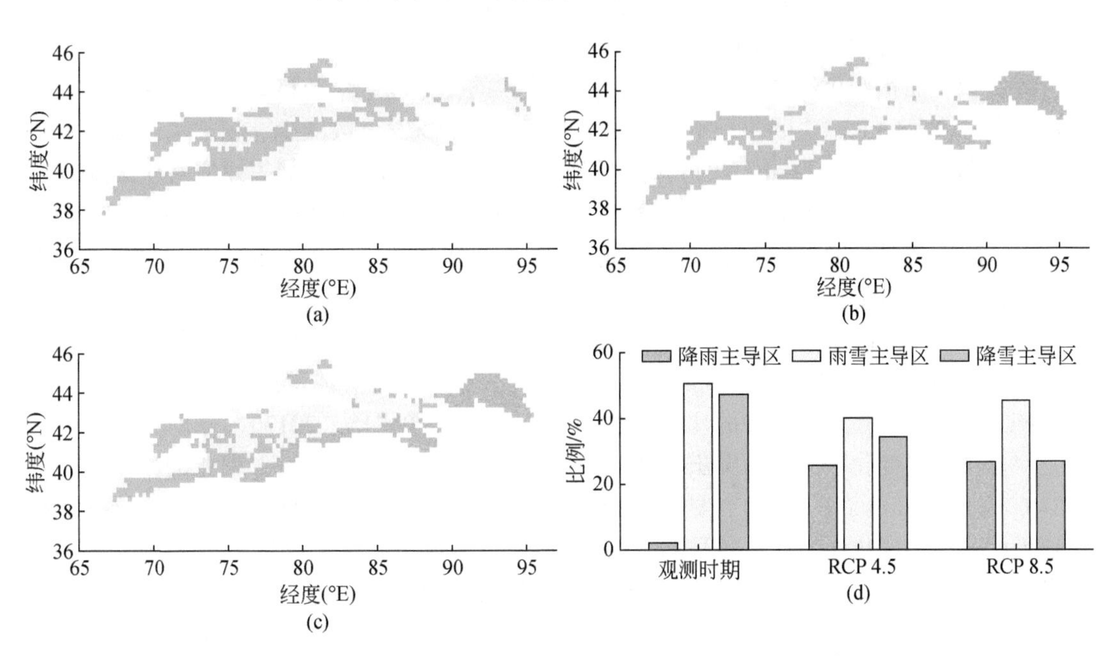

图 3-12　观测时期（a）、RCP 4.5（b）和 RCP 8.5（c）情景下降雨主导区、雨雪主导区和降雪主导区分布（d）

到 21 世纪末，在 RCP 4.5 和 RCP 8.5 情景下，以降雪为主的区域分别下降到约 34.3% 和 24.9%，以降雨为主的区域分别扩大到 25.6% 和 26.8%。同时，雨雪过渡带正在呈缩小态势，表明未来以降雪为主的大面积区域将逐渐转变为以降雨为主导的区域。未来以降雪为主和以降雨为主的区域分布将具有明显的空间分布特征，以降雪为主的区域仅分布于西天山地区，而天山东部几乎都是以降雨为主的区域。

4 天山山区积雪产品研制与积雪物候变化

积雪是冰冻圈的重要成员之一，广泛地分布于地球表面，具有较大的年际变化和季节变化。在冬季，积雪的覆盖范围可占北半球陆地面积的45%（接近$4.7\times10^7 km^2$），其中95%的季节性积雪集中于北半球陆地表面。卫星观测和地表监测均表明北半球的积雪覆盖显著减少。气候预测表明，这种减少的趋势将在未来持续下去。到21世纪末，在RCP 4.5和RCP 8.5排放情景下，北半球的积雪覆盖范围将分别减少7%和25%（Brown and Robinson，2011）。依据多源积雪遥感产品，积雪的季节趋势表明春季的积雪面积减小幅度最大，北半球春季（3月和4月）的积雪面积以每10年80万km^2的速度减小（Brown and Robinson，2011）。研究表明，全球变暖是导致观测积雪减少的主要原因，可以解释50%北半球积雪的年际变动。敏感性分析显示，每升高1℃，积雪面积将减少80万～100万km^2（Brown and Robinson，2011）。

除了积雪面积变化受到广泛关注外，积雪物候的变化也是当今科研领域研究的热点和前沿问题。大量的文献表明，积雪物候的主要变化包括积雪天数减少、积雪消融提前和积雪开始日期推迟（Peng et al.，2013）。因积雪的高反照率、融雪冷却等效应对全球能量收支有着重要影响，且积雪消融过程对全球陆气水循环过程有着重要的调节作用，所以积雪物候的这些变化势必通过控制水量平衡和热量平衡对诸如地球气候系统、水文过程、生态过程及人类的经济与生活产生巨大的影响。

天山作为中亚的水塔和重要的生态屏障，其冰雪融水是该地区径流（如阿姆河、伊犁河、塔里木河）重要的补给来源。其中，新疆高山流域产流占地表径流的80%以上，冰川和积雪融水径流在总径流中的比例可达45%以上（沈永平等，2013）。同时，天山地区也是对全球气候变化响应最为突出和敏感的地区之一。过去半个世纪，中亚的升温速率为0.34℃/10a（Hu et al.，2014），显著高于同期全球增温速率和北半球增温速率。详尽分析中亚天山的温度变化还发现，年平均气温在1998年出现了“突变型”升高，统计气温突变升高以来的15年间（1998～2013年），气温较其之前30年升高了约1.0℃，并且自1998年以来一直处于高位波动（Li et al.，2015）。而在此期间，中亚天山山区的降水量变化比较平稳，略有增加，增加速率为8.4mm/10a，略高于全球和北半球平均水平（陈亚宁等，2017）。在全球变暖，尤其是当前气温持续高位波动的影响下，降雪的时空分布和降水的形式势必会发生改变，加快以冰川、积雪为主体的“固体水库”的消融和萎缩，改变融雪水文过程和径流组分，对天山山区的水资源系统产生重要的影响。现今，由于天山地势复杂及建站成本高昂，天山地区的积雪观测台站分布非常稀疏，因此遥感的应用为实现大尺度的天山积雪观测提供了便利。本研究将着重调查气候变化背景下，一系列积雪参数（积雪面积、积雪物候）对气候变化的响应，对于调查未来积雪参数变化对天山水文过程和生态过程的影响具有重要的科学意义，也可为政府在科学地分配与管理水资源方面提供决策参考。

4.1 积雪产品综述

4.1.1 常用的积雪观测手段概述

目前，积雪观测主要是基于台站和遥感两种手段。台站积雪观测可以获取精确且长时间序列的积雪数据，但相对于冬季大范围的积雪覆盖而言，观测台站数目稀少且分布极不均匀，在偏远的高寒地区积雪观测台站尤为稀缺，因此不能全面、准确、及时地反映大范围的积雪信息。随着空间信息技术的发展，卫星遥感和新型传感器的出现为大面积积雪的监测提供了有效手段。由于遥感技术具有快速、宏观、多尺度、周期性、多谱段、多层次、多时相等优点，所以在积雪动态监测中发挥着重要作用（黄晓东等，2012a）。它不仅可以在较短的时间周期和较大的范围内对全球的积雪进行反复与快速的监测，还能获取较观测台站更多的积雪参数数据，如雪水当量、雪深、积雪反射率和积雪状态（如融化与否），且能弥补传统观测对积雪空间异质性表达不准确和不能及时全面地获取整个区域实际分布情况的不足。

自 20 世纪 60 年代，TIROS-1（television infrared observation satellite）气象卫星第一次应用在加拿大进行积雪观测以来，国内外的遥感积雪制图已经走过了 60 多年的历程。随着卫星资料时空分辨率和光谱分辨率的逐步提高及不同系列传感器的相继出现，发展了一系列光学和微波遥感产品，如甚高分辨率辐射仪（advanced very high resolution radiometer, AVHRR）、SMMR（scanning microwave multiband radiometer）、SSM/I（special sensor microwave imager）、AMSR-E（advanced microwave scanning radiometer-earth）、IMS（interactive multisensor snow and ice mapping system）、VEGETATION、Landsat、SPOT 和 MODIS（moderate resolution imaging spectroradiometer）。受时间分辨率和光谱分辨率的约束，上述很多卫星并不能很好地对全球积雪进行全面且及时的监控。例如，虽然 NOAA 等卫星的时间分辨率高、覆盖范围大，但光谱分辨率低，对大气干扰等因素所做的校正极为有限，难以区分云和积雪。Landsat 和 SPOT 卫星的空间分辨率很高，但是覆盖范围小且回访周期较长，难以对雪情进行大范围的快速监测（Liang et al., 2008）。AMSR-E 等被动微波积雪产品可以不受天气状况的影响，但空间分辨率较低（25km），主要用于全球雪深、积雪覆盖范围和雪水当量的研究，在区域性的积雪动态监测中还存在较大偏差（黄晓东等，2012b）。作为新一代“图谱合一”的光学遥感仪器，MODIS 以其较高的光谱分辨率和空间分辨率等特点成为目前研究最深入和最广泛的积雪产品。MODIS 对开展全球变化的综合性研究、自然灾害与生态环境监测均具有非常重要的意义。

4.1.2 MODIS 产品积雪制图概述

搭载有 MODIS 传感器的 Terra 和 Aqua 卫星，分别于 1999 年和 2002 年由美国国家航空航天局（NASA）成功发射。Terra 和 Aqua 卫星经过当地赤道的时间分别是上午 10：30 和下午 1：30，因此也被称为上午星和下午星。MODIS 的 490 个检测元件分布在光谱范围从 0.4μm（可见光）~14.4μm（热红外）全光谱覆盖的 36 个相互配准的光谱波段上，空间分辨率在 8~36 通道是 1000m、在 3~7 通道是 500m、在 1~2 通道是 250m；观测地球表面一次只要 1~2 天，可以获取海洋温度、陆地表面覆盖、云、气溶胶、初级生产力和火情等目标的图像，其中冰雪的覆盖和表征也是 MODIS 观测的基本目标之一。

与其他地物相比，积雪在可见光波段（0.5μm 左右）有较高的反射率，而在短波红外波段（1.6μm）反射率却很低。光学传感器往往利用这一特点将积雪与其他地物进行区分。MODIS 便是利用其第 4 波段（0.545~0.565μm）和第 6 波段（1.628~1.652μm）计算归一化差分积雪指数（normalized difference snow index，NDSI）进行积雪制图。

为了防止清澈水体、浓密植被、阴影和低光照条件区域（如黑云杉森林）被误判为积雪，一般将像元同时满足 NDSI≥0.4、MODIS 第 2 波段（0.841~0.876μm）≥0.11 或 MODIS 第 4 波段（0.545~0.565μm）≥0 的地物判别为积雪。这是因为清澈水体的 NDSI 大于 0.4，但它只反射可见光波段的辐射能，对其他波段的辐射能有很强的吸收能力，可利用 MODIS 第 2 波段的值来区分积雪和清澈水体。对于浓密植被、阴影和低光照条件区域（简称暗目标），它们对可见光的反射率很低，MODIS 的第 4 波段是可见光波段，暗目标在这个波段的值远小于 0.1。在林区，许多被雪覆盖的像元由于森林覆盖的 NDSI 值小于 0.4，会被判别为非积雪。为消除这种误判，把 NDSI 和归一化植被指数（normalized difference vegetation index，NDVI）结合使用，用 MODIS 的 1 通道和 2 通道区分有雪覆盖和无雪覆盖的林区，NDVI 较高的地区应该降低 NDSI 的判定阈值。

4.1.3 MODIS 产品去云方法概述

即使上述方法能够区分出大多数积雪地物，但是积雪的分类精度仍然受到积雪深度（SD）、植被类型和云污染的影响。有研究表明，冻土带和大草原地区及大的湖区，积雪制图的精度很高，能得到与野外测量结果一致的 100% 的积雪覆盖，但在森林地区误差要大些。在 7 种地表覆盖（森林、农业和森林混合、荒漠/植被稀少、冻土带、草地/灌木、湿地和雪/冰）条件下，积雪监测误差的最大估计值分别为：森林 15%，农作物和森林混合 10%，其他地表覆盖 5%（Hall et al.，2001）。森林地区的积雪监测最困难，因为树木会部分或全部遮住其下地表的雪，积雪由于被密林遮盖而模糊不清，要确定这些地区被雪覆盖的像元就很困难（侯慧姝和杨宏业，2009）。

积雪深度也是影响 MODIS 精度的一个重要因素。黄晓东等（2007）以北疆为研究区对 MOD10A1 和 MOD10A2 的精度进行了分析与评价，结果表明当积雪深度≤3cm 时，MOD10A1 对积雪的识别率非常低，仅为 7.5%；积雪深度为 4~6cm 时，平均积雪识别率达到 29.3%；积雪深度为 15~20cm 时，平均积雪识别率达到 45.6%；积雪深度>20cm 时，平均积雪识别率为 32.2%。MODIS 在晴天的精度已经被大量的地区验证，其精度大多在 85%~93%（Parajka et al.，2012），如在奥地利为 95%（Parajka and BlöSchl，2006），青藏高原为 91%（Yang et al.，2015），美国的西北部为 90.4%（Gao et al.，2010），中亚为

93.1%（Gafurov et al.，2013），中国的北疆地区为 98.5%（Liang et al.，2008）。但是在全天候的情况下，其精度受到很大的影响，尤其是山区云量更大的区域。Dong 和 Menzel（2016）回顾了过去一些地区的云量覆盖情况，发现奥地利的云量覆盖为 63%，美国亚利桑那州中部的盐河流域为 39%，中国的北疆地区为 47%，青藏高原为 36.9%。

一系列的去云算法被用于消除云的污染以提高 MODIS 积雪识别精度。常用的去云方法包括基于积雪时间连续性的方法、基于积雪空间连续性的方法、基于数字高程模型的方法、多传感器融合的方法和其他数学方法。基于积雪时间连续性的方法主要依赖积雪在短时间内不会快速消融的潜在假设，在时间尺度上实现去云。其根据合成的时间尺度不同可以划分为 4 种方法（上下午星数据合成、临近日分析、灵活数日结合和长时间序列分析）。其中，上下午星数据合成及临近日分析方法被广泛用于 MODIS 产品的去云，可以消除 20%~30% 的云量。固定或者多日产品的合成可以进一步消除云量，但是也牺牲了时间分辨率，降低了积雪探测的时效性；基于积雪空间连续性的方法依据的假设是积雪或陆地在空间上连续而不破碎，该方法所去除的云量有限，但是被替代的云像元的分类精度很高。临近四（八）像元即是根据云像元周围多数非云像元（通常占到 3/4）来确定该像元的地物类型；基于数字高程模型的方法主要依据温度随着海拔的升高而递减，积雪在高海拔存在的概率要高于积雪在低海拔存在的概率，该方法的实施条件是该区域的云量要低于一定阈值，过多的云会导致误差增大。同时在地形复杂的地区，这种方法也存在一定的局限性，因此往往在去云前进行分区以减少误差。基于高程去云的原理是根据积雪和陆地的海拔来重新划分云像元。该方法在奥地利取得了很好的去云效果，即使这个地方的云量覆盖率达到 90%；多传感器融合的方法则是利用微波产品可以穿云透雾的优点将云像素全部消除，然而由于微波产品本身的分辨率较低，所以导致一些误差存在。例如，在阿拉斯加，AMSR-E 产品的精度也只有 68.5%（Gao et al.，2010）。在中国的北疆地区，AMSR-E 产品总分类精度为 65.1%~71.1%，积雪分类精度在 65.6%~67.9%。不过 MODIS 和 AMSR-E 的融合也使精度提升，这种融合的产品在青藏高原积雪深度大于 3cm 时，积雪的分类精度达到 91.7%。需要指出的是，微波产品 IMS 冰雪产品在中国三大积雪区（北疆、东北、青藏高原）的表现要比 AMSR-E 好，总体精确度超过了 92%，积雪分类的正确率超过了 88%。MODIS 与 IMS 相融合产生的每日无云积雪产品在青藏高原的精度很高，达到 94%。除上述方法外，一些学者提出的其他新颖的数学方法在进行去云时也取得了成功。Xia 等（2012）使用连续 5 天的 MODIS 积雪图像作为一个计算单元，5 天积雪边界的变化用三维隐函数模拟，可得到这段时间内每一时刻的积雪边界，界外为无积雪覆盖的陆地，界内即赋值为积雪。一些学者在青藏高原采用基于三次样条函数的去云算法对 2001 ~ 2011 年逐日 MODIS 积雪面积比例产品进行了去云处理，台站验证表明总体平均绝对误差值为 0.092。

上述去云方法都是建立在某一假设基础上的，张欢等（2016）在青藏高原地区对这些假设的正确性进行了评估。研究表明，基于积雪时间连续性的方法的可靠性依赖于时间尺度的大小，上下积雪连续的平均正确概率为 72.5%，2 ~ 5 天积雪连续的平均正确概率则在 5.6%~43%，可靠性明显降低。临近四（八）像元法的积雪识别的正确概率很高，达到 95.5%，可以消除零散分布的云，但是去除的云量有限。基于数字高程模型的方法在山区有很好的适用性，但是在坡度较小的高原腹地被错分的概率则会增大。采用被动微波遥感数据进行去云则依赖微波产品本身对云的识别率。采用数学方法拟合积雪边界在积雪破碎、降雪融化较快的青藏高原地区有较好的适用性，但该方法缺乏物理意义。以上分析表明，在地形复杂的山区，需要综合考虑每种方法的适用性，寻求精度达到最高的去云策略。

4.2 天山无云日积雪产品的研制

4.2.1 MODIS 卫星去云方法

基于 MODIS 卫星数据研制的天山地区 2002 ~ 2017 年每日无云日积雪产品的详细处理流程图如图 4-1 所示。

步骤一：上下午星相结合。MOD10A1 和 MYD10A1 的合成可以消除一些云，因为 Terra 和 Aqua 卫星分别在上午和下午通过同一区域。其合成遵循优先级原则，即高优先级数值代替低优先级数值。从高到低的优先顺序是雪、陆地和云。该方法适用于当天空条件变化迅速时，但在阴天云较多时失效。

步骤二：时间滤波法。当前一天和后一天中同一像元归类同为雪（陆地）时，临近日分析就会将云像元重新分类为雪（陆地），且不会牺牲任何空间分辨率或时间分辨率。该假设适用于连续的积雪或无雪期。但是，在积雪融化和积累期间，积雪会在短时间内消失或积聚，该方法也会失去效力。

步骤三：空间滤波法。使用八像元邻域中大多数非云像元的类别（陆地或积雪）替换云像元，可进一步减少云覆盖的区域。该方法主要适用于云分布较为零散的情况（Dong and Menzel，2016）。

步骤四：与微波产品相结合的方法。利用 IMS 积雪产品不受云影响的特性，可以消除任何剩余的云像元。同时，由于湖冰具有与积雪类似的光谱特征，所以将相对较大的湖泊（如博斯腾湖和伊塞克湖）进行了掩盖处理以减少错误分类。

4.2.2 MODIS 积雪产品的验证方法

根据影像数据和台站数据之间的混淆矩阵计算晴空和全天候条件下的总体精度（O_c，O_a）、积雪精度（S_c，S_a）和陆地精度（L_c，L_a），同样计算影像的高估误差（IO）和低估误差（IU）。本研究还采用了 Kappa 系数，该统计量融合了 MODIS 和观测台站之间的一致性与非一致性信息，并提供了比总体一致性更好的精度度量。

将积雪深度与 MODIS 的精度进行敏感性分析，以确定合适的积雪深度阈值 ξ。研究发现，当积雪深度分别为 3cm 和 4cm 时，MOD10A1 和 MYD10A1 的总体精度达到最大值，但是随着积雪深度的加深，IU 逐渐增大，IO 逐渐减小。当这两个误差加在一起时，我们发现如果积雪深度分别为 3cm 和 4cm，则错分误差分别达到 MOD10A1 和 MYD10A1 的最小值（图 4-2）。此外，由于 Terra 的精度高于 Aqua，因此在本研究中我们选择 ξ = 3cm 作为积雪深度的阈值。

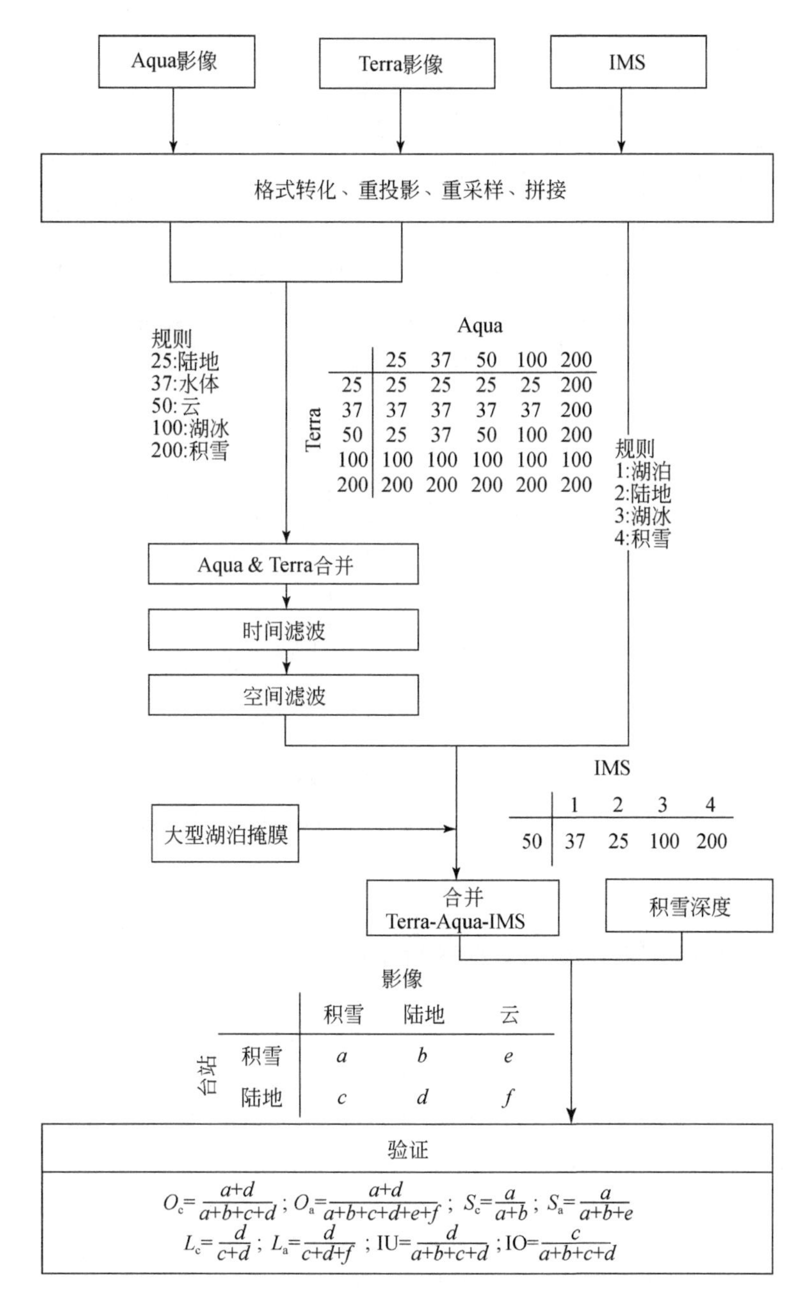

Terra \ Aqua	25	37	50	100	200
25	25	25	25	25	200
37	37	37	37	37	200
50	25	37	50	100	200
100	100	100	100	100	100
200	200	200	200	200	200

	IMS 1	2	3	4
50	37	25	100	200

台站 \ 影像	积雪	陆地	云
积雪	*a*	*b*	*e*
陆地	*c*	*d*	*f*

$$O_c=\frac{a+d}{a+b+c+d};\ O_a=\frac{a+d}{a+b+c+d+e+f};\ S_c=\frac{a}{a+b};\ S_a=\frac{a}{a+b+e}$$

$$L_c=\frac{d}{c+d};\ L_a=\frac{d}{c+d+f};\ \mathrm{IU}=\frac{d}{a+b+c+d};\ \mathrm{IO}=\frac{c}{a+b+c+d}$$

图 4-1　MODIS 无云日积雪产品研制流程图

IMS 积雪产品像元值编码为：1 表示海/湖，2 表示陆地，3 表示海冰/湖冰，4 表示雪。MODIS 的云用 50 表示，这里使用 IMS 进行替换为，以符合 MODIS 的编码标准。a 表示影像和台站都是积雪；b 表示影像是陆地，台站是积雪；c 表示影像是积雪，台站是陆地；d 表示影像和台站都是陆地；e 表示影像是云，台站是积雪；f 表示影像是云，台站是陆地；O_c 和 O_a 分别表示晴空和全天候的总体精度；S_c 和 S_a 分别表示晴空和全天候的积雪精度；L_c 和 L_a 分别表示晴空和全天候的陆地精度；IO 和 IU 分别表示高估误差和低估误差

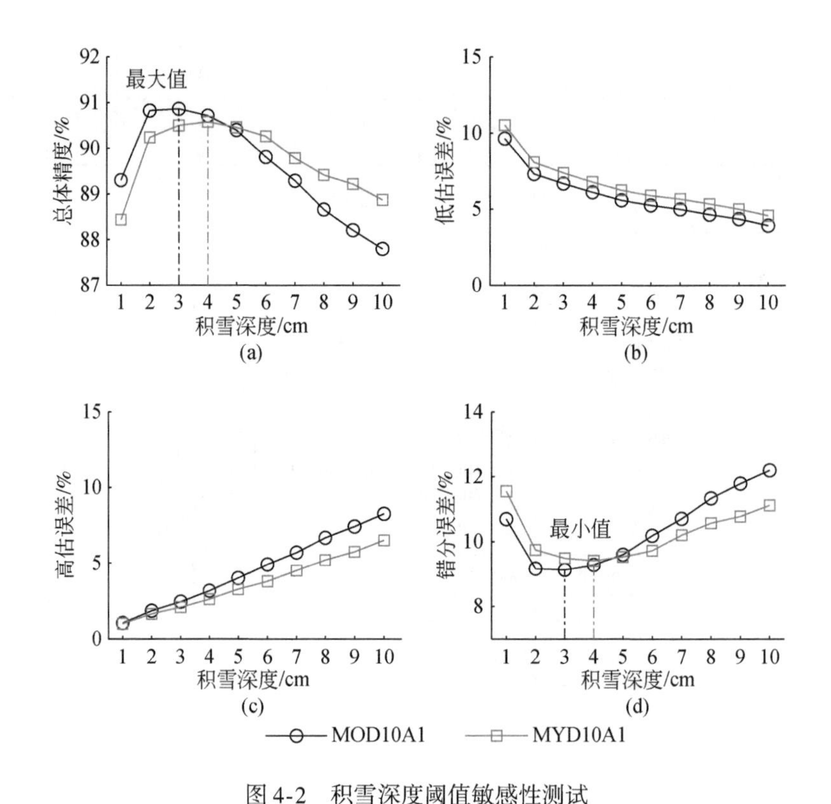

图 4-2　积雪深度阈值敏感性测试

（a）~（d）分别为总体精度、低估误差、高估误差、错分误差对积雪深度阈值 ξ 的敏感性分析

4.2.3　MODIS 积雪产品的精度评估

天山地区的云覆盖频率和覆盖范围的结果表明，云覆盖频率超过 150 天的区域分别占 MOD10A1 和 MYD10A1 总面积的 73.0% 和 80.5%。此外，在没有去云前，多年平均云覆盖面积分别占整个天山地区的 46.3%（MOD10A1）和 49.6%（MYD10A1），而多年平均积雪覆盖面积仅为 11.1%（MOD10A1）和 9.2%（MYD10A1）。

图 4-3 展示了基于原始 MODIS 产品的月尺度的云量覆盖率和积雪覆盖率，以及实施逐步去云步骤之后的云量覆盖率和积雪覆盖率。从云量的月分布情况可以看出，标准的每日 MODIS 产品在冬季月份会产生较高的云量覆盖，而在夏季月份云量较少。云量覆盖最多的月份发生在 2 月（MOD10A1 为 62.5%，MYD10A1 为 64.5%），云量最少的月份为 9 月（MOD10A1 为 30.0%，MYD10A1 为 35.1%）。同时，Terra 的云量覆盖率略低于 Aqua，且积雪覆盖率较高，这种差异可能是由于 Aqua 在 NDSI 的计算中使用波段 7 而不是要求的波段 6。

上下午星合并分别减少了 7.7% 和 11% 的云量覆盖率，增加了 2.9% 和 4.8% 的积雪率。在这一基础上，临近日分析导致云量覆盖率进一步降低了 8.7%，积雪覆盖率多出了 2%。空间滤波根据周围栅格的信息仅消除了 0.5% 的云量。尽管此步骤显示出较低的去云

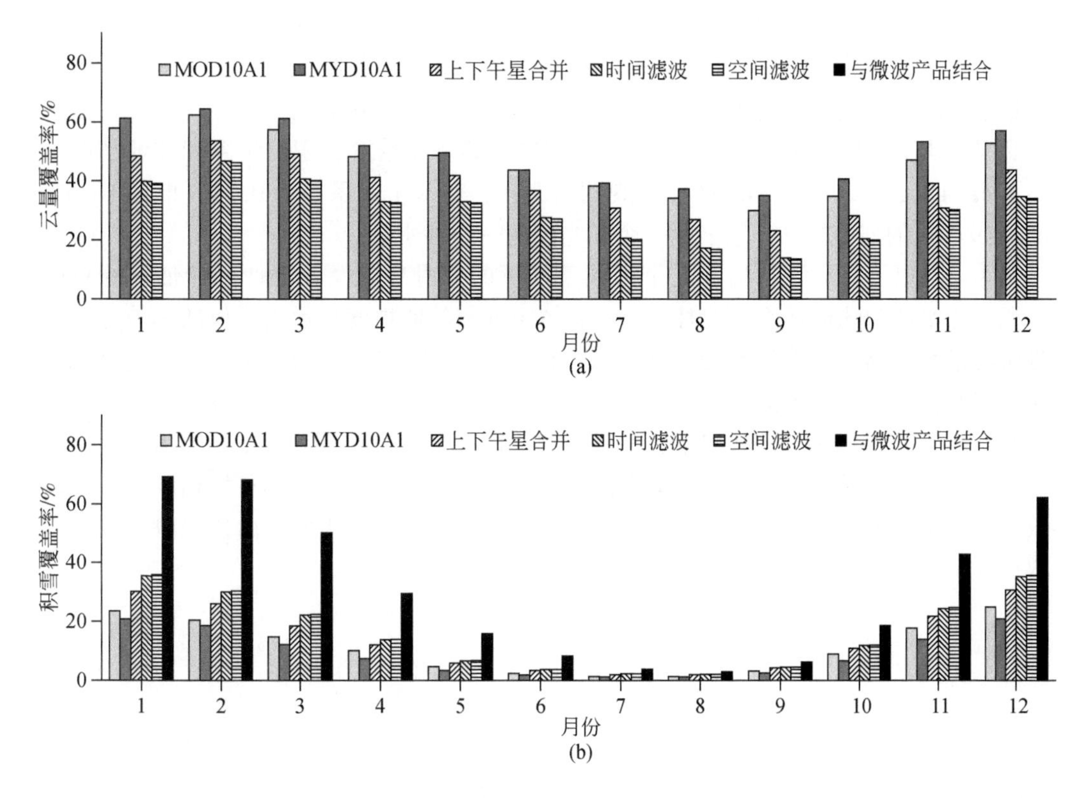

图 4-3　原始的 MODIS 产品和逐步去云之后的云量覆盖率（a）和积雪覆盖率（b）的月分布

效率，但由于错分率较低，仍有助于将总体错误率降低，因此它仍是去云方法的重要组成部分。使用上述方法，消除了原始 MODIS 积雪产品 59.3%~63.5% 的云量，剩余的云量全部被 IMS 数据完全取代。至此，天山地区每个月份的积雪分布全部展现出来。

最终的无云积雪数据表明，整个天山山脉地区积雪具有强烈的季节性变化。最大积雪面积发生在 1 ~2 月（69.2%），并且随着积雪融化而逐渐降低，在 8 月面积达到最小(2.9%)。冬季积雪的标准差比夏季积雪的标准差偏大，部分是积雪季云层长期且广阔覆盖导致的。

使用每日积雪深度数据对原始和改进的 MODIS 积雪制图进行验证，得出以下几个结论。

首先，全天候条件下的总体精度、积雪精度和陆地精度远低于晴空条件下的精度，这表明云污染严重限制了 MODIS 积雪产品的应用。以 MOD10A1 为例，在晴空条件下，总体精度、积雪精度和陆地精度分别为 90.9%、75.7% 和 96.6%，但在全天候条件下分别为 46.8%、28.8% 和 57.5%。其次，无论在晴空还是全天候条件下，所有 MODIS 积雪产品识别陆地的能力都比识别积雪的能力要好得多。在晴空条件下，所有 MODIS 产品的陆地精度均超过 90%，而积雪精度则低得多，不同 MODIS 产品的积雪精度在 69.0%~81.9%。在全天候条件下，原始 MODIS 的积雪精度甚至下降到不到 30%，这表明大多数分类错误很可能是在识别与积雪有关的错误时引起的。然后，与高估误差（观测台站无，MODIS

影像有）相比，各版本的 MODIS 产品的积雪低估误差（观测台站有，MODIS 影像无）都较高。这表明原始 MODIS 产品和改进 MODIS 产品都倾向于漏绘积雪。不过，在逐步去云的过程中，高估误差在不断增加，而低估误差稳定维持在约 6.7%。最后，无云 MODIS 积雪产品显示出更高的准确性。与 MOD10A1 相比，其总体精度、积雪精度和陆地精度分别提高了 41.4%、53.1% 和 34.4%。与观测值对比，其 Kappa 系数为 0.74，根据 Landis 和 Koch（1977）的划分标准，它表示一个相当高的一致性水平。

图 4-4 列出了 6 个评估指标在全天候条件下的每月变化及无云产品验证时的总样本数、积雪样本数和陆地样本数的月分布。总体精度和陆地精度显示出类似的季节分布，夏季月份的精度较高，冬季月份的精度略低，而过渡月份（3 月和 11 月）的精度最低。高估误差和低估误差进一步证实了这些结果，这些误差在稳定时期（积雪或无雪）较低，而在过渡时期（积雪积累和消融时期）较高。过渡时期的高分类误差可能是影像和台站之间存在的空间尺度差异造成的。在积雪季，积雪精度较高，但在无雪期积雪精度较低，这也导致无雪月份的 Kappa 系数也较低。夏季月份积雪精度较低，主要是由这段时期的积雪样本数据少且积雪稀薄引起的。

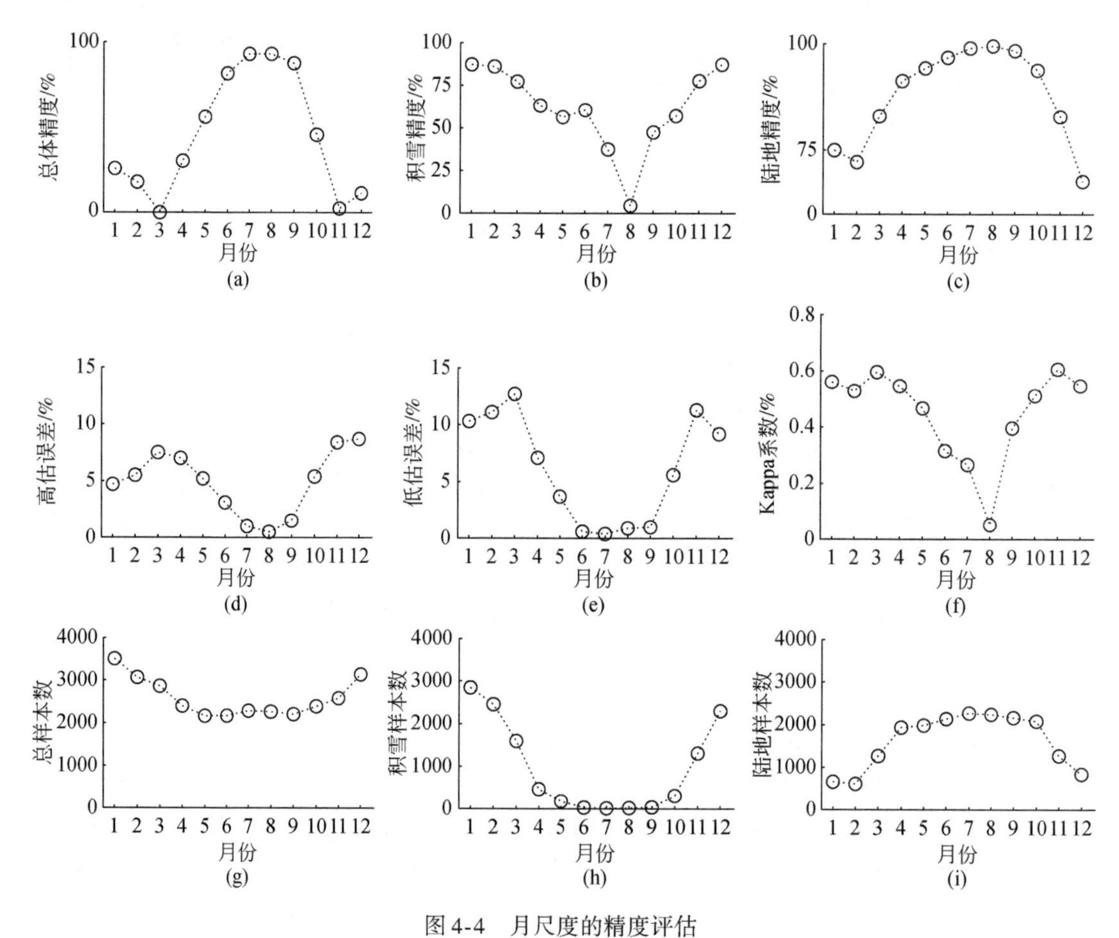

图 4-4　月尺度的精度评估

(a)～(f) 分别是总体精度、积雪精度、陆地精度、高估误差、低估误差、Kappa 系数的月分布；(g)～(i) 分别是使用的总样本数、积雪样本数和陆地样本数的月分布

4.3 气候变化下的天山积雪变化

4.3.1 积雪面积的时空变化

图4-5显示了2002～2017年整个天山地区积雪比例的时空变化。2002～2017年，天山积雪比例的年平均值为31.1%±2.3%。由于地形复杂，再加上大气环流的影响，积雪分布在空间上不均匀。积雪比例的空间分布呈现出从高海拔到低海拔、从西北到东南总体减少的变化。此外，积雪比例在整个地区的总体趋势呈不显著性增加（0.07%/a，$P>$

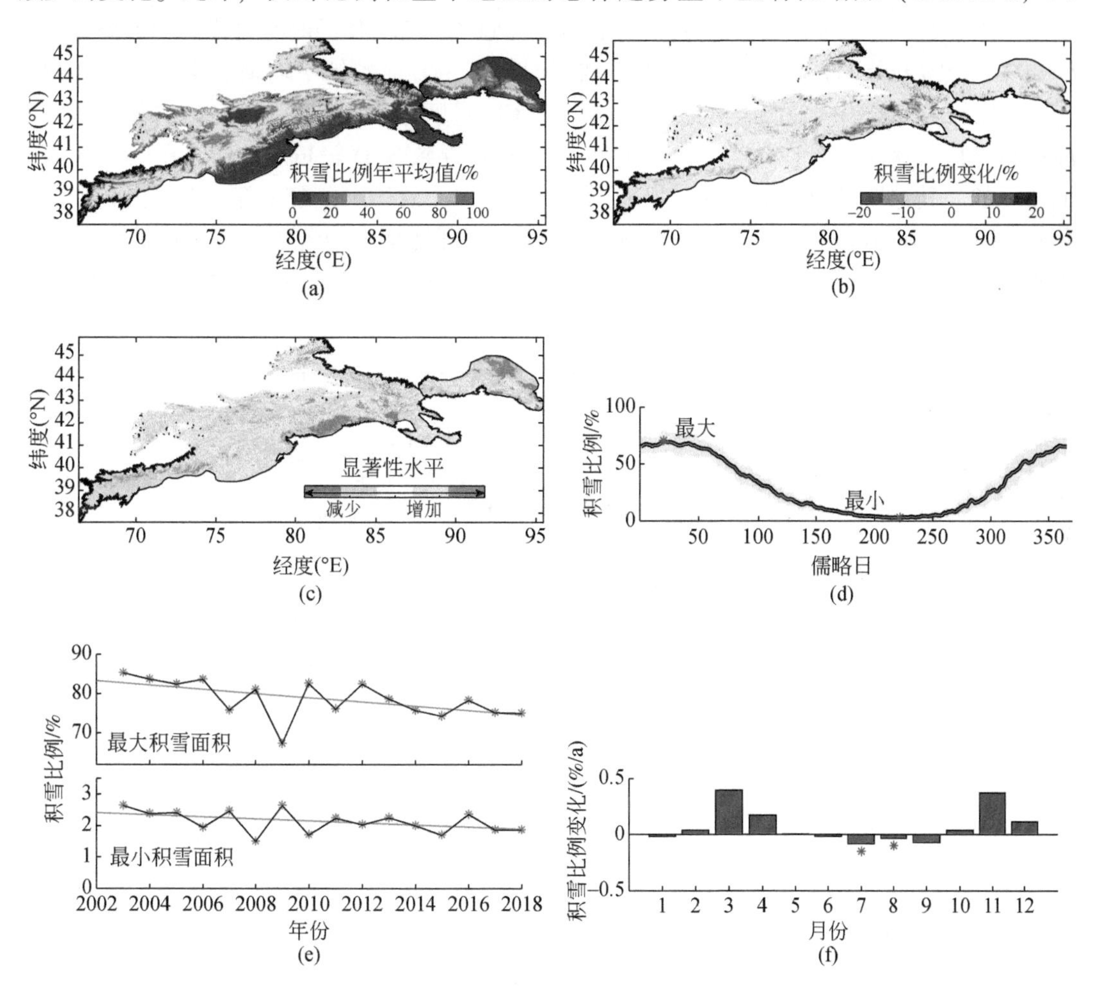

图4-5 2002～2017年整个天山地区积雪比例的时空变化

（a）积雪比例的年平均值；（b）积雪比例的趋势变化；（c）积雪比例的显著性水平；（d）积雪比例的年周期变化，阴影为标准差；（e）积雪比例的最大积雪面积和最小积雪面积的时间序列；（f）积雪比例的月趋势

*表示统计达到95%置信水平

0.05)。整体上，2002～2017年积雪比例减少和增加的区域分别占整个区域的52.7%和47.3%，其中显著减少的区域占8.2%，主要分布在东天山的北部和中天山的南部。积雪比例增幅较大的地区较为分散，约占3.6%。月份上，1月积雪比例达到最大值（66.9%±6.2%），然后随着积雪融化而逐渐减少，在8月达到最小值（2.4%±0.3%）。最大积雪和最小积雪均呈下降趋势，分别为0.62%/a（$P<0.05$）和0.04%/a（$P>0.05$）。对每个月的积雪比例年际变化的详细分析表明，10月至翌年5月（1月除外）的积雪比例呈增加趋势，6～9月的积雪比例呈减少趋势。

4.3.2 积雪物候的时空变化

图4-6显示了天山及其4个分区积雪物候在2002～2017年的时空变化。积雪持续时间（SCD）、积雪开始时间（SOD）和积雪结束时间（SED）的年平均值分别为113.9±8.6天、331.2±4.5和81.1±6.0。如图4-7所示，SCD明显与海拔有关。博格达山脉、托木尔峰和阿拉套山脉等山区因较早的SOD和较晚的SED导致SCD较长。然而，在山谷和盆地地区（如尤勒都斯盆地）SCD通常比周围山脉低得多。总体上，较东部和中部，天山北部和西部区域的SCD较长，SOD较早，SED较晚。这可能是由于天山北坡为迎风坡，抬升了西风气流，带来了充沛的降水，相比之下，南坡以下沉气流为主，导致降水量大大减少。

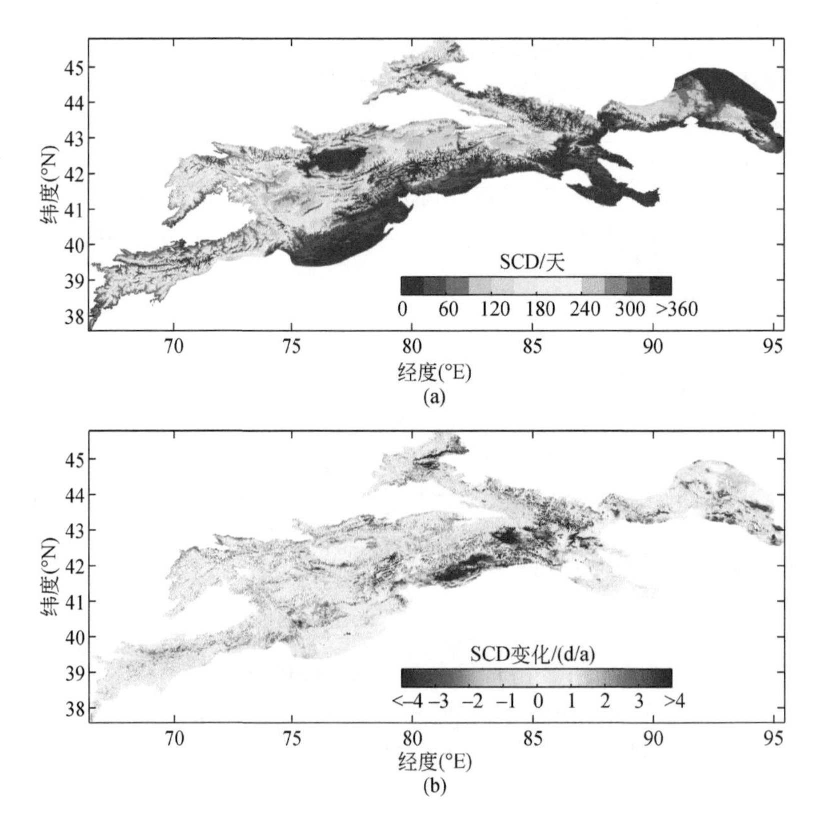

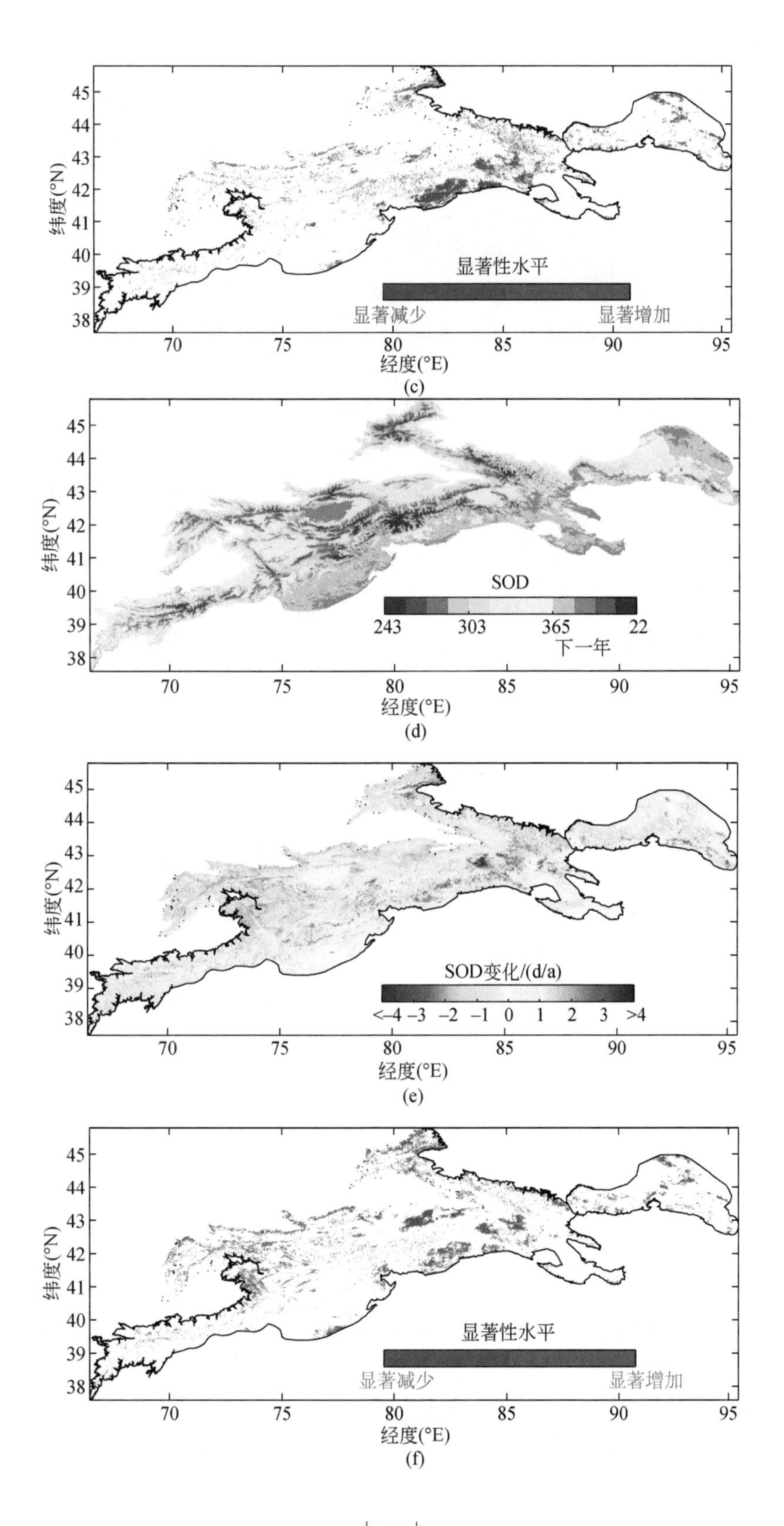
纬度(°N)
45
44
43
42
41
40
39
38
显著性水平
显著减少
显著增加
70
75
80
85
90
95
经度(°E)
(c)
SOD
243
303
365
22
下一年
(d)
SOD变化/(d/a)
<-4 -3 -2 -1 0 1 2 3 >4
(e)
(f)

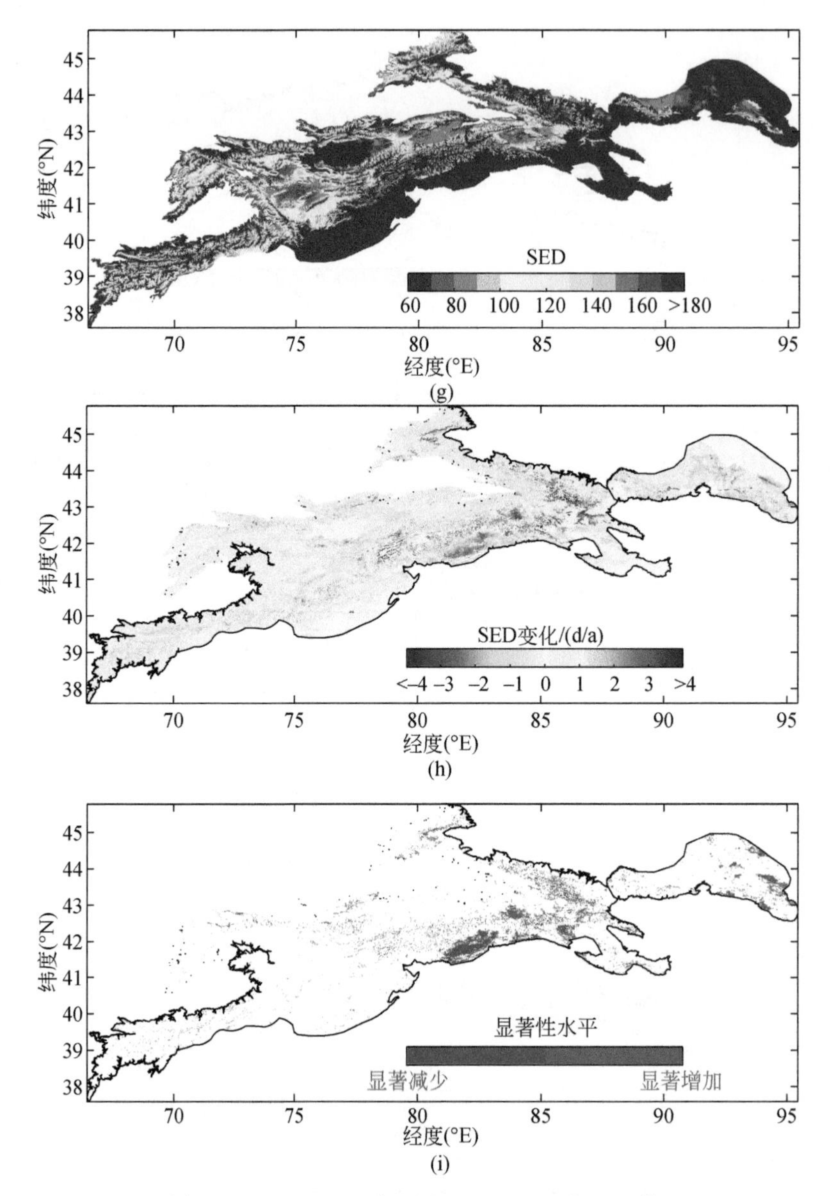

图 4-6　2002～2017 年天山 SCD、SOD 和 SED 的
多年平均值［（a）、（d）、（g）］与变化趋势［（b）、（e）、（h）］
其中显著减小和增大的区域见（c）、（f）和（i）

整个天山地区，2002～2017 年 SCD 呈现不显著的增加，SOD 以每年 0.25 天的速度提前，而 SED 几乎没有变化（-0.001d/a，P>0.05）。SCD、SOD 和 SED 的趋势变化存在空间异质性。减少的 SCD 占整个区域的 38.6%，主要分布于天山中南部和东部，这些区域同时也伴随着 SOD 滞后和 SED 提前。例如，天山东部积雪期缩短，其中 SOD 推迟速率为 0.14d/a，SED 提前速率为 0.12d/a。增加的 SCD 占据更大的面积，约占整个天山区域的 53.9%，显著增加的区域占 3.6%，特别值得注意的是，尤勒都斯盆地的增长率达到4d/a。

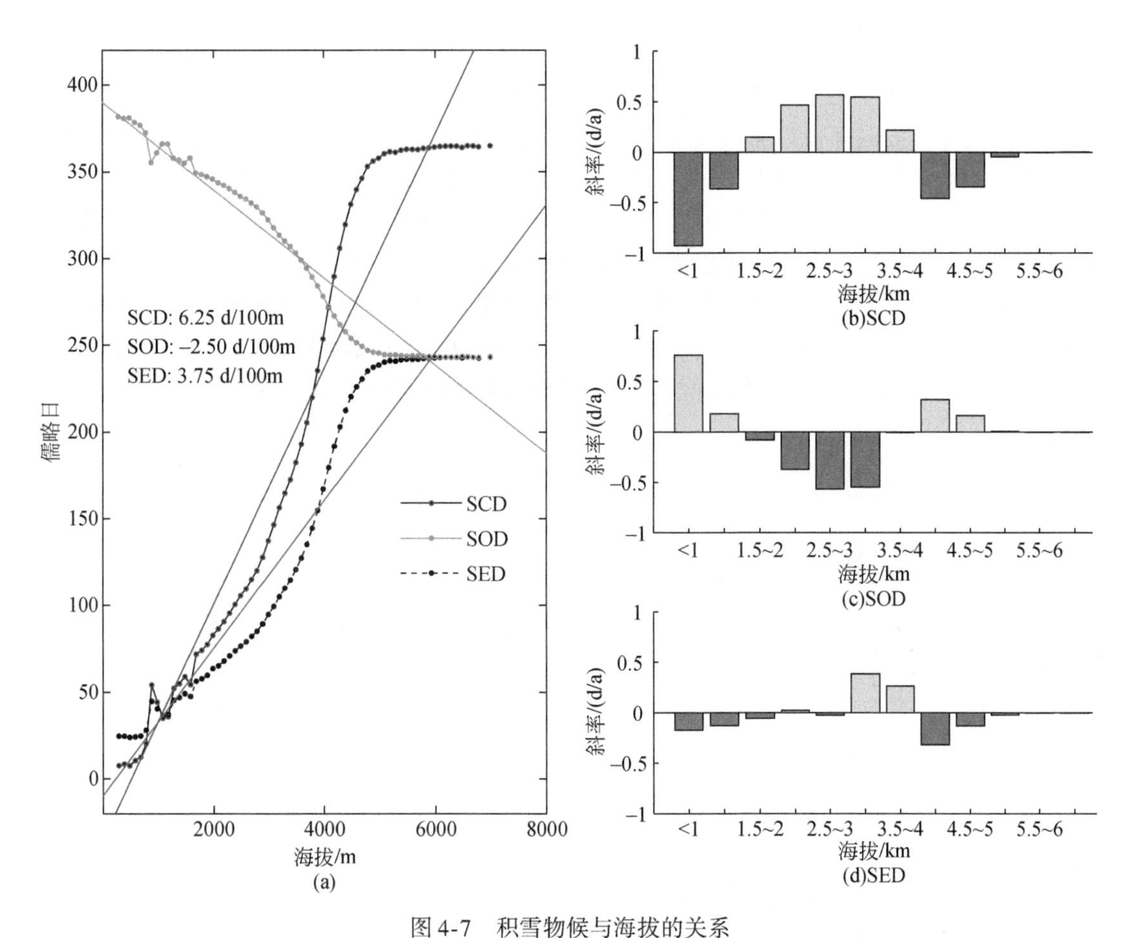

图 4-7 积雪物候与海拔的关系

（a）积雪物候随海拔变化的关系；（b）～（d）分别是 SCD、SOD、SED 的趋势变化与海拔的关系

区域上，天山北部和西部的 SCD 呈现增加趋势，这一变化主要与 SOD 的提前有关而不是 SED 的推迟。例如，天山北部 SCD 的增加速率为 1.14d/a（$P<0.05$），其中 SOD 为 −0.66d/a（$P>0.05$），SED 为 0.37d/a（$P>0.05$）。

天山积雪物候与海拔密切相关，为了进一步定量地描述这种关系，图 4-7 计算了2002～2017 年海拔每隔 100m 的 SCD、SOD 和 SED 的年平均值和趋势。由于 4000m 以上可能受到全年积雪（冰川）的影响，以及避免季节性积雪和冰川混合对结果产生影响，因此海拔 4000m 以上的区域不在研究范围内。在海拔 4000m 以下，随着海拔的升高，SCD 不断变长，SED 不断变晚，SOD 不断变早。SCD、SOD 和 SED 随海拔升高的平均梯度分别为 6.25d/100m、−2.50d/100m 和 3.75d/100m。

趋势分析表明，SCD 在低海拔和高海拔对气候变化的响应相反。SCD 在海拔 1500m 以下呈减少趋势，但在 1500～4000m 呈增加趋势。在海拔 1500m 以下，随着海拔降低，SCD 的下降幅度逐渐增大。在海拔 1500m 以上，随着海拔升高，SCD 基本呈现加速增加趋势，并在海拔 2500～3000m 达到最大值。这一变化特点与 SOD 在不同海拔的响应一致，即 SOD 在海拔 1500m 以下推迟，而在海拔 1500m 以上表现为提前。不同海拔 SED 对气候变化的响应大致也与 SCD 相似，但在海拔 1500～3000m SED 的变化很微弱，SED 对 SCD 的影响也远小于 SOD。以上分析进一步证实，SOD 的变化是影响 SCD 变化的主要原因。

除海拔外，坡向还可以通过改变当地的太阳辐射和水汽条件，以及受到迎风坡和背风坡的影响，潜在地影响着积雪不同的累积状态，从而对积雪物候产生影响。坡向对积雪物候的影响如图 4-8 所示，与朝南地区相比，朝北地区的 SCD 普遍较高，SOD 较早，SED 也较晚。同时，北向的 SCD 的增加趋势大于南向的 SCD 的增加趋势，这是由于北向的 SOD 下降和 SED 增加的幅度大于南向。众所周知，朝南的部分接收到更多的太阳辐射，这往往会加速积雪的消融，导致积雪积累较少。然而，北面地区的积雪受太阳光照较少，因此融化速度比南面地区慢。除此之外，大部分降水落在迎风坡的西部和西北部山坡上，也有利于积雪的形成。

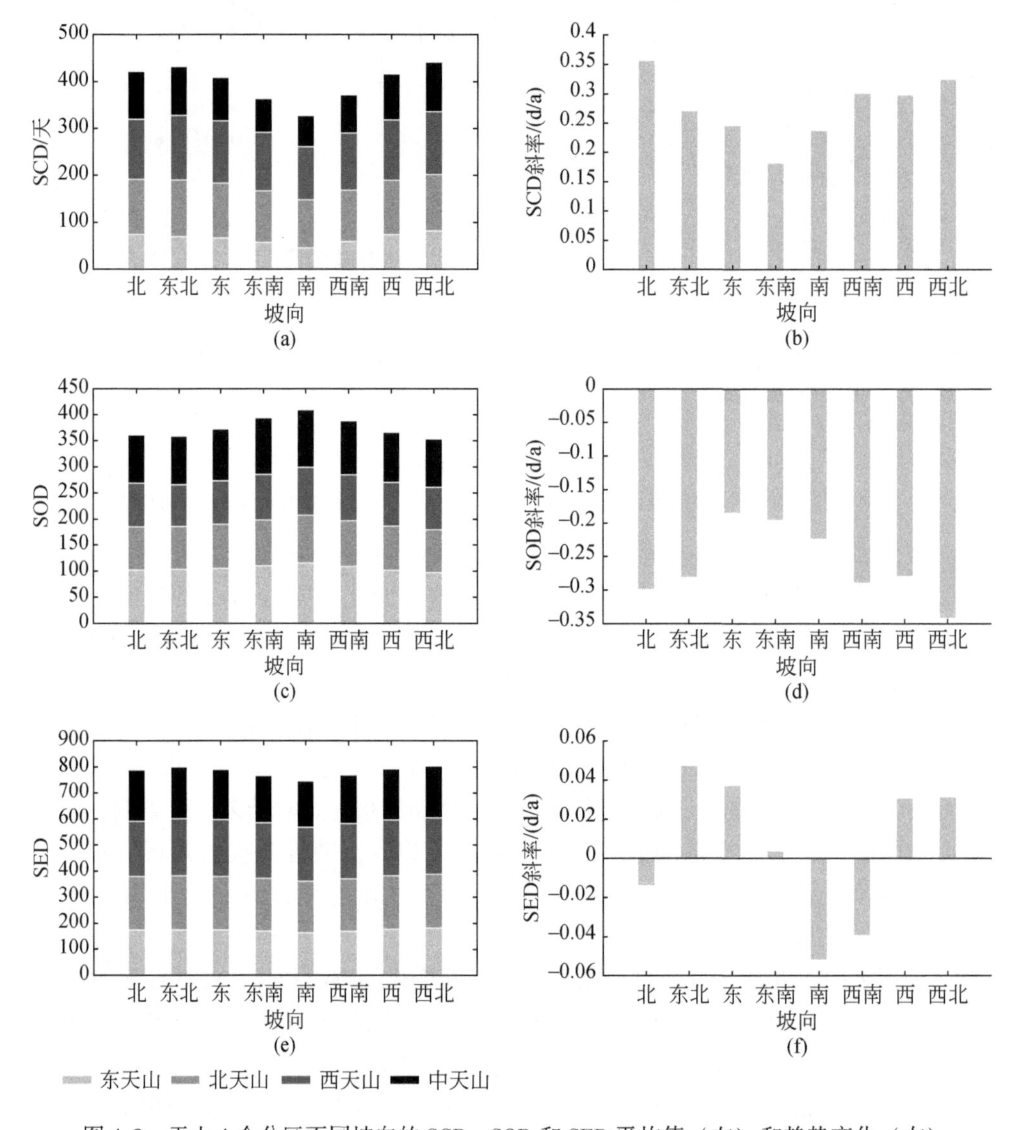

图 4-8　天山 4 个分区不同坡向的 SCD、SOD 和 SED 平均值（左）和趋势变化（右）

4.3.3 积雪物候变化的影响因素

为了研究积雪物候与气候变化的关系，我们在像元水平上用偏相关方法分析了 SOD 与秋季气温（T_a）、降水量（P_a）及 SED 与春季气温（T_m）、降水量（P_m）的关系。如图 4-9 所示，在整个研究区中 13.7% 的区域 SOD 与 T_a 之间具有显著的正相关，区域平均相关系数 R 是 0.57。天山 4 个分区的 SOD 与 T_a 均呈正相关，其中天山北部相关性最大。这意味着温度越高，SOD 越晚。相关分析还表明，秋季降水量也控制了部分地区（如天山东部的高山地区和天山西部的一些低地），其中约 8.5% 区域的 SOD 与 P_a 呈显著负相关。对于 SED，同样受春季气温的影响程度大于春季降水量的影响程度。SED 与 T_m 的平均相关系数为-0.46，而 SED 与 P_m 的正相关系数仅为 0.05。SED 与 T_m 呈显著负相关的区域约占全区的 16.4%，呈显著正相关的区域仅占 0.2%。从以上分析可以看出，气温对 SOD 和 SED 的变化起着比降水量更重要的作用。

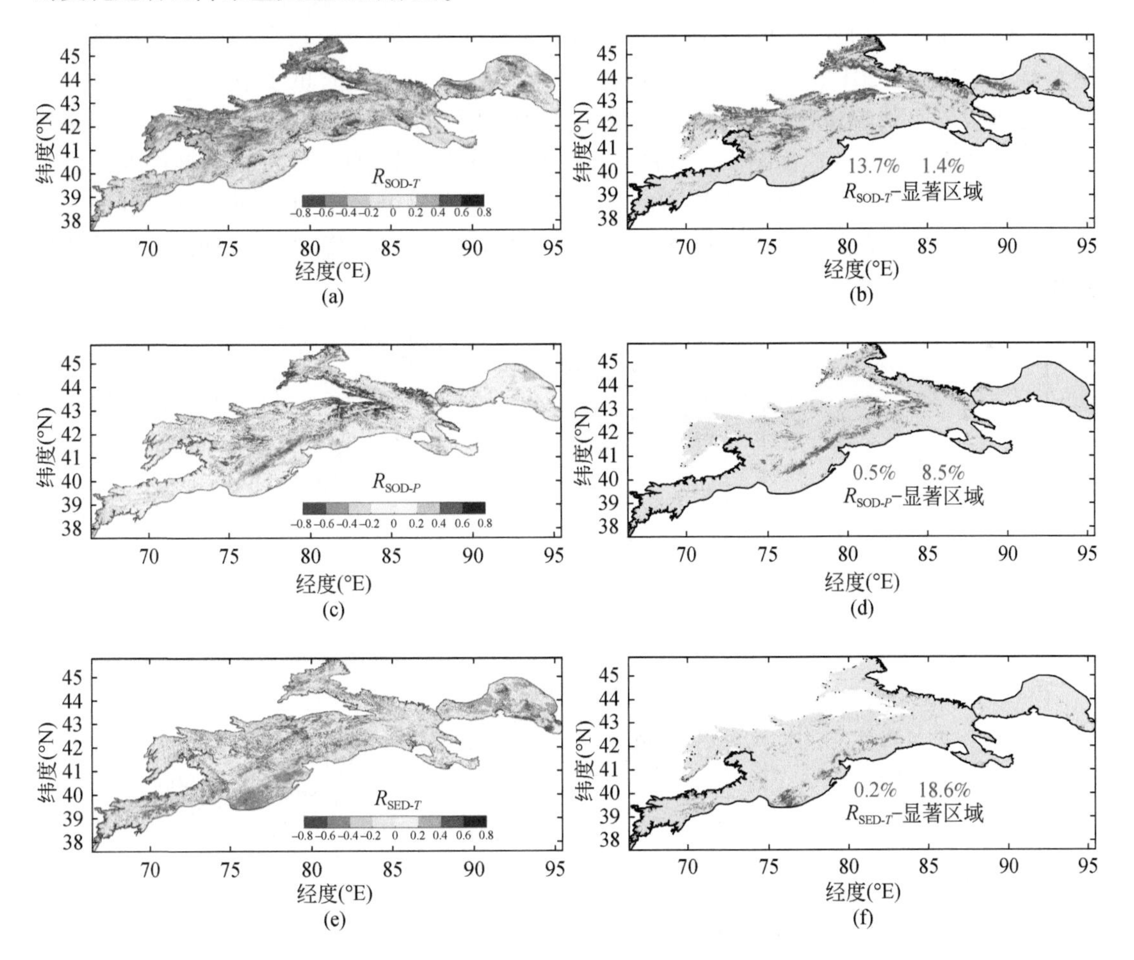

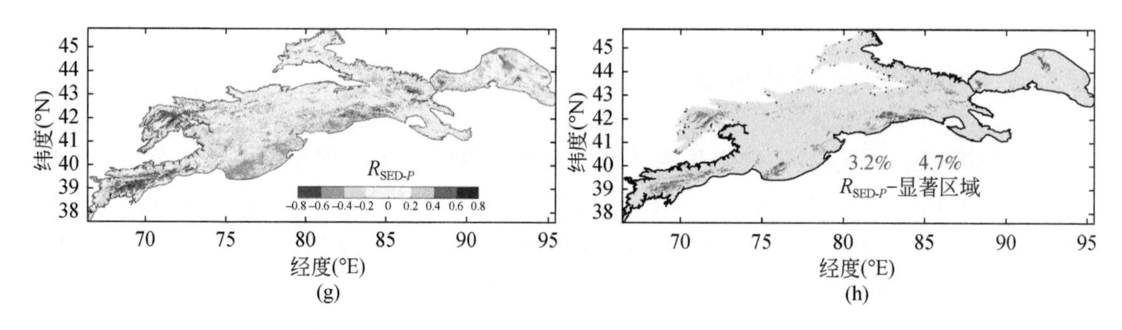

图 4-9 天山积雪物候与气候的关系

SOD 与秋季气温（9～11 月平均值）的偏相关区域（a）和其显著相关区域（b）；SOD 与秋季降水量（9～11 月总和）的偏相关区域（c）和其显著相关区域（d）；SED 与春季气温（3～5 月平均值）的偏相关区域（e）和其显著相关区域（f）；SED 与春季降水量（3～5 月总和）的偏相关区域（g）和其显著相关区域（h）

为了进一步了解气候对积雪物候的影响机制，根据英国国家大气科学中心制作的 CRU 数据，我们计算了 2002～2017 年秋季和春季的气温与降水量趋势（图 4-10）。在全球变暖的背景下，2002～2017 年，T_a（−0.06℃/a）和 T_m（0.04℃/a）的变化形成鲜明对比。尽管变化很弱，秋季和春季的降水量趋势也显示出相反的变化，P_a 以 0.01mm/a 的速率增加，P_m 以 0.17mm/a 的速率减少。这种气候变化解释了天山 SOD 和 SED 提前的原因。气温的降低和降水量的增加有利于积雪的积累，从而导致整个天山 SOD 的提前。同时，积雪消融只发生在东天山，SED 与春季气温呈显著负相关，这说明融雪季节增温是导致该地区积雪提前融化的主要原因。

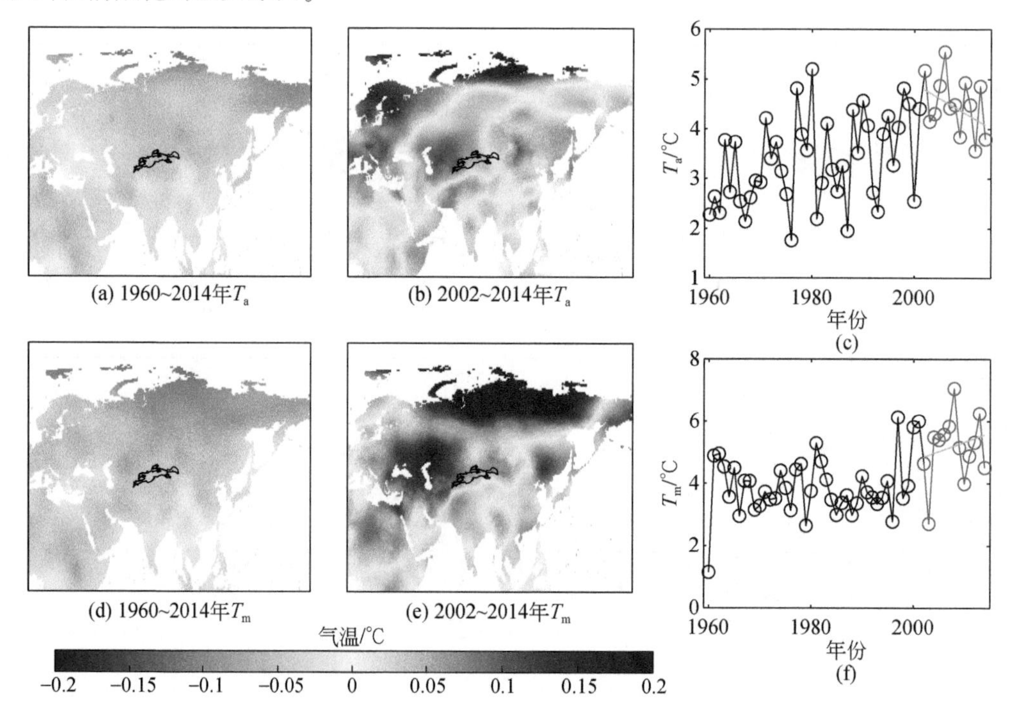

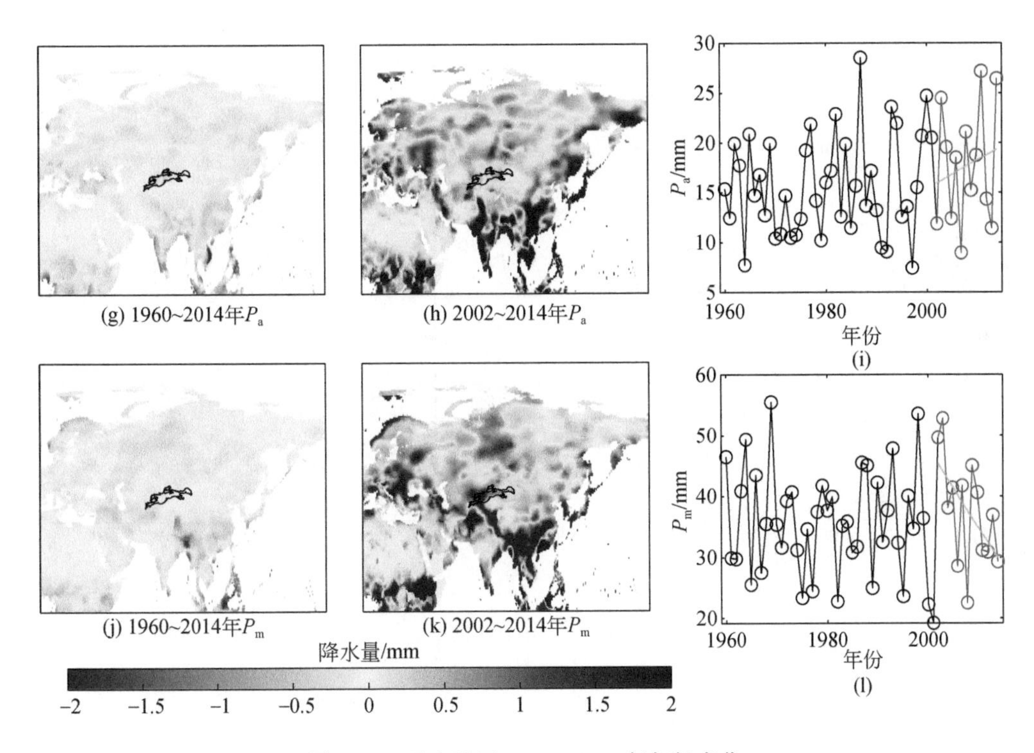

图 4-10 天山地区 1960 ~ 2014 年气候变化

1960 ~ 2014 年 [(a), (d)] 和 2002 ~ 2014 年 [(b), (e)] 秋季气温 (T_a) 与春季气温 (T_m) 的变化，以及相应的 T_a (c) 和 T_m (f) 时间序列；1960 ~ 2014 年 [(g), (j)] 和 2002 ~ 2014 年 [(h), (k)] 秋季降水量 (P_a) 与春季降水量 (P_m) 的变化，以及相应的 P_a (i) 和 P_m (l) 时间序列

图 4-11 进一步展示了气候因素和海拔因素的共同作用对 SOD 和 SED 的影响。在所有海拔中，SOD 与气温都呈正相关，其中在海拔 2000 ~ 3500m 达到显著正相关。相反，除海拔低于 1500m 的区域外，SOD 通常与降水量呈负相关。值得一提的是，在海拔 3000m 处，SOD 与降水量和气温的关系都达到最强。在所有海拔中，SED 与 T_m 都呈负相关，显著负相关区域位于海拔 2000 ~ 2500m。此外，除海拔低于 2000m 的区域外，几乎所有海拔的 SED 均与 P_m 呈正相关。同时，我们还调查了不同海拔春秋两季气温和降水量的变化趋势。与秋季气温和降水量都呈减少趋势不同，春季各海拔地区的降水量呈减少趋势而气温呈升高趋势。

利用 MODIS 的日积雪产品生成的无云日积雪产品，我们分析了水文年（9 月 1 日至翌年 8 月 31 日）2002 ~ 2017 年天山地区不同海拔带的 SCD、SOD 和 SED 的时空分布特征，并探析了积雪物候变化的背后驱动因子。

首先，天山无云日积雪数据表明，天山的积雪呈现强烈的季节变化，最大积雪面积发生在 1 月或 2 月（69.2%），最小积雪面积发生在 8 月（2.9%）。通过将改进的产品与 MOD10A1 进行相比，总体精度、积雪精度和陆地精度分别提高了 41.4%、53.1% 和 34.4%。新的积雪产品的陆地精度、积雪精度、总体精度和 Kappa 系数分别为 91.9%、81.9%、88.2% 和 0.74。高估误差和低估误差分别为 5.1% 和 6.7%。

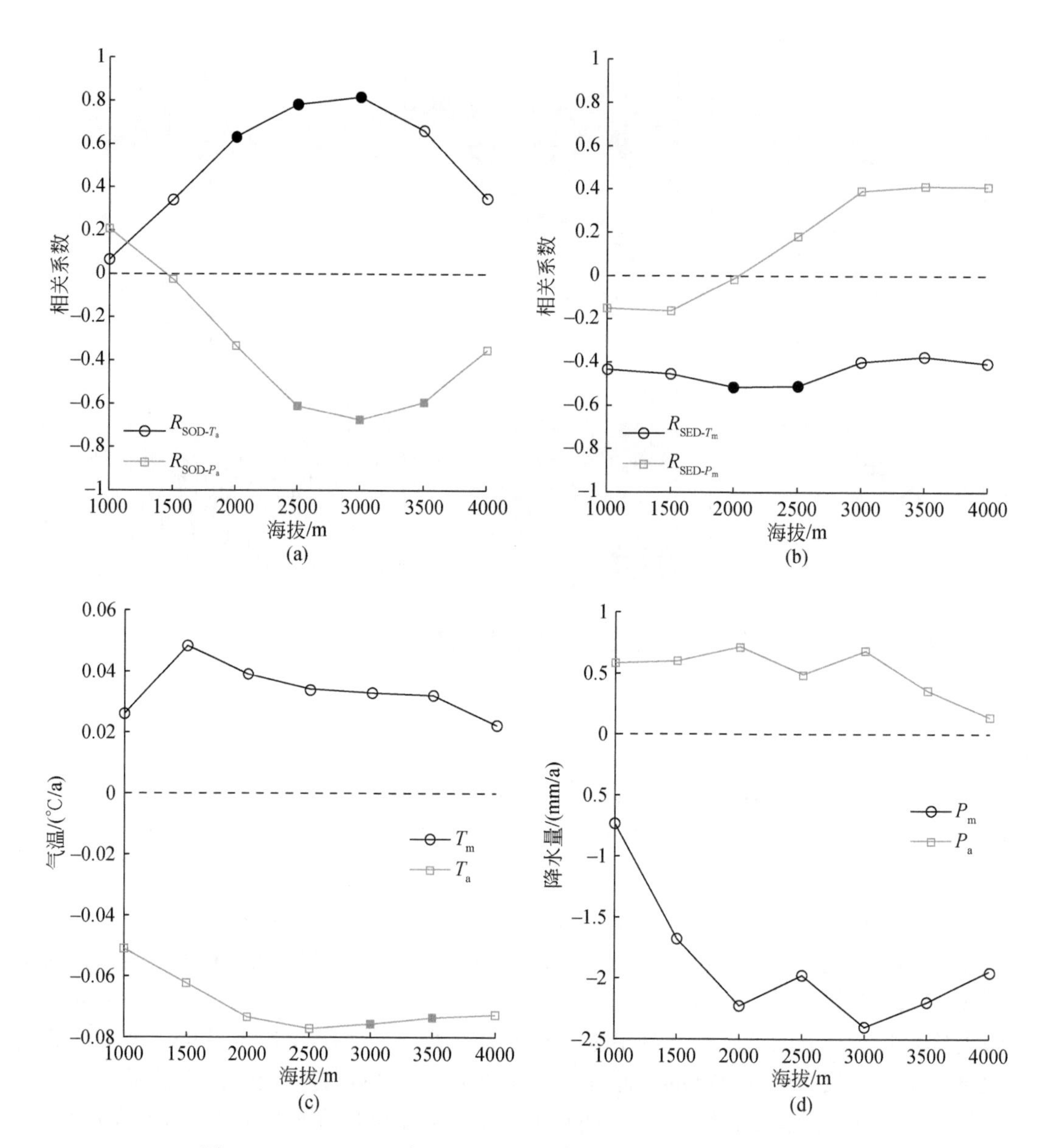

图 4-11　2002～2017 年天山地区积雪物候与气候随海拔变化的关系

（a）不同海拔 SOD 与秋季气温、降水量的偏相关系数；（b）不同海拔 SED 与春季气温、降水量的偏相关系数；（c）不同海拔秋季气温和春季气温的变化趋势；（d）不同海拔秋季降水量和春季降水量的变化趋势

实心符号表明相关性在 95% 置信水平

总体精度和陆地精度显示出夏季月份精度较高、冬季月份精度略低的季节分布。过渡月份（3 月和 11 月）的精度最低。高估误差和低估误差在过渡月份也较高。积雪精度表现为冬季较高而夏季较低，这主要与夏季的积雪样本数较少有关。伴随着云量的减少，积雪制图的误差也在增加，尤其是高估误差。同时，低估误差也仍然很高。MODIS 积雪产品与观测台站之间的观测时间和观测范围不同可以部分解释这一现象。IMS 与观测台站之间

的空间尺度差异是导致分类误差的主要原因。而积雪深度阈值、海拔因素及植被类型是次要原因。

其次，多年的积雪覆盖区域约占整个天山地区的31.1%±2.3%，整体上积雪覆盖率呈现从高海拔到低海拔、从西北到东南总体减少的趋势。在过去的16年，积雪面积呈现不显著增加（0.07%/a，$P>0.05$）趋势。月份上，10月至翌年5月（1月除外）积雪面积呈增加趋势，6～9月积雪面积呈减少趋势。SCD、SOD和SED的年平均值分别为113.9±8.6天、331.2±4.5和81.1±6.0。整个天山地区，在这16年期间SCD呈现不显著的增加（0.31d/a）趋势，SOD以每年0.25天的速度提前，而SED几乎没有变化（-0.001d/a，$P>0.05$）。

5 中亚天山地区冰川变化及对水资源影响

天山作为“中亚水塔”，储存着大量的冰川和积雪资源，是中亚干旱区水资源的重要组成部分。近半个世纪以来，全球升温显著，近30年天山地区升温幅度达0.36～0.42℃/10a（Hu et al.，2014；Chen et al.，2016），明显高于全球和北半球同期平均增温速率(IPCC，2013)。随着气候的持续变暖，中亚天山地区以冰川、积雪为主体的“固体水库”正在加速消融和萎缩，并对水循环过程和水资源产生着重要影响。

5.1 天山地区冰川信息的提取与计算方法

5.1.1 冰川信息的提取

目前，基于遥感影像获取冰川信息的方法有波段比值阈值法（Kaldybayev et al.，2016a；Bolch，2007）、监督和非监督分类法（Sidjak and Wheate，1999）、归一化积雪指数法（Willmes et al.，2009）、决策树法（Racoviteanu and Williams，2012）、面向对象法(聂勇等，2010)、主成分分析法（Hagg et al.，2013）等。在冰川信息提取的过程中，由于受到积雪、阴影（云和山体)、冰碛物、冰及水体的影响，冰川信息提取方法在获取冰川信息的精度上难以得到保障，尤其是区分云影和山体阴影区。本研究基于Landsat影像，利用1990年、2000年和2015年的Landsat TM/ETM+/OLI影像的多个光谱波段，通过假彩色合成突出冰川信息，选择的时期以云和雪最少的夏季为主。光谱波段组合绘制冰川图被认为是绘制无碎片冰川最有效的方法（Kaldybayev et al.，2016b)，但不适用于被冰碛物覆盖的冰川（Pan et al.，2012)。对于冰川难以区分的区域（如积雪、阴影和湖泊)，本节通过多光谱波段组合，利用1990年Landsat TM影像和2000年Landsat ETM+影像对3、5、7波段进行组合，利用2015/2016年的Landsat OLI影像对4、6、7波段进行组合，这样能够比较清晰地突出地形和地物特征，之后方便对误判的冰川信息进行判别和提取。但由于这种方法存在局限性，天山中一些由冰川碎屑覆盖的轮廓难以提取，故可通过冰川末端冰碛、冰川末端的融水、冰川湖泊和侧冰碛目视解译判别。在利用遥感图像提取冰川轮廓过程中，本节通过30m的shuttle radar topography mission 1 Arc-Second digital elevation model（SRTM 1 Arc-Second DEM）提取出冰川坡度图，为冰川和冰川湖解译过程提供参考。

积雪和冰湖的影响与冰碛覆盖区的勾绘是困扰遥感冰川编目工作及精度的两个重要因素。在冰川提取的过程中，Google Earth提供了一个非常重要的参考数据源。Google Earth整合了全球80%地区的SRTM数据，并将各类遥感影像叠加其上，同时，影像中便捷的三维操作功能实现了不同视角的三维转换，为使用者展现类似真实场景的三维地表数据。中国西部地区部分来源于 QuickBird 卫星的影像分辨率甚至达到亚米级，能从中清晰地分辨冰川和非冰川及冰碛分布区，在冰川边界提取过程中辅助 Google Earth 高分辨率影像进行修正，以最大限度减小冰川边界提取的不确定性。同时，本研究采用了高分辨率的 WorldView-2 影像（分辨率约为 0.5m），通过在线地形图直接在 ArcMap 中显示（为进一步突出冰川信息，融合后的影像会调整影像的对比度和亮度），将经过人工修订的冰川边界叠加在这些高分辨率遥感影像上，不但能够清晰地判断出现错误的区域，而且基于这种过程的反复训练能够大大提高冰川编目过程中编制者在不同卫星影像条件、不同地表特征下判断冰川边界所在部位的技能和经验，提高冰川提取精度，加快冰川编目进度。实现冰川边界的仿真地形分布检查，弥补了 ArcMap 中不能同时参考遥感影像和地形数据及实现三维可视化的缺陷，有效解决了基于冰川及其周围地区的地形和地貌来区分积雪与冰碛覆盖区的问题。同时，本研究在天山冰川提取的过程中，将世界范围内的冰川目录（randolph glacier inventory，RGI 6.0）作为研究区提取冰川信息的参考数据，在该数据的基础上加载多期的冰川解译边界，逐个对天山各时期的冰川提取信息进行核查，对出现异常的冰川进行逐一检查，并核对当期的影像。

冰川面积变化可以反映出区域气候变化情况。尽管运用不同时间尺度和详细程度的数据分析冰川面积变化可能存在一定局限性，但仍可以为评估大时空尺度的冰川变化提供重要依据。冰川面积年均变化率（annual percentages of area changes，APAC）是评价冰川面积变化程度的常见指标，可以较好地将不同时空尺度的冰川面积变化研究结果进行统一比较，其计算公式如式（5-1）所示：

$$\mathrm{APAC}=\frac{\Delta F}{F_0\Delta t} \tag{5-1}$$

式中，ΔF 为冰川变化面积，km^2；F_0 为初始状态下冰川面积，km^2；Δt 为研究时段的年限，年。

对冰川体积的计算需要实地进行钻孔或利用探地雷达（ground penetrating radar，GPR）测量冰川厚度，但在大范围、环境恶劣地区对冰川的监测却受到诸多限制，国内外也仅在少数典型冰川开展研究。目前对大范围冰川储量的计算大多采用体积-面积经验公式进行估算：

$$V=A\times F^{W} \tag{5-2}$$

式中，V 为冰川储量，km^3；F 为冰川面积，km^2；A 和 W 为经验系数；冰的密度取 $0.9\mathrm{g/cm}^3$。在本研究中选取 $A=0.0433$、$W=1.29$ 用以估算研究区冰川体积（Grinsted，2013）。

5.1.2 天山地区冰川的空间分布特征

中亚天山深处亚欧大陆腹地，分布有数量众多、较为发育的冰川，但就天山冰川位置分布来看，其分布存在明显的空间差异（图 5-1）。天山山区冰川主要集中在中天山山区，是整个天山地区冰川数量分布最为集中、冰川覆盖面积较大的区域，其冰川数量和面积分别占整个天山冰川总数量和总面积的 41.90%、59.31%。同时，中天山地区也是天山山区

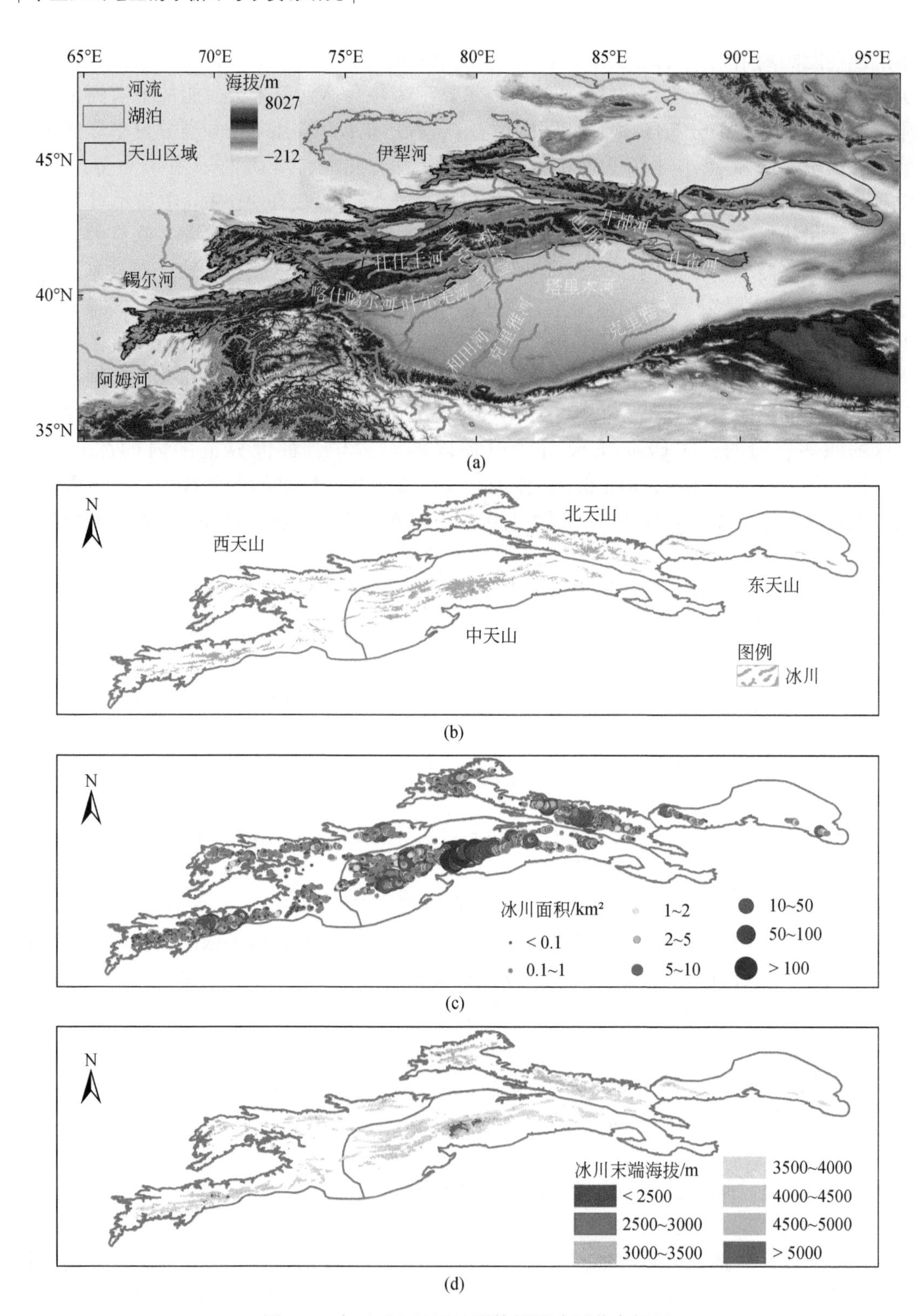

图 5-1　中亚天山地区地形特征及冰川分布概况

（a）天山地区的地理特征；（b）天山地区的冰川分布；（c）天山地区冰川规模的分布情况；（d）天山不同地区的冰川末端海拔分布

冰川覆盖最密集的区域，冰川覆盖率占4.01%。其次为西天山和北天山，西天山冰川数量和面积分别占整个天山冰川总数量和总面积的30.97%、21.76%，北天山冰川数量和面积分别占整个天山冰川总数量和总面积的24.01%、17.06%。西天山和北天山地区冰川覆盖率分别为1.46%、2.81%。相比天山其他山区，东天山所占有的冰川数量和面积最低，不到天山冰川总数量和总面积的4%，其冰川覆盖面积也最低，冰川覆盖率仅为0.32%（表5-1）。

表5-1 天山不同分区的区域特征

特征	东天山	北天山	中天山	西天山	天山
区域面积/$10^5 km^2$	0.82	0.87	2.10	2.12	5.91
冰川覆盖率/%	0.32	2.81	4.01	1.46	2.41
冰川末端平均海拔/m	3800	3696	3938	3824	3844
冰川中值平均海拔/m	3990	3895	4169	4008	4051
平均单条冰川面积/km^2	0.48	0.56	1.11	0.55	0.79
海拔/m	284～5099	1082～5246	966～7431	896～5667	284～7431
平均海拔/m	1624	2521	2574	2570	2430
多年平均气温/℃	4.53	0.49	2.60	2.99	2.55
多年平均降水量/mm	141.97	289.39	242.16	467.69	314.80

注：冰川数据来自2017年发布的RGI 6.0

就天山山区冰川分布而言，冰川数量从西往东逐渐减少［图5-1（b）］，主要集中在中天山的中部和西部山区，其内部发育有众多大规模的冰川，尤其是托木尔峰地区发育有许多面积在50km^2以上的冰川。北天山的冰川主要集中在其西北地区（中国新疆和哈萨克斯坦接壤的阿拉套山），以及东部的精河、巩乃斯河、奎屯河、玛纳斯河、呼图壁河和乌鲁木齐河等流域。西天山冰川广泛分布，尤其在西南部山区分布众多较大规模冰川。东天山冰川分布相对较分散，主要分布在博格达山、巴里坤山和哈尔里克山地区。就冰川规模来看，中天山规模最大，平均单条冰川面积为1.11km^2，其次为北天山和西天山，平均单条冰川面积为0.56km^2和0.55km^2，而东天山冰川规模最小，平均单条冰川面积为0.48km^2。

从天山不同地区冰川末端平均海拔来看，北天山地区冰川末端平均海拔最低，为3696m，其次为东天山和西天山，冰川末端平均海拔分别为3800m和3824m。中天山冰川末端海拔相对最高，平均海拔3936m。值得注意的是，天山地区仍有多条冰川末端海拔低于3000m，这主要是因为分布有一些面积比较大、长度较长的山谷型冰川，厚度较厚，表层多分布有许多冰碛物，尽管末端在物质平衡线以下，但仍对气候变化的响应表现出较为强烈的抵御能力。在整个天山地区中，海拔在2500m以下的3条冰川集中在西天山地区。

5.2 天山冰川的空间分布特征

5.2.1 东天山冰川的时空变化特征

截至2015年，东天山共发育冰川520条，总面积为258.86km²，约占整个东天山山区面积的0.32%。对东天山1990~2015年冰川变化进行统计分析发现，近25年整个东天山冰川面积呈显著退缩态势（图5-2和表5-2）。1990~2015年，冰川面积从332.04km²减少到258.86km²，总面积减少了73.18km²（退缩率22.04%），年均减少约2.93km²。冰川数量从1990年的515条增至2015年的520条，其中，包含一些由大冰川分离成的多条小冰川，以及一些因融化而消失的小冰川，造成冰川数量的减少，表明近25年来东天山山区呈现冰川数量增加和面积退缩趋势。东天山冰川储量由1990年的17.04km³减少至2015年的13.02km³，减少约4.02km³，年均退缩率达0.94%。从1990~2015年不同时期的冰川变化特征来看，东天山冰川退缩速率在加速，1990~2000年东天山冰川面积减少10.59%，而2000~2015年冰川面积减少高达12.80%。

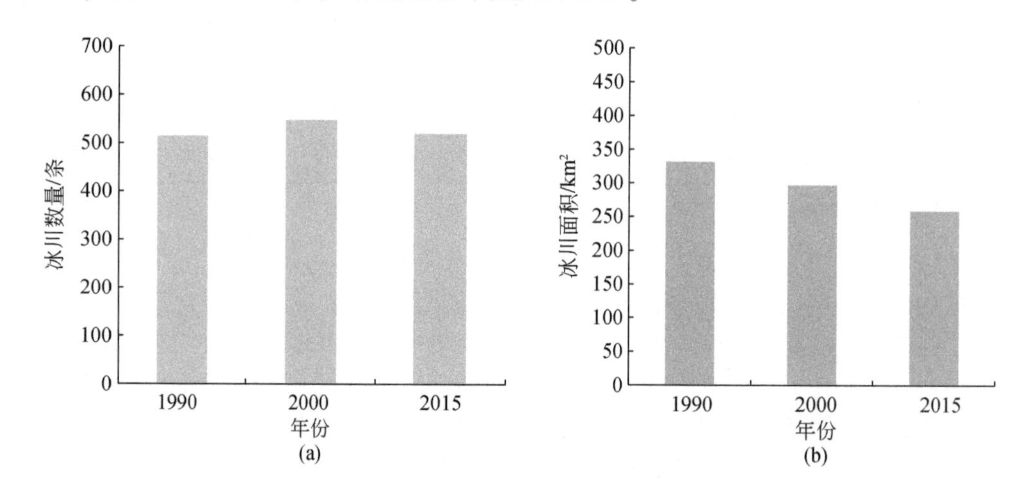

图5-2 1990~2015年东天山地区冰川数量和面积变化

表5-2 1990~2015年东天山各区域冰川分布特征及其数量和面积变化

项目	博格达山		巴里坤山		哈尔里克山		东天山	
	数量/条	面积/km²	数量/条	面积/km²	数量/条	面积/km²	数量/条	面积/km²
1990年	353	179.77	47	20.69	115	131.58	515	332.04
2000年	349	155.59	49	17.39	150	123.89	548	296.87
2015年	320	136.56	52	15.02	148	107.27	520	258.86
1990~2015年变化速率/（%/a）	-0.37	-0.96	0.43	-1.10	1.15	-0.74	0.04	-0.88

5.2.1.1 不同区域的冰川变化

东天山地区的冰川主要分布在博格达山、巴里坤山和哈尔里克山地区的高海拔山区，冰川分布相对比较集中，规模以中、小型冰川为主。其中，博格达山是东天山地区海拔最高的山脉，地势较为陡峭，有着天山东部最高峰（博格达峰，海拔为5445m），成为东天山最大的冰川发育区。巴里坤山脉和哈尔里克山脉海拔略低，但其山顶较为平坦，尤其是哈尔里克山脉，发育有多条平顶冰川。从东天山冰川末端海拔和中值海拔分布特征来看，冰川末端海拔表现为由西往东逐渐升高，其中，哈尔里克山冰川中值海拔和末端海拔达到最高，平均海拔达3923m和4161m。

从东天山冰川分布特征来看，冰川主要集中在博格达山，2015年，冰川数量和面积分别为320条和136.56km^2，分别占东天山冰川总数量和总面积的61.54%和52.76%，平均单条冰川面积为0.43km^2。哈尔里克山冰川数量和面积分别占东天山冰川总数量和总面积的28.46%、41.44%，其对应的冰川较为发育，平均单条冰川面积为0.72km^2。巴里坤山冰川数量和面积最少，仅占东天山冰川总数量和总面积的10.00%和5.8%，平均单条冰川面积为0.29km^2。

1990～2015年，东天山各区域冰川呈减少趋势，其中，冰川规模相对最小的巴里坤山地区冰川退缩最为显著，面积退缩速率达1.10%/a，其次为博格达山地区的冰川，冰川面积退缩速率达0.96%/a，而冰川规模相对较大的哈尔里克山地区冰川退缩最为缓慢，近25年冰川退缩速率为0.74%/a。

5.2.1.2 不同规模的冰川变化

从东天山冰川规模来看，东天山地区冰川以中小型冰川为主（图5-3），平均单条冰川面积为0.50km^2。其中，冰川面积<1km^{2}的冰川数量占整个东天山冰川总数量的88.78%，面积占整个东天山冰川总面积的40.32%，而冰川面积>1km^{2}的冰川数量虽然仅占总数量的11.21%，但面积占东天山冰川总面积的59.68%。

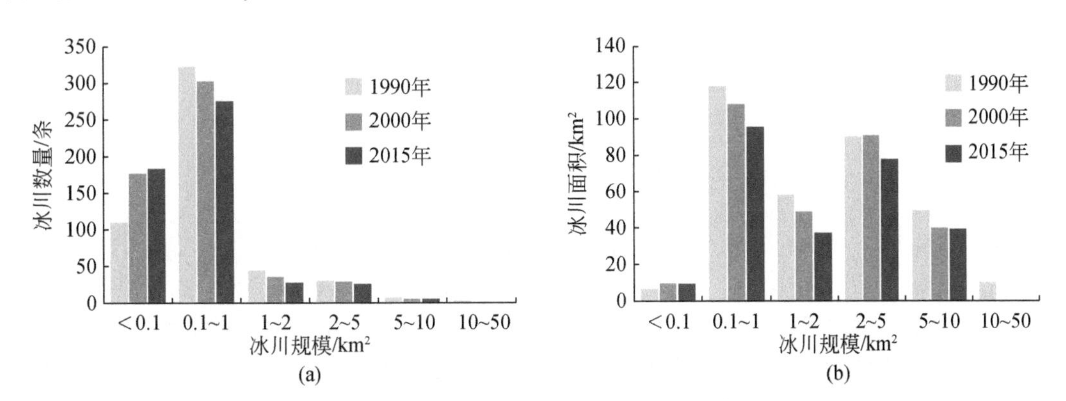

图5-3 1990～2015年东天山不同规模冰川在不同时期的数量和面积变化

对近25年东天山冰川数量和面积变化进行分析发现，东天山冰川面积呈现减少态势，其中冰川规模越小，面积退缩也最为显著（图5-4）。从不同规模冰川的变化特征来看，面积>0.1km²的冰川数量和面积均表现为减少趋势，但随着冰川规模的增大，这些规模比较大的冰川其变化相对更为稳定。1990～2015年，东天山面积在0.1～2km²的冰川数量减少了64条，伴随冰川总面积减少24.88%，而随着冰川规模的增大，冰川面积减少速率相对减缓。相对而言，冰川面积<0.1km²的冰川数量在1990～2015年增加73条（表5-3），而这主要是一些规模较大的冰川（面积>0.1km²）分裂、肢解和面积缩小所致，伴随冰川面积增加近43.39%。

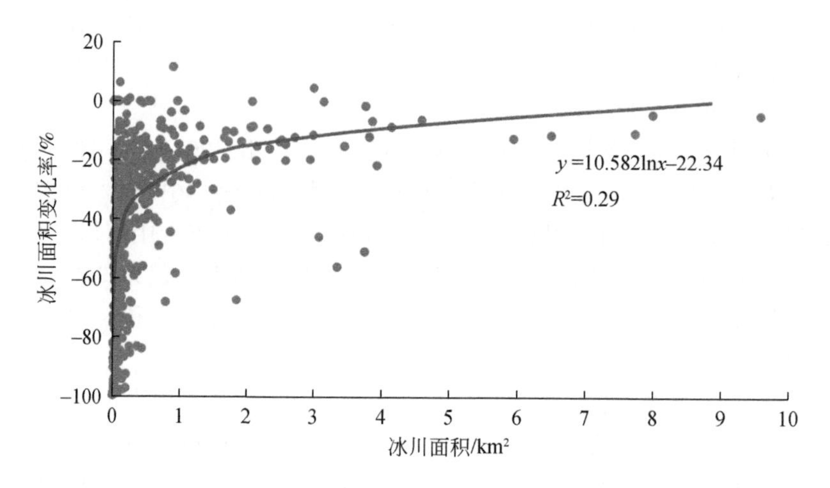

图5-4　1990～2015年东天山不同规模冰川的面积变化率

表5-3　1990～2015年东天山不同规模冰川在不同时期的数量变化　（单位：条）

项目	<0.1km²	0.1～1km²	1～2km²	2～5km²	5～10km²	10～50km²
1990年	110	323	44	30	7	1
2000年	176	303	35	29	5	
2015年	183	276	27	26	5	
1990～2015年变化	73	−47	−17	−4	−2	−1

5.2.1.3　不同海拔的冰川变化

将SRTM 1 Arc-Second DEM和冰川数据叠加，对东天山1990～2015年3期的冰川信息进行统计分析，东天山地区冰川末端主要分布在海拔3500～4000m，冰川数量和面积分别占东天山冰川总数量和总面积的82.79%、82.03%。海拔3000～3500m的冰川数量和面积分别占东天山冰川总数量和总面积的3.09%、13.70%，海拔4500～5000的冰川数量和面积分别占东天山冰川总数量和总面积的13.73%、4.18%(图5-5)。

从不同海拔冰川数量和面积变化来看，冰川末端海拔越低的冰川数量减少最为显著，同时，冰川面积减少也最为强烈（图5-6）。例如，冰川末端海拔3000～3500m，近25年冰川数量减少29条，伴随冰川总面积减少40.56%。冰川分布最为集中的海拔3500～

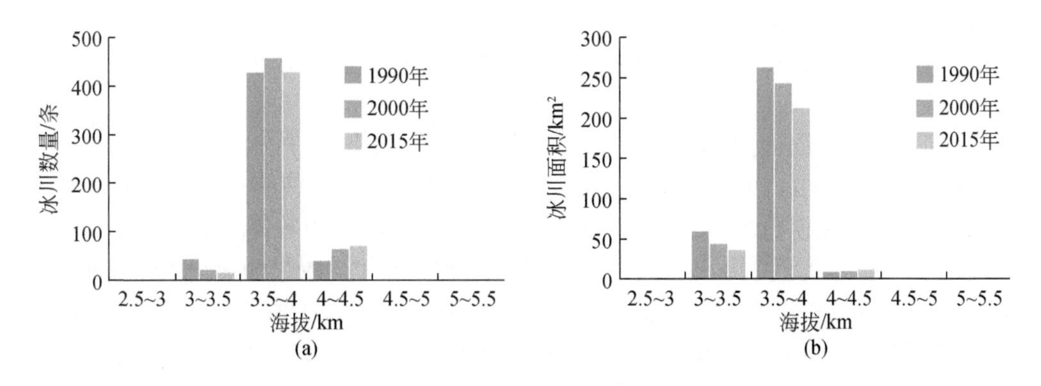

图 5-5　1990 ~ 2015 年东天山冰川在不同海拔范围内的数量和面积分布

4000m 区域，冰川数量减少 2 条，伴随冰川总面积减少 19.17%。而冰川末端海拔 4000m 以上并没有发现明显的冰川数量减少或面积萎缩。具体分析发现，冰川末端海拔 3500 ~ 3600m，近 25 年冰川数量减少近 20%，而冰川末端海拔 3600 ~ 3700m，冰川数量减少 7.44%。

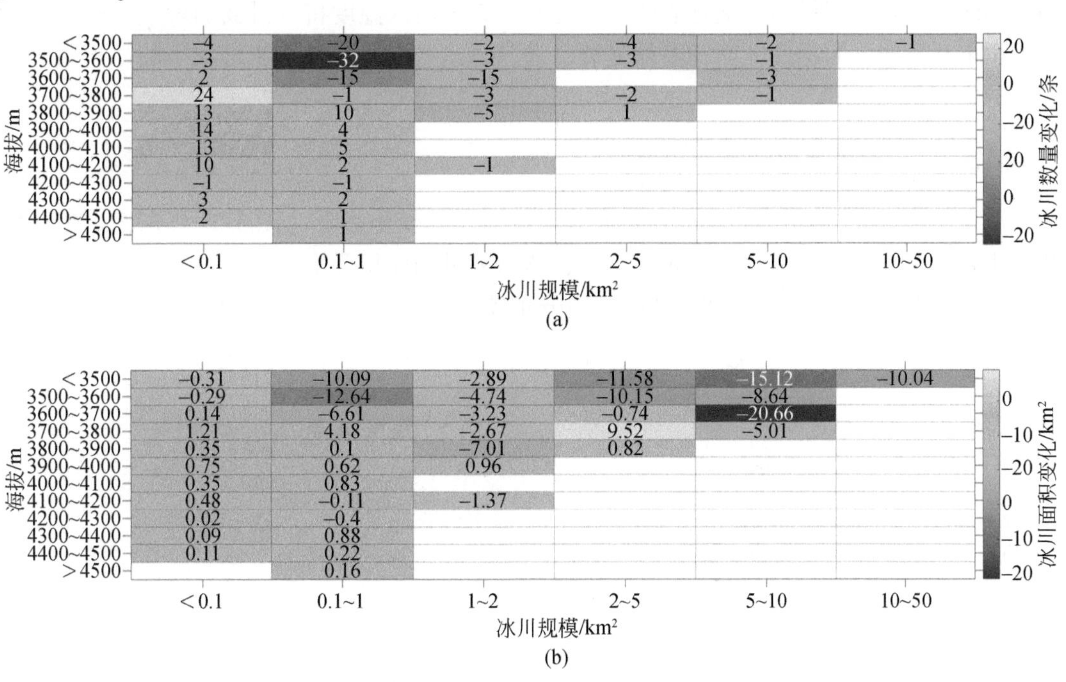

图 5-6　1990 ~ 2015 年东天山不同规模冰川在不同海拔范围内的数量和面积变化

(a) 不同规模冰川在不同海拔范围数量变化；(b) 不同规模冰川在不同海拔范围面积变化

随着东天山山区气候的持续变暖，冰川末端海拔表现为持续上升。东天山冰川末端平均海拔从 1990 年的 3720m 上升至 2000 年的 3771m，截至 2015 年上升至 3794m，近 25 年，冰川末端平均海拔上升近 74m。从天山不同时期最低冰川所处的位置来看，1990 年东天山冰川末端最低海拔为3341m，至2000年为3373m，而到2015年，已经上升至3387m。根据冰川中值海拔变化，东天山中值海拔从1990年的3938m上升至2015年的3983m，近25年海拔上升近45m。

对不同海拔、不同面积等级冰川的变化进行分析（图5-6），近25年（1990～2015年）东天山海拔3800m以下、面积在0.1～5km²的冰川退缩较为强烈。其中，在海拔3600m以下，冰川规模为0.1～1km²的冰川减少最为显著，冰川数量减少67条，总面积减少41.33%。而处于海拔3600m以上区域，冰川规模为0.1～1km²的冰川数量和面积均表现出增加态势。近25年冰川数量和面积分别增加84.21%和65.56%，尤其以冰川规模<0.1km²、海拔3700～4200m的冰川数量和面积增加最为显著。其中，海拔在3700～3800m、3800～3900m、3900～4000m、4000～4100m和4100～4200m的冰川数量和面积分别增加24条（1.21km²）、13条（0.35km²）、14条（0.75km²）、13条（0.35km²）和10条（0.48km²）。研究分析发现，这很大程度上是由处于低海拔区的冰川退缩、破裂而来，如海拔在3700m以下、冰川规模>0.1km²的冰川数量和面积均表现出不同程度的减少趋势，如规模在0.1～1km²，海拔<3500m、3500～3600m和3600～3700m的冰川数量与面积分别减少20条（10.09km²）、32条（12.64km²）和15条（6.61km²）。近25年来，东天山不同海拔和不同规模冰川变化表明，受近年来天山山区温度持续升高的影响，东天山山区冰川末端海拔不断退缩，面积萎缩显著，尤其以这些低海拔区、规模较小的冰川对气候变化的响应更为强烈。

5.2.1.4 不同坡向的冰川变化

从东天山近25年不同时期冰川坡向分布特征及其变化来看（图5-7），东天山地区的冰川主要集中在北坡、西北坡和东北坡向，冰川数量和面积分别占东天山冰川总数量和总面积的79.11%和66.74%，而南坡的冰川分布较少。

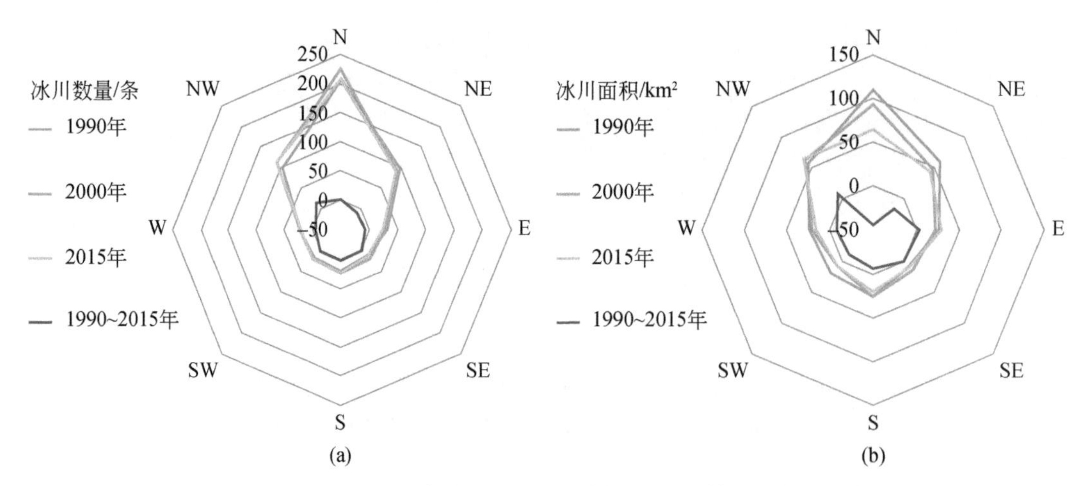

图5-7 1990～2015年东天山地区不同坡向冰川数量和面积分布

1990～2015年，东天山各坡向冰川面积呈现出减少趋势，其中，北坡方向冰川面积退缩最大，达45.18km²，其次为东北坡向，冰川面积减少15.98km²。冰川退缩最为强烈的区域是西南坡、北坡、西坡及东北坡向，1990～2015 年，其相应的冰川面积分别减少了 55.53%、41.19%、32.24%及 26.78%。而处于东坡和东南坡向的冰川，冰川面积退缩速率最为缓慢。总体而言，东天山地区冰川主要集中在北坡方向，而南坡冰川分布最少。

5.2.2 北天山冰川的时空变化特征

截至 2015 年，北天山共发育冰川 4336 条，总面积为 2382.51km^2，占北天山山区总面积的 2.75%。1990～2015 年，北天山地区冰川数量和面积处于持续萎缩态势（图 5-8）。近 25 年北天山冰川总数量减少了 108 条，冰川总面积从 1990 年的 2838.94km^{2}减少到 2015 年的 2382.51km^2，总面积减少了 456.43km^2（退缩率 16.08%）。冰川储量由 1990 年的 159.63km^3 减少到 2015 年的 133.49km^3，减少了约 26.14km^3。通过对比 1990～2015 年不同时期冰川面积变化的特征发现，1990～2000 年北天山冰川面积减少了 6.02%，2000～2015 年冰川面积减少近 10.70%。研究表明，近年来北天山山区冰川退缩速率明显加快。

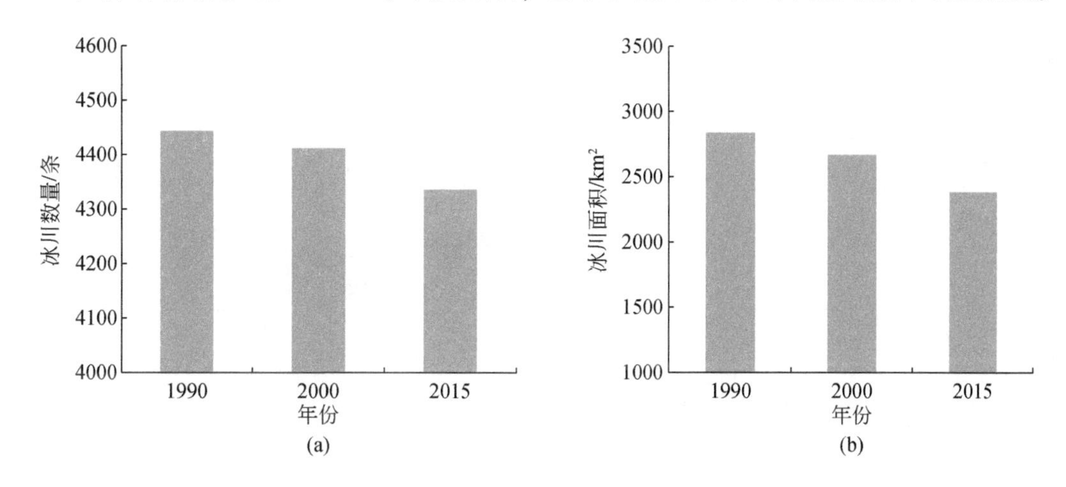

图 5-8 1990～2015 年北天山地区冰川数量和面积变化

5.2.2.1 不同区域的冰川变化

1990～2015 年，北天山各地区冰川面积均呈现退缩态势，但其变化幅度存在明显的区域差异（图 5-9）。玛纳斯河流域冰川面积近 25 年退缩速率达 1.99km^2/a；其次为奎屯河和博尔塔拉河流域，冰川面积退缩速率为 0.98km^2/a 和 0.93km^2/a。呼图壁河流域的冰川面积退缩速率为 0.56km^2/a，精河和四棵树河流域多年冰川面积退缩速率为 0.46km^2/a 和 0.42km^2/a。头屯河流域和乌鲁木齐河流域冰川面积相对最小，冰川面积相对减少也最为缓慢，近 25 年冰川面积退缩速率为 0.31km^2/a 和 0.24km^2/a。值得注意的是，冰川规模相对较小且流域海拔相对较低易受升温影响的地区，其冰川正经历显著的萎缩，如北天山东北部头屯河和乌鲁木齐河流域。其中，冰川面积最小的头屯河流域（平均单条冰川面积为 0.16km^2），1990～2015 年冰川面积退缩速率高达 1.25%/a；乌鲁木齐河和呼图壁河流域

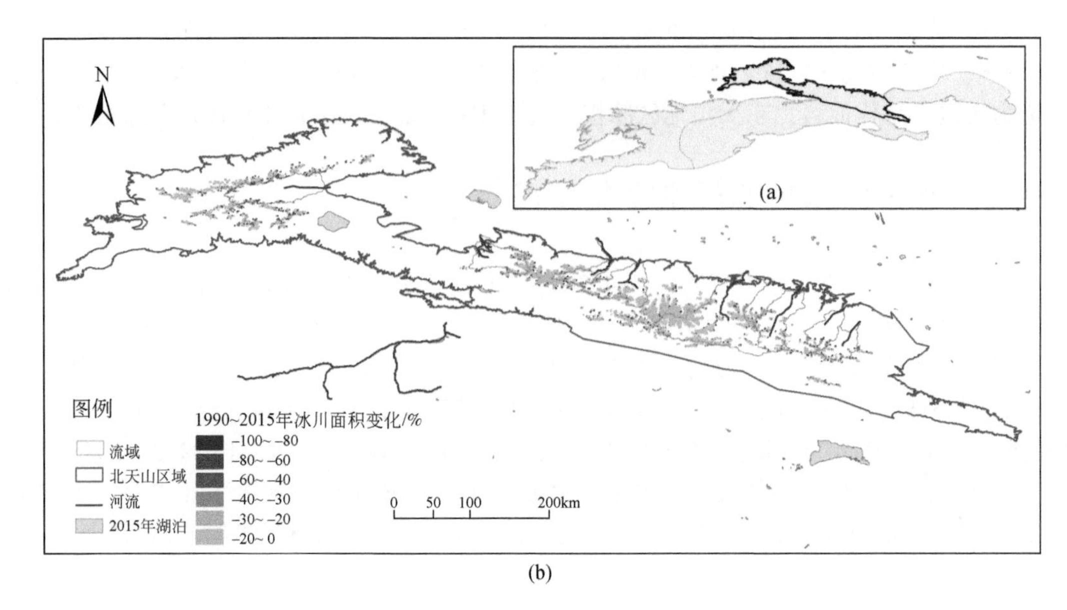

(b)

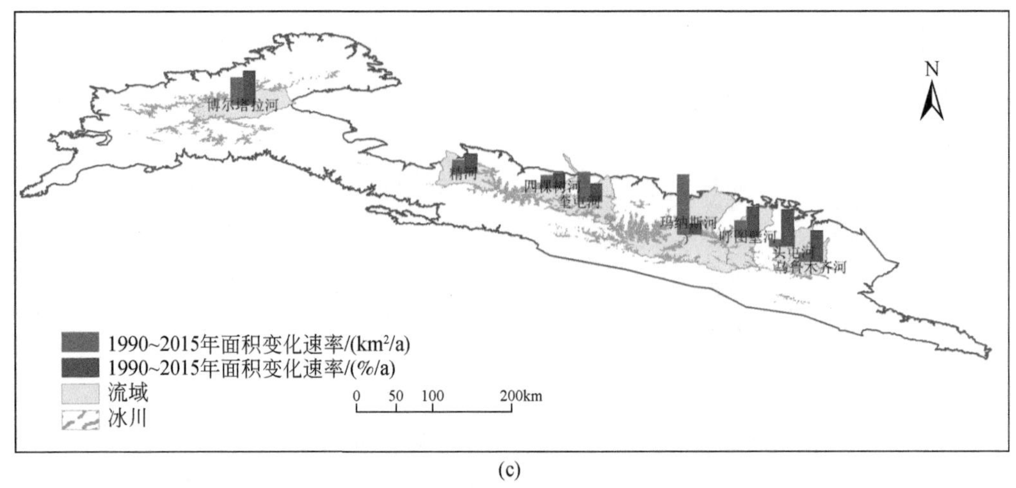

(c)

图 5-9 1990～2015 年北天山不同区域冰川面积的时空变化

(a) 北天山山区的区域位置；(b) 北天山冰川面积的时空变化；(c) 北天山冰川在不同流域内面积变化速率

(平均单条冰川面积为 0.23km^2) 近 25 年来冰川面积退缩速率分别达 1.03%/a 和 1.01%/a。天山西北部的博尔塔拉河流域（平均单条冰川面积为 0.47km^2）近 25 年冰川面积退缩速率达 1.14%/a。冰川面积最为集中的玛纳斯河流域（平均单条冰川面积为 0.63km^2）近 25 年冰川面积退缩速率达 0.38%/a；冰川规模最为发育的四棵树河流域（平均单条冰川面积为 0.82km^2）近 25 年冰川面积退缩速率达 0.60%/a。

基于 20 世纪 80 年代发布的第一版苏联冰川目录，并结合 1989 年以来 Landsat TM/ETM+遥感影像，对 1956 年以来哈萨克斯坦阿拉套地区 Karatal 河流域 1956～2012 年冰川变化进行了分析。1956 年以来，Karatal 河流域处于持续退缩态势。其中，1956～1989 年，流域冰川退缩率达 28%，1989～2001 年冰川退缩率达 11%，2002～2012 年冰川退缩率达

11%。1956~2012年，Karatal河流域的冰川面积从1956年的199.2km^{2}减少至2012年的109.3km^2，近56年流域总面积减少45%。在研究期间，已列入第一版苏联冰川目录的有71条冰川，39条小冰川并未列入第一版苏联冰川目录。

研究结果显示，如表5-4所示，1989~2012年，Karatal河流域冰川面积退缩速率为1.02%/a。子流域中Kora河流域拥有最大冰川覆盖面积，平均单条冰川面积0.873km^2，Terisakkan河流域冰川面积相对较小，平均单条冰川面积0.403km^2。1989~2012年，Terisakkan河流域冰川面积退缩最为显著（39%），Terisakkan和Chizhin河流域冰川数量减少也较为显著，均超过了40%。不同规模冰川面积变化表明，规模越小的冰川，退缩速率也最为显著。在Karatal河流域冰川退缩进程中，冰川末端海拔也在上升。1989~2012年，Karatal河流域冰川末端海拔从1989年的3288m上升至2012年的3335m，近23年流域冰川末端海拔上升近50m。

表5-4　1956~2012年Karatal河流域冰川面积变化

河流域	面积变化（%）/面积变化速率（%/a）					1989年平均单条冰川面积/km^2
	1956~1989年	1989~2001年	2001~2012年	1956~2012年	1989~2012年	
Terisakkan	-40/-1.22	-23/-1.96	-20/-1.8	-63/-1.13	-39/-1.68	0.403
Koksu	-31/-0.93	-15/-1.24	-13/-1.14	-48/-0.86	-26/-1.11	0.506
Chizhin	-44/-1.32	-15/-1.24	-9/-0.79	-56/-1.0	-22/-0.97	0.445
Kora	-28/-0.61	-14/-1.03	-7/-0.63	-35/-0.62	-18/-0.80	0.873
合计	-28/-0.86	-14/-1.20	-11/-0.96	-45/-0.81	-23/-1.02	0.588
1956年面积<0.1km^{2}冰川	-34/-1.04	-68/-5.63	-22/-1.99	-83/-1.49	-75/-3.25	0.031

5.2.2.2　不同规模的冰川变化

从北天山冰川规模来看，北天山山区冰川数量以中小型冰川为主（图5-10），平均单条冰川面积为0.55km^2。其中，面积<1km^{2}的冰川占北天山冰川总数量的88.40%，然而，面积仅占整个北天山冰川总面积的37.94%；面积>1km^{2}的冰川数量虽然仅占整个北天山冰川总数量的11.60%，但面积占整个北天山冰川总面积的62.06%。

1990~2015年，北天山山区冰川总数量和总面积表现为减少态势，但不同规模冰川变化呈现显著差异（图5-11和表5-5）。其中，冰川面积越小，冰川面积退缩也最为显著。例如，1990~2015年，冰川规模为0.1~1km^{2}的冰川数量减少了约12.91%，伴随冰川总面积减少了15.61%。随着冰川规模的增大，冰川面积退缩速率逐渐减慢。面积<0.1km^{2}的冰川数量在1990~2015年增加了32.07%，伴随冰川总面积扩张了约19.23%，而这主要是一些规模较大的冰川分裂、肢解和面积缩减所致。

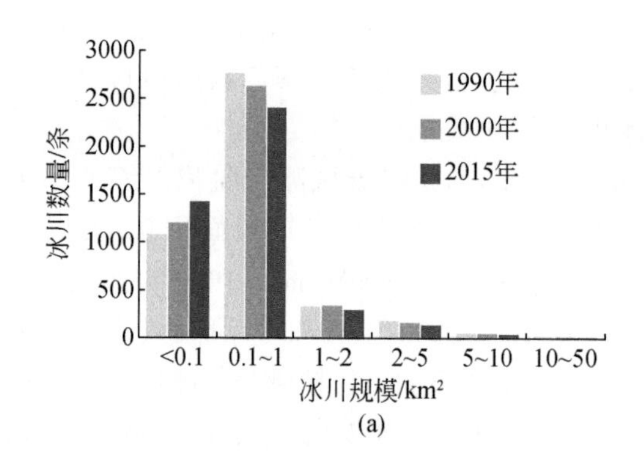

(a)

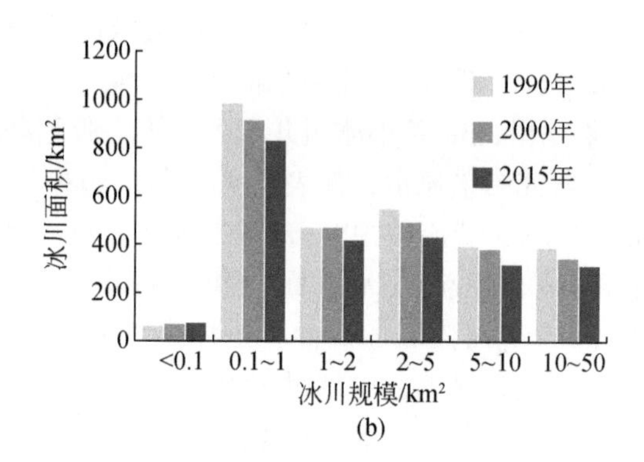

(b)

图 5-10　1990 ~ 2015 年北天山不同规模冰川数量和面积变化

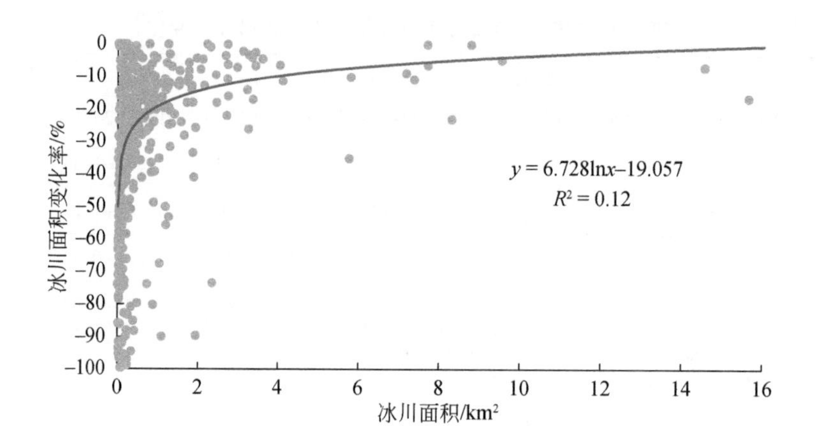

图 5-11　1990 ~ 2015 年北天山不同规模冰川的面积变化率

表 5-5　1990 ~ 2015 年北天山不同规模冰川在不同时期面积变化　（单位：km^2）

时段	<0. 1km²	0. 1 ~ 1km²	1 ~ 2km²	2 ~ 5km²	5 ~ 10km²	10 ~ 50km²
1990 ~ 2000 年	7. 52	-70. 19	0. 64	-54. 69	-10. 68	-43. 63
2000 ~ 2015 年	4. 41	-83. 40	-52. 49	-60. 23	-63. 19	-30. 50
1990 ~ 2015 年	11. 93	-153. 59	-51. 85	-114. 92	-73. 87	-74. 14

5.2.2.3　不同海拔的冰川变化

从北天山山区不同海拔下的冰川分布来看（图 5-12），北天山地区冰川末端主要分布在海拔 3200 ~ 4100m，其中，海拔 3200 ~ 3300m、3300 ~ 3400m、3400 ~ 3500m、3500 ~ 3600m、3600 ~ 3700m、3700 ~ 3800m、3800 ~ 3900m、3900 ~ 4000m、4000 ~ 4100m，其冰川数量分别占北天山冰川总数量的 3. 34%、8. 93%、12. 50%、12. 78%、14. 16%、13. 63%、11. 60%、8. 07%、6. 48%，共占北天山冰川总数量的 91. 49%。

北天山不同海拔冰川数量和面积变化分析（图 5-13）显示，北天山海拔 3700m 以下

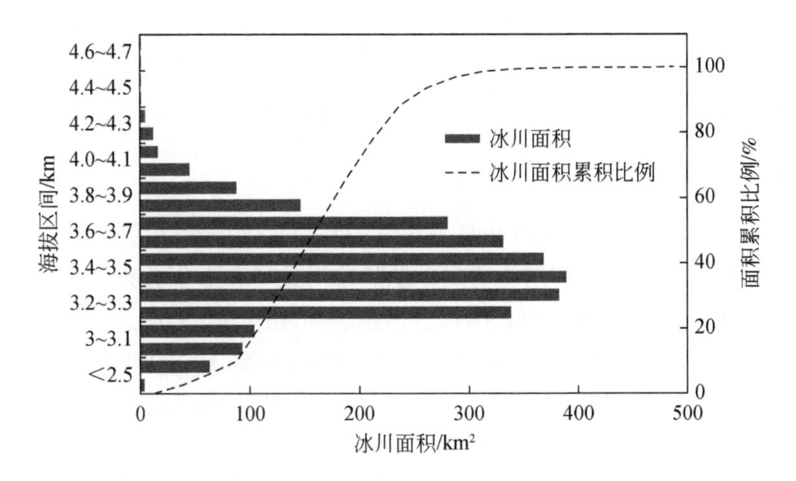

图 5-12　北天山冰川面积随海拔的分布

冰川数量呈现显著减少趋势，其表现为海拔越低，冰川数量减少越显著，同时，伴随强烈的冰川面积萎缩。例如，海拔 2500 ~ 3000m、3100 ~ 3200m、3200 ~ 3300m、3300 ~ 3400m、3400 ~ 3500m 和 3500 ~ 3600m，近 25 年冰川数量分别减少了 75%、56.25%、35.29%、45.69%、18.01% 和 0.73%，其总冰川面积减少了 30.37%。在海拔 3700m 以下，冰川的强烈退缩导致北天山山区海拔 3700m 以上某些范围内的冰川数量明显增加，如海拔 3700 ~ 3800m、3800 ~ 3900m、3900 ~ 4000m 和 4000 ~ 4100m 的冰川数量分别增加了 4.60%、18.08%、14.01% 和 13.77%。

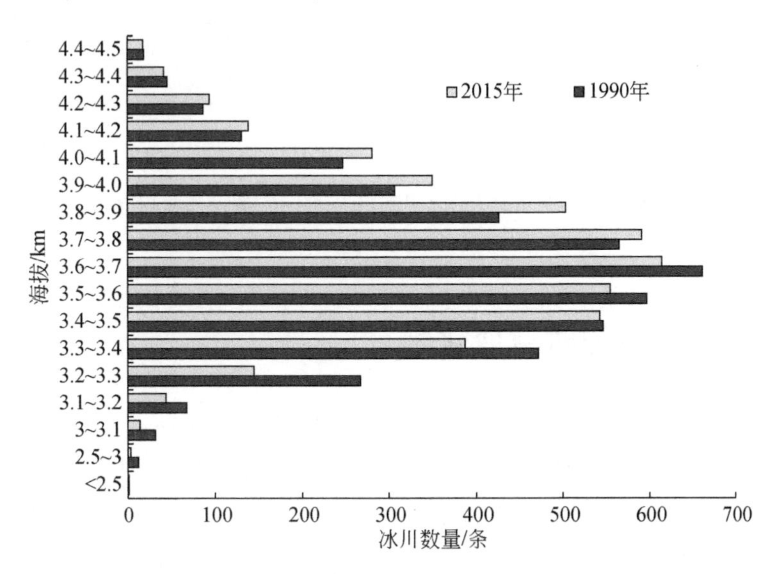

图 5-13　1990 ~ 2015 年北天山冰川数量在不同海拔的分布

随着近年来北天山地区气温持续变暖，北天山山区冰川末端海拔表现为持续上升，整个山区冰川末端平均海拔从 1990 年的 3656m 上升至 2000 年的 3664m，到 2015 年上升至

3693m，近25年，冰川末端平均海拔上升了近37m。1990年以来，北天山地区不同海拔下冰川数量和面积变化表明，随着全球气温的普遍升高，北天山山区冰川物质平衡线高度在上升、冰川末端海拔在不断升高，低海拔区冰川面积退缩更为显著。

5.2.2.4 不同坡向的冰川变化

从北天山近25年不同时期冰川坡向分布特征及其变化来看（图5-14），北天山地区的冰川主要集中在北坡、西北坡和东北坡向，总的冰川数量和面积分别占东天山冰川总数量和总面积的75.10%、64.70%，而东南坡、西南坡向冰川分布较少，其冰川数量和面积占北天山冰川总数量和总面积的8.56%、11.38%。1990年以来，北天山各坡向冰川面积表现为减少趋势，其中，东坡向冰川退缩面积最大，达96.24km^2，其次为西北坡、东南坡和北坡向，冰川面积分别减少了87.61km^2、60.87km^{2}和48.61km^2。冰川退缩最为强烈的区域是西南坡、东坡、东南坡及西面坡向，1990～2015年，冰川面积分别减少38.37%、35.79%、27.16%和24.74%。而处于东北坡和北坡向的冰川，冰川面积退缩速率最为缓慢，近25年冰川面积减少了约3.99%和6.33%。

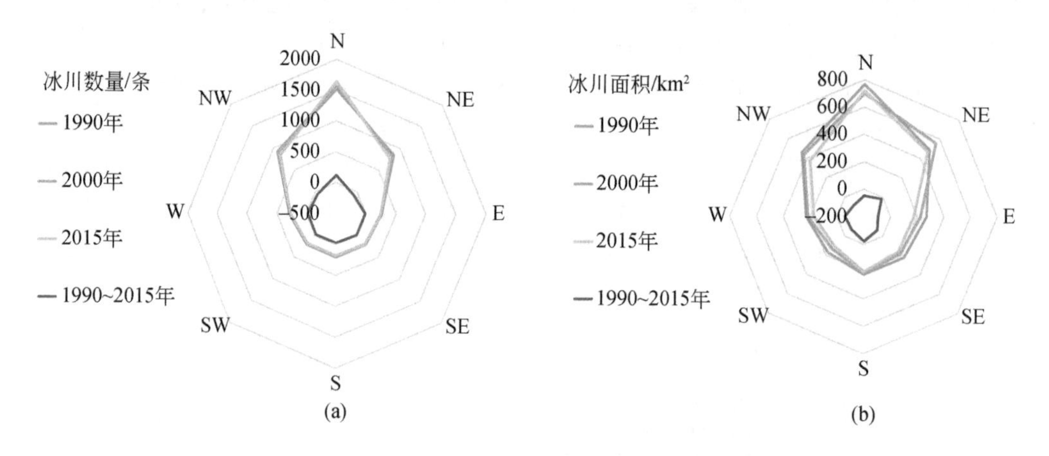

图5-14 1990～2015年北天山冰川在不同坡向的数量和面积分布及变化

5.2.3 中天山冰川的时空变化特征

中天山山区面积仅次于西天山，整个山区面积达2.1×10^{5}km^2，是整个天山山脉海拔最高、冰川分布最为集中，同时，也是冰川覆盖面积较大的山脉。整个中天山山区平均海拔达2574m，冰川数量和面积分别占整个天山冰川总数量和总面积的41.90%、59.31%。该区也是天山山脉冰川覆盖面积最大的地区，冰川覆盖率达4.01%。中天山发育着天山海拔最高的托木尔峰（海拔7443m）及天山第二高峰——汗腾格里峰（海拔7010m），是天山地区冰川最为发育和集中的地带，孕育有多条以冰川融水为主的河流，如托什干河、库玛拉克河、台兰河、渭干河-库车河、迪那河、开都河，也是整个中亚地区水资源的主要发源地。

从中天山冰川分布特征来看，冰川主要集中在托木尔峰地区，发育有大面积的永久性冰川和季节性积雪。阿克苏河流域作为中天山托木尔峰周边地区冰川分布最为集中和发育的地区，发育有大规模的永久性冰川和季节性积雪。据 2015 年和 2016 年统计，阿克苏河流域集水区现有冰川 2433 条，面积约为 2685.14km^2，冰川面积约占整个流域集水区面积的 8.63%。其中，库玛拉克河流域冰川面积为 2047.78km^2，约占集水区面积的 15.81%，托什干河流域冰川面积 637.36km^2，约占集水区面积的 3.51%；库玛拉克河流域平均单条冰川面积为 1.33km^2，而托什干河流域平均单条冰川面积为 0.72km^2（表 5-6）。

表 5-6　1990 ~ 2016 年阿克苏河流域及子流域集水区冰川面积变化

子流域	平均海拔/m	冰川面积占比/%			面积变化速率/(%/a)	平均单条冰川面积/km^2
		1990 年	2000 年	2016 年		
托什干河	3567	3.75	3.68	3.51	-0.26	0.72
库玛拉克河	3730	16.88	16.54	15.81	-0.24	1.33
阿克苏河	3635	9.21	9.03	8.63	-0.25	1.10

对阿克苏河流域冰川分布及其变化进行统计分析发现，过去 26 年（1990 ~ 2016 年），阿克苏河流域集水区的冰川数量和面积呈明显减少趋势。冰川总面积从 1990 年的 2868.67km^{2}减少到 2016 年的 2685.14km^2，近 26 年冰川面积减少了 6.40%，速率达 0.25%/a；冰川数量也从 1990 年的 2481 条减少到 2016 年的 2433 条；冰川储量从 1990 年的 264.34km^3 减少到 2016 年的 245.42km^3，减少了约 18.92km^3，速率达 0.28%/a；随着冰川面积的萎缩，冰川面积占流域集水区面积的比例也明显降低，其中，库玛拉克河流域集水区冰川面积所占比例由 1990 年的 16.88% 降至 2016 年的 15.81%，1990 ~ 2016 年，冰川面积退缩速率为 0.24%/a；托什干河流域冰川面积所占比例也由 1990 年的 3.75% 降至 2016 年的 3.51%，1990 ~ 2016 年，冰川面积退缩速率为 0.26%/a。冰川储量，尤其是冰川面积所占集水区面积比例的减少将会降低冰川融水对河川径流的调节能力。

详尽分析 1990 ~ 2016 年阿克苏河流域冰川变化，还发现以下几方面特点。

5.2.3.1　不同坡向的冰川变化

从中天山阿克苏河流域近 26 年不同时期冰川坡向分布特征及其变化来看（图 5-15），阿克苏河流域冰川主要集中在北坡、西北坡和东北坡向，其分布的冰川数量和面积分别占阿克苏河流域冰川总数量和总面积的 64.21%、61.88%，而南坡的冰川分布较少。1990 年以来，天山阿克苏河流域各坡向冰川面积表现为减少趋势，其北坡向冰川退缩面积最大，达 66.70km^2，其次为东北坡、西北坡、东坡、东南坡和南坡向。

从不同坡向冰川的分布和退缩速率来看，阿克苏河流域冰川退缩最为强烈的区域是北坡、东坡、东南坡及东北坡向，1990 ~ 2016 年，其相应的冰川面积分别减少了 8.09%、7.12%、7.04% 及 6.73%。而处于西南坡向的冰川，冰川面积表现出相对较缓的退缩速率，近 26 年冰川面积减少了约 2.75%。总体来看，阿克苏河流域冰川主要集中在北坡向，而南坡冰川分布最少。随着近年来气候的持续变暖，天山阿克苏河流域各区域冰川均呈现

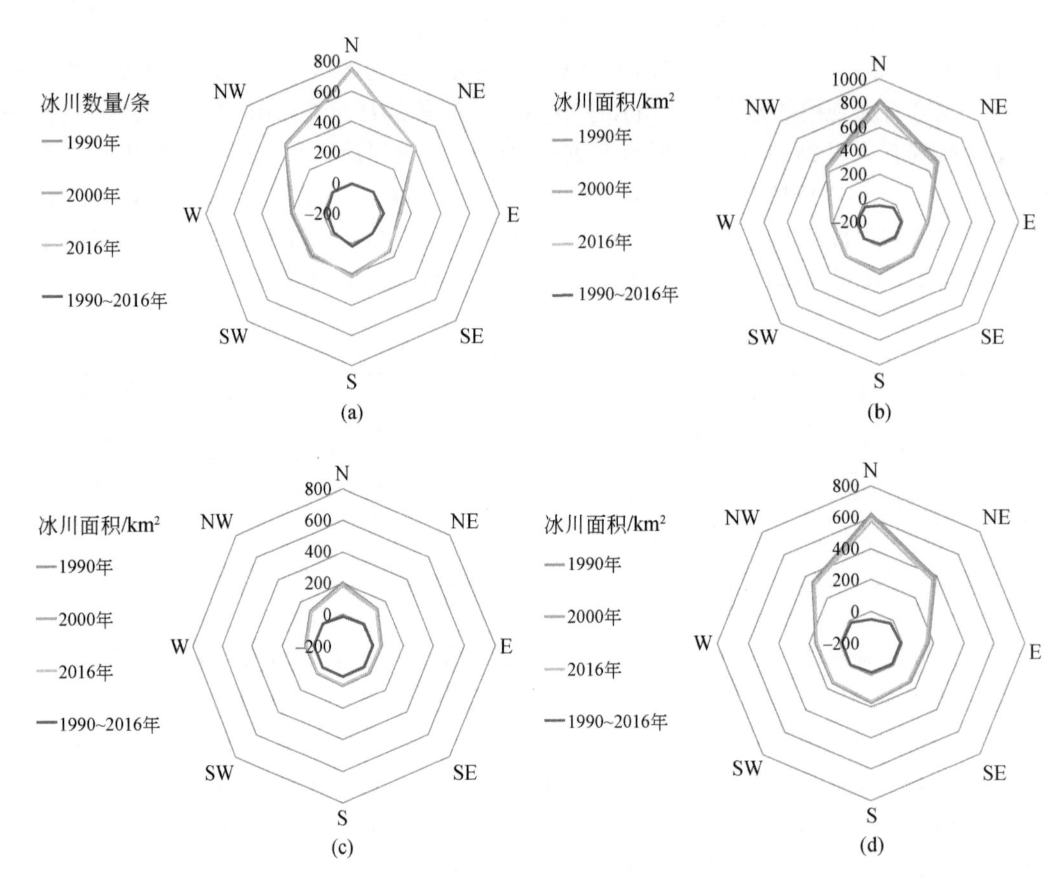

图 5-15　1990～2016 年中天山阿克苏河流域和其子流域在不同坡向冰川数量和面积分布及变化

(a) 阿克苏河流域不同坡向冰川数量分布及变化；(b) 阿克苏河流域不同坡向冰川面积分布及变化；(c) 托什干河流域不同坡向冰川面积分布及变化；(d) 库玛拉克河流域不同坡向冰川面积分布及变化

减少趋势。

5.2.3.2　不同规模的冰川变化

阿克苏河流域集水区冰川规模以<1km²的冰川为主，占冰川总数量的 82.67%，但面积仅占流域冰川总面积的 21.28%，而冰川规模>1km² 的冰川数量虽然仅占总数的 17.33%，但面积占流域冰川总面积的 78.72%。在过去的 26 年，规模<0.1km²的冰川数量增加了 84 条，而这很大程度上是冰川规模>0.1km²的冰川分裂、肢解所致，伴随冰川总面积增加 13.36%；1990～2016 年，规模>0.1km²的冰川总数量减少 112 条，伴随面积减少 6.6%，规模≥10km²的冰川数量没有明显变化，但以末端退缩和减薄为主。

5.2.3.3　不同海拔的冰川变化

阿克苏河流域冰川末端主要分布在海拔 3800～4400m（图 5-16），冰川数量约占流域冰川总数量的 83.72%，冰川面积约占流域冰川总面积的 58.45%。托什干河流域集水区冰川数量和面积分别占其流域冰川总数量和总面积的 84.31%、89.64%。该海拔内库玛拉克河流域集水区冰川数量和面积分别占其流域冰川总数量和总面积的 83.39%、48.06%。

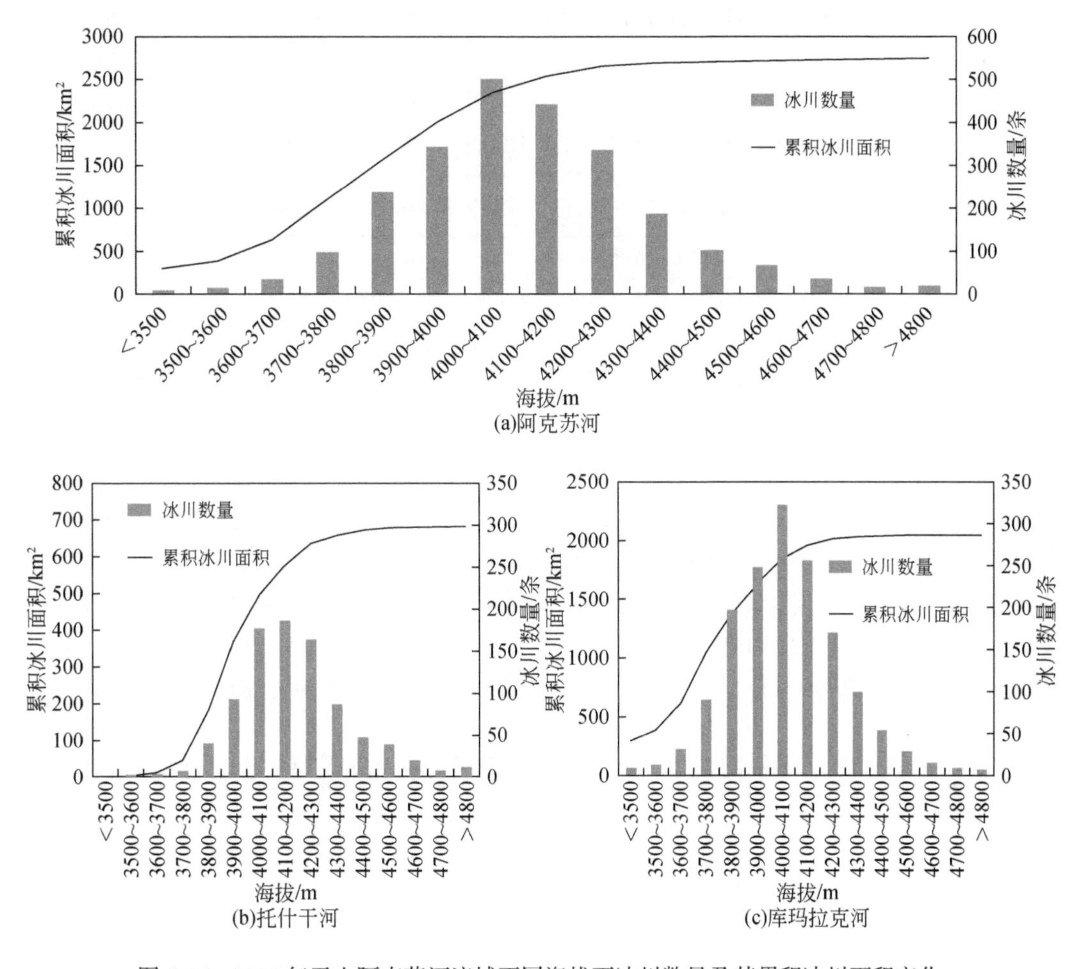

图 5-16 2016 年天山阿克苏河流域不同海拔下冰川数量及其累积冰川面积变化

1990~2016 年，阿克苏河流域冰川末端海拔越低，数量减少越多。近 26 年海拔 3700m 以下的冰川数量减少 39.39%，伴随面积减少 33.35%；而海拔 3500m 以下的冰川数量减少 40%，伴随面积减少 34.27%。不同海拔下冰川面积变化显示，低海拔地区冰川面积减少比高海拔地区的冰川面积减小更为显著。冰川退缩的同时，冰川末端海拔也在持续上升。1990~2016 年，托什干河流域冰川末端海拔从 1990 年的 4189m 上升至 2016 年的 4222m，近 26 年，冰川末端海拔上升了近 33m，同时，流域冰川中值海拔均上升了 16m。对于库玛拉克河流域的冰川而言，冰川末端海拔从 1990 年的 4042m 上升至 2016 年的 4069m，近 26 年冰川末端海拔上升了近 27m，同时，流域冰川中值海拔上升了近 13m。

5.2.3.4 冰川退缩速率分析

分析阿克苏河流域冰川的时空变化可知，近几十年来阿克苏河流域冰川总体上呈退缩趋势，但是不同时期冰川的退缩速率是有差异的。

为了详细对此进行研究，本书将1990年以来划分为两个不同时段（1990～2000年、2000～2016年），对这两个时段的冰川数量和面积变化情况进行了分析。相比1990～2000年，2000年以来阿克苏河流域冰川退缩明显加速。由表5-7可知，在1990～2016年，阿克苏河流域冰川面积的退缩速率为0.25%/a，其中，1990～2000年阿克苏河流域冰川退缩速率为0.21%/a，2000年以来的近16年，冰川退缩速率达0.28%/a。

表5-7　1990～2016年阿克苏河流域冰川数量和面积变化速率

流域	冰川数量变化速率/（%/a）		冰川面积变化速率/(%/a)	
	1990～2000年	2000～2016年	1990～2000年	2000～2016年
托什干河	-0.11	-0.17	-0.20	-0.27
库玛拉克河	0.04	0.1	-0.21	-0.29
阿克苏河	-0.1	-0.1	-0.21	-0.28

分析阿克苏河两大支流库玛拉克河与托什干河流域在不同时期的冰川数量和面积变化速率可知（表5-7），不同区域的冰川变化速率存在一定差异性。1990～2000年，库玛拉克河流域和托什干河流域冰川面积退缩速率分别达0.21%/a和0.20%/a。而近16年（2000～2016年），相较于1990～2000年，库玛拉克河和托什干河的冰川面积退缩速率都有所加速，达到0.29%/a和0.27%/a，明显要高于1990～2000年的冰川面积退缩速率。

5.3　天山山区冰川物质平衡变化特征

5.3.1　天山山区冰川物质平衡

从整个天山地区冰川物质平衡（glacier mass balance，GMB）变化来看（图5-17），天山东部和中部山区的冰川物质平衡减少量明显高于天山西部地区。具体表现为，2000年之前，东天山地区年均冰川物质平衡为-405mm，其中，博格达峰山区多年平均冰川物质平衡为-445mm，冰川消融量明显高于天山东部的哈尔里克山山区（多年平均为-365mm）。对于北天山山区，2000年以来北天山山区的冰川物质负平衡明显加剧，冰川物质平衡从2000年之前的每年-337.66mm，已经扩大至2000年以来的每年-642.18mm，年均冰川物质负平衡扩大了约1倍。然而值得注意的是，西天山所有监测的冰川均表现出自2000年以来冰川物质平衡消融量（多年平均为-323.44mm）要小于2000年之前的冰川物质平衡消融量（多年平均为-419mm）。

对于中天山地区，与1990～2000年冰川物质平衡（每年为-447mm）相比，2000年以来，冰川物质平衡明显减缓（-218.33mm），这在托木尔峰地区更为明显。2000年以来，中天山冰川物质平衡仍处于消融状态，基于站点监测数据，2010/2011～2015/2016年通过剖面法计算的Batysh Sook冰川物质平衡为-0.41±28m/a，等高线法计算的冰川物质平

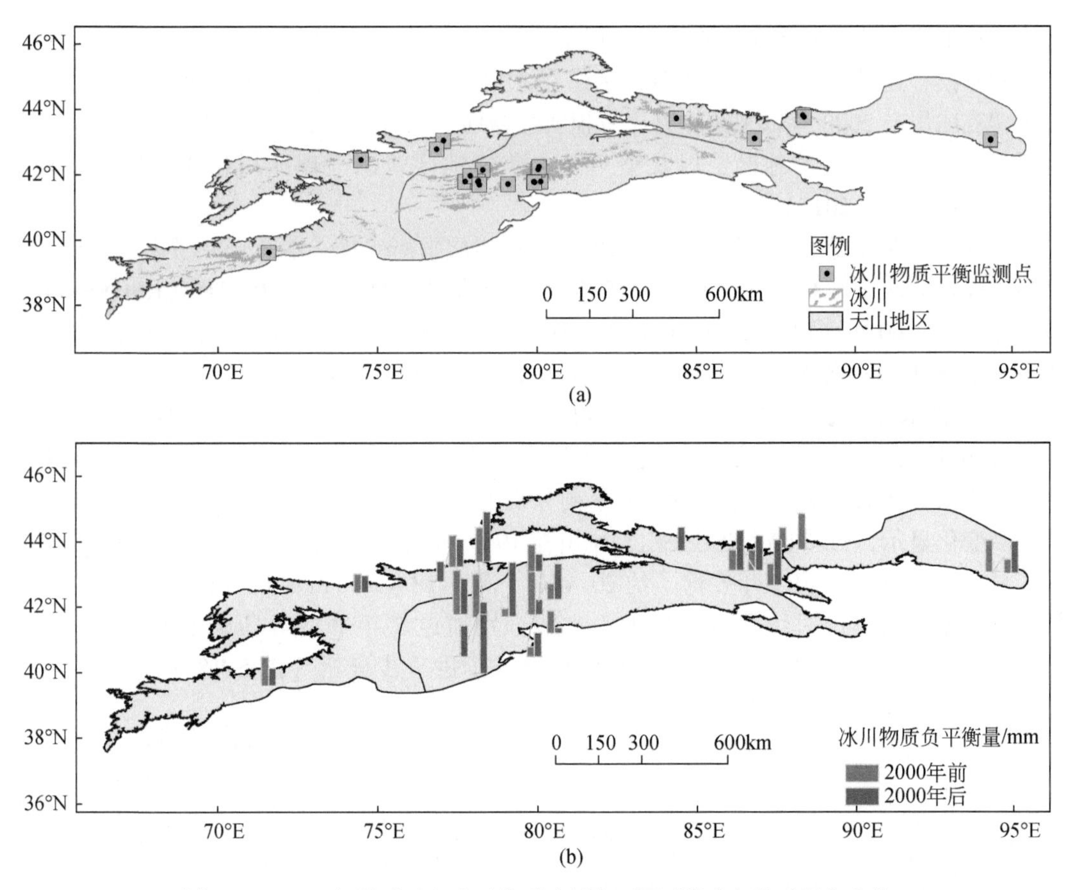

图 5-17　2000 年前后天山地区典型冰川在不同时期多年物质平衡变化

衡为-0.34±20m/a，模型推演法计算的冰川物质平衡为-0.43±16m/a。通过校正冰川质量模型重新推算 2003/2004～2015/2016 年 Batysh Sook 冰川物质平衡，该时期冰川物质平衡为-0.39±26m/a。2014/2015 年观测到强烈冰川物质消融，主要是由于当年 6 月和 7 月强烈增强的冰川消融，其中，天山气象站 2015 年夏季月平均气温为 5.7℃，比前几年夏季平均气温高出 1℃以上。

然而值得注意的是，中天山地区和西天山地区一些跃动型冰川的存在，造成同一或相邻地区，在 2000 年前后，冰川物质平衡消融速率存在明显差异。例如，近半个世纪以来，天山托木尔峰地区、托什干河上游、AK-SHIRAK 地区和伊塞克湖北部地区共计 39 条冰川发生跃动，但主要集中在天山托木尔峰周边地区（Mukherjee et al.，2017）。例如，在天山托木尔峰地区，天山山区最大的冰川南伊力尔切克冰川在 1975～1999 年冰川物质平衡达 0.43±0.10m/a，然而自 1990 年以来，冰川物质亏损明显减缓，其中 1999～2007 年冰川物质平衡为 0.28±0.46m/a。托木尔峰地区北伊力尔切克冰川在 1975～1999 年冰川物质平衡为 0.25±0.10m/a，1999～2007 年冰川物质平衡消减加速，高达 0.57±0.46m/a（Shangguan et al.，2015）。究其原因发现，北伊力尔切克冰川的消融加速主要是北伊力尔切克冰川在 1996 年 10 月 12 日～11 月 13 日发生跃动造成的，这点基于多期的 Landsat 影像证实，跃动前后北伊力尔切克冰川末端位置向前推进了近 3.7km，跃动后由于冰川末端海拔快速下降，冰川暴露在物质平衡线以下区域的面积增大，加快这部分冰川的面积消融和物质亏损，这是2000年以来北伊力尔切克冰川物质亏损显著加速的原因，但同期南伊力尔切克冰川自2000年以来冰川物质亏损明显减缓。研究发现，自2000年以来，库玛拉克河上游和台兰河上游地区，以及整个托木尔峰地区普遍呈现冰川物质亏损减缓现象(Shangguan et al.，2015)。

为进一步探究近半个世纪以来天山山区冰川物质平衡变化，本节选取了天山地区时间序列比较长的两条冰川：北天山的乌鲁木齐1号冰川和西天山的TS. TUYUKSUYSKIY冰川，并对其近60年（1959～2019年）以来冰川物质平衡变化进行分析。结果显示，1959～2019年，北天山乌鲁木齐1号冰川和西天山TS. TUYUKSUYSKIY冰川均呈现物质负平衡，近60年乌鲁木齐1号冰川年均物质平衡变化速率达-13.6mm，明显高于TS. TUYUKSUYSKIY冰川变化速率（年均物质平衡为-5.12m)。北天山乌鲁木齐1号冰川和西天山TS. TUYUKSUYSKIY冰川多年平均物质平衡分别为每年-422.97mm和-335.15mm。累积物质平衡变化显示，TS. TUYUKSUYSKIY冰川在1959～2019年变薄了25.62m，同样乌鲁木齐1号冰川在1959～2019年变薄了约20.44m［图5-18（a）和5.18（b)］。值得注意的是，为避免个别年份对结果产生影响，本节分别通过5年平均对乌鲁木齐1号冰川和TS. TUYUKSUYSKIY冰川多年物质平衡变化进行了进一步分析［图5-18（c)］。研究发

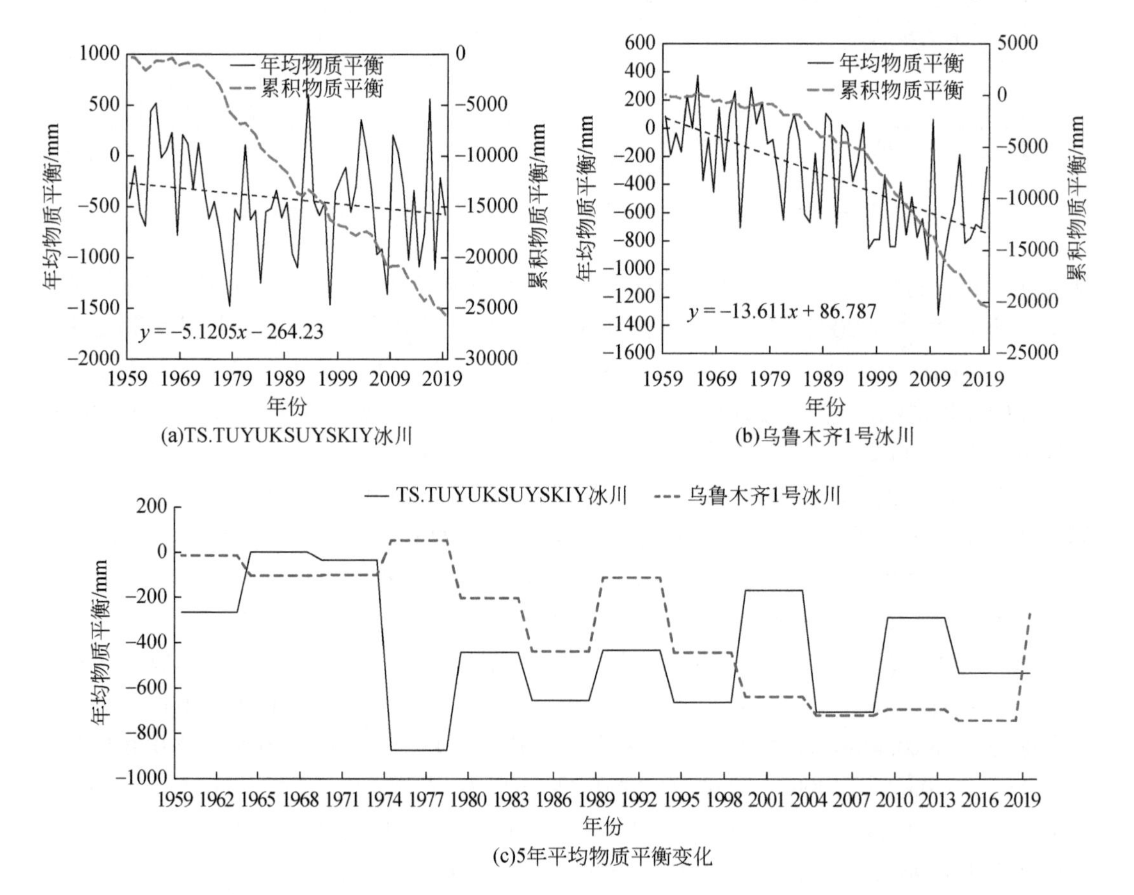

图5-18　1959～2019年TS. TUYUKSUYSKIY冰川和乌鲁木齐1号冰川物质平衡变化

现，自 1959 年以来，乌鲁木齐 1 号冰川每 5 年呈现持续加速物质负平衡，这也进一步指出北天山地区冰川处于持续退缩态势。然而，本节对 TS. TUYUKSUYSKIY 冰川多年物质平衡变化进行分析发现，1980 年以前 TS. TUYUKSUYSKIY 冰川物质平衡变化速率明显加剧，但是 1980 年以来，这种变化速率却表现出减缓态势，2000 年以来冰川物质负平衡明显相对于 1990～2000 年减缓。

为进一步探究不同时期乌鲁木齐 1 号冰川和 TS. TUYUKSUYSKIY 冰川的物质平衡变化，同时，进一步消除个别年份的影响，本节通过 5 年平均值来获得这两条冰川的不同时期物质平衡变化。研究发现，乌鲁木齐 1 号冰川自 1959 年以来，冰川物质负平衡明显加速，尤其是 2000 年以来，冰川物质负平衡明显加大［图 5-18（b）］。但对于 TS. TUYUKSUYSKIY 冰川而言，不同时期冰川物质负平衡存在明显的差异性，如 1979 年之前，TS. TUYUKSUYSKIY 冰川物质负平衡明显扩大，变化速率为−41.88mm/a，而自 1979 年以来，TS. TUYUKSUYSKIY 冰川物质平衡消融减缓，变化速率达 1.79mm/a，其 5 年平均物质负平衡明显减缓［图 5-18（c）］。

5.3.2 冰川物质平衡的影响因素分析

气温和降水的变化对冰川的积累与消融起着重要的作用，直接影响到冰川的物质平衡和雪线高度。就乌鲁木齐 1 号冰川和 TS. TUYUKSUYSKIY 冰川物质平衡变化与气温和降水变化分析发现，1959～2019 年，乌鲁木齐 1 号冰川物质平衡、物质平衡线高度（equilibrium line altitude，ELA）与年均气温的变化存在显著的相关性（表 5-8）。其中，冰川物质平衡和物质 ELA 与年均气温的相关性分别达−0.50 和 0.363（分别通过 0.01 的显著性水平检验），与夏季气温的相关性更是高达−0.751 和 0.611（分别通过 0.01 的显著性水平检验）。然而，研究发现，乌鲁木齐 1 号冰川物质平衡和物质 ELA 变化与年均降水和夏季降水的相关性并不明显。由此可知，温度变化在乌鲁木齐 1 号冰川物质平衡和物质 ELA 变化的过程中发挥着决定性作用。自 1959 年以来，乌鲁木齐 1 号冰川附近气温处于持续加速上升态势，多年平均气温上升速率达 0.30℃，其中，夏季升温速率达 0.28℃/10a。西天山 TS. TUYUKSUYSKIY 冰川附近（Mynzhilki 气象站，海拔为 3017m）夏季气温上升速率达 0.22℃/10a，其多年冰川物质平衡和物质 ELA 与夏季气温的相关性分别达−0.564 和 0.480（分别通过 0.01 的显著性水平检验）。

表 5-8　1959～2019 年气温、降水（大西沟气象站，海拔为 3539m）和乌鲁木齐 1 号冰川物质平衡的相关性分析

因子	GMB	ELA	夏季气温	年均气温	夏季降水	年均降水
GMB	1	−0.77**	−0.751**	−0.50**	−0.155	0.025
ELA		1	0.611**	0.363**	−0.07	−0.201
夏季气温			1	0.664**	0.328*	0.150
年均气温				1	0.416**	0.232

续表

因子	GMB	ELA	夏季气温	年均气温	夏季降水	年均降水
夏季降水					1	0.082
年均降水						1

* 和 ** 通过 0.05 和 0.01 的显著性水平检验

注：GMB 代表冰川物质平衡（glacier mass balance）

从 TS. TUYUKSUYSKIY 冰川和乌鲁木齐 1 号冰川多年物质 ELA 来看，TS. TUYUKSUYSKIY 冰川物质 ELA 相对较低，为 3828m，而乌鲁木齐 1 号冰川物质 ELA 达 4075m。自 1959 年以来，随着天山山区气温的持续变暖，TS. TUYUKSUYSKIY 冰川和乌鲁木齐 1 号冰川物质 ELA 均明显上升，上升速率分别达 1.73m/a 和 1.99m/a（图 5-19）。TS. TUYUKSUYSKIY 冰川从 1973 年开始，随着夏季气温的显著增加，加之降水减少，冰川加速消融，其中，1973 ~ 2000 年除 1981 年，其他年份全为负平衡，物质亏损非常严重。然而，1986 年以来，随着当地降水在这一时期的大幅增加，冰川物质平衡相对稳定，冰川物质负平衡趋势明显减小。

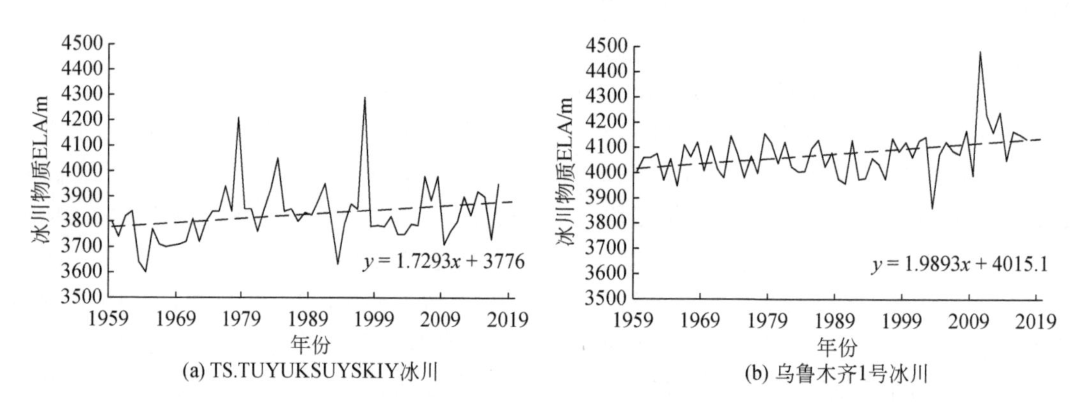

图 5-19　1959 ~ 2019 年 TS. TUYUKSUYSKIY 冰川和乌鲁木齐 1 号冰川物质 ELA 变化

5.3.3　其他邻近山脉冰川的变化特点对比

为深入探究天山山区冰川相对其他邻近山脉冰川的变化，本节进一步对中亚天山邻近山脉冰川及其变化进行了统计和对比研究。据统计，中国山脉共分布有冰川 46298 条，总面积为 59406km^2（刘潮海等，2000）。冰川在中国各山系中的分布自北向南依次分布于新疆的阿尔泰山、萨吾尔山、天山、帕米尔山、喀喇昆仑山、昆仑山，南至中国西南部青藏高原南缘的喜马拉雅山系，共计 14 座山系（表 5-9）。根据中国第一次冰川目录统计，中国天山、喀喇昆仑山、昆仑山、念青唐古拉山和喜马拉雅山 5 座山系总的冰川面积和冰储量分别占中国冰川总面积和总储量的 79% 和 84%。其中，中国天山是各山系中冰川分布数量最多的山系，为 9081 条，而在冰川面积上，天山地区的冰川分布面积仅次于昆仑山和念青唐古拉山，而冰储量仅次于昆仑山。

表 5-9 中国各山脉冰川资源及其分布特征

序号	山系	冰川数量		冰川面积		冰储量	
		数量/条	比例/%	面积/km^2	比例/%	储量/km^3	比例/%
1	阿尔泰山	403	0.87	280	0.47	16	0.29
2	萨吾尔山	21	0.05	17	0.03	1	0.02
3	中国天山	9081	19.61	9236	15.55	1012	18.10
4	帕米尔山	1289	2.78	2696	4.54	248	4.44
5	喀喇昆仑山	3454	7.46	6231	10.49	686	12.27
6	昆仑山	7694	16.62	12266	20.65	1283	22.95
7	阿尔金山	235	0.51	275	0.46	16	0.29
8	祁连山	2815	6.08	1931	3.25	93	1.66
9	羌塘高原	958	2.07	1802	3.03	162	2.90
10	唐古拉山	1530	3.30	2213	3.73	184	3.29
11	冈底斯山	3538	7.64	1766	2.97	81	1.45
12	念青唐古拉山	7080	15.29	10701	18.01	1002	17.92
13	横断山	1725	3.73	1580	2.66	97	1.74
14	喜马拉雅山	6475	13.99	8412	14.16	709	12.68
总计		46298	100	59406	100	5590	100

资料来源：刘潮海等，2000

在气候变暖背景下，中国各地区的冰川普遍呈现物质亏损。例如，过去50年间中国西部82.2%的冰川处于退缩状态，冰川面积减少了近4.5%（刘时银等，2006a），近50年丝绸之路经济带中国境内冰川面积减少约20.88%（李龙等，2019）。东帕米尔高原地区1972～2011年冰川面积和冰储量分别减少约5.79%和6.69%（曾磊等，2013），珠穆朗玛峰国家级自然保护区在1976～2006年总的冰川面积减少了约15.63%（聂勇等，2010）。而进入21世纪以来，中国各山脉冰川的退缩速率明显加快（王宁练等，2019；Yao et al.，2012）。

5.3.3.1 阿尔泰山山区冰川变化

阿尔泰山地处中国新疆的最北部，与蒙古国、俄罗斯和哈萨克斯坦接壤，地理坐标为45°47′N～49°10′N、85°27′E～91°01′E，长达500km。其主峰友谊峰（4374m）同时也是我国纬度最高、唯一属于北冰洋水系的冰川分布区。阿尔泰山山区冬、春季受北冰洋气流影响，夏季主要由西风环流补给，降水较丰沛，降水量由西北向东南递减。基于2016年Landsat 8遥感影像对中国阿尔泰山地区冰川进行统计发现，阿尔泰山地区现有冰川273条，面积为172.78km^2，平均单条冰川面积为0.63km^2（图5-20）。

受全球变暖的影响，近半个世纪以来阿尔泰山地区冰川呈现显著萎缩。1959～2016

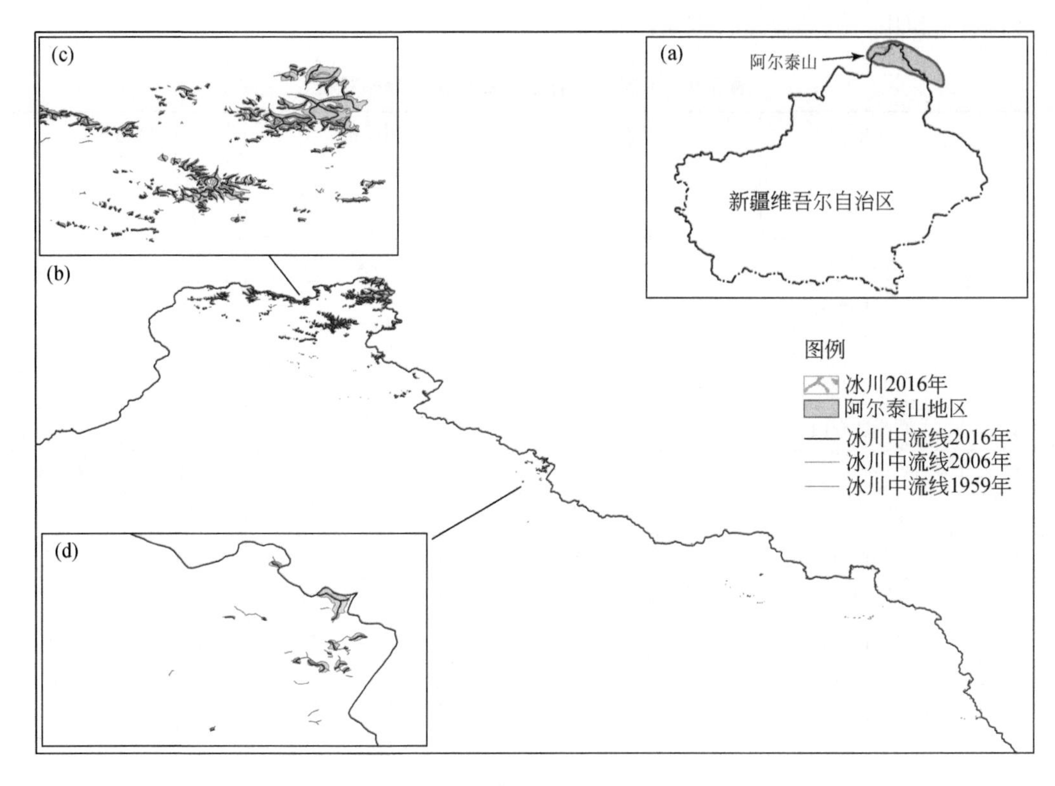

图 5-20 1959～2016 年中国阿尔泰山地区冰川分布及其长度变化

年，阿尔泰山地区冰川数量减少了约 30.89%，面积减少了 39.08%。近 60 年阿尔泰山地区冰川末端平均海拔上升了约 65.07m，其中，冰川最大中流线长度退缩约 105.94m，而冰川平均中流线长度退缩了近 83.05m。

1959～2006 年，阿尔泰山山区冰川总数量减少了 30.89%，伴随冰川面积萎缩了 36.97%。然而，2006 年以来，阿尔泰山山区冰川面积减少明显减缓，近 10 年冰川面积减少了 3.36%，而冰川数量并无减少。1959～2006 年，阿尔泰山山区冰川末端平均海拔上升了约 61.67m，而自 2006 年以来冰川末端平均海拔上升了约 3.4m（表 5-10）。

表 5-10 1959～2016 年中国阿尔泰山区冰川数量、面积和冰川长度变化

项目	单位	冰川分布		
		1959 年	2006 年	2016 年
冰川数量	条	395	273	273
冰川面积	km^2	283.64	178.79	172.78
单条冰川面积	km^2	0.72	0.65	0.63
冰川最大中流线长度	m	1210.24	1133.34	1104.30
冰川平均中流线长度	m	1111.18	1050.53	1028.13
冰川末端平均海拔	m	2834.54	2896.21	2899.61

续表

项目	单位	冰川变化		
		1959 ~ 2006 年	2006 ~ 2016 年	1959 ~ 2016 年
冰川数量变化	条（%）	-122（-30.89）	0（0）	-122（-30.89）
冰川面积变化	km^2（%）	-104.85（-36.97）	-6.01（-3.36）	-110.86（-39.08）
单条冰川面积变化	km^2	-0.07	-0.02	-0.09
冰川最大中流线长度变化	m	-76.9	-29.04	-105.94
冰川平均中流线长度变化	m	-60.65	-22.4	-83.05
冰川末端平均海拔变化	m	61.67	3.4	65.07

5.3.3.2 萨吾尔山山区冰川变化

萨吾尔山横跨哈萨克斯坦和中国两国，呈东西走向，是天山和阿尔泰山的过渡地带，整个萨吾尔山平均海拔为3288m。基于RGI 6.0，并通过2015年高分辨率的WorldView-2影像（分辨率在0.5m左右）及文献资料（王炎强等，2019），本节对萨吾尔山1977 ~ 2017年不同时期冰川分布及其变化进行了统计分析。研究发现，2017年萨吾尔山山脉分布有冰川29条，总面积为12.49km^2，平均单条冰川面积为0.43km^2。

1977年以来，萨吾尔山地区冰川面积表现为持续减少态势（图5-21），冰川面积从1977年的23km^2减至2017年的12.49km^2，近40年间，冰川面积缩小了45.70%，年均退缩速率达1.14%。就不同时期萨吾尔山冰川面积变化来看，萨吾尔山冰川面积的退缩速率在加速，尤其是2000年以来。萨吾尔山地区冰川面积退缩速率从1977 ~ 1989年的1.08%/a，增至2015 ~ 2017年的3.08%/a。

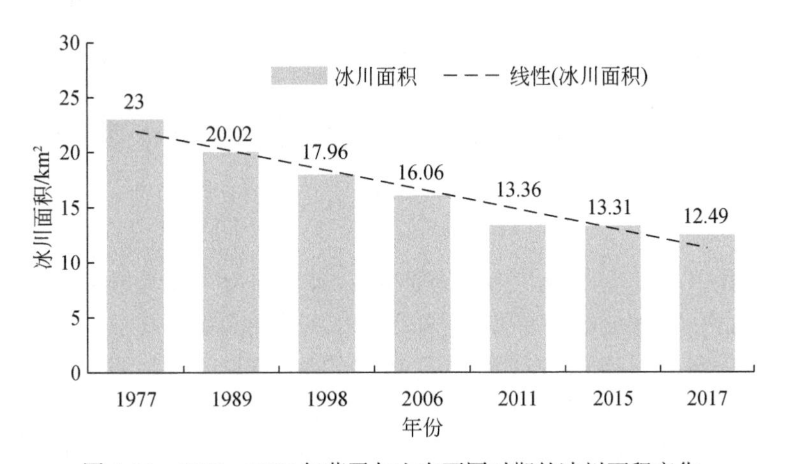

图5-21 1977 ~ 2017年萨吾尔山在不同时期的冰川面积变化

5.3.3.3 祁连山山区冰川变化

祁连山位于青藏高原东北部边缘山系，山区孕育有丰富的冰川和季节性积雪（图 5-22），是西北干旱地区重要的水资源。整个祁连山东段山势由西向东降低，包括走廊南山—冷龙岭—乌鞘岭、大通山—达坂山、青海南山—拉脊山三列平行山系，而冰川分布的数量和面积依次随海拔由西向东的下降而减少。得益于山区冰川和积雪融水补给，祁连山下游地区形成了多条河流，如中国第二大内陆河——黑河、党河、野马河、疏勒河、北大河、石羊河等众多河流。正是众多河流的分布，才使得年降水量不足 200mm 的河西走廊成为西北地区主要的粮食生产基地，孕育了超过 500 万的人口。

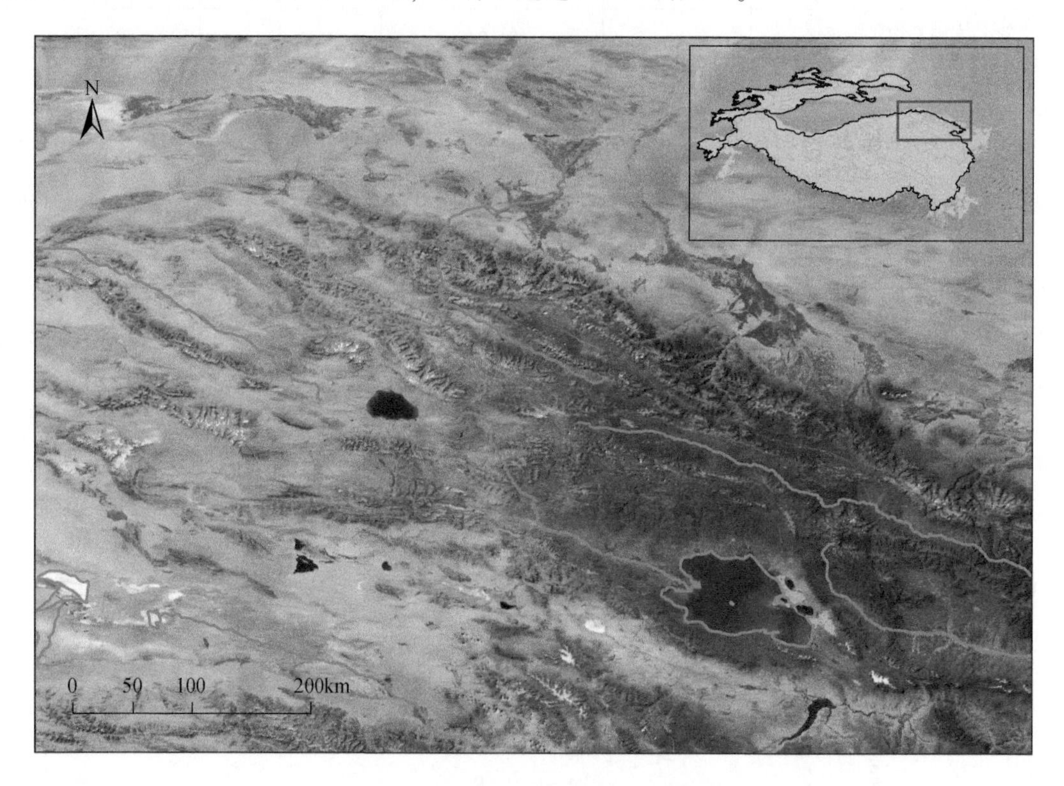

图 5-22　2015 年祁连山地区冰川分布

据统计，2015 年祁连山山区共发育有冰川 2684 条，总面积为 1442.23km^2，平均单条冰川面积 0.54km^2。祁连山山区冰川的分布以中小型冰川为主，其中，冰川规模在 1km^{2}以下的冰川数量占整个祁连山地区冰川总数量的 87.07%，而冰川面积仅占总面积的 32.74%，冰川规模<0.1km^{2}的冰川面积仅占总面积的 3.07%。研究发现，自 1980 年以来，祁连山地区冰川面积呈现持续退缩趋势（图 5-23），冰川总面积从 1980 年的 2111.55km^{2}减至 2015 年的 1442.23km^2，近 35 年冰川面积减少了 669.32km^2（31.70%），年均退缩速率达 0.91%。就祁连山山区冰川总数量来看，近 35 年祁连山山区冰川总数量并未有显著变化，本节通过对不同规模的冰川数量进行统计发现，这主要是由于 2015 年

面积在0.1km²以下的冰川数量显著增加和面积在1km²以上的冰川数量显著减少。研究发现，1980～2015年，祁连山规模在0.1km²以下的冰川数量从1980年的290条，增至2015年的1088条，冰川总数量增加约275.17%，同期伴随冰川面积扩张约133.45%。1980年以来，面积在0.1km²以上的冰川总数量从1980年的2394条，减至2015年的1596条，近35年冰川数量减少33.33%，同期冰川面积减少33.2%。值得注意的是，1980年规模在20km²的冰川有3条，而到2015年，规模在20km²以上的冰川已经完全消失。从不同规模下冰川数量和面积变化来看，祁连山山区中小型冰川的变化最为强烈，其中，规模在0.1～1km²和1～2km²的冰川数量在1980～2015年分别减少33.95%和31.65%，伴随冰川总面积分别减少40.80%和31.71%。而规模在5～10km²的冰川数量和面积在近35年间分别减少19.35%和22.29%。

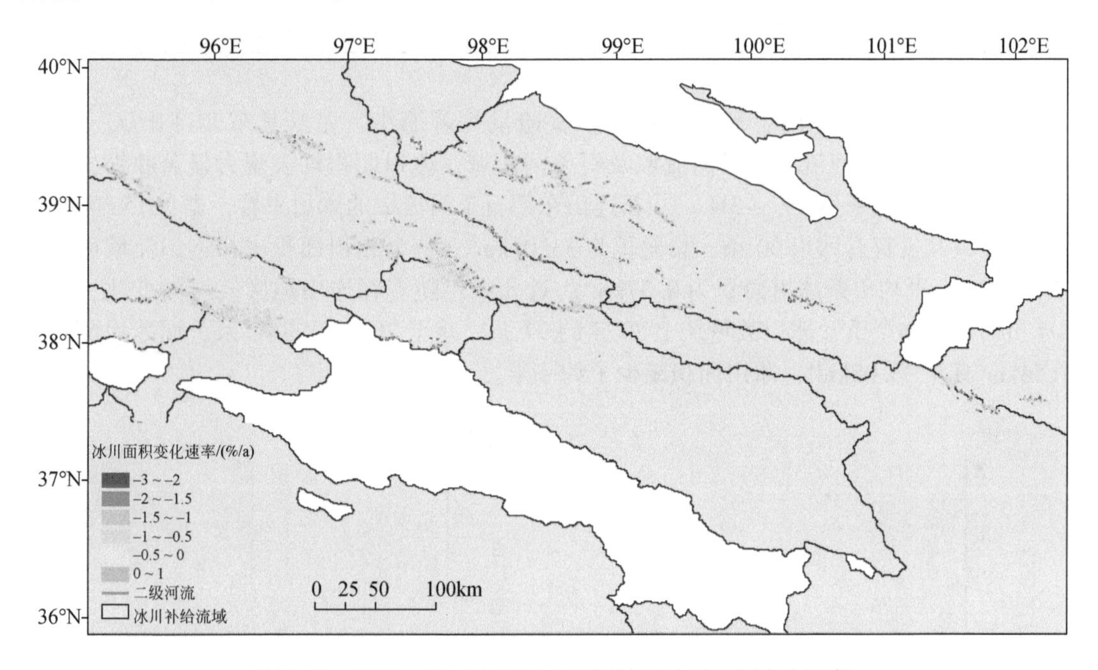

图5-23 1980～2015年祁连山不同地区冰川面积变化速率

从表5-11中可以看出，1980～2000年，祁连山地区冰川面积的退缩速率分别为0.29%/a（1980～1985年）、1.36%/a（1985～1990年）、1.38%/a（1990～1995年）和1.27%/a（1995～2000年）。然而，2000年以来，祁连山山区冰川面积退缩明显减缓，其中，2000～2005年、2005～2010年和2010～2015年，祁连山山区冰川面积退缩速率分别达1.11%/a、0.83%/a和1.16%/a。从1980～2015年祁连山地区冰川海拔变化来看，1990年以来，祁连山山区冰川海拔呈现显著上升状态，尤其是冰川末端，近35年祁连山冰川末端海拔上升了77m，冰川中值海拔上升约15m。从不同时期来看，2000年前祁连山冰川末端海拔呈现显著上升态势，1980～2000年，冰川末端海拔和中值海拔上升速率分别达2.4m/a和0.65m/a。然而，2000年之后冰川末端海拔和中值海拔上升速率减缓，分别为1.93m/a和0.13m/a。

表 5-11　1980～2015 年祁连山不同时期冰川面积变化

年份	冰川面积 /km²	面积变化 /km²	面积变化率 /%	面积退缩速率 /(%/a)
1980	2111.55	—	—	—
1985	2080.43	-31.12	-1.47	-0.29
1990	1939.24	-141.19	-6.79	-1.36
1995	1805.78	-133.46	-6.88	-1.38
2000	1691.26	-114.52	-6.34	-1.27
2005	1597.68	-93.58	-5.53	-1.11
2010	1531.34	-66.34	-4.15	-0.83
2015	1442.23	-89.11	-5.82	-1.16

1980 年以来，祁连山各地区冰川面积普遍呈显著缩小，尤其是东北部山区（图 5-24），如祁连山北大河流域、黑河流域及石羊河流域，冰川面积均表现为显著收缩，多条冰川面积年退缩速率达 2%～3%。从祁连山东部石羊河流域的冰川来看，据 2015 年统计，石羊河流域共发育有冰川 90 条，总面积为 33.08km²，整个冰川面积占祁连山流域面积的不到 0.5%，平均单条冰川面积为 0.37km²。近几十年随着祁连山地区气温的变化，该流域冰川面积退缩严重，冰川数量从 1980 年的 97 条，减至 2015 年的 90 条，而冰川面积从 61.54km²减至 33.08km²，冰川面积减少了约一半。

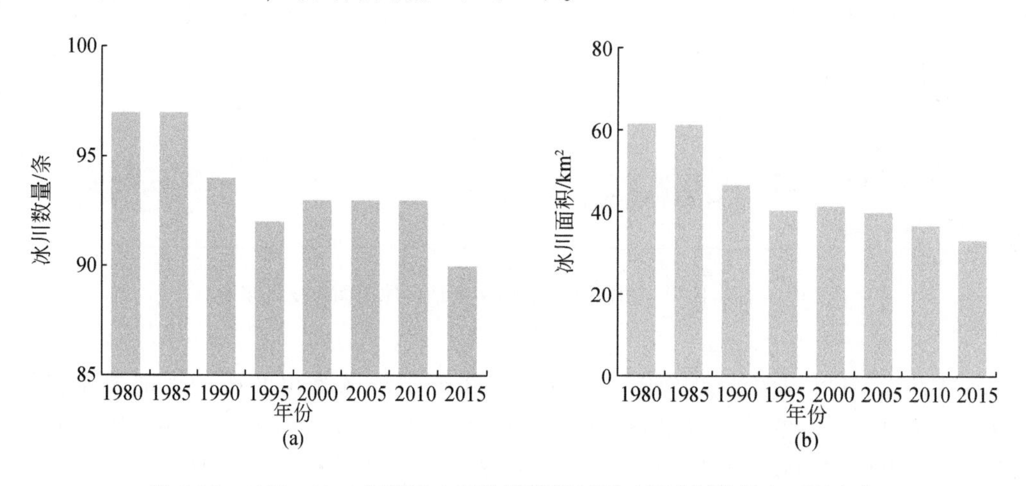

图 5-24　1980～2015 年祁连山石羊河流域不同时期冰川数量和面积变化

从石羊河流域不同时期的冰川变化来看（图 5-24），1980～2015 年，石羊河流域冰川数量和面积呈现显著减少。其中，1985～1995 年，石羊河流域冰川面积减少最为显著，冰川面积减少了 34.14%，冰川面积退缩速率达 1.34%/a，而 1995 年以来，祁连山地区冰川面积退缩明显放缓，但仍呈现显著的退缩态势。其中，1995～2015 年，流域冰川面积减少了约 18.05%，年均退缩速率仍高达 0.90%。

近年来，祁连山山区冰川面积的显著萎缩已经对下游径流和人类的生产生活产生了重要影响。随着石羊河流域冰川面积显著萎缩，流域冰川已经达到冰川消融拐点，使得近年来冰川融水补给石羊河径流显著减少，目前石羊河径流处于减少阶段。石羊河流域冰川面积的减少，对下游农业生产也产生了重要影响。在2015年的一项调查中，90.83%的受访者认为石羊河流域严重缺水，35.71%的受访者认为石羊河流域耕地面积在减少，同时，54.64%的受访者认为石羊河流域绿洲面积在减少（杨圆等，2015）。

5.3.3.4 冈底斯山山区冰川变化

冈底斯山位于青藏高原的西南部，西起喀喇昆仑山的东南部山区，东至念青唐古拉山西段，山体大致沿一定角度（西—东走向）与喜马拉雅山脉平行（图5-25）。

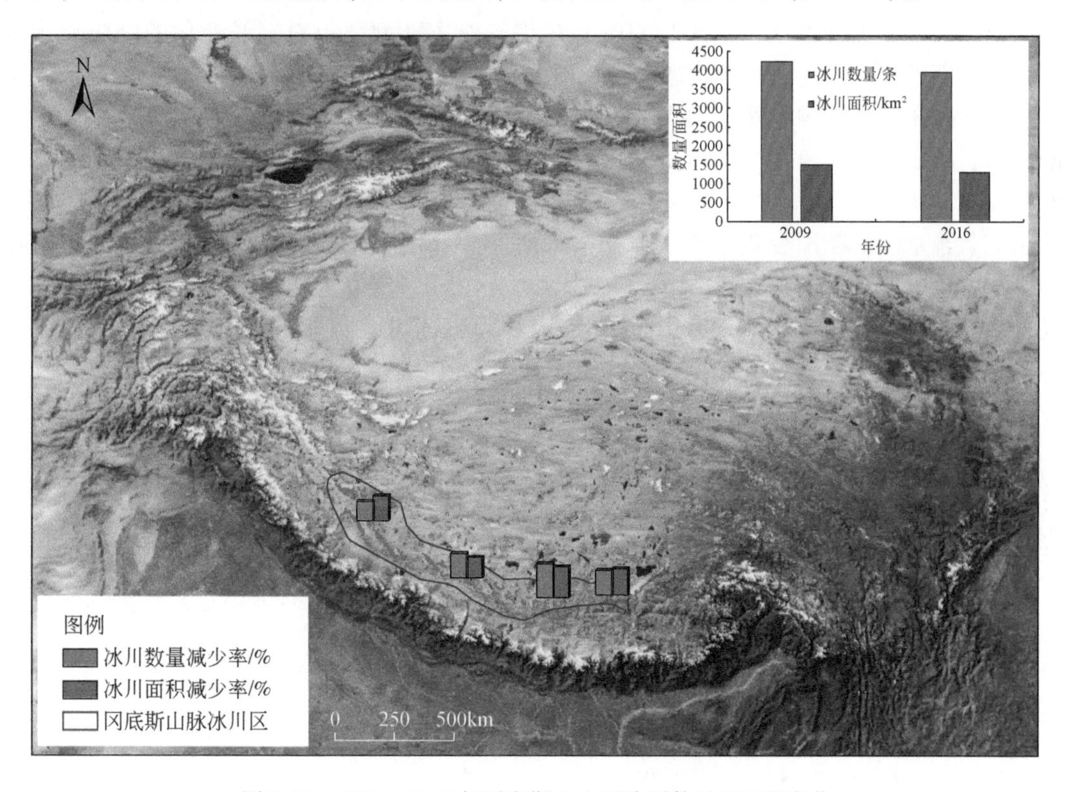

图5-25 2009~2016年冈底斯山山区冰川数量和面积变化

据统计，2016年冈底斯山山区有冰川3953条，冰川总面积为1306.45km²，平均单条冰川面积为0.33km²。结合第二次冰川目录和2016年冈底斯山山区冰川目录，研究发现，2006年以来，冈底斯山山区冰川数量减少了270条（6.39%），冰川面积减少了约175.11km²（11.82%），年均退缩速率高达1.69%，明显高于中国西部其他山系的冰川变化。从空间来看，冈底斯山冰川面积变化自西向东呈加快趋势，其中，东段冰川面积年变化相对退缩速率高达1.43%~1.69%，中段次之，为1.37%，西段仅为1.13%。

5.3.3.5　天山及其邻近山脉冰川变化对比

从中亚天山及其邻近山脉冰川分布特征来看，冰川末端平均海拔由东南向西北方向逐渐降低，如南部的冈底斯山冰川末端平均海拔为5789m，至北部（阿尔泰山地区）冰川末端平均海拔降至2900m，南北相差近2889m。与此同时，冰川规模由东南向西北呈现递增态势，如南部冈底斯山冰川平均规模为0.33km^2，而北部阿尔泰山地区可达0.63km^2。

在气候变暖背景下，中亚天山及其邻近山脉冰川均处于退缩趋势，退缩速率存在明显的空间差异。从表5-12可以看出，不同山脉间冰川信息特征及其变化差异特征显著，其中，以南部纬度最低的冈底斯山冰川退缩最为强烈，达-1.69%/a。从其冰川类型空间分布来看，冈底斯山西段冰川为极大陆型冰川，而东段属于大陆型冰川，在升温背景下，冈底斯山山区气温上升速率为0.37℃/10a，东部的亚大陆型冰川对气候变化的响应更为强烈，消融期气温升高是冈底斯山冰川面积退缩的最主要原因。北部的阿尔泰山地区，由于春季受北冰洋气流影响，夏季主要由西风环流控制，冰川主要以冷季补给，暖季消融，伴随冰川温度高、运动速度快的特点。1977～2017年，萨吾尔山地区冰川面积退缩速率达0.74%/a，低于东天山山区，但明显高于天山其他地区。从受西风带环流影响的祁连山、天山和萨吾尔山的冰川变化来看，冰川规模越小、纬度和海拔越低的山脉冰川退缩越强烈，如祁连山冰川退缩强于天山山区，东天山山区冰川退缩要明显高于北天山，而冰川规模最小的萨吾尔山（平均单条冰川面积为0.43km^2）冰川退缩速率达1.14%/a。从发育在不同水热环境的大陆型冰川变化来看，中亚天山及其邻近山脉冰川变化的时空差异表明，亚大陆型冰川变化幅度明显大于大陆型冰川，而从大陆型冰川变化来看，这些冰川规模较小、纬度较低的大陆型冰川退缩更为强烈。

表5-12　中亚天山与邻近山脉冰川信息及其近几十年来面积变化

山脉	经度（°E）	纬度（°N）	冰川末端平均海拔/m	冰川面积/km^2	平均单条冰川面积/km^2	冰川面积退缩速率/(%/a)
阿尔泰山	85.45～91.01	45.78～49.16	2900	172.78	0.63	-0.78
萨吾尔山	85.30～85.67	47.02～47.09	3257	12.49	0.43	-1.14
北天山	77.91～89.20	42.10～45.79	3895	2382.51	0.55	-0.64
东天山	87.67～95.44	29.10～33.78	3983	258.86	0.50	-0.88
祁连山	93.52～102.24	42.56～44.98	4690	1442.23	0.54	-0.91
冈底斯山	78.60～90.09	29.10～33.78	5789	1306.45	0.33	-1.69

5.4　天山冰川变化对河川径流的影响

天山作为“中亚水塔”，是中亚众多河流的发源地，孕育了多条年均径流达100亿m^{3}的跨界河流，同时形成了众多不同类型的冰川湖泊。例如，锡尔河、阿姆河、伊犁河、阿克苏河等多条大型跨界河流，以及玛纳斯河、开都河、乌鲁木齐河、奎屯河、塔拉斯河等不同类型河流，为该地区 1 亿多人口提供了淡水资源。同时，天山作为世界上距离海洋最远的山系，也是受全球升温影响最大的地区之一，全球气候变化造成的水资源减少很可能导致未来中亚地区和国家之间的冲突，与跨界河流相关的水问题日益复杂。水资源的稳定与安全已经成为促进中亚地区经济社会发展最为关键的因素。为此，深入开展中亚天山地区冰川和积雪变化特征分析、冰雪变化分析及对区域水资源与下游径流的影响机理研究，对于了解和掌握未来水资源变化、提升管理水平具有重要意义。

5.4.1 天山山区河流径流变化特征

天山山区流域的径流来源主要包括山区的冰川和积雪融水、中山带的森林降水及低山带的基岩裂隙水。从整个天山地区河流的分布来看，天山山区的河流主要分布在冰川和积雪较为集中的地区，天山山区分布的大规模的永久性冰川和季节性积雪作为中亚河流的重要补给来源，它们的分布不但决定了河流的位置，而且不同径流组分及其变化对下游地区河流的稳定具有重要意义。这意味着这些下游地区众多河流的水文过程受到上游不同类型融水变化的强烈影响。

从天山不同区域径流的补给类型来看，冰川规模最小的东天山地区，各流域冰川覆盖率普遍较小，同时，其流域面积也相对较小（均不超过 $500km^2$）。但从东天山各河流径流补给来看，各河流冰川融水补给径流要高于积雪融水补给，如流域冰川覆盖率达 6.8% 的白杨河流域，其冰川融水补给径流高达 32.7%，远高于积雪融水补给（16.7%），再如冰川覆盖率不超过 2% 的煤窑沟流域，冰川融水补给径流比例也高达 12%，高于积雪融水补给（10%）。但当流域冰川覆盖率严重小于 1% 时，冰川水资源补给径流量不明显，如开垦河流域冰川覆盖率为 0.65%，其冰川融水补给径流仅占总径流的 1.2%。由此可见，东天山山区河流受冰川融水补给的影响比较强烈。然而，对于那些冰川达到消融拐点或无冰川融水补给的河流总体上受降水、气温影响明显，洪枯水量悬殊。

从北天山山区河流分布特征来看，河流径流主要受冰川融水和积雪融水的共同影响，但流域冰川覆盖率的差异使得冰川融水和积雪融水补给径流比重存在明显差异。大体上，当流域冰川覆盖率超过 10%，其冰川融水对径流的影响要大于积雪融水补给的影响，如四棵树河流域（10% 的冰川覆盖）和玛纳斯河流域（10.6% 的冰川覆盖）；然而，当冰川覆盖率<10%，北天山众多河流中积雪融水补给径流的影响要大于冰川融水补给的影响，如呼图壁河、头屯河、奎屯河和乌鲁木齐河（表 5-13）。

就中天山山区而言，由东向西，各流域冰川覆盖面积逐渐增大，如西南的托木尔峰地区，各流域冰川覆盖面积普遍较大，其冰川融水补给径流的影响也更为显著；流域冰川覆盖率达 31.5% 的台兰河流域，其冰川融水补给径流高达 61%，远高于积雪融水补给（14.3%）；冰川覆盖率达 44.8% 的渭干河-木扎提河流域，其冰川融水补给径流高达 67.5%，远高于积雪融水补给径流（12.6%）。

从天山山区河流径流补给特征来看，发源于天山北坡的河流积雪融水补给率较高，而发源于中天山和东天山山区的众多河流普遍以冰川融水为主。从定量的角度来看，天山山区流域冰川覆盖率越高，其河流径流深度也普遍越深（表 5-13）；当流域冰川覆盖率超过

5%时，冰川对河流的年内调节作用效果明显；当冰川覆盖率超过10%时，冰川融水补给径流作用强烈，并显著高于积雪融水补给。

表 5-13 天山地区不同冰川覆盖率河流径流特征

天山	流域	流域面积 /10^4km^2	冰川覆盖率 /%	年径流深度 /mm	径流变异系数（CV）	冰川融水占年径流比例 /%	积雪融水占年径流比例 /%
东天山	开垦河	0.04	0.65	431	0.38	1.20	
	煤窑沟	0.05	1.80	165	0.31	12.00	10.00
	白杨河	0.03	6.80	234	0.34	32.70	16.70
	榆树沟	0.03	7.42	168	0.18		
	故乡河	0.04	3.10	129	0.35		
	哈密-二道沟	0.04		65	0.29		
	哈密-头道沟	0.04	3.10	70.40	0.38		
北天山	博尔塔拉河	0.24	2.70	136	0.13		
	精河	0.14	5.80	352	0.12	13.80	13.40
	四棵树河	0.09	10.0	313	0.16	23.20	20.90
	奎屯河	0.19	7.56	344	0.13	20	26
	玛纳斯河	0.52	10.6	244	0.18	30.60	16.60
	呼图壁河	0.18	3.30	246	0.15	12.50	14.50
	头屯河	0.08	1.90	266	0.22	6.60	9.30
	乌鲁木齐河	0.09	3.40	286	0.14	10.10	13.80
北-中天山	清水河	0.10	0.31	114	0.36		
	黄水沟	0.43	0.26	69	0.35	15.50	8.70
中天山	伊犁河	4.80	4.22	326		16.90	
	开都河	1.90	1.90	185	0.19	8.20	25.10
	库车河	0.29	0.70	126	0.28	7.30	14.40
	渭干河-黑孜河	0.34	1.00	97.00	0.31	12.90	12.80
	渭干河-卡拉苏河	0.13	4.30	169		29.60	18.00
	渭干河-台勒外丘克河	0.16	4.75	77			
	渭干河-卡木斯浪河	0.18	15.50	339		43.30	17.20
	渭干河-木扎提河	0.27	44.80	517		67.50	12.60
	台兰河	0.14	31.50	550	0.13	61.00	14.30
	阿克苏河	3.10	9.00	197	0.15	45.00	
	托什干河	1.84	4.00	127	0.20	21.30	16.20
	库玛拉克河	1.28	16.00	365	0.14	55.60	13.10

续表

天山	流域	流域面积 /10^4km^2	冰川覆盖率 /%	年径流深度 /mm	径流变异系数（CV）	冰川融水占年径流比例 /%	积雪融水占年径流比例 /%
西天山	喀什噶尔河-克孜河	1.37		153	0.15		
	锡尔河-纳伦河	78.30		44	0.19		
	阿姆河-卡拉库姆运河	46.5	1.5～12.10	121	0.14	15.00	67.00
	卡菲尔尼甘河（上游）	0.81		1057	0.20		60～70
	卡菲尔尼甘河（下游）	0.35		662	0.15～0.20		

注：CV 表示径流的变差系数

资料来源：Chen H Y et al., 2018a，2019；Fang et al., 2018b；Shen et al., 2018；Zhang et al., 2016；王晓艳等，2016；王璞玉等，2014

天山地区河流径流的年际变化反映在变化幅度与多年变化过程两个方面。其中，年径流变异系数 CV 值，是评价径流年际变化程度的重要指标。图 5-26 显示，天山山区流域冰川覆盖率越高，其 CV 值也越低，这意味着河流径流的稳定性越强。相比于天山其他地区的河流，东天山河流径流表现出一定的非稳定性（CV 值大多高于 0.3）。其中，冰川覆盖率最高（7.42%）的榆树沟的 CV 值为 0.18，表现出相对稳定性。开垦河（冰川覆盖率 0.65%）和哈密-头道沟（冰川比例 3.1%）的 CV 值最大，达到 0.38。流域冰川覆盖率 6.8% 的白杨河年径流量的年际变化相对较大（CV 值高达 0.34），研究发现这主要与流域降水量的控制有关（CV 值在 0.23～0.4），其多年最大年径流量为最小年径流量的 3 倍。

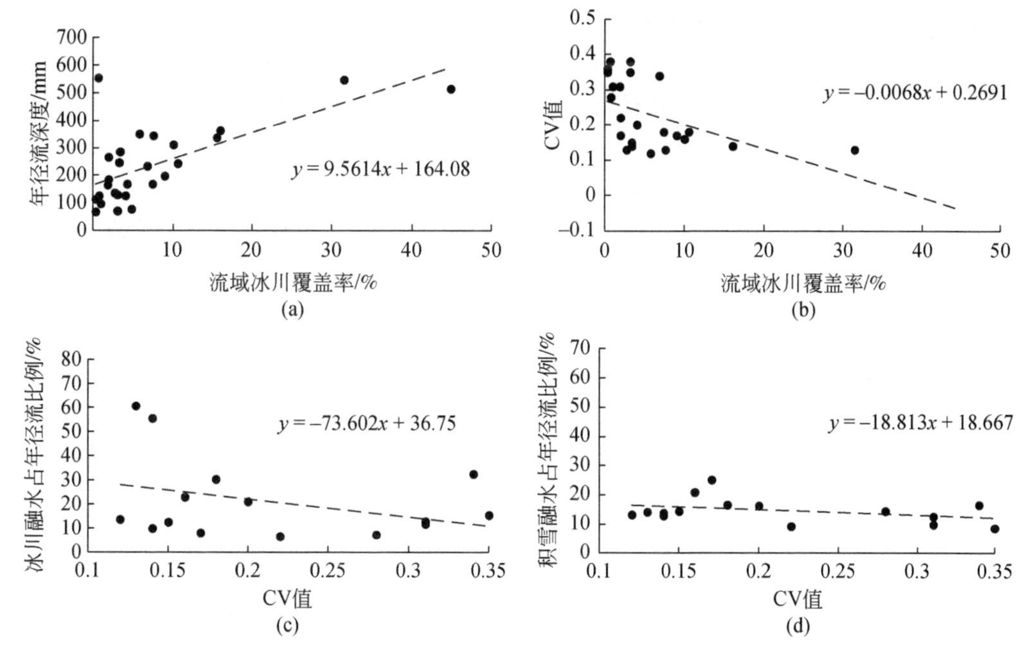

图 5-26　天山山区不同冰川融水和积雪融水补给河流的径流变化特征

（a）流域冰川覆盖率与年径流深度的关系；（b）流域冰川覆盖率与 CV 的关系；（c）不同冰川融水比例与 CV 的关系；（d）不同积雪融水比例与 CV 的关系

从整个天山山区径流的年际变化来看，流域冰川覆盖率越高，其河川径流也越稳定［图5-26（b）］。相比积雪融水对径流的影响，天山山区冰川融水对径流稳定性的影响更大［图5-26（c）和图5-26（d）］，这在东天山的榆树沟径流、北天山的四棵树河径流和玛纳斯河径流、中天山的库玛拉克河和台兰河多年径流变化中均有体现。这也进一步说明，在天山山区不同河流径流组分中，冰川融水补给比重大的河流相对于积雪融水补给比重大的河流，对径流的调节作用更为明显。

5.4.2 天山典型流域径流变化特征

阿克苏河作为天山托木尔峰地区一条典型以冰雪融水补给为主的河流，其径流主要由山区冰川融水和积雪融水补给，占阿克苏河年均径流量的45%以上。阿克苏河由两条重要支流汇集而成，其中，作为主要支流之一的托什干河（流域上游冰川覆盖率约为4%），其冰川融水占年径流比例为21.3%，积雪融水占年径流比例为16.2%。而对于另一支流库玛拉克河而言（流域上游冰川覆盖率约为16%），其以冰川融水、积雪融水和降水补给为主，其中，冰川融水对其径流的贡献比为54%~58.65%。

研究发现，自1979年以来，阿克苏河径流量呈明显增加趋势，近40年径流量增长速率达$2.39\times10^8 m^3/10a$，其中，以冰川融水补给为主的库玛拉克河多年径流量增加速率为$5.6\times10^7 m^3/10a$，而以积雪融水为主的托什干河径流量增加速率高达$1.83\times10^8 m^3/10a$。然而，详尽分析发现，2002年以来的近13年，托什干河与库玛拉克河径流量均表现为减少趋势，减少速率分别达$1.02\times10^8 m^3/a$（图5-27）。从不同时期来看，1979~2002年，库玛拉克河和托什干河年均径流量呈现非常显著的上升趋势（$P<0.01$），尤其是托什干河春季、夏季和秋季径流量，分别占多年年均径流增加总量的16.52%、53.15%和21.32%。相比较而言，库玛拉克河在秋季和夏季径流量增加显著，分别占多年年均径流增加总量的18.80%和79.13%。但自2002年以来，这两条河流径流量均呈现显著的减少趋势（$P<0.05$），特别是2002~2015年，托什干河春季和夏季径流减少量，分别占年均径流量减少的58.57%和39.21%。而库玛拉克河夏季径流量降幅更为明显，占年均径流量降幅的81.96%［图5-27（c）］。

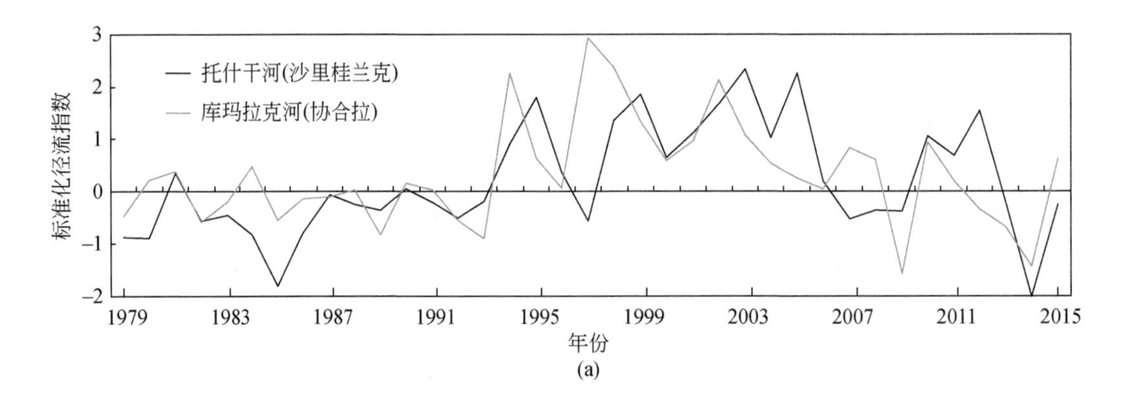

(a)

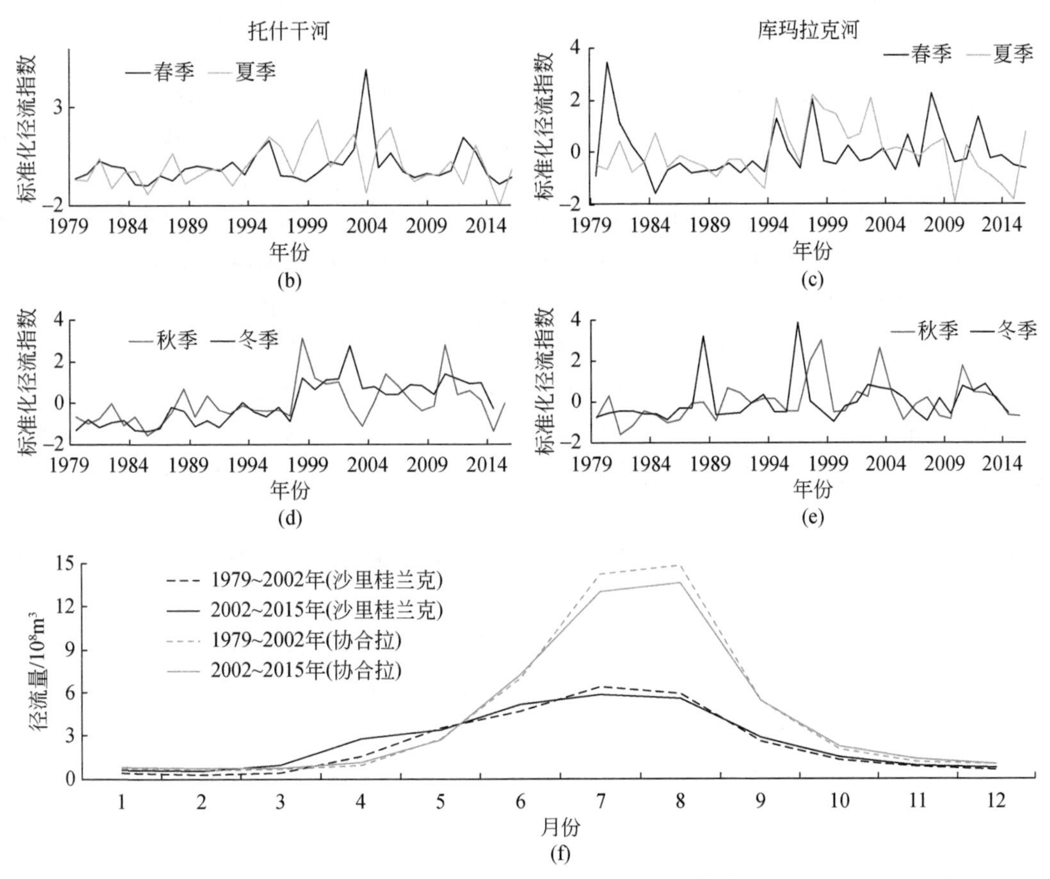

图 5-27　1979 ~ 2015 年托什干河径流（沙里桂兰克水文站）和库玛拉克河径流（协合拉水文站）变化

（a）1979 ~ 2015 年托什干河和库玛拉克河标准化径流指数变化；（b）、（d）托什干河四季标准化径流指数变化；（c）、（e）库玛拉克河四季标准化径流指数变化；（f）1979 ~ 2015 年托什干河和库玛拉克河在不同时期各月累积径流量变化

图 5-27（f）显示了 1979 ~ 2002 年和 2002 ~ 2015 年托什干河和库玛拉克河的多年月平均径流量。可以看出，这些河流的径流量都在 4 月开始增加，并在 7 月或 8 月达到高峰。结果表明，6 ~ 8 月对托什干河年均径流量的影响最大，首先为 7 月（19.41%），其次是 8 月（18.90%）和 6 月（16.04%）。而库玛拉克河 8 月径流量对年均径流量的贡献最大，为 27.74%，其次是 7 月（26.68%）和 6 月（14.12%）。通过对比托什干河和库玛拉克河在两个不同时期月径流量的变化，本研究观察到，2002 ~ 2015 年，托什干河径流在 4 月有一个明显的增加（76.94%），占据约 49.14% 的年均径流量的增加量，但同期库玛拉克河流域径流量变化并不明显。然而，研究发现两条河在 7 月、8 月径流量均出现下降，其中，库玛拉克河 7 月、8 月径流量减少幅度最大，分别为 8.64%、8.19%，而托什干河 7 月、8 月径流量减少幅度分别为 9.24%、5.22%。

1979 ~ 2015 年，托什干河不同季节径流量对年均径流量的贡献比例分别为 20.51%（春季）、57.11%（夏季）、16.98%（秋季）和 5.40%（冬季），而不同季节径流量对库玛拉克河的贡献比例为 8.91%（春季）、68.87%（春季）、17.26%（秋季）、4.96%（冬季）。从这两个时期不同季节径流量的变化特征来看，春季和夏季径流量变化对托什干河年均径流量的影响最大，而夏季径流量变化对库玛拉克河年均径流量的影响最大。

天山山区的河流以高山区的冰川积雪融水和中山区的降水补给为主。从阿克苏河两大典型支流来看，托什干河径流受冰川积雪融水和降水补给的影响较为显著，这由其春、夏和秋季径流量变化所证实。而从库玛拉克河径流量变化来看，其年均径流量变化主要受夏季径流量变化的影响。为探究不同径流补给影响的托什干河和库玛拉克河在 2002 年前后径流量变化的驱动因子，在本研究中，基于两大河流径流量变化的特点，对其多年径流量变化的潜在驱动因子进行逐个假设排除，最终实现对其主要驱动因子的分析。

首先假设 2002 年以来，托什干河春季径流量减少是春季降水量减少或融雪径流量减少所致，而托什干河和库玛拉克河夏季径流量减少是夏季降水量减少或冰雪融水减少所致。随后我们对每个因素的影响进行了具体分析，最后得出两条河流径流变化的驱动因子。

5.4.3 天山山区冰川、积雪及气温和降水量变化对径流的影响分析

对于高山冰川和积雪覆盖地区而言，气温和降水的变化直接影响到冰川和积雪的消融与积累，通过影响冰雪的消融过程进而对河川径流产生影响，如冰川物质平衡的变化直接对下游河川径流产生影响。降水在高山区 0℃层以上形成固态降水（雪和冰雹等），而海拔较低的中山带及低山带降水直接以液态降雨的形式对河川径流产生影响。为此，本研究分别就冰川、积雪及气温和降水量变化对河川径流的影响进行了系统分析。

5.4.3.1 冰川变化对径流的影响

天山山区的河川径流对上游山区冰川融水和积雪融水的依赖性较强。受近年来天山山区气候变化的影响，天山山区冰川和积雪正经历着显著变化，而这加剧了下游冰川水资源的不确定性，改变着不同水源在径流组分构成中的份额。具体表现为冰川比较发育，同时受冰川融水补给比例较高的河流，其下游河川径流将在一定时间内处于持续上升态势，如冰川比例比较高的北天山、中天山和西天山地区中冰川覆盖率比较大的河流，其流域河川径流多保持上升态势（图 5-28）。

在气候变暖背景下，北天山山区几乎所有的河流自 2000 年以来呈上升态势，并且随着冰川面积退缩加剧，其径流量表现为显著的上升（图 5-29）。例如，相比于 1990 ~ 2000 年多年河川平均径流量，自 2000 年以来，博尔塔拉河径流量增加了约 10.03%，精河径流量增加了约 9.19%，四棵树河径流量增加了约 11.57%，玛纳斯河（肯斯瓦特水文站）径流量增加了 3%，头屯河径流量增加了 10.53%，而奎屯河径流增加量最少，2000 年以来多年平均径流量相较于 1990 ~ 2000 年仅增加了 1.48%，本研究认为这很大程度上与流域较低的冰川覆盖率（1.9%）有关。然而，研究发现 2000 年以来，乌鲁木齐河多年平均径流量自 2000 年以来，相对于 1990 ~ 2000 年减少了 14.26%。在气候变暖背景下，乌鲁木齐河流域冰川退缩显著，1990 ~ 2015 年乌鲁木齐 1 号冰川面积减少约 13.37%。当前乌鲁木齐河流域多年冰川覆盖率为 3.4%，其多年补给乌鲁木齐河流域径流量的比例为 10.1%，

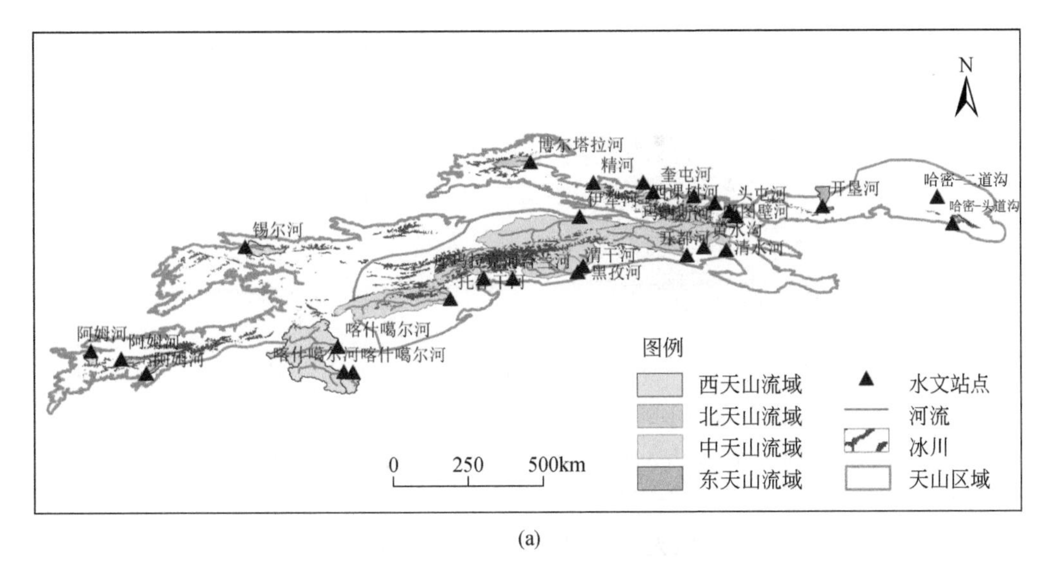

(a)

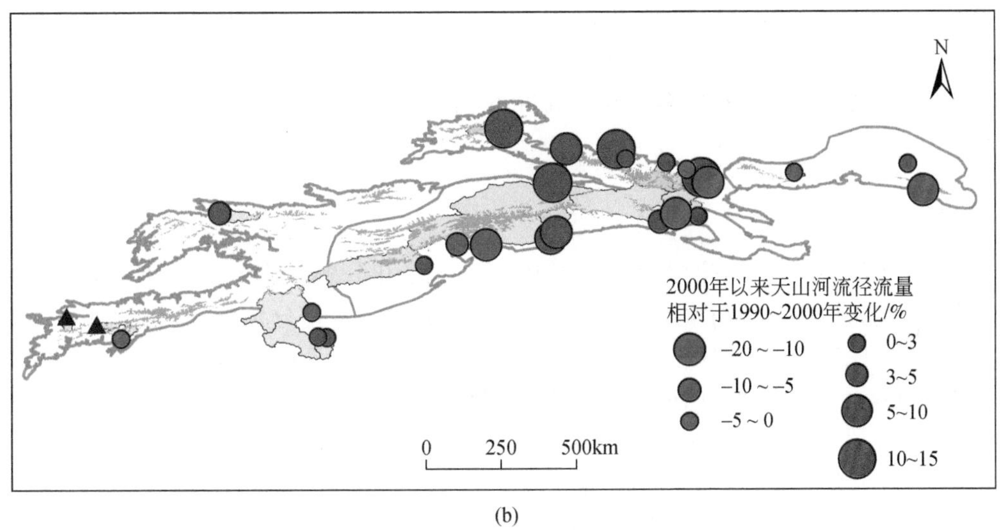

(b)

图 5-28 天山山区典型河流的分布及其 1990 年以来径流量变化

乌鲁木齐河流域冰川面积的显著萎缩在很大程度上使得冰川融水补给径流量减少，造成乌鲁木齐河流域径流量减少。

就整个天山山区冰川规模较小同时数量少的流域而言，由于冰川所占流域面积比例有限，故其冰川融水所占河流径流份额有限，冰川水资源变化对径流造成的影响有限，在温度升高过程中对径流的影响也不甚明显。例如，东天山众多河流上游冰川覆盖率较小，虽然近几十年来整个东天山山区冰川面积退缩显著（−0.88%/a），但其变化对下游河流的影响仍然有限。2000 年以来，冰川覆盖面积较小的开垦河（流域冰川覆盖率 0.65%）、哈密-二道沟和哈密-头道沟（流域冰川覆盖率均为 3.1%）多年平均径流量相比较于 1990 ~ 2000 年减少了 1.61%、3.57% 和 16.37%。然而，值得注意的是，气候变暖背景下并非所有以大规模冰川融水为主的河流表现出上升态势，如托木尔峰地区，冰川覆盖面积较大的台兰河（流域冰川融水占年径流的比例为 61%）和库玛拉克河（流域冰川融水占年径流

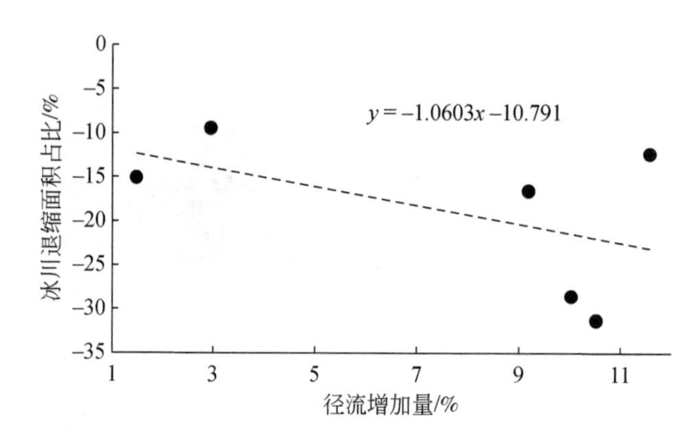

图 5-29 北天山山区冰川退缩面积比例与河流径流量变化的关系

的比例为 55.6%)，自 2000 年以来，其相应多年平均径流量较 1990 ~ 2000 年分别减少了 13.86% 和 6.89%。而这很大程度上是在气候变暖背景下，天山托木尔峰地区冰川面积变化和物质平衡变化的缘故。为此本节选取了天山托木尔峰地区一个典型以冰川融水和积雪融水为主的阿克苏河为研究对象，并对其近 40 年的径流变化特征和驱动因素进行了详细探讨。

5.4.3.2 冰川物质平衡变化对径流的影响

从托什干河和库玛拉克河近 40 年冰川物质平衡变化分析来看（图 5-30），1979 ~ 2015 年，托什干河流域多年年均冰川物质平衡和累积冰川物质平衡分别为-0.32m 和-11.96m。相比较而言，库玛拉克河流域冰川物质平衡较大，年均物质平衡和累积冰川物质平衡分别达-0.50m 和-18.36m，这与 Duethmann 等（2015）的研究结果相一致。从不同时期来看，1979 ~ 2002 年，托什干河流域和库玛拉克河流域的冰川物质平衡表现为较大的物质负平衡，年均物质平衡分别为-0.36m 和-0.57m。然而，2002 年以来，托什干河流域和库玛拉克河流域的冰川物质负平衡减弱，年均冰川物质平衡分别为-0.26m 和-0.37m。皮尔逊（Pearson）相关性表明，托什干河夏季径流与其流域年均冰川物质平衡的负相关性并不强，然而，这点在库玛拉克河流域表现出强烈的负相关性（$R^2 = -0.52$，$P<0.01$），其中，夏季径流量与其年均冰川物质平衡的负相关性更强（$R^2 = -0.56$，$P<0.01$）。冰川物质平衡的变化与夏季径流量密切相关，2002 年以来库玛拉克河流域冰川物质平衡显著负增加（$P<0.05$），伴随径流量显著减少（$P<0.05$）。这也进一步证实了本研究的假设，表明库玛拉克河夏季径流量的减少主要与夏季冰雪融水减少有关，自 2002 年以来，库玛拉克河流域冰川物质平衡减缓直接造成夏季融水径流减少，本研究的假设成立。

5.4.3.3 积雪变化对径流的影响

(1) 积雪信息的获取

1) 积雪覆盖度的计算。积雪覆盖区被认为是水文系统中抵御干旱的重要缓冲区，可以减缓气候变暖的速度。积雪覆盖面积对气候变化的响应和区域水文过程的影响较大。积

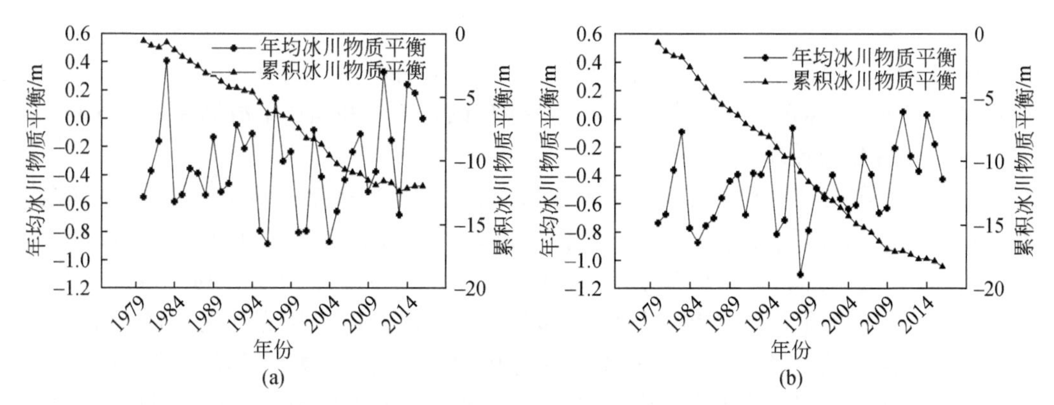

图 5-30　1979 ~ 2015 年托什干河流域（a）和库玛拉克河流域（b）多年年均冰川物质平衡和累积冰川物质平衡变化

雪覆盖天数（SCAD）是积雪物候的一个指标，对水文系统的调节作用较大或较小。在本研究中，正常 SCAD 记录为 1979 ~ 2015 年每年（1 月 1 日至 12 月 31 日）雪深超过 1.0cm 的天数（Ke et al., 2016），具体公式如式（5-3）所示：

$$\mathrm{SCAD}_j = \sum_{i=1}^{m} S_i \tag{5-3}$$

$$S_i = \begin{cases} 1, S_i \geqslant 1 \\ 0, S_i < 1 \end{cases} \tag{5-4}$$

$$\mathrm{SCA}_i = \frac{\mathrm{TNP}_i}{N} \times 100 \tag{5-5}$$

式中，SCAD_j为在 j 年中的积雪覆盖天数；m 为当年 1 月 1 日至 12 月 31 日中间的天数；S_i 为像元值，如果 $S_i<1$，则表示该像元无雪，如果 $S_i \geqslant 1$ 则表示像元有雪；SCA_i为积雪覆盖度，%；TNP_i为有雪的像元总数；N 为研究区像元总数。

2）积雪融雪期及覆盖历时变化。温度是影响积雪消融和积累的重要因素，一旦温度高于 0℃，积雪就会融化。因此，基于流域高海拔站点日均温数据，同时，参考了 Li B F 等（2013）对融雪开始时间与结束时间定义的研究方法，将每年 4 ~ 6 月最后一次连续 5 天日均温高于 0℃ 的日期定义为融雪期开始的时间；将 8 ~ 10 月第一次连续 5 天日均温低于 0℃ 的日期定义为融雪期结束的时间，以此来估算近几十年天山地区不同流域融雪期的变化。

本书进一步利用 2000 ~ 2016 年的 MODIS 积雪数据，将一年当中从积雪覆盖最大到积雪覆盖最小的时间长度定义为积雪覆盖历时，即年内积雪消融期在地面的滞留时间。

3）冬、春季融雪径流中心时间（WSCT）变化。融雪径流时间是使用“流动质心”（CT）理论进行的，这是一个流量加权时间，表示流量曲线的质量中心（Stewart et al., 2004），CT 不一定与实际的融雪时间有关，但 CT 的变化可以作为早期积雪实际融化的证据（Shen et al., 2018）。天山山区大部分降水集中在夏季，为避免大量季节性降水对径流的影响，本节仅计算了冬季/春季（12 月 1 日至翌年 5 月 31 日）的 CT 径流，其中，径流以融雪为主。因此，冬、春融雪径流中心时间（WSCT）计算如式（5-6）：

$$\mathrm{WSCT} = \sum t_i q_i / q_i \tag{5-6}$$

式中，t_i为从年内（12 月 1 日）开始的月（或天）的时间；q_i为第 i 月（或者第 i 天）的相应径流量。因此，WSCT 是一个以月或日为单位的日期，并通过平滑局部加权回归。

（2）积雪变化与径流的关系

阿克苏河上游山区拥有大规模的永久性和季节性积雪，整个流域山区年均积雪覆盖度达 64.66%，其中，库玛拉克河流域年均积雪覆盖度约为 75.13%，托什干河流域年均积雪覆盖度达 57.13%［图 5-31（a）和图 5-31（b）］。在空间上，阿克苏河流域积雪面积的分布主要集中在托什干河流域集水区的中部和东部，以及库玛拉克河流域的东部和西北部。在托什干河流域，冬季的积雪覆盖度约为 90.17%，但在夏季下降至 15.71%，而库玛拉克河流域冬季的积雪覆盖度达到 95% 以上，即使在气温最高的夏季，流域山区的永久性积雪覆盖度也能维持在 35% 左右。

从不同时期库玛拉克河与托什干河流域积雪面积和积雪深度的变化分析来看，1979 ~ 2015 年，托什干河流域积雪覆盖度和积雪深度处于持续减少趋势，尤其是 2002 年以来更为强烈［图 5-31（a）和图 5-31（c）］。相较于 1979 ~ 2002 年流域积雪覆盖度增大和积雪深度显著减少，2002 ~ 2015 年，库玛拉克河流域积雪覆盖度和积雪深度均处于明显增加趋势，增加速率分别达 5.23%/10a 和 2.48mm/10a［图 5-31（b）和图 5-31（d）］。

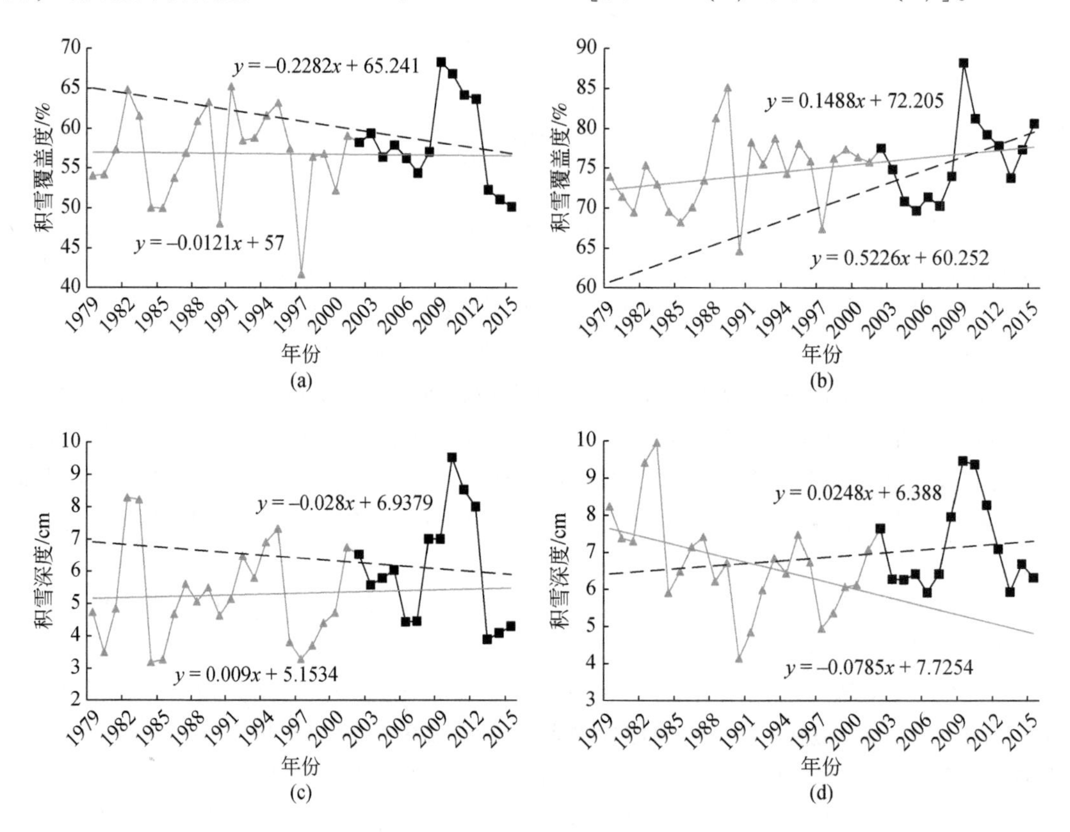

图 5-31　1979 ~ 2015 年托什干河流域［（a）和（c）］和库玛拉克河流域［（b）和（d）］积雪覆盖度与积雪深度变化

托什干河径流以积雪融水为主，尤其近年来融雪期呈现明显延长。因此，本节假设托什干河多年径流的变化主要受春季积雪融水变化的影响。托什干河冬、春季积雪覆盖面积和积雪深度对春季融雪径流有着重要影响（相关性分别通过 0.01 和 0.05 的显著性水平检验）（表 5-14），如 1979 ~ 2002 年，托什干河流域冬、春季积雪覆盖面积增长速率分别约为年均增长总量的 6.51 倍和 2.91 倍，冬季积雪深度增长速率为年均增长速率的 2.13 倍。在此期间，积雪覆盖面积和积雪深度的变化与冬、春季积雪覆盖面积和积雪深度融水的增加而导致春季径流量大幅增加相一致。然而，2002 年以来，托什干河流域集水区冬、春季积雪覆盖面积和积雪深度均表现为减少趋势，是年均减少速率的 1.75 倍和 1.58 倍，同期托什干河春季径流减少占年均径流减少速率的 58.57%。反观库玛拉克河流域夏季径流与流域积雪覆盖面积和积雪深度之间存在显著的负相关性（分别通过 0.05 和 0.01 的显著性水平检验）。2002 年以来，库玛拉克河流域夏季积雪覆盖面积和积雪深度分别呈增加趋势，而同期库玛拉克河径流呈减少态势。

表 5-14　1979 ~ 2015 年托什干河和库玛拉克河不同季节径流与不同季节积雪覆盖面积及积雪深度的相关性

项目	春季径流		夏季径流	
	托什干河	库玛拉克河	托什干河	库玛拉克河
冬季 SCA	0.45 **	0.06		
冬季 SD	0.36 *	0.22		
春季 SCA	0.47 **	-0.20		
春季 SD	0.41 *	0.04		
夏季 SCA			0.10	-0.33 *
夏季 SD			0.09	-0.54 **

注：数字代表相关性系数，* 或 ** 代表相关性分别通过 0.05 或 0.01 的显著性水平检验；SCA 表示积雪覆盖面积；SD 表示积雪深度

此外，本节详细探讨了积雪覆盖面积和积雪深度变化对托什干河与库玛拉克河逐月径流的影响，同时，分析了托什干河与库玛拉克河逐月径流对积雪覆盖面积与积雪深度化的敏感性（图 5-32）。研究发现，托什干河径流对积雪覆盖面积和积雪深度的敏感性明显高于库玛拉克河径流。其中，托什干河月均径流对积雪覆盖面积 ε_{SCA}（SCA，Q）和积雪深度 ε_{SD}（SD，Q）的敏感性系数在-0.13 ~ 2.49 和-0.12 ~ 0.95，表现为春季 4 月径流对积雪覆盖面积和积雪深度的敏感性最高，这意味着积雪覆盖面积和积雪深度 1% 的变化将会导致 4 月径流最大发生 2.49% 和 0.95% 的变化。库玛拉克河径流对积雪的敏感性多月为负值，尤其是 3 ~ 9 月，ε_{SCA}（SCA，Q）达-1.84 ~ -0.16，ε_{SD}（SD，Q）在 3 ~ 9 月达-0.31 ~ -0.14，这也意味着积雪覆盖面积和积雪深度 1% 的增加将导致 3 ~ 9 月径流减少 0.16%~1.84% 和 0.14%~0.31%。

敏感性也被用来反映河流径流补给来源的差异。例如，以冰川融水和积雪融水补给为主的托什干河径流表现出比库玛拉克河对积雪覆盖面积和积雪深度更为敏感的反应，库玛

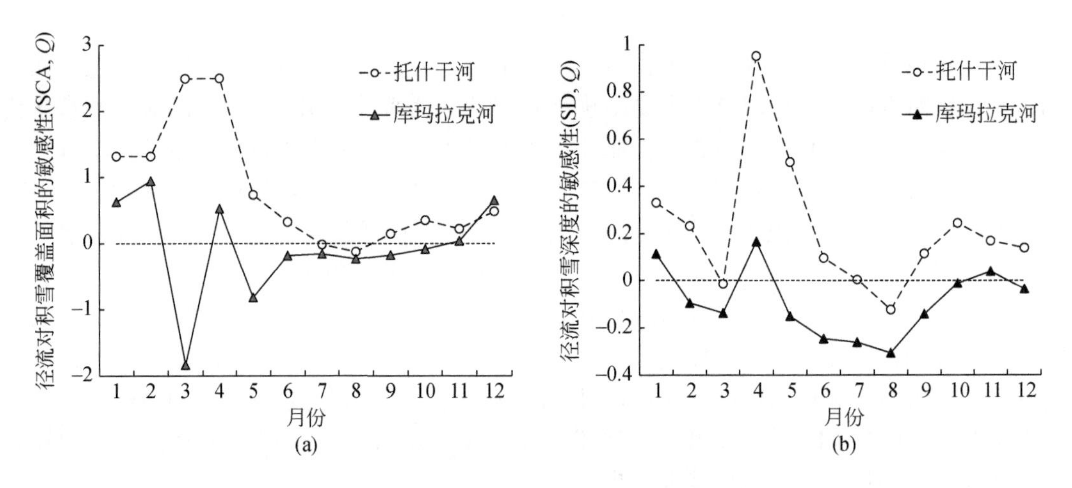

图 5-32　托什干河和库玛拉克河不同月份径流对积雪覆盖面积 ε_{SCA}（SCA，Q）和积雪深度 ε_{SD}（SD，Q）的敏感性分析

拉克河径流对积雪覆盖面积和积雪深度的增加表现出负面反应。敏感性也进一步解释了2002 年以来库玛拉克河径流量减少的原因，而这主要是气温降低所致，同时，径流对积雪变化的敏感性也反映了径流的主要补给源。以积雪融水为主的托什干河径流，对积雪变化的敏感性明显高于以冰川融水为主的库玛拉克河径流。根据本节的假设，自 2002 年以来，托什干河流域冬、春季积雪覆盖面积和积雪深度的显著减少对托什干河春季径流量的减少产生了很大影响。而库玛拉克河流域夏季积雪覆盖面积和积雪深度的显著增加，证明了冰川物质负平衡减缓而冰冻圈扩大使得下游冰雪融水消融减缓，从而造成库玛拉克河夏季径流量减少，假设成立。

5.4.3.4　气温和降水量变化对径流的影响

通过对阿克苏河流域气温和降水量变化的分析发现，过去近 40 年（1979 ~ 2015 年），阿克苏河流域气温表现出明显上升趋势，增长速率达 0.21℃/10a（$P<0.05$）。其中，春季气温增长速率最高，达 0.50℃/10a，夏季气温增长速率最低，为 0.1℃/10a。同时，随着气温升高，流域降水量也呈明显增加态势，近 40 年阿克苏河流域年均降水量增加了约 72.97mm，增长速率达 20.27mm/10a，其中，海拔位于 3504m 的吐尔尕特气象站降水量增长速率更是高达 33.37mm/10a。详尽分析 1979 ~ 2015 年阿克苏河流域降水量的年内变化发现，阿克苏河流域降水主要集中在夏季，约占全年降水总量的 46.76%。在过去的近 40 年间，夏季降水量的增长速率达 9.5mm/10a，约占全年降水量增加总量的 46.87%。

1979 ~ 2015 年，托什干河流域年均气温上升最为显著（0.26℃/10a，$P<0.01$），而库玛拉克河流域气温升高相对缓慢（0.13℃/10a），流域东北区域气温甚至呈下降趋势［图 5-33（a）］。对于托什干河流域而言，气温上升以冬季和春季最为显著，上升速率分别为 0.55℃/10a 和 0.42℃/10a（$P<0.01$ 和 $P<0.05$），而夏季气温上升最为缓慢（0.13℃/

10a)。库玛拉克河流域夏季气温并未观测到明显的变化［图 5-33（b）］。与此同时，该时期这两个流域的年降水量均呈现出 20.2m/10a 和 20.4mm/10a 的增加速率。对 1979～2015 年托什干河和库玛拉克河多年季节降水量变化进行分析，发现这两个流域降水主要集中在夏季，约占全年降水量的 50%。在过去的近 40 年间，托什干河和库玛拉克河夏季降水量增加速率分别为 1.12mm/a 和 0.73mm/a，分别占年降水量增加总量的 55% 和 36%。

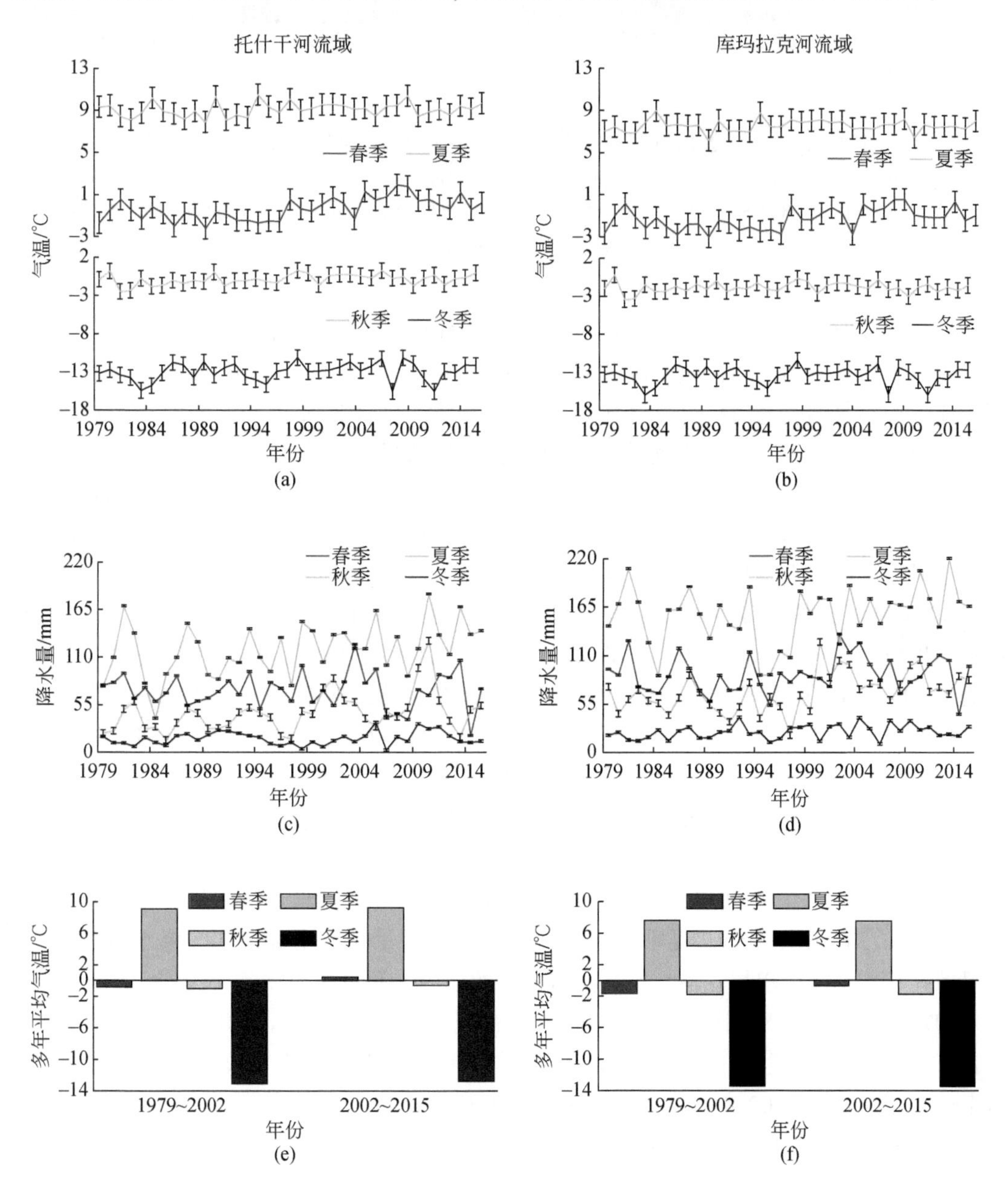

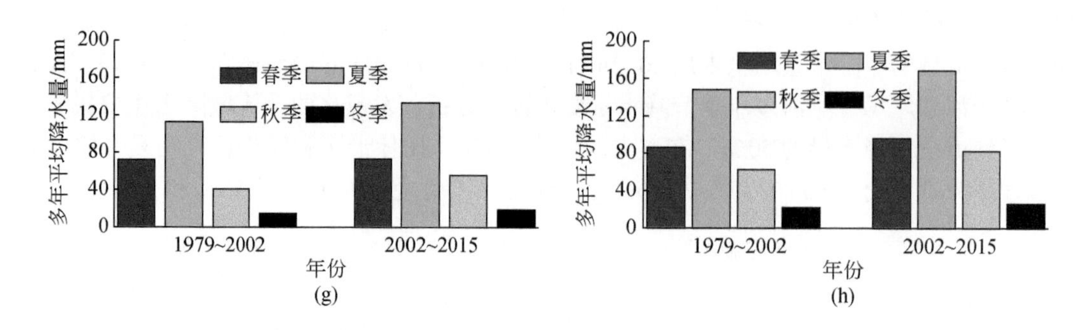

图 5-33 1979 ~ 2015 年托什干河和库玛拉克河流域季节性气温和降水量变化

(a)、(b) 1979 ~ 2015 年托什干河和库玛拉克河流域四季多年温度变化；(c)、(d) 1979 ~ 2015 年托什干河和库玛拉克河流域四季多年降水量变化；(e) ~ (h) 1979 ~ 2002 年与 2002 ~ 2015 年托什干河和库玛拉克河流域四季多年平均气温和降水量

通过不同时期气温、降水量变化对径流影响的分析发现，1979 ~ 2002 年，托什干河、库玛拉克河径流量增加与流域气温升高和降水量显著增加有关，其中，托什干河与库玛拉克河流域年均气温上升速率分别达 0.32℃和 0.26℃。尽管 2002 年以来气温上升幅度有所放缓，但托什干河和库玛拉克河流域气温仍表现为明显的上升趋势，相较于 1979 ~ 2002 年平均气温，托什干河和库玛拉克河流域气温分别增加了 1.27℃和 0.94℃。然而，同期春季降水量表现为减少趋势，减少速率分别达 1.65mm/a 和 2.86mm/a。2002 ~ 2012 年，托什干河流域的降水量持续增加，速率为 1.10mm/a，而 1979 ~ 2002 年降水量的增加速率为 1.40mm/a。此外，1979 ~ 2002 年，库玛拉克河年均降水量表现为增加趋势，夏季降水量却表现减少趋势。然而，2002 年以来，库玛拉克河年均降水量表现为减少趋势，减少速率为 1.49mm/a，夏季降水却表现为显著的增加趋势，增加速率高达 2.35mm/a。

根据假设，托什干河春、夏季径流量和库玛拉克河夏季径流量的减少主要与降水量的减少有关。其中，托什干河春季径流量与降水量关系密切（$R^2=0.51$，$P<0.01$），而库玛拉克河春季径流量与降水量关系并不明显（$R^2=0.12$）。春季降水量的减少速率为 16.55mm/10a，约为年降水量增加总量的 3.23 倍。在托什干河夏季径流中，夏季径流量与降水量呈正相关（$R^2=0.28$），而库玛拉克河夏季径流量与夏季降水量表现为显著负相关（$R^2=-0.34$，$P<0.05$）。夏季径流量的减少和降水量显著增加证实，降水量变化并不是导致托什干河和库玛拉克河夏季径流量减少的原因，假设不成立。

1979 ~ 2015 年，库玛拉克河夏季标准化径流指数与夏季 0℃层高度密切相关（$R^2=0.77$，$P<0.01$），这也进一步表明夏季径流与 0℃层等温线的高度变化呈显著的相关性（图 5-34）。1979 ~ 2002 年，库玛拉克河夏季 0℃层等温线和夏季径流量均呈现显著增加趋势（$P<0.01$ 和 $P<0.05$），增幅分别达 5.80m/a 和 0.08/a，且两者之间存在较强的相关性（$R^2=0.80$，$P<0.01$）。而 2002 ~ 2015 年，夏季 0℃层高度与标准化径流指数分别以 0.6m/a 和 0.13/a 的速度下降，且具有很强的相关性（$R^2=0.73$，$P<0.01$）。与 1979 ~ 2002 年相比，2002 ~ 2015 年库玛拉克河流域夏季地表温度平均下降 0.1℃，而这与夏季径流量也表现出很强的相关性（$R^2=0.64$，$P<0.01$）。因此，夏季地表温度、高空温度和径

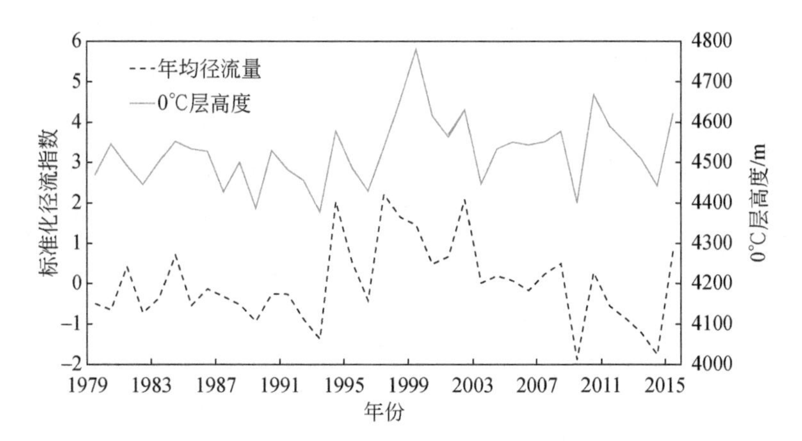

图 5-34　1979 ~ 2002 年和 2002 ~ 2015 年库玛拉克河年均径流量（黑线）和夏季 0℃层高度（灰线）变化

流量的变化趋势是一致的，说明夏季气温的降低在一定程度上抑制了冰雪消融，从而造成库玛拉克河夏季径流量减少。

山区夏季降水量显著增加的同时，往往伴随降温过程（Kutuzov and Shahgedanova，2009），特别是在降水量较高的山区。在这些地区，当夏季降水量显著增加时，由固体变为液体或水蒸气会吸收更多的热量，从而使气温降低，其中，当气温下降至 0℃ 以下时，积雪覆盖面积和积雪深度将表现为显著的增加（Krasting et al.，2013；Osmonov et al.，2013）。

天山山区冰川的累积和消融都主要发生在夏季。夏季积雪覆盖面积和积雪深度的显著增加将导致冰川物质负平衡减缓（Wang et al.，2014；Kang et al.，2009），进而使得冰川融水减少。近期多项研究（Li et al.，2019；Yao et al.，2012）表明，山区积雪覆盖面积和积雪深度的增加对冰川物质平衡的积累有着重要作用。例如，在喜马拉雅地区的奇纳布河（Chenab river）流域明显观察到积雪覆盖面积增加并伴随径流量显著减小（Kour et al.，2016）。1998 ~ 2009 年，库玛拉克河流域夏季气温呈下降趋势，下降速率为 −0. 58K/10a（Osmonov et al.，2013）。Wang 等（2018）也发现了自 2000 年以来库玛拉克河流域的气温明显下降。这可能是导致 1997 ~ 2007 年南伊力尔切克冰川质量损失减缓（Shangguan et al.，2015）的原因。

值得指出的是，在详尽分析阿克苏河流域降水量变化过程中发现，过去的 1979 ~ 2016 年，阿克苏河流域降水量的增加主要发生在夏季，达 60. 76%（表 5-15）。夏季是冰川消融最强烈的季节，夏季降水量的大幅增加，一方面有助于冰川补给，另一方面，山区降水量往往伴随降温现象（图 5-35），山区降水量的显著增加可以降低冰川的消融速率。对阿克苏河流域夏季降水量与气温变化进行相关性分析可知，山区降水量增加的同时，气温呈明显的下降趋势，并且这种情况随海拔升高表现得更加明显（天山站、吐尔尕特站及多隆站）。研究发现，在海拔 1427m 的协合拉站，当夏季降水量增加约 50mm 时，气温下降可达 0. 16℃ 左右；在海拔较高的多隆站、吐尔尕特站和天山站（3040 ~ 3614m），当夏季降水量增加 50mm 时，气温下降可达 0. 43 ~ 0. 84℃。同时，降水量越大，气温下降幅度也越大。根据多年库玛拉克河协合拉站夏季降水量增加大于100mm的资料可知，夏季气温下降达1.31～1.68℃，而吐尔尕特站和天山站，温度下降分别达0.3～1.53℃和0.17～1.37℃。

表5-15　1975～2016年阿克苏河流域季节性降水分布及其变化　（单位:%）

项目	春季	夏季	秋季	冬季
降水量比例	25.76	49.02	19.51	5.71
降水量增加占比	8.49	60.76	27.88	2.87

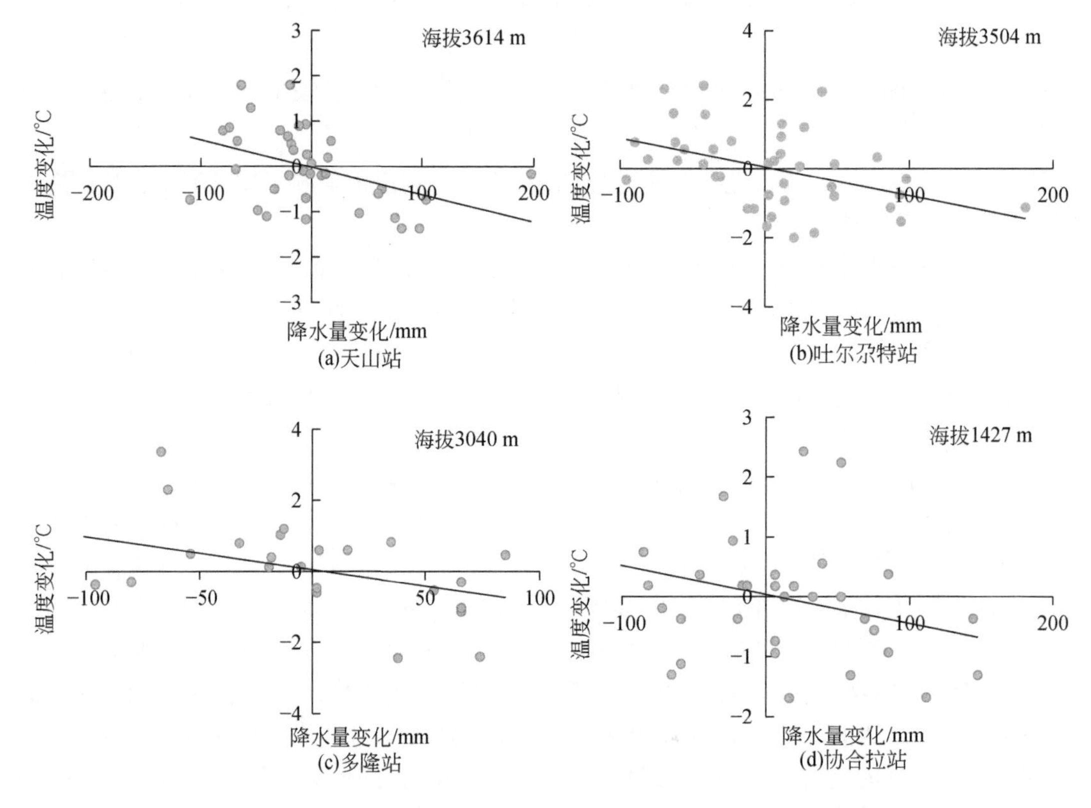

图5-35　1960～2016年阿克苏河流域气温和降水量变化之间的关系

在全球变暖背景下，山区冰川覆盖面积较大的盆地（如中天山山脉）一般会出现径流增加的趋势，如冰川规模较大的中天山地区，而流域冰川覆盖面积较小或者没有冰川作用的地区，径流量变化并不明显，如东天山山区的一些河流（Chen et al.，2016；Ragettli et al.，2016b）。例如，在北天山冰川覆盖面积大于5%的Karatal river流域，径流量总体呈正趋势，而在冰川覆盖面积小于2%的盆地中，径流量却呈现减少趋势（陈亚宁等，2017；Kaldybayev et al.，2016b）。例如，东天山头道沟和二道沟流域的径流表现出相当大的负向趋势，1998年以来，由于冰川覆盖面积急剧减少（冰川覆盖率不到1%），径流分别减少约12.5%和6.6%（Xing et al.，2017）。Ragettli等（2016）发现，智利洪卡尔集水区的径流量预计急剧减少，因为冰川已经达到消融拐点。尽管亚北极北部瑞典塔法拉集水区冰川覆盖率达 30%，未来径流将呈显著增加并伴随洪水显著增加，然而，冰川覆盖率不到 1% 的 Abisko 集水区夏季径流量显著减少（Zheng et al.，2019）。就天山地区来说，1979～2002 年，冰川覆盖率在 16% 的库玛拉克河径流量明显高于托什干河径流（冰川覆盖面积只占流域集水区面积的不到 4%）。对库玛拉克河未来河流径流量变化预估表明，由于流域冰川覆盖面积较大，至 21 世纪 50 年代左右，冰川融水才达到消融拐点（Zhao et al.，2015）。

基于统计学和最大熵原理，本书对阿克苏河流域的冰川物质平衡变化进行了分析（图 5-36）。之前的研究进一步证实了本研究结果，如托木尔峰地区青冰滩 72 号冰川在 2008～2009 年冰川面积退缩速率为 0.02km²/a，远低于 1964～2008 年退缩速率 0.03km²/a（Wang et al.，2010）。Zhao 等（2015）研究发现，自 2000 年以来，阿克苏河流域冰川面积退缩速率为 0.67%/a，这要低于 1990～2000 年的退缩速率（0.89%/a）。与此同时，Wang P Y 等（2013）发现 1964～2009 年，库玛拉克河流域集水区青冰滩 74 号冰川面积减少约 21.5%，而 1990～2010 年，冰川面积减少 $-3.7\%\pm2.7\%$。此外，青冰滩 72 号和 74 号冰川的面积在 2003～2009 年的损失（面积退缩速率为 $-0.034\sim-0.033\text{km}^2/\text{a}$）均较 1964～2003 年（面积退缩速率 $-0.033\sim-0.031\text{km}^2/\text{a}$）表现为减少趋势。有趣的是，自 1999 年以来，托木尔峰地区一些冰川面积甚至有所增加，如 Samoilowitsch 冰川，其面积增加了 10% 以上（Osmonov et al.，2013）；北伊力尔切克冰川的面积增加了约 6.5km²。相比于冰川面积的损失，冰川物质平衡的变化被认为是气候变化的直接指标，将直接影响到水文过程的变化。Pieczonka 和 Bolch（2015）指出，在 1975～1999 年，阿克苏河径流量增加

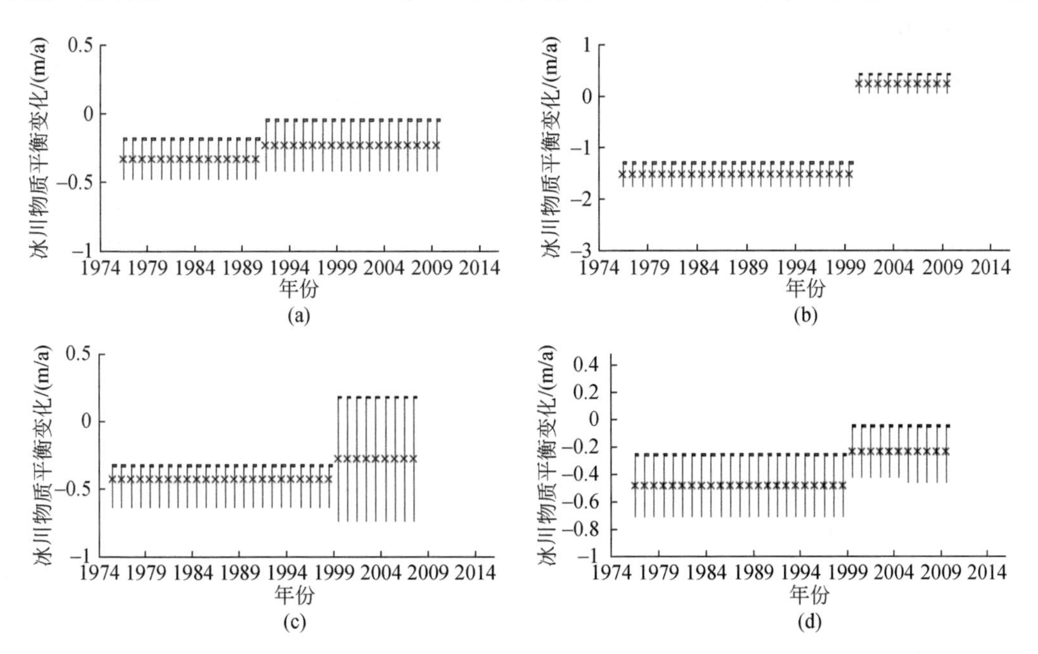

图 5-36　近 40 年阿克苏河流域地区冰川物质平衡变化

（a）阿克苏河流域集水区（Pieczonka et al.，2013）；（b）青冰滩 74 号冰川（Wang P Y et al.，2013）；（c）南伊力尔切克冰川（Shangguan et al.，2015）；（d）托木尔峰南部地区（Pieczonka and Bolch，2015）

约20%，主要是由于冰川的质量损失，约为-0.35±0.34m/a。与此同时，库玛拉克河流域西北 Ak-Shrink massif 地区，冰川物质平衡表现为明显减少（-0.51±0.36m/a）。Pieczonka 等（2013）研究表明，阿克苏河流域冰川质量损失在 1999～2009 年有所减缓，损失速率为-0.23±0.19m/a，而 1976～1999 年的损失速率为-0.42±0.23m/a。此外，相对于 1976～1999 年青冰滩 74 号冰川物质负平衡（速率为-1.53±0.23m/a），1999～2009 年青冰滩 74 号冰川物质平衡表现为正平衡（速率为 0.24±0.19m/a）。

图 5-36 显示，1999～2007 年，托木尔峰地区最大的冰川——南伊力尔切克冰川的退缩幅度（0.28±0.46m/a）小于 1975～1999 年的退缩幅度（0.43±0.10m/a）(Shangguan et al.，2015)。与此同时，Pieczonka 和 Bolch（2015）研究发现，在过去 50 年中天山地区冰川面积减少了 18%，冰川质量减少了约 27%，特别是 1970～1990 年表现出更为显著的减少趋势。然而，1999～2009 年，托木尔峰地区冰川质量仅出现了适度的减少。因此，本节认为 2002 年以来库玛拉克河径流量的减少与冰川质量损失减缓密切相关，故近年来库玛拉克河流域冰川消融减缓是导致径流量显著减少的关键因素。

5.4.3.5 径流变化的综合影响过程分析

天山是中亚干旱、半干旱地区众多河流的发源地，这些河流强烈依赖山区冰雪融水及中山带森林降水。在全球气候持续变暖，而以冰雪融水补给为主的河川径流普遍显著增加的背景下，中亚天山以积雪融水补给为主的托什干河径流和以冰川融水为主的库玛拉克河径流在 2002 年前后表现出不同态势，其引起径流减少的影响因素存在明显差异。为此，本节综合流域气温、降水、冰川、积雪、融雪期、降水形式变化等对引起不同时期托什干河与库玛拉克河径流变化的因素进行了系统分析。

从上文已经得出，1979～2002 年，托什干河径流明显增加主要是降水量的增加和冰雪融水增大所致，即降水量增加最为显著的夏季、秋季和春季伴随着显著的径流增加，占多年年均径流增加总量的 91%。对于该时期积雪融水的增加，本节发现冬、春季积雪覆盖度和积雪深度均呈增加趋势，与此同时，伴随气温的显著上升，春季积雪融水将显著增大，这在本节已经通过冬、春季融雪径流中心时间（WSCT）的明显提前，提前速率达0.29d/a 得到证实。然而，自 2002 年以来的研究发现，托什干河年均径流表现出减少趋势，而这主要与春季降水量减少有关（$P<0.05$）。同时，尽管 WSCT 呈上升趋势，但冬、春季积雪覆盖面积和积雪深度呈明显的负趋势，将导致冰雪融水减少。

山区积雪变化主要受太阳辐射影响。阿克苏河流域山区积雪深度和积雪覆盖面积减少分别从 2 月初和 2 月中旬开始，一直持续到 8 月中旬，积累期从 8 月下旬开始，至 1 月中旬达最大，最大积雪覆盖度达 95% 以上。1979～2015 年，托什干河流域融雪期增加了约 19 天，从 1979 年的 152 天到 2015 年上升至 180 天，与西北干旱区融雪期增加速率一致（Li B F et al.，2013）。其中，1979～2002 年，托什干河与库玛拉克河流域积雪覆盖日数减少速率分别达 2.74d/a 和 1.55d/a。然而，2002 年以来，托什干河与库玛拉克河流域积雪覆盖日数均呈增加趋势，库玛拉克河流域增加速率高达 5.66d/a（通过 0.05 的显著性水平检验）。

随着阿克苏河流域积雪覆盖日数减少，融雪期也发生了明显变化。1979～2015 年，托什干河流域融雪期开始时间为4月2日～5月14日［图5-37（a）］，而库玛拉克河流域融雪期从5月开始。1979年以来，托什干河流域融雪期开始时间明显提前，提前速率达0.34d/a，2002年以来融雪期开始时间推迟，但相比于1979～2002年，融雪期天数提前了约8天，同期4月径流量增加了76.94%。2002年以来，托什干河融雪期结束时间为9月18日～10月19日，表现为延迟趋势，延迟速率约0.4d/a［图5-37（b）］，相比于1979～2002年，融雪期结束的9月和10月径流分别增加了15.38%和12.75%。

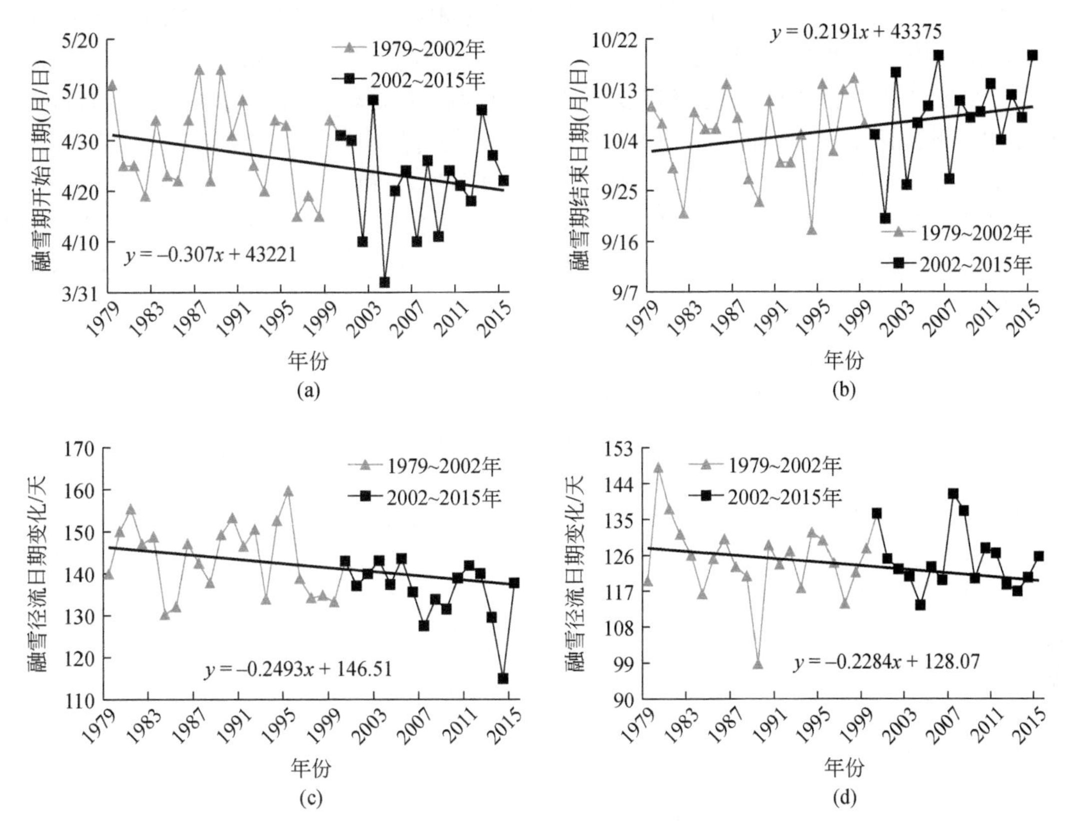

图5-37　1979～2015年托什干河和库玛拉克河流域融雪期和融雪径流日期变化
（a）、（b）托什干河流域融雪期开始时间和结束时间的变化；（c）托什干河、（d）库玛拉克河冬、春季融雪径流日期变化

融雪径流时间变化为径流变化提供了一种指示器，积雪消融期的延长和覆盖历时变短意味着融雪期径流提前与增大，同时，也表现为对年内水文系统的缓冲作用减弱。1979年以来，托什干河与库玛拉克河融雪径流日期变化均呈提前趋势［图5-37（c）和图5-37（d）］，提前速率分别达0.29d/a和0.21d/a。2002年以来，托什干河融雪径流日期变化呈明显提前趋势，提前速率达0.84d/a，提前了约11天，同期融雪径流增加约30.06%。

1979～2002年，库玛拉克河流域夏季降水量呈减少趋势。升温条件下，夏季径流显著增加（$P<0.05$），占年径流增加量的79.13%。2002年以来，库玛拉克河夏季径流表现为减少趋势，其中，夏季径流占年径流降幅的81.96%。因此，夏季降水量的增加并没有抑

制年径流的下降趋势。同时，2002 年以来，库玛拉克河流域夏季积雪覆盖面积和积雪深度均呈明显的上升趋势，分别占年内积雪覆盖面积和积雪深度增长量的 56.87% 和 90.05%。与 1979 ~ 2002 年相比，2002 年以来流域平均气温也出现了下降趋势。因此，本节认为，自 2002 年以来，库玛拉克河夏季径流的显著减少和夏季气温下降和降水量显著增加，导致夏季冰川融水和积雪融水减少。这两个因素都已经被该时期冰川物质负平衡减缓及同期积雪覆盖面积和积雪深度的显著上升所证实。

本节进一步通过分辨率 500m 的 MODIS 影像（MOD10A2）积雪产品数据对阿克苏河流域不同海拔下积雪覆盖面积变化进行了分析（表 5-16）。研究发现，与前面的研究结果一致，2002 年以来，托什干河流域积雪覆盖面积减少显著，减少速率达 78.11km^2/a。2002 年以来，托什干河流域年均积雪最低海拔和平均海拔均呈显著上升趋势，上升速率分别达 3.33m/a 和 4.16m/a，夏季上升速率分别达 1.67m/a 和 2.74m/a；而库玛拉克河流域年均积雪最低海拔呈显著下降趋势，达 9.08m/a，夏季下降更是高达 10.67m/a。2002 年以来，库玛拉克河流域雪线海拔高度持续下降，在一定程度上说明了这是夏季气温下降和降水量增加引起的。

表 5-16　2002 ~ 2015 年阿克苏河流域及各子流域在不同海拔下积雪覆盖面积变化

序号	海拔/m	阿克苏河流域	库玛拉克河流域			托什干河流域		
		年际	年际	春季	夏季	年际	春季	夏季
1	<2000	↓	↓	↓	↓	↓	↓	↓
2	2000 ~ 2500	↓	↓	↓	↓	↓	↓	↓
3	2500 ~ 3000	↑	↓	↓	↓	↓	↓	↓
4	3000 ~ 3500	↓	↓	↓	↓	↓	↓	↓
5	3500 ~ 4000	↓	↓	↓	↑	↓	↓	↓
6	4000 ~ 4500	↑	↑	↓	↑	↑	↑	↑
7	4500 ~ 5000	↑	↑	↑	↓	↑	↑	↑
8	5000 ~ 5500	↑	↑	↑	↓	↑	↑	↑
9	5500 ~ 6000	↑	↑	↑	↓	↑	↑	↑
10	6000 ~ 6500	↑	↑	↓	↓			
11	6500 ~ 7000	↑	↑	↓	↓			
12	7000 ~ 7500	↑	↑	↓	↓			

注：↑或↓分别表示积雪覆盖面积增加或减少

为进一步探究 2002 年以来库玛拉克河径流减少的原因，本书进一步分析了阿克苏河流域各海拔积雪覆盖面积的变化，将流域海拔以 500m 为间隔，共划分 12 个带（表 5-16）。可以看出，阿克苏河流域气温最高伴随积雪覆盖面积最小的 7 月，在托什干河流域海拔 4000m 以上区域积雪覆盖面积呈现增加趋势，而库玛拉克河流域海拔 3500m 以上区域积雪覆盖面积呈现明显增加趋势。库玛拉克河流域冰川末端主要集中在海拔 3900 ~ 4300m，该范围内雪线海拔高度的下降，很大可能是由于该海拔气温的下降，流域积雪覆盖面积、积雪深度增大使雪线下降，在一定程度上导致冰川面积退缩减缓，冰川融水补给径流减少，如 2009 年流域积雪覆盖面积在近 16 年中达到最大值，同期积雪平均海拔也在 2002 年以来达到最小值，约为 3974.84m，夏季积雪平均海拔更是下降至 3930.17m，相较于其他年份下降了近 100m，而同期库玛拉克河径流也在近 13 年中下降至最低值，这进一步证实了研究结果。

通过分析 2002 ~ 2015 年阿克苏河流域夏季降水量和气温在不同海拔的变化发现（图 5-38），库玛拉克河流域的降水量在海拔 3500 ~ 4500m 表现出明显的增加趋势，并伴随气温的下降，这些变化导致积雪覆盖面积和积雪深度明显增加，雪线亦表现出下降趋势。此外，冰川消融的速度有所减缓，导致库玛拉克河的冰川融水径流减少。相比之下，研究发现，托什干河流域夏季气温在海拔 3500 ~ 4000m 和海拔 3900 ~ 4300m 呈现上升趋势，而同海拔降水量则表现为减少趋势，与此同时，积雪覆盖面积也表现出减少趋势。在山区，降水量的显著增加并伴随气温下降将进一步扩大冰冻圈。这一趋势在夏季尤其明显，进一步说明了自 2002 年以来，库玛拉克河的径流在夏季呈现下降趋势的原因。

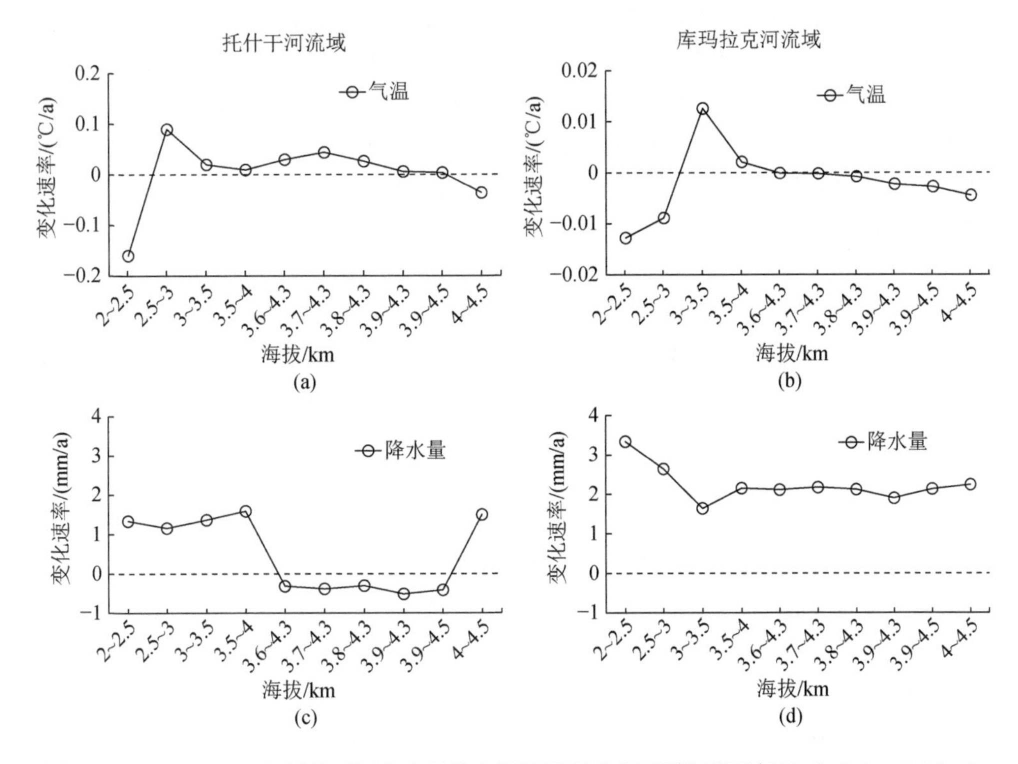

图 5-38　2002 ~ 2015 年托什干河和库玛拉克河流域夏季在不同海拔下气温［（a）、（b）］和降水量［（c）、（d）］的变化速率

本研究对阿克苏河流域径流变化进行了系统分析，但数据集可能存在一些不确定性。例如，本节使用的数据集具有一致性和局限性，对于气象站数据，在研究期间所有站点都没有位置变化或缺失数据。作为 GPCC 的降水产品，该套数据产品尽管 1951 年以后的气候填充数据覆盖较好，特别是与 1901 年以前的数据覆盖较差相比，它受原始数据随时间变化的台站数量的影响。与其他 GPCC 产品相比，GPCC V. 2018（V8）具有更高的精度，

已被推荐用于水文气象模型验证和水循环研究。在本研究中，GPCC 降水与台站年尺度和季节尺度的降水波动一致，R^2处于 0.72 ~ 1，绝对百分比偏差 1.45% ~ 9.09%。本研究同时采用了 ERA-Interim 陆地表面气温数据集，它们在年和月温度上呈现出最高的一致趋势，R^2分别处于 0.50 ~ 0.85（特别是高海拔站点）和 0.98 ~ 0.99。1990 ~ 2015 年没有观测到水文站的位置发生变化，因此在本地更改设备期间并没有影响径流数据集的一致性。此外，水文站的水文监测设施可能影响到径流的监测。

在这项研究中，阿克苏河两大支流——库玛拉克河的协合拉水文站和托什干河上游的沙里桂兰克水文站上游并没有水库存在，这样对径流的影响可以不考虑。然而，库玛拉克河上游协合拉上游有一个“大石峡水电站”，于 2019 年 10 月 10 日开始建设，并不影响本研究时期径流观测。协合拉水文站上游另一个“小石峡水电站”于 2009 年 12 月 26 日开始建设，2012 年开始运行，这可能会改变下游的自然径流，主要对日径流产生影响，而对月和年尺度上的影响较小。夏季高空气温与径流在这两个时间尺度（年和月）内，仍保持显著的相关性（$P<0.01$）。对于托什干河而言，流域的水电站主要分布在下游地区，而上游只有一座水电站——“别迭里水电站”，于 2012 年 3 月投入运行。在复杂地形、高程、下垫面、山地气候等因素的影响下，积雪遥感产品空间分辨率较低，可能导致积雪覆盖面积提取时出现误分类。虽然 MOD10A2 产品分辨率较高，为 500m，但研究中采用 MOD10A2 产品分析不同海拔下的积雪覆盖面积和雪线变化情况，该数据集仅提供 2000 年 3 月以后的数据，为此本研究只考虑 2002 ~ 2015 年这段时间。

5.4.3.6 冰川变化对区域水资源的影响

冰川和积雪作为天山山区最主要的固态水资源，气候变暖背景下引发的冰川面积持续退缩和积雪消融必然会引起天山地区水资源储量发生改变。研究发现，自 2002 年以来，整个天山水资源储量呈现持续亏损态势［图 5-39（a）］，递减速率达 9.98mm/a［图 5-39（b）］，而同期整个天山山区积雪深度减少速率达 0.035mm/a。相比同期，天山积雪深度减少和积雪覆盖度微增，天山山区冰川物质亏损是天山山区水储量减少的直接原因。

对天山山区冰川变化进行研究发现，随着近年来天山山区冰川面积退缩强烈，整个天山山区水储量正发生剧烈变动。天山山区水储量表现为，冰川面积退缩强烈的地区，水储量的递减速率也大，如中天山的冰川面积退缩量最大（1990 ~ 2015 年，冰川面积减少了约 805.08km^2，约占天山冰川面积减少总量的 46.27%），同时，其水储量递减速率也大，达 14.89mm/a；其次为北天山地区，水储量递减速率达 11.75mm/a（1990 ~ 2015 年冰川面积减少了约 456.43km^2）。冰川面积退缩较小的区域，水储量的递减速率也小，如西天山冰川面积退缩较小（近 25 年冰川面积减少了约 374.16km^2），其水储量递减速率相对较小，为 5.94mm/a。而对于东天山山区而言，近年来东天山的升温速率最为显著，伴随冰川面积退缩最为强烈，1990 ~ 2015 年冰川面积减少了 25.88%，但是该区域的水储量亏损速率最小，仅为 2.58mm/a，主要是因为该区域总的冰川分布面积较小，其总的冰川消融面积相对较小，仅为 73.19km^2，因而在当前升温趋势下其水储量的递减速率也相对较小。东天山冰川由于规模相对较小，其受气候变暖的影响较为强烈，冰川退缩最为严重，近 25 年东天山冰川面积退缩速率明显高于天山其他地区。

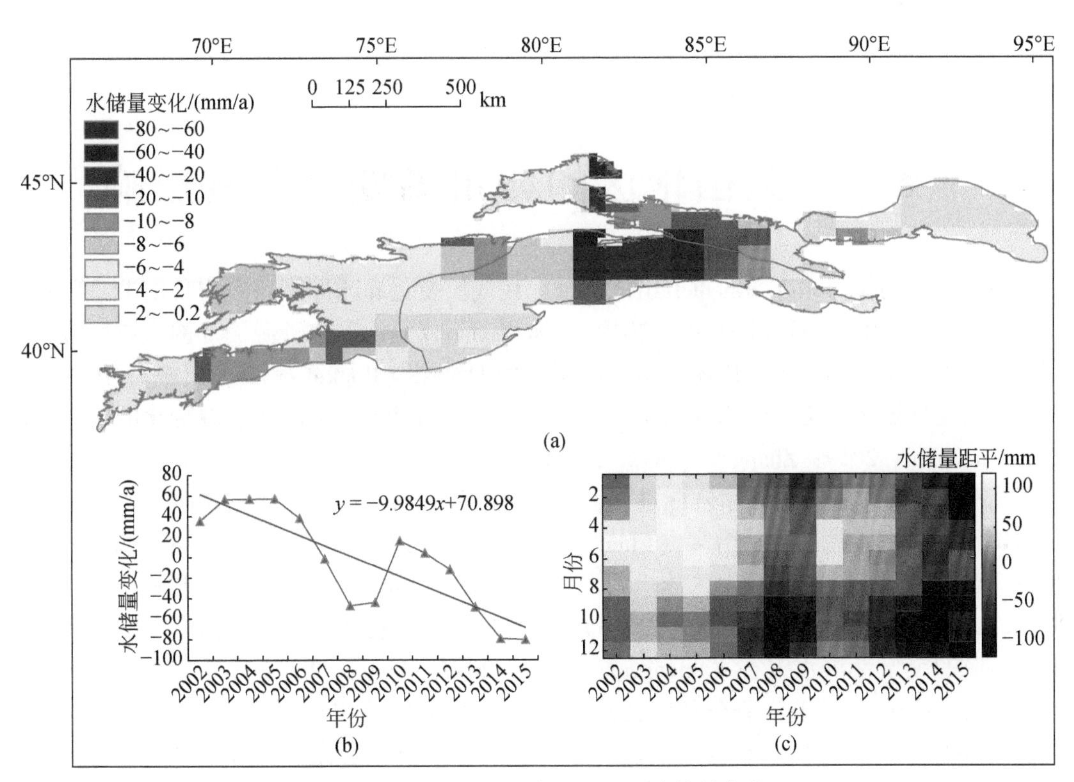

图 5-39　2002～2015 年天山山区水储量变化

(a) 天山山区水储量的空间变化；(b) 天山山区水储量的年际变化；(c) 天山山区不同月份水储量变化

6 天山地区的冰川湖变化及其影响

高山冰川湖作为冰冻圈的重要组成部分，在气候变化和冰冻圈研究中扮演着重要角色（Zhang et al.，2019；Zheng et al.，2019）。冰川湖不仅是山区水资源循环的重要环节和储存库，其分布特征和时空变化还是山区冰川作用的结果（Buckel et al.，2018）。因此，山区冰川湖变化被认为是山区冰冻圈变化的直接反映，同时也是山区水资源变化的综合体现（Qiao and Zhu，2019；Zhang G Q et al.，2017）。

当前全球变暖正影响着冰冻圈过程，并加速山区冰川、河冰、积雪消融，使得全球山区冰川融水和积雪融水不断增多（Chen H Y et al.，2019；Luo et al.，2018；Shen et al.，2018；Yang et al.，2020），山区冰川湖也相应地出现不同于以往的变化，尤其是一些干旱地区的山区湖泊（Song and Sheng，2016）。与此同时，不稳定的山区冰川湖也引发或加剧下游地区的突发性洪水灾害（Shangguan et al.，2017；Veh et al.，2018）。随着全球气候持续变暖，1980 年以来，中东和中亚地区陆地表面损失约 70% 的永久性水资源（Pekel et al.，2016），而山区则表现为湖泊数量和面积普遍增加。近几十年来，中亚山区湖泊呈现明显扩张态势，如 20 世纪 70 年代以来，青藏高原中部唐古拉山地区湖泊面积扩张了约 28.9%（Song and Sheng，2016），同时数量也呈现出增加趋势（Qiao and Zhu，2019）。1990 ~ 2009 年，青藏高原南部和西部的兴都-库什、喜马拉雅山及巴基斯坦与阿富汗地区冰川湖数量增加了 20% ~ 65%（Gardelle et al.，2011），而喜马拉雅山中部 Poiqu 河流域的冰川湖面积在 1964 ~ 2017 年扩张了约 110%（Zhang et al.，2019）。

就中亚天山山区而言，冰川湖扩张主要由冰川融水补给增大所致。1990 年以来，天山山区冰川湖数量和面积呈显著增加与扩张态势（Zheng et al.，2019；Wang et al.，2020）。1968 年以来，天山阿姆河源头冰川湖的扩张速率明显高于其他类型湖泊（Mergili et al.，2013）；1990 ~ 2015 年，天山锡尔河上游新增的冰川湖数量占该山区湖泊增加总数量的 69%（Zheng et al.，2019）；2002 ~ 2014 年，天山 Djungarskiy Alatau 地区冰川湖数量增加 37 个（6.2%），伴随面积扩张约 18km^2（Kapitsa et al.，2017）。就新疆山区湖泊变化而言，2003 ~ 2009 年新疆山区 71% 的湖泊水位呈上升趋势，尤其以天山地区湖泊面积扩张最为显著（Ye et al.，2017），这在塔里木河流域也有所体现，如近 25 年塔里木河流域北部天山冰川湖面积扩张了约 32.9%（Wang X et al.，2016）。天山冰川湖受人类活动的干扰较小，近年来天山山区冰川湖广泛扩张，很大程度上是气温持续升高和冰川加速消融所致，但在空间上，其表现出明显的差异性。天山冰川湖变化背后的主要驱动力问题仍在争论中，可能是气温、降水、冰川融水补给及区域地形条件共同作用的结果。

本章综合了多源遥感数据，并结合实测气象水文资料，对 1990 ~ 2015 年整个天山山区冰川湖进行了提取和分类，系统分析了 1990 ~ 2015 年中亚天山山区不同类型山区湖泊的时空分布及变化特征，并对其主要驱动因子，如气温、降水、冰川融水补给和区域地形条件等影响因素进行了探讨。在全球气候变暖的背景下，本研究深入分析了天山山区冰川湖变化，并对其影响因素进行了探讨，旨在为丝绸之路经济带核心区的水资源安全问题提供支撑。

6.1 天山山区湖泊信息的提取方法

6.1.1 湖泊信息的提取方法

本节主要基于1990～2015年（1990年、2000年、2010年和2015年）四期Landsat陆地卫星遥感图像，采用水体信息自动提取和目视解译方法对湖泊进行提取。这种水体信息自动提取技术在更大的湖泊边界图中表现出更高的性能。在本研究中，天山山区的湖泊以面积较小的湖泊为主，因此首先采用自动提取的方法对山区湖泊进行提取，其次通过目视解译方法，对得到的湖泊边界进行进一步的改进。为深入探究气候变化对山区冰川湖的影响，水库、池塘、水渠以及处于低海拔地区受人类活动影响的湖泊水体应尽量消除。对于冰川湖的判定，有很多研究从不同角度给出了判定标准（Wang et al.，2020；Yao et al.，2018）。由于天山地区范围大，气候条件复杂，地形复杂，许多研究采用冰川末端或冰川边界2km、3km、5km、10km的距离来提取冰川湖（Veh et al.，2018；Wangchuk and Bolch，2020；Petrov et al.，2017）。相关研究表明，10km是一个在冰川周边范围提取冰川湖的合适距离，这已经在第三极地区得以证实（Wang et al.，2020）。因此，本研究基于ENVI 5.3和ArcGIS 10.3软件，利用水体信息自动提取方法提取了1990～2015年天山山区湖泊信息，并将天山山区冰川边界周边10km范围内的湖泊考虑在内。本研究首先采用归一化差分水体指数（normalized difference water index，NDWI）的方法提取湖泊面积，计算公式如式（6-1）：

$$\mathrm{NDWI}=\frac{B_{\mathrm{TM4}}-B_{\mathrm{TM1}}}{B_{\mathrm{TM4}}+B_{\mathrm{TM1}}} \tag{6-1}$$

式中，B_{TM1}和B_{TM4}分别为Landsat TM/ETM+影像的第1波段和第4波段。根据计算出来的NDWI图，在不同遥感影像选取适当NDWI阈值，得到水体与非水体的二值图，初步识别出湖泊信息中的水体与非水体。

NDWI获取的水体信息图，存在两种可能的误判：一是失真，误将水体当作非水体地物；二是纳误，将冰川、积雪、云影和山体阴影等非水体地物当作水体。其中，山体阴影影响冰川湖的绘制，尤其在影像自动判读过程中，难以准确判读湖泊信息。但就山区湖泊而言，山体阴影通常有比山体湖泊更高的坡度，这使得本研究可以通过数字高程模型（DEM）坡度图像（小于一定坡度）及高分遥感影像的地形和地貌条件来判读湖泊水体与山体阴影。此外，本节通过MOD10A2影像对整个天山山区多年的平均云层覆盖度进行分析发现，整个天山地区年均云层覆盖度在3.22%左右。其中，冬季和春季的云层覆盖度最高（分别为6.18%和2.95%），夏季和秋季的云层覆盖度最低，分别为1.23%和1.69%。就不同月份来看，本节所采用的Landsat影像主要集中在7～10月，云层覆盖度最低，仅为0.55%。尽管云层覆盖度在天山地区不是很高，但其仍然会对冰川湖泊的提取产生影响，尤其是多年云层聚集地区。因此，在自动提取山区湖泊之后，视觉检查和手动修订过程中仍然需要进一步对冰川湖泊的边界进行修正。本节采用目视解译方法，通过对陆地卫星图像假彩色合成来识别山区湖泊，而这些湖泊可以同时利用高分 WorldView-2 影像、必应（Bing）影像和谷歌地球（Google Earth）影像来识别。另外，对于那些出现雪和云的冰川湖泊或被冰川填满的区域，采用上述年份以外 1～3 年的图像来填补影像的空白。

此外，山区湖泊表现出与冰川、积雪和湖泊相似的特征，山区湖泊在自动提取过程中对冻结和冰覆盖的水体识别有限制，所以需要对这些湖泊进行逐一目视辨别。最终这些冰冻或者被积雪覆盖的山区湖泊被相邻年份对应 1～4 月高质量的遥感影像所替代，更好识别所在地区的山区湖泊。本节对 Landsat 影像进行假彩色合成（Landsat TM/ETM+/OLI 影像通过 3、5、7 波段或者 4、6、7 波段）并将其导入 ArcMap 进行人工识别，每个湖泊都确保开展了重新检查、边缘完善、编目整理和分类工作。考虑到不同学者采用不同的湖泊提取方法，为此，本节将 0.0054km^{2}作为整个天山山区湖泊提取的最小面积。天山山区湖泊提取的过程具体见图 6-1。

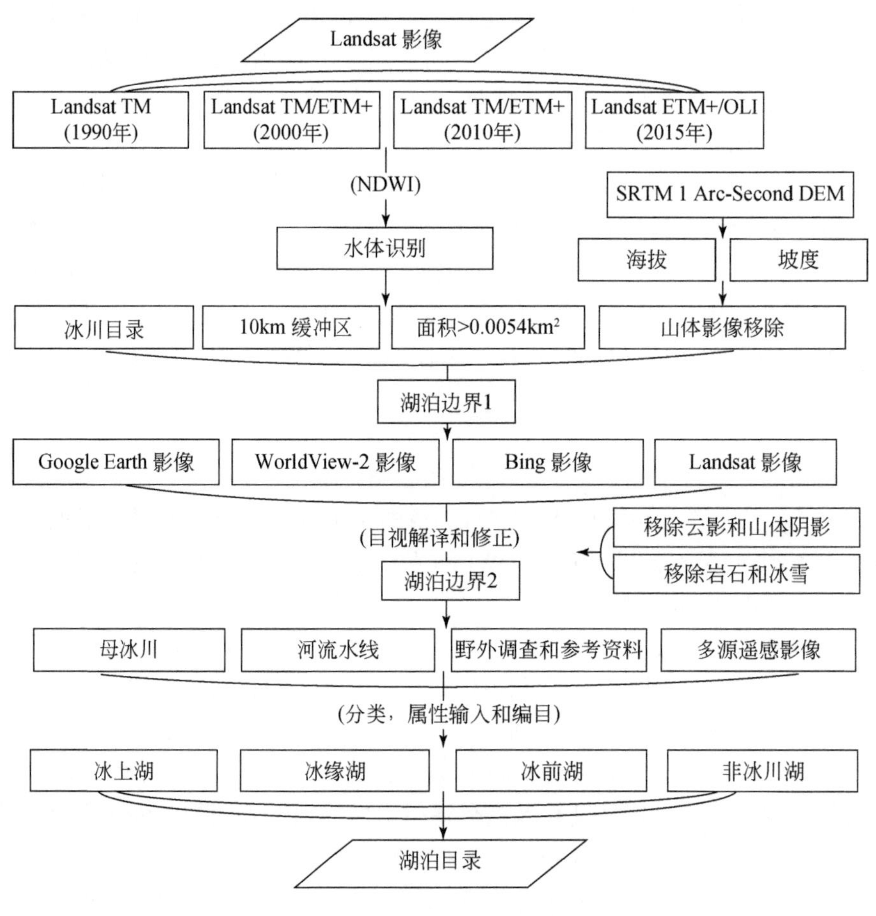

图 6-1　天山山区湖泊提取的流程图

为进一步探究非冰川融水补给型湖泊对气候变化的敏感性，以及更好地比较天山山区冰川湖变化，本节以东天山为例，提取了 1990 ~ 2015 年东天山山区的所有湖泊。基于多源遥感数据对东天山山区所有海拔>2000m 的山区湖泊进行了统计和分类，涵盖了 1990 ~ 2000 年、2000 ~ 2010 年和 2010 ~ 2015 年三个不同时间段。同时，本节基于高分辨率的 WorldView-2 影像、Bing 影像及 Google Earth 影像，并参考相关的文献资料，对东天山山区海拔>2000m 的所有受人类活动影响的湖泊（如巴里坤湖、柴窝堡湖、托勒库勒湖等）、池塘、水渠、水库及受水电站影响的湖泊等进行排除，最后整理出一套不受人类活动影响的冰川湖和非冰川湖数据集。

6.1.2 山区湖泊的分类

天山山区发育有众多类型的山区湖泊，但以冰川融水补给型湖泊为主。由于不同类型山区湖泊对气候变化的响应存在明显差异，甚至可能完全不同，难以准确监测上游冰川融水或降水变化对下游湖泊的影响，进而将影响到湖泊变化的研究。因此，为更加精准地探究天山山区湖泊变化及其主要的驱动因素，探明不同类型山区湖泊与其上游冰川的相互关系及其形成、补给方式和变化特征（King et al.，2019；Treichler et al.，2019；Petrov et al.，2017；Song and Sheng，2016；Zhang et al.，2019），本节将天山山区湖泊划分为 4 种类型，即这些集中在大型冰川之上、多处于大型山谷型冰川末端且在一定范围内同时受冰川融水补给影响的冰上湖（supraglacial lake）、与其补给母冰川直接接触的冰缘湖（proglacial lake）和与其母冰川相对存在一定距离的冰前湖（extraglacial lake），以及没有冰川融水补给作用的非冰川湖（non-glacial lake）（图 6-2）。

本研究首先根据冰川的区域位置，提取周边 10km 范围内所有山区湖泊，其次利用 DEM 数据，以及 Landsat 融合影像，高分辨率的 WorldView-2 影像、Google Earth 影像及 Bing 影像，并根据冰川下游水线与下游湖盆位置关系，将不同类型的山区湖泊进行逐一编目和分类。这 4 种不同类型山区湖泊的特征总结如下。

6.1.2.1 冰上湖（supraglacial lake）

天山山区冰上湖规模相对较小，主要分布于冰川表面，由冰川表面融水被其表面冰川坝拦截形成。冰上湖主要集中在一些大型的山谷型冰川末端，通常冰川表面坡度平缓，如冰川规模和数量比较大的中天山托木尔峰地区。

6.1.2.2 冰缘湖（proglacial lake）

冰缘湖的变化受到其上游母冰川进退的直接影响。它们集中在冰川末端前端，并与冰川末端相接触，主要由前端的冰碛物堆积成的坝堤拦截形成。随着上游母冰川的持续后退，冰缘湖湖泊面积逐渐扩张，同时，随着上游母冰川融水补给增多，湖泊面积扩张显著。值得注意的是，由于上游母冰川末端一部分冰川位于湖泊内部，湖泊的水融性作用在一定程度上将加速这一部分冰川的消融。

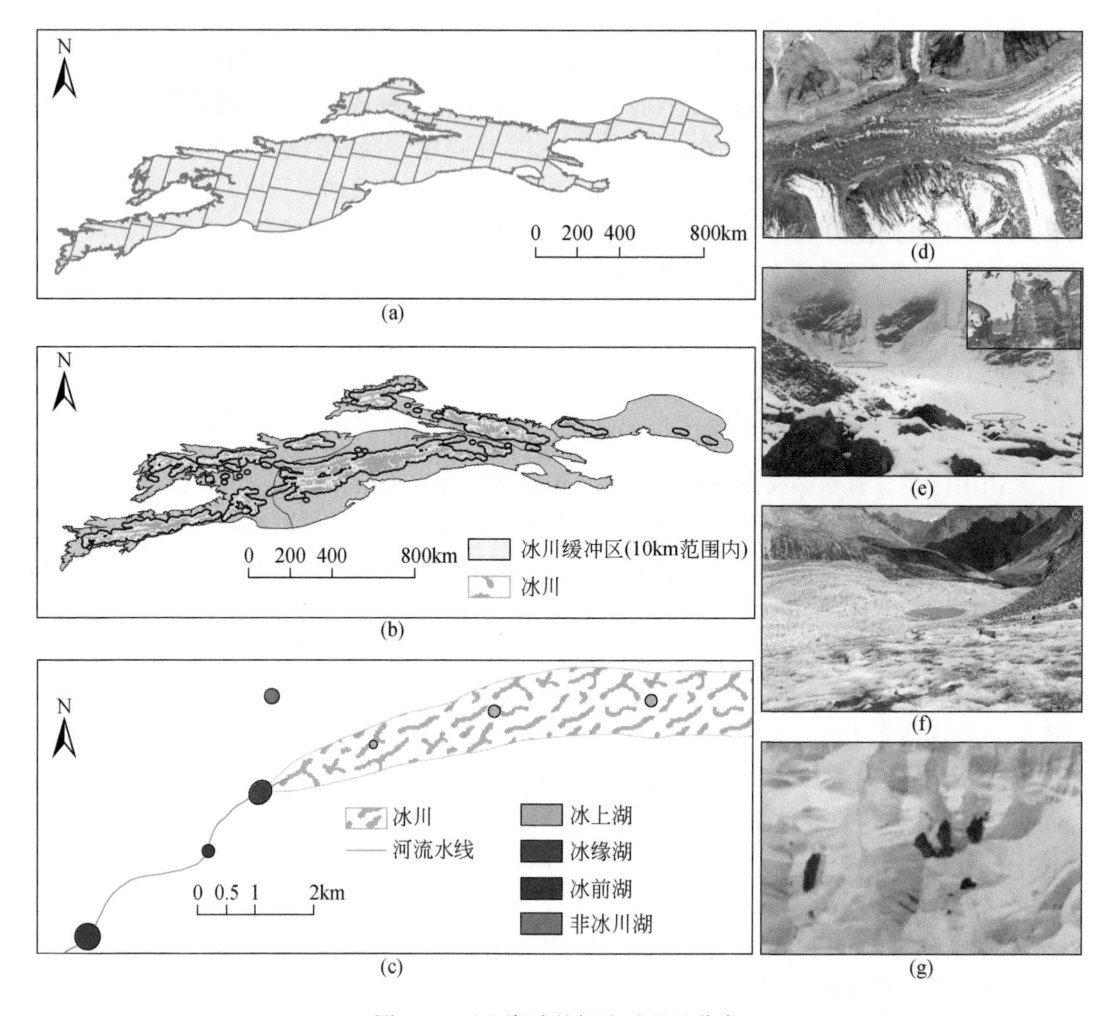

图 6-2　天山湖泊的提取过程及分类

(a) 提取整个天山湖泊过程中所使用的 Landsat 影像范围；(b) 冰川 10km 范围内提取的所有湖泊；(c) 天山不同类型山区湖泊与冰川的位置关系；(d) 冰上湖影像；(e) 冰缘湖影像；(f) 冰前湖影像；(g) 非冰川湖影像

6.1.2.3　冰前湖 (extraglacial lake)

冰前湖位于冰川前端的一定距离范围内，并没有与上游母冰川相接触，但是，这类湖泊水量却受到上游母冰川融水的直接影响。例如，相对于天山山区的山谷型冰川而言，其前端通常发育有众多的湖泊，它们之间的距离近则几米，远则达几千米。

6.1.2.4　非冰川湖 (non-glacial lake)

不同于冰川融水补给型湖泊，非冰川湖并没有来自上游冰川融水径流的补给，且在湖泊周边没有母冰川，或者在上游母冰川与该湖泊之间没有水线相连接，这类山区湖泊的补给方式主要是上游的积雪融水及降水补给。

6.1.3 湖泊变化速率的计算

湖泊面积变化可以反映气候的变化情况，尽管运用不同时间尺度和详细程度的数据分析湖泊面积变化可能存在一定局限性，但仍可以为评估大时空尺度的湖泊面积变化提供重要依据。湖泊面积年均变化率（annual percentages of area change，APAC）是评价湖泊面积变化程度的常见指标，可以较好地将不同时空尺度的湖泊面积变化研究结果进行统一比较，其计算公式如下：

$$\mathrm{APAC} = \frac{\Delta A}{A_0 \Delta t} \tag{6-2}$$

式中，ΔA 为湖泊变化面积，km^2；A_0 为初始状态下湖泊面积，km^2；Δt 为研究时段的年限，年。

6.2 天山湖泊的时空变化特征

6.2.1 天山山区湖泊数量及类型

截至2015年，天山共发育有山区湖泊2421个，面积约为129.75km^2，平均单个湖泊面积为0.05km^2。从整个天山山区湖泊规模来看，湖泊以小型湖泊为主，其中，规模<0.1km^2的湖泊数量达2213个，面积约为46.07km^2，占整个天山湖泊总数量的91.41%。天山山区面积大于1km^2的冰川湖现有11个，主要分布在中天山（9个）、西天山（1个）和北天山（1个）。整个天山山区中，最低海拔的冰川湖位于西天山（1716m），最高海拔的冰川湖出现在中天山，为4281m（图6-3）。

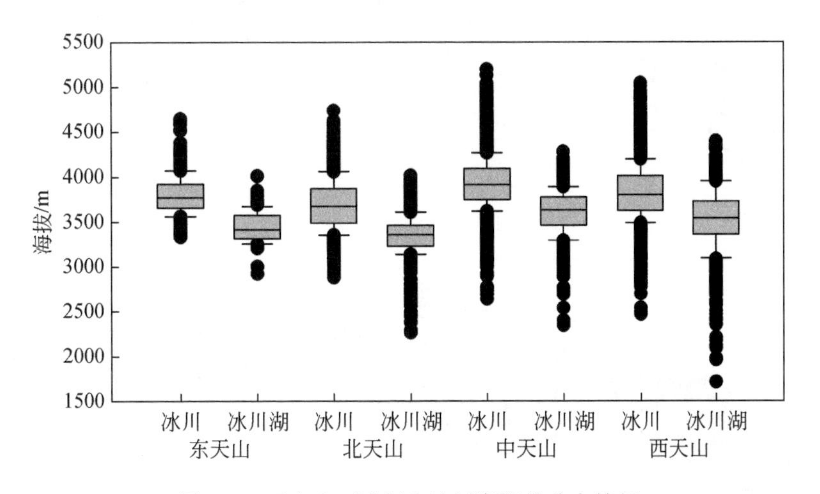

图6-3 天山山区冰川和冰川湖海拔分布特征

就天山冰川湖分布海拔而言，整个天山湖泊分布海拔要低于其冰川末端海拔，这也进一步说明天山山区的湖泊以分布在冰川末端的湖泊为主。从整个天山不同地区冰川分布海拔来看，冰川末端平均海拔最高的是中天山地区，为3938m，同时，也是山区冰川湖平均海拔最高的区域，为3611m。其次为西天山和东天山地区，其对应的冰川末端平均海拔为3824m和3800m，山区冰川湖平均海拔分别为3520m和3450m。北天山冰川末端平均海拔最低，仅为3696m，同时，北天山也是冰川湖平均海拔分布最低的区域，为3348m。

根据天山山区湖泊类型，2015年天山地区共发育有冰上湖52个，冰缘湖399个，冰前湖1597个和非冰川湖373个（表6-1）。在这些山区湖泊中，以冰川融水补给的冰川湖（冰上湖、冰缘湖和冰前湖）为主，其数量和面积分别占整个天山山区湖泊总数量和总面积的84.59%、86.74%。天山山区4种不同类型的山区湖泊及其规模的空间分布，如图6-4所示，主要集中在冰川附近，这进一步说明天山山区的湖泊类型以冰川融水补给或冰川作用的冰川湖类型为主。

表6-1　2015年天山山区不同类型山区湖泊数量和面积

湖泊类型	数量/个	面积/km²	平均海拔/m
冰上湖	52	1.06	3462
冰缘湖	399	22.88	3648
冰前湖	1597	88.61	3491
非冰川湖	373	17.20	3368
总计	2421	129.75	3500

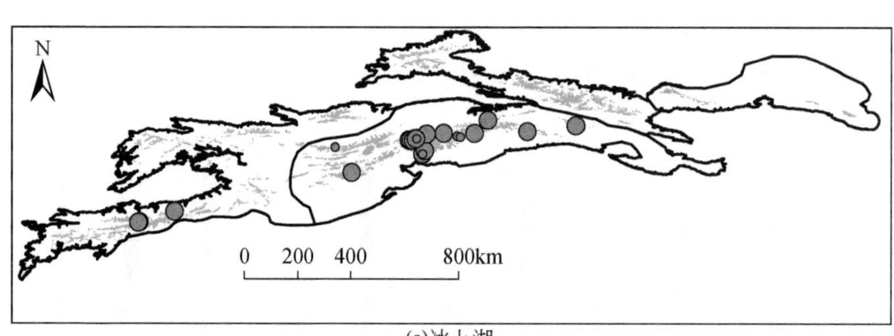

(a)冰上湖

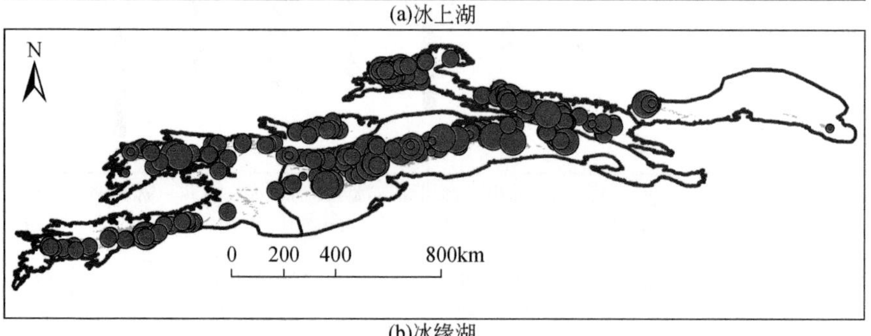

(b)冰缘湖

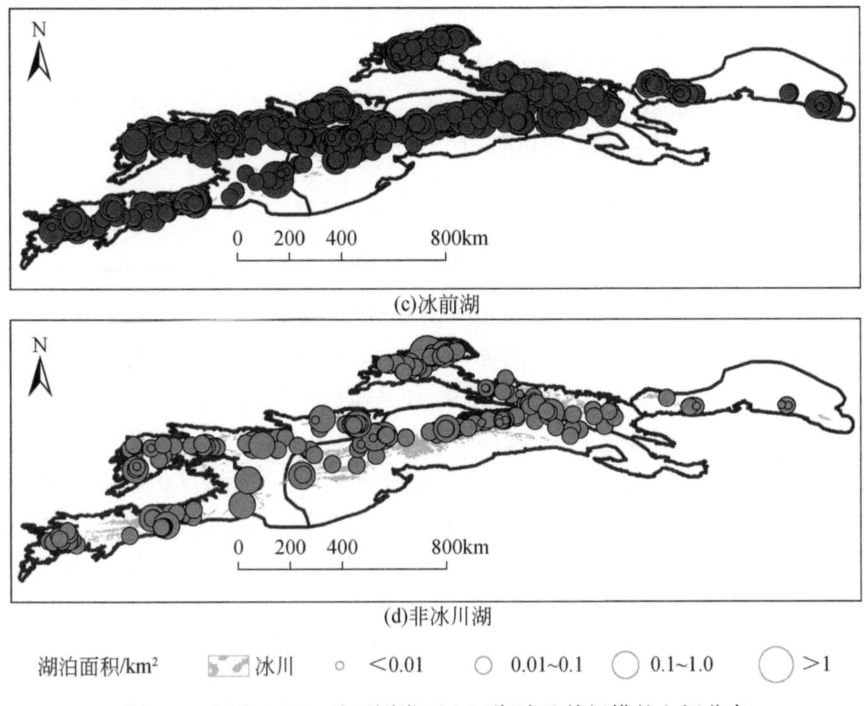

图 6-4 天山山区 4 种不同类型山区湖泊及其规模的空间分布

6.2.2 天山山区湖泊的时空变化

自 1990 年以来，整个天山冰川湖数量、面积呈明显增多和扩张趋势（图 6-5）。1990 ~

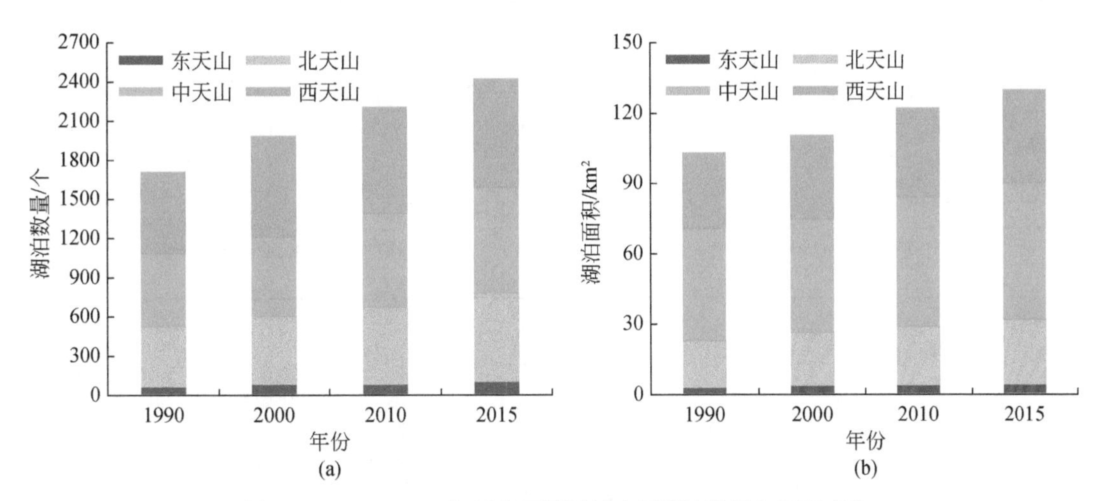

图 6-5 1990 ~ 2015 年天山不同区域山区湖泊数量和面积变化

（a）山区湖泊数量变化；（b）山区湖泊面积变化

2015 年，整个天山山区湖泊数量增加 712 个（41.66%），面积扩张约 26.73km²（25.95%），增加速率分别达 1.67%/a 和 1.04%/a。其中，冰川湖（冰上湖、冰缘湖和冰前湖）呈现显著的数量增加和面积扩张，近 25 年数量增加 45.45%、面积扩张 27.08%。与此同时，非冰川湖数量和面积呈现微弱的增加趋势，湖泊数量增加 23.92%，面积扩张约 19.01%。

6.2.2.1 天山山区湖泊数量、面积变化

1990～2015 年不同时期天山新增、消失的山区湖泊的空间分布如图 6-6 所示，自 1990 年以来，天山各区域出现了很多新增的冰川湖，如 1990～2000 年，天山山区新增冰川湖 381 个，面积扩张约 8.45km²，而这些新增的冰川湖数量和面积占整个天山山区新增山区湖泊总数量和总面积的 92.39%、93.15%。其中，西天山新增的冰川湖数量和面积分别占整个天山山区新增冰川湖数量和面积的 46.18%、37.01%。而 2000～2010 年，整个天山新增冰川湖数量增加 325 个，面积扩张 8.34km²，该时期中天山新增的冰川湖数量和面积分别占整个天山山区新增山区湖泊总数量和总面积的 50.15%、58.61%。2010～2015 年，整个天山山区冰川湖数量达 359 个，面积增长 6.82km²。值得注意的是，中天山新增冰川湖数量和面积分别占天山山区冰川湖数量和面积增长总量的 43.18%、47.60%。1990 年以来，从新增山区湖泊海拔变化来看，这些新增的山区湖泊海拔呈现逐渐上升趋势。1990～2015 年，这些新增的山区湖泊海拔从 1990 年的 3549.62m 上升至 2015 年的 3578.10m，近 25 年海拔上升了 28.48m。总体来看，相对于 1990～2000 年，新增湖泊海拔在 2000～2010 年上升了约 6.9m；相对于 2000～2010 年，新增湖泊海拔在 2010～2015 年上升了约 21.55m。

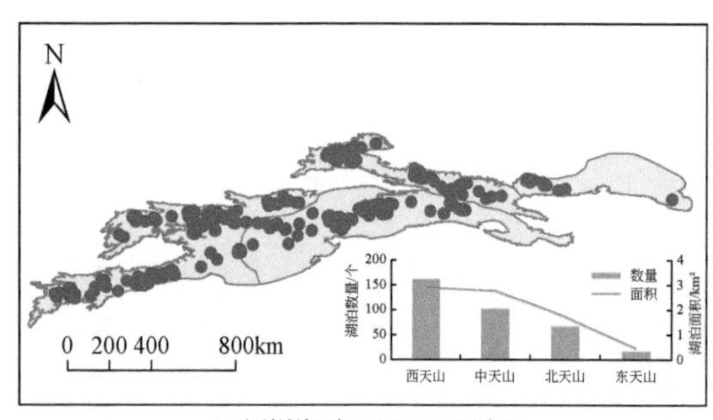

(a)新增湖泊(1990~2000年)

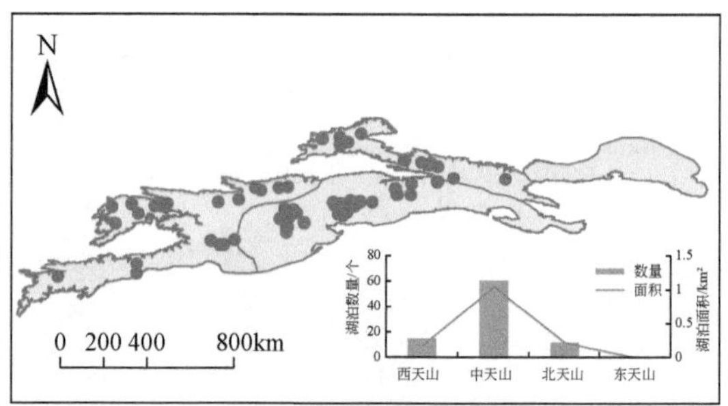

(b)消失湖泊(1990~2000年)

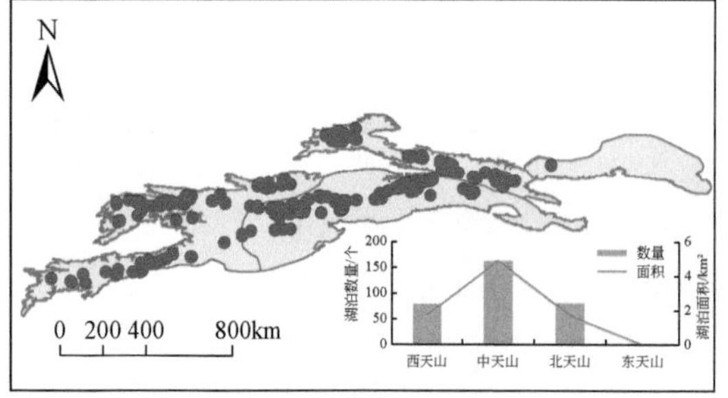

(c)新增湖泊(2000~2010年)

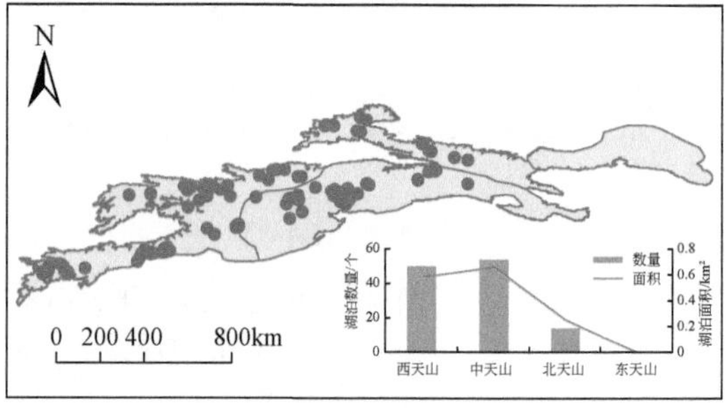

(d)消失湖泊(2000~2010年)

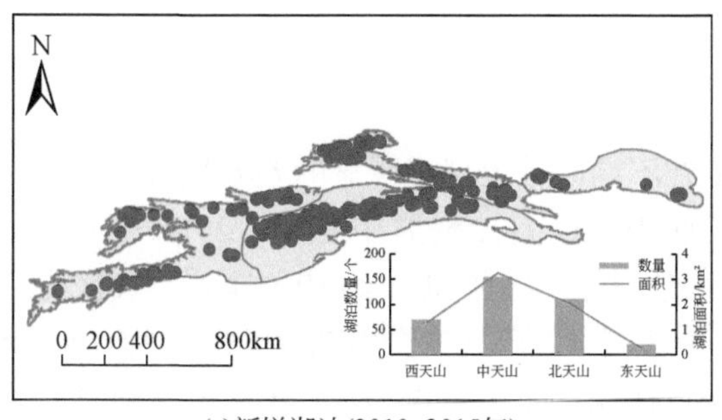

(e)新增湖泊(2010~2015年)

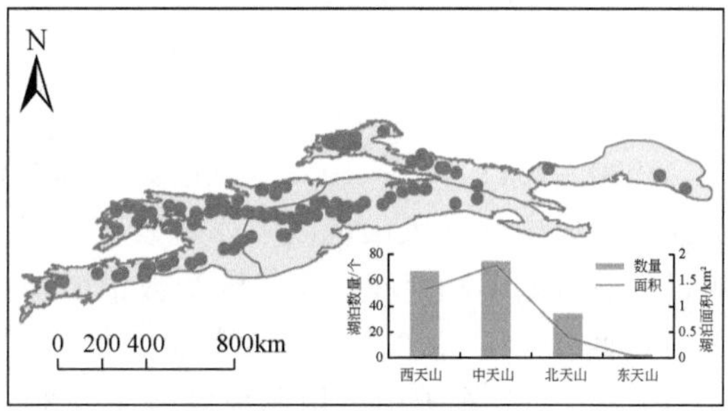

(f)消失湖泊(2010~2015年)

图 6-6 1990~2015 年不同时期天山新增、消失的山区湖泊的空间分布

● 代表湖泊位置

然而，值得注意的是，天山冰川湖持续扩张的同时，也伴随一些消失的湖泊（表6-2）。1990~2000 年，天山共计有 102 个山区湖泊（14 个非冰川湖和 88 个冰川湖）消失，面积缩减约 1.66km^2。2000~2010 年，天山共计有 124 个山区湖泊（6 个非冰川湖和 118 个冰川湖）消失，面积缩减 1.54km^2。2010~2015 年，天山共计有 193 个山区湖泊（14 个非冰川湖和 179 个冰川湖）消失，面积缩减 3.97km^2。整体来看，这些消失的冰川湖主要集中在中天山和西天山地区。例如，1990~2000 年，中天山消失的冰川湖数量和面积分别占整个天山消失冰川湖数量和面积的 69.32%、72.2%；2000~2010 年，中天山消失的冰川湖数量和面积分别占整个天山消失冰川湖数量和面积的 45.76%、44.30%；2010~2015 年，中天山消失的冰川湖数量和面积分别占整个天山消失冰川湖数量和面积的 41.90%、51.00%。

表 6-2 1990~2015 年不同时期天山山区新增与消失冰川湖数量和面积

时期		东天山		北天山		中天山		西天山		天山（总）	
		数量/个	面积/km^2	数量/个	面积/km^2	数量/个	面积/km^2	数量/个	面积/km^2	数量/个	面积/km^2
新增湖泊	1990~2000 年	18	0.46	68	1.72	103	2.78	163	2.92	352	7.88
	2000~2010 年	1	0.01	81	1.69	163	4.89	80	1.76	325	8.35
	2010~2015 年	21	0.26	112	2.04	155	3.25	71	1.27	359	6.82
消失湖泊	1990~2000 年	0	0	12	0.22	61	1.04	15	0.17	88	1.43
	2000~2010 年	0	0	14	0.25	54	0.66	50	0.58	118	1.49
	2010~2015 年	2	0.02	35	0.39	75	1.79	67	1.32	179	3.52

1990~2015 年，天山不同时期湖泊数量和面积均呈现持续增多和稳定扩张态势。其中，1990~2000 年，天山冰川湖面积扩张速率达 0.65km^2/a；2000~2010 年，冰川湖面积扩张速率增至 1.09km^2/a；2010~2015 年，冰川湖面积扩张速率增至 1.33km^2/a。然而，近 25 年非冰川湖并未表现出持续扩张态势，而是呈现间歇性的扩张。其中，1990~2000 年非冰川湖面积扩张了 0.92km^2，而 2000~2010 年和 2010~2015 年，非冰川湖面积分别

扩张了 0.77km²和 1.06km²。

6.2.2.2 天山山区不同区域湖泊变化

1990～2015 年，天山山区湖泊数量和面积在不同区域表现出明显的差异性（图 6-7）。例如，中天山（在天山地区中冰川数量最多，面积也最大）湖泊在 1990～2015 年表现出明显的数量增多和面积扩张，湖泊数量增加了 217 个，面积扩张了约 10.27km²。其次为北天山和西天山，总的冰川湖数量（面积）分别增加了 192 个（7.09km²）和 194 个（6.70km²）。而东天山冰川湖数量增加了 39 个，面积扩张了 1.44km²。从天山不同时期冰川湖面积变化来看，东天山和北天山的冰川湖表现出最为强烈的扩张趋势，速率分别达 2.44%/a 和 1.65%/a。其次西天山冰川湖的扩张速率为 0.98%/a，而中天山冰川湖的扩张速率最为缓慢，为 0.87%/a。

天山山区几乎所有的冰上湖分布在中天山，然而，1990～2015 年并没有发现湖泊数量和面积表现出持续增加趋势。对于冰缘湖和冰前湖而言，该时期湖泊面积均表现出明显的扩张趋势，尤其对于东天山、北天山和西天山山区的冰缘湖，湖泊面积扩张速率分别达 6.47%/a、3.49%/a 和 5.51%/a，明显高于冰前湖的扩张速率（分别为 2%/a、1.29%/a

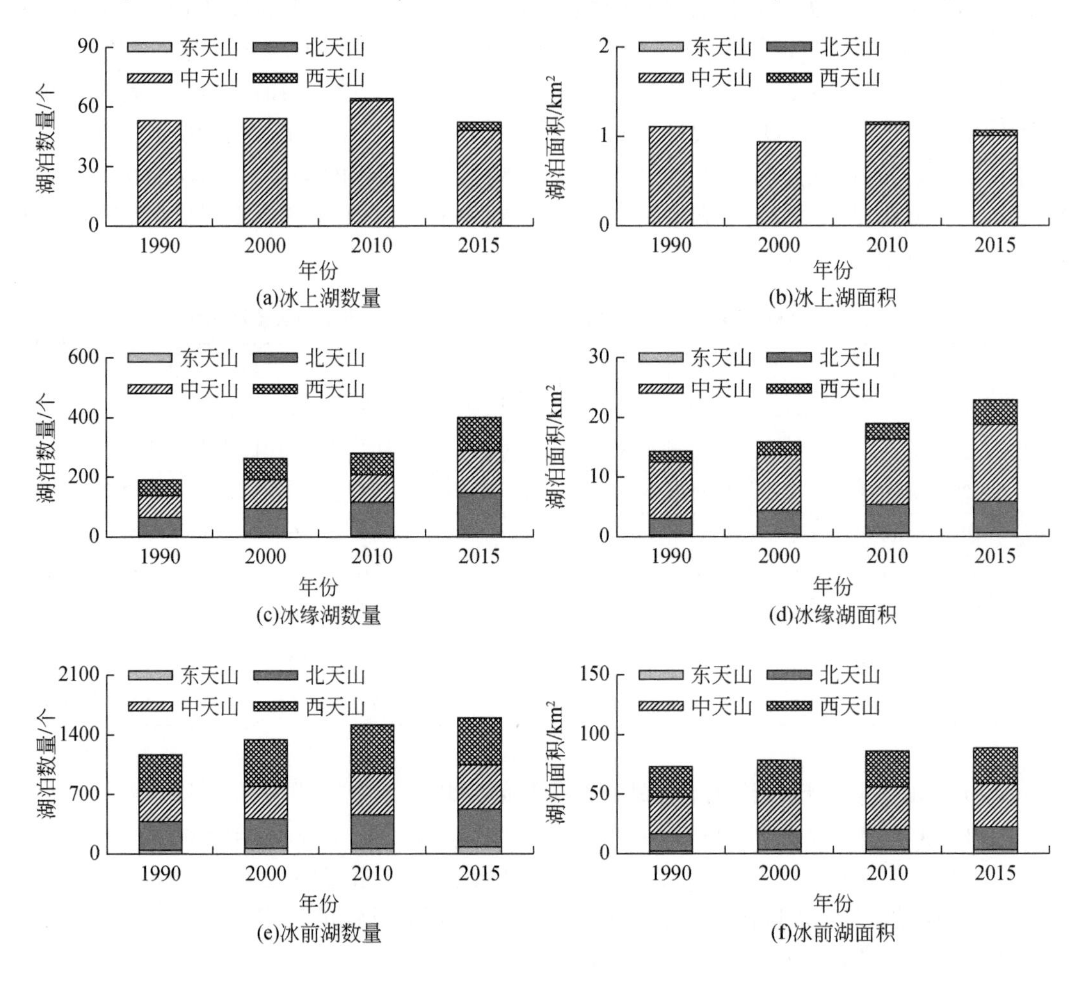

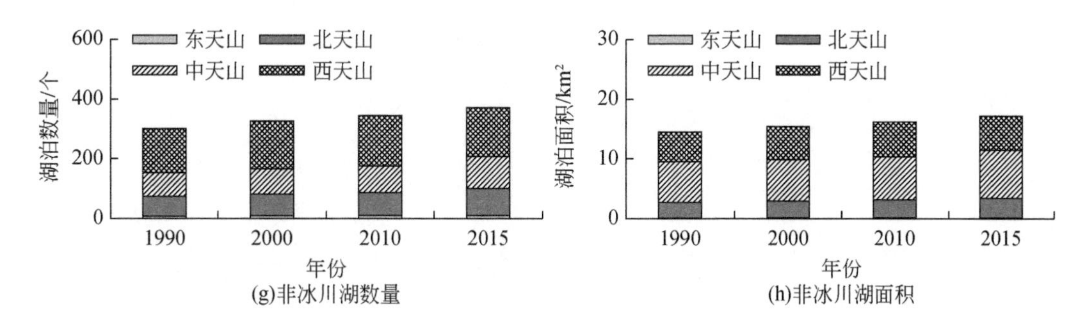

图 6-7 1990 ~ 2015 年天山四种山区湖泊数量和面积变化

和 0.53%/a)。其次为中天山，该时期冰缘湖的扩张速率是冰前湖扩张速率的 2 倍。而对于非冰川湖而言，天山山区非冰川湖的扩张速率明显要低于冰川湖的扩张速率。其中，东天山非冰川湖的扩张速率为 1.75%/a，北天山为 1.03%/a，中天山为 0.73%/a，而西天山为 0.62%/a。

6.2.2.3 天山山区不同类型湖泊变化

天山山区不同类型的湖泊变化显示，冰缘湖数量和面积表现出较强烈的数量增加和面积扩张。1990 ~ 2015 年，天山山区冰缘湖数量增加速率和面积扩张速率分别达 4.40%/a 和 2.41%/a。其次为冰前湖和非冰川湖，其中，冰前湖数量增加速率和面积扩张速率分别达 1.48%/a 和 0.84%/a，明显高于非冰川湖（0.96%/a 和 0.76%/a)。然而值得注意的是，冰上湖数量和面积表现为减少趋势，减少速率分别为 0.08%/a 和 0.15%/a。

从整个天山不同空间来看，东天山冰川湖在 1990 ~ 2015 年呈现出明显的数量增加和面积扩张。25 年来，东天山山区湖泊数量增加了 71.93%，面积扩张了 44.90%，增加速率和扩张速率分别为 2.88%/a 和 1.80%/a。其次是北天山和西天山，面积扩张速率分别为 1.57%/a 和 0.92%/a。而中天山山区湖泊的面积扩张速率最小，为 0.85%/a。

1990 ~ 2015 年天山不同类型山区湖泊面积的变化速率显示（图 6-8)，相对于非冰川湖的扩张速率，冰缘湖和冰前湖表现出显著的扩张态势，尤其是冰缘湖。近 25 年，东天山、西天山、北天山和中天山冰川湖的扩张速率分别为 6.47%/a、5.51%/a、3.49%/a 和 1.44%/a。相比较而言，东天山地区冰前湖和非冰川湖的扩张速率相对天山其他地区要高，分别为 2%/a 和 1.75%/a [图 6-8 (c) 和图 6-8 (d)]。值得注意的是，东天山和北天山并没有发现冰上湖的存在，中天山冰上湖甚至表现出缩减趋势，速率达 0.35%/a。

6.2.3 东天山冰川湖扩张速率变化分析

东天山作为整个天山地区湖泊扩张速率最快的区域，引起人们的广泛关注。本节对此进行了专门研究，以期了解其变化的主要原因。天山地区受来自大西洋水汽西风环流的影响，在夏季出现强降水，然而，湿润气流经长途跋涉，到达东天山的水汽含水量大大减

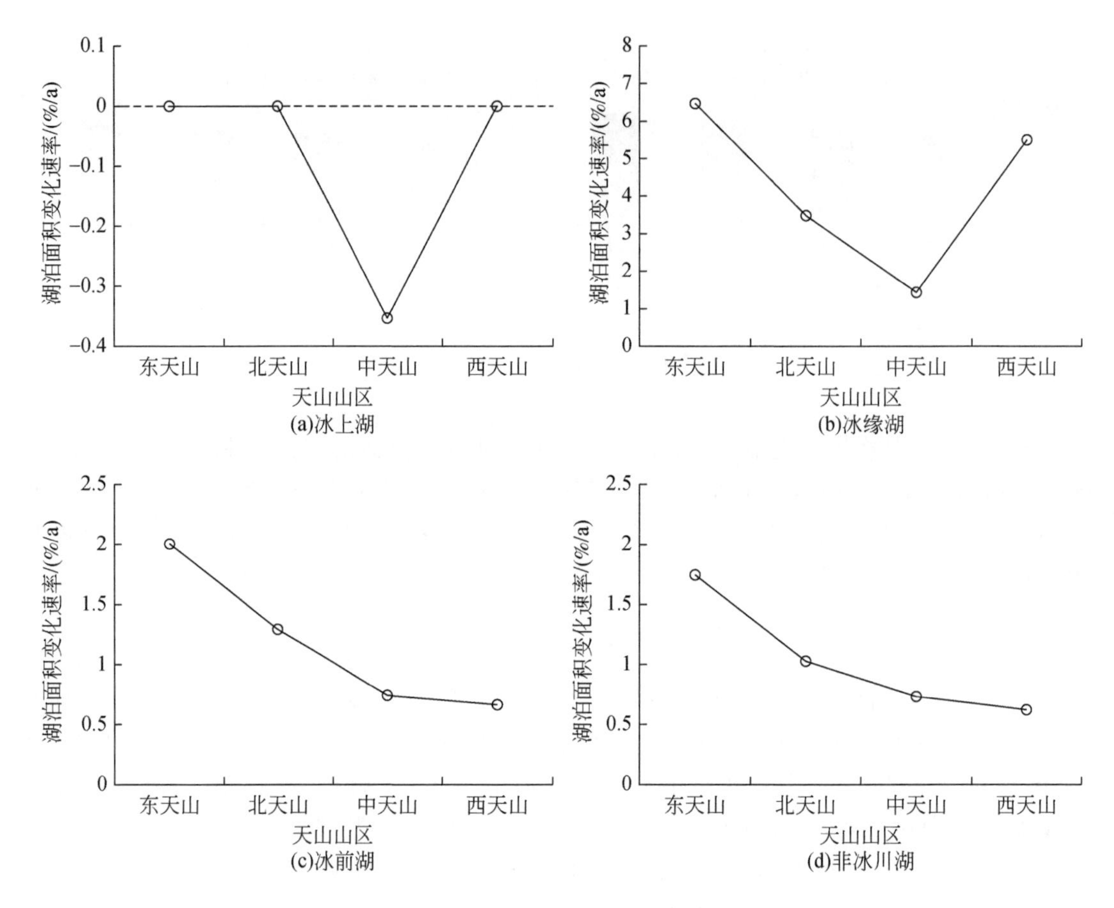

图 6-8　1990 ~ 2015 年天山不同类型山区湖泊面积的变化速率

少，为天山最为干旱的区域，年均降水量仅 142mm，其中，夏季降水量占年降水总量的 52% 以上，整体由西向东降水量逐渐减少。

东天山共发育冰川 520 条，总面积约为 258. 86km²（表 6-3）。尽管山区海拔主要集中在 500 ~ 2500m（占东天山区域面积的 86%），但几乎所有的冰川和冰川湖在海拔 3000m 以上。这些冰川大多为中小型冰川，平均单条冰川面积为 0. 50km²，冰川末端平均海拔为 3800m，主要分布在博格达山区（图 6-9）。相对于天山内部大型的冰川，该地区的冰川更易受到气候变化的影响。近年来，冰川融水已成为干旱和半干旱地区的重要水资源，尤其对于降水较少、蒸发强烈、气温较高的东天山地区具有特别重要的意义。

表 6-3　东天山山区的地理特征和气候特征

地理特征		气候特征	
区域面积/10^5 km²	0. 82	多年平均气温/℃	5. 66
冰川数量/条（面积/km²）	520（258. 86）	多年平均降水量/mm	142
区域冰川比例/%	0. 32	多年平均夏季气温/℃	19. 66

续表

地理特征		气候特征	
年均积雪覆盖度/%	26.61	多年平均夏季降水量/mm	73.60
年均积雪深度/cm	1.42		
冰川末端平均海拔/m	3800		
山区湖泊平均海拔/m	3439		
平均单条冰川面积/km^2	0.50		
平均单个冰川湖面积/km^2	0.04		
区域海拔范围/m	284~5099		
平均海拔/m	1624		

注：冰川数据来自 2017 年发布的 RGI 6.0

本节基于多源遥感数据对东天山山区所有海拔>2000m 的山区湖泊进行了统计和分类，涵盖了 1990~2000 年、2000~2010 年和 2010~2015 年三个不同时间段，并对不同区域、不同海拔、不同类型的冰川湖和非冰川湖的时空变化进行了分析。此外，本节系统分析了

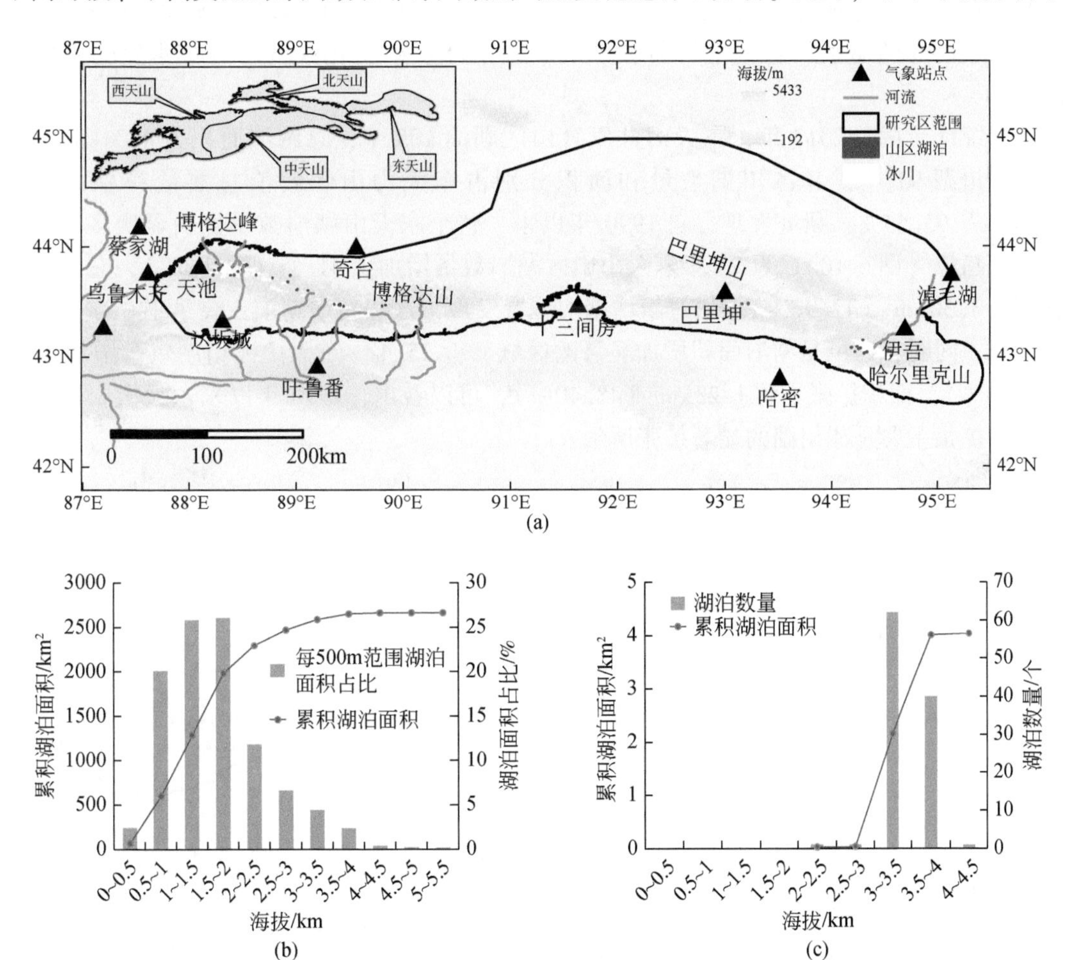

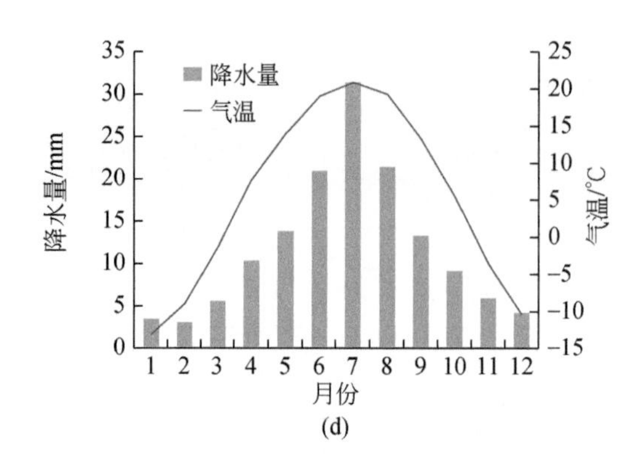

图 6-9　东天山的地理位置

（a）冰川、湖泊分布和地形特征；（b）不同海拔范围面积分布及累积面积分布情况；（c）东天山不同海拔下山区湖泊数量及其累积面积分布；（d）东天山山区各月气温和降水量的分布情况

山区湖泊的不同类型及其潜在驱动因素，讨论了山区湖泊在不同时空尺度上对气温、降水量和潜在蒸发变化的响应。鉴于全球变暖对水体影响的重要性和丝绸之路经济带核心区水资源安全提升的驱动因素，迫切需要开展东天山冰川湖变化及其对区域水资源的影响研究。

据统计，截至 2015 年，东天山共发育山区湖泊 105 个，总湖泊面积为 4.04km²。其中，冰川湖 91 个，其冰川湖数量和面积分别占东天山山区湖泊总数量和总面积的 86.67%、93.55%。研究发现，自 1990 年以来，整个东天山湖泊数量呈明显增多、面积呈扩张趋势（图 6-10），近 25 年东天山山区湖泊数量增加了 41 个（64.06%），总面积扩张了约 1.30km²（47.92%）。通过新增湖泊位置发现，这些新增湖泊主要集中在冰川分布的区域，同时，这也是湖泊面积增加显著的区域。近 25 年，东天山冰川湖数量增加了 39 个（75%），面积扩张了约 1.23km²（48.40%），可以看出，1990 年以来东天山山区湖泊面积的扩张主要是冰川湖的显著扩张所致。

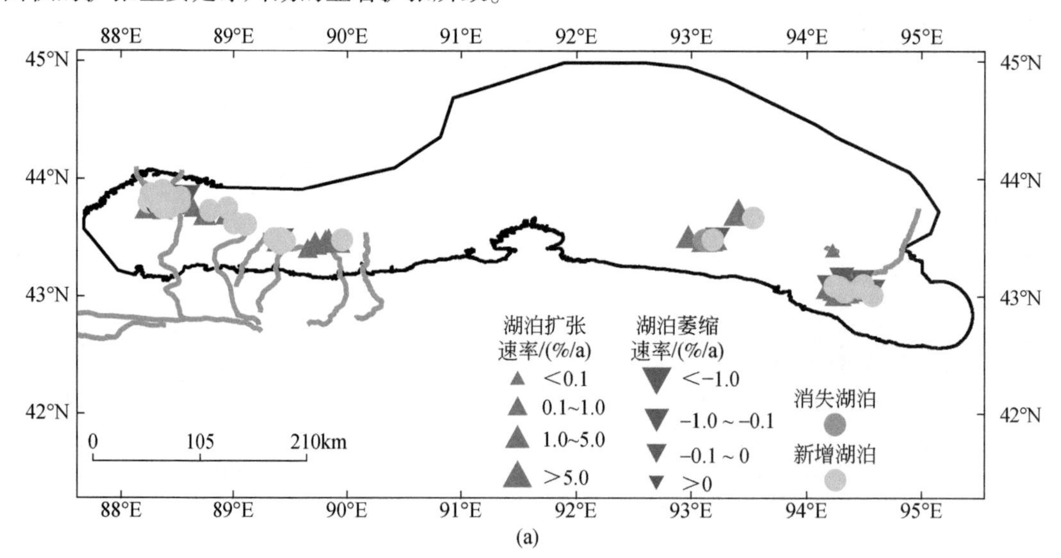

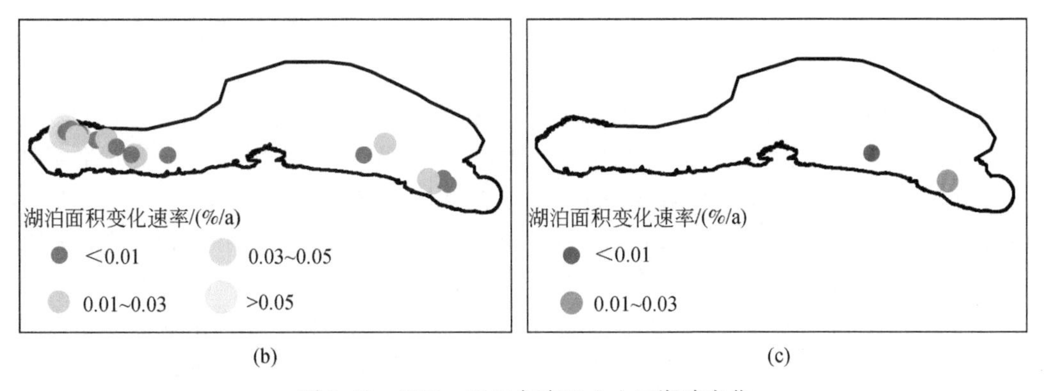

图 6-10　1990 ~ 2015 年东天山山区湖泊变化

（a）整个东天山地区山区湖泊变化趋势；（b）、（c）东天山新增和消失的湖泊变化趋势

6.2.3.1　不同时期山区湖泊变化

近 25 年，东天山山区湖泊（冰川湖和非冰川湖）的数量和面积在不同时期的增长速度明显不同，且随湖泊类型变化而存在显著差异（图 6-11）。总体来说，1990 ~ 2000 年湖泊面积增加量对近 25 年东天山总湖泊面积增加量的贡献最大，约占 70.31%。其中，非冰川湖数量减少了 3 个，湖泊面积扩张了约 0.16km²，而同期冰川湖数量增加了 19 个，湖泊面积扩张了约 0.77km²。2000 ~ 2010 年，东天山冰川湖面积扩张速率明显减缓，其中，冰川湖面积扩张了 0.13km²，而非冰川湖面积显著萎缩，减小了约 0.17km²。然而，值得注意的是，2010 年以来的近 5 年，东天山山区湖泊面积均明显增加，冰川湖与非冰川湖面积扩张分别达 0.34km² 和 0.09km²。总体上看，1990 年以来，东天山冰川湖面积均呈稳定扩张趋势，相比之下，非冰川湖呈现非稳定扩张［图 6-11（b）］。东天山不同类型湖泊在不同时期的变化说明，气候变暖背景下伴随山区冰川湖的显著扩张，在一定程度上证实了冰川融水对冰川湖的补给有着明显的维持和稳定作用。

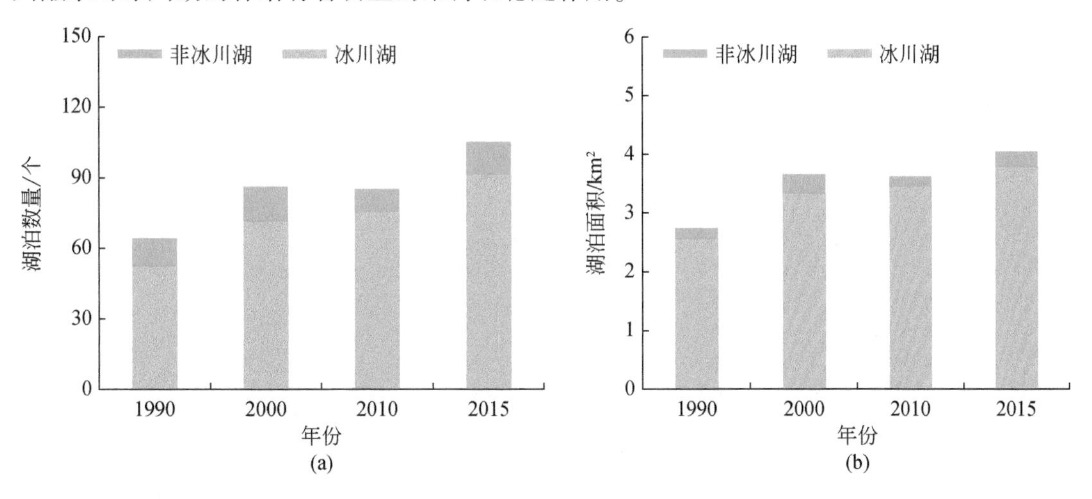

图 6-11　1990 ~ 2015 年东天山不同类型山区湖泊在不同时期数量（a）和面积（b）的变化

6.2.3.2 不同区域山区湖泊变化

通过东天山不同类型湖泊的时空动态变化分析发现，东天山地区的湖泊分布和变化具有明显的地理空间差异性，尤其是冰川湖。例如，东天山西部博格达山（其冰川数量和面积占整个东天山地区的63.72%和53.91%）自1990～2015年，冰川湖数量增加了35个，湖泊面积扩张速率达0.47km²/10a；其次为哈尔里克山（其冰川数量和面积分别占整个东天山地区的26.73%和41%），近25年冰川湖数量增加了4个，湖泊面积扩张速率约为0.02km²/10a；而冰川数量和面积最少的中部巴里坤山（仅占整个东天山地区冰川数量和面积总量的9.56%和5.09%），冰川湖数量没有变化，湖泊面积扩张速率达0.01km²/10a。可以看出，东天山各区域湖泊的扩张以冰川湖的扩大为主，且各区域冰川湖泊的扩张速率均明显高于非冰川湖，尤其是冰川退缩较为显著的博格达山地区。东天山不同区域冰川湖的变化，在一定程度上说明冰川融水作为冰川湖的主要补给源，对于冰川湖的形成、分布和扩张有着直接影响。

6.2.3.3 不同海拔山区湖泊变化

东天山地区不同类型湖泊的分布具有一定的海拔特征，东天山山区湖泊主要分布于海拔3000～3500m和3500～4000m（图6-12），分别占整个山区湖泊总数量和总面积的97.14%和98.24%，而该海拔范围冰川湖数量和面积又分别占88.24%和94.45%。1990年以来，东天山非冰川湖数量变化并不明显，然而，冰川湖表现出显著的数量增多和面积扩张趋势。近25年，东天山海拔3000～3500m和3500～4000m的冰川湖数量分别增加了24个和14个，总面积扩张了约1.2km²。

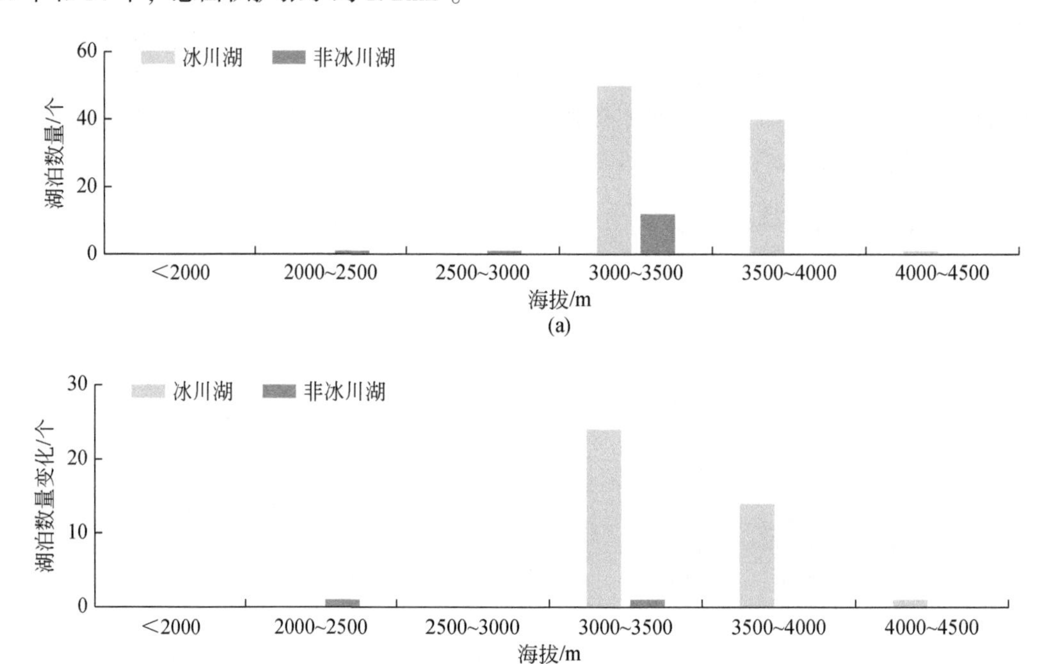

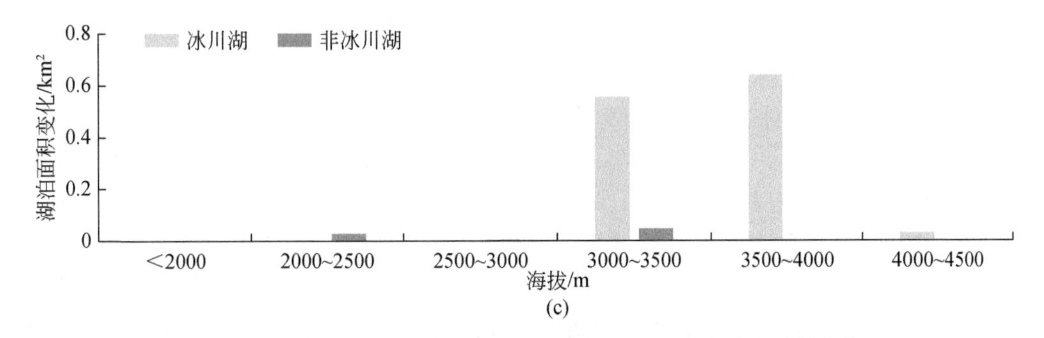

图 6-12　1990 ~ 2015 年东天山不同海拔范围山区湖泊分布及其变化

(a) 2015 年不同海拔下冰川湖和非冰川湖的数量分布；(b) 不同海拔下冰川湖和非冰川湖的数量变化；(c) 不同海拔下冰川湖和非冰川湖的面积变化

6.3　天山山区湖泊变化的影响因素分析

天山冰川湖变化除直接受山区气候变化的影响外，其表现出的时空差异性也可能与其他因素有关，如天山不同地区湖盆的地表条件和地下水渗透等，这些因素或其他不明原因可能解释了一些湖泊面积的变化率。例如，Daiyrov 等（2018）通过探讨北天山伊塞克湖流域特斯基山脉和昆格山脉近期冰川湖变化的区域地貌条件发现，近年来这两个山脉许多新增、消失和短时存在的湖泊与当地短期夏季气温异常、降水或冰川衰退没有直接关系，主要是受区域地形条件的影响；同时，阿尔卑斯山不同海拔冰川湖的分布反映了冰川的侵蚀和沉积动力学，而不是主要受区域冰川面积大小的影响。

近几十年来，天山山区气温显著上升使得冰川普遍退缩，导致大量冰川融水流入湖泊。1990 年以来，整个天山冰川湖变化以东天山冰川湖扩张最为强烈，除受近几十年气温显著上升的影响而使得以中小型为主的东天山冰川消融加速补给冰川湖水量外，更大程度归因于东天山冰川湖以新增和扩大为主。而反观天山其他地区尽管新增的冰川湖也十分显著，但是同期消失的冰川湖也较多。例如，1990 ~ 2015 年，中天山是整个天山新增冰川湖最多的区域，新增数量占整个天山新增冰川湖数量的 45.91% ~ 59.66%，新增面积占新增冰川湖面积的 41.04% ~ 57.5%，然而，同期消失的冰川湖数量却占整个天山消失冰川湖总数量的 54.65% ~ 79%，同期减少的冰川湖面积占整个天山减少冰川湖总面积的 55.87% ~ 91.40%。再如，中天山冰川数量和规模比较大的托木尔峰地区，1990 ~ 2015 年，该地区冰川湖数量和面积呈现减少趋势，近 25 年冰川湖数量减少了约 12 个（10.08%），冰川湖面积减少了约 2.46km^2（42.07%）。而研究发现其中很大一部分是冰川湖消失的缘故，尽管 1990 ~ 2015 年，新增的冰川湖数量达 48 个，面积扩张约 0.93km^2，但是消失的冰川湖数量达 69 个，减少面积约 0.81km^2。

自 1990 年以来，东天山冰川湖数量增加了约 40 个（67.8%），面积扩张了约 22.39%，而同期消失的冰川湖数量仅有 2 个（面积不到总冰川湖面积的 1%）。通过 1990 ~ 2015 年新增的冰川湖位置发现，这些新增的冰川湖主要集中在山谷型冰川末端前端。贾洋等（2013）认为这些新增的冰川湖大多数是分布在受冰期时冰川作用形成的构造谷地/洼地区域，后受冰川融水补给形成的湖泊，这在本节通过最新的 WorldView-2 影像已经辨别，1990 年以来这些新增的冰川湖很大程度上是由上游冰川融水加大从而补给下游湖泊形成。对于东天山消失的 2 个冰川湖，本研究发现东天山中部一个消失的冰川湖与其上游母冰川的消融有关；而东部另一个消失的冰川湖主要与冰川湖的贯通有关，该冰川湖上游约 800m 处发育着几条规模较大的冰川，海拔落差约 72m，而直接对其补给的冰川有 3 条（面积约 4.29km^2），近 25 年该地区冰川消融面积达 24.79%，伴随冰川融水显著增加，而该湖泊位于上游母冰川下游斜坡河道内，坡度在 45°以上，随着冰川融水径流增大尤其是短时间内冰川融水径流对该冰川湖下游湖床的冲击力加大，最后可能导致下游冰川湖盆打开，从而使其蓄水能力削弱。

气候变暖扩大了这些山区湖泊，特别是依赖于冰川融水补给型的湖泊。但这种扩张同时受到地貌条件的限制，即对于那些没有湖盆封闭的湖泊，尽管来自上游母冰川的融水不断增加，但是该湖盆仍无法保存大量的冰川融水，相反，这些冰川湖泊在其大坝被摧毁后可能会部分或全部消失（Falatkova et al., 2019）。在天山，众多河流主要依赖于上游山区的冰川积雪融水，这些融水通过河道最终流入下游的河流湖泊，并通过冰下岩石地下系统流入地下暗河或地下水层，但随着一些山区冰川的消失，下游湖泊面积正在缩小，冰川湖突发洪水危险也在减少（Falatkova et al., 2020）。此外，天山特斯基山脉的湖泊主要是一些短期存在的冰川湖，当冰川内部排水通道重新打开时，在 7～8 月就会出现排水，然后湖泊因湖盆内水量流失而变成小型湖泊（Narama et al., 2018）。

通过对 1990～2010 年托木尔峰地区消失的冰川湖进行研究发现，消失的冰川湖主要集中在山谷中，位于大型山谷型冰川的表面。为了探究该地区冰川湖消失的原因，本节进一步分析了几个典型的河谷盆地冰川湖变化的原因。其中一个例子是，1990～2000 年，麦兹巴赫冰川湖面积显著减少，而通过遥感影像分析发现，这是 1996 年 10 月 12 日～11 月 13 日北部的北伊力尔切克冰川发生跃动造成的，其冰川末端向前推进了约 3.7km［图 6-13（e）～图 6-13（g）］。此外，近年来日益增多的冰川湖突发洪水通过释放水量，扰乱下游冰川湖的位置和湖盆，造成了大量的水量流失，这在很大程度上是冰川湖突发洪水挟带的泥沙造成的。

如图 6-13 所示，在冰川表面有许多消失的冰川湖（冰上湖），这些湖泊主要集中在规模相对较大，同时冰川长度较长的山谷中。由于冰上湖的空间和时间分布受冰川水文条件的高度限制，且冰川位置每年甚至每个季度都有可能变化，所以冰上湖一般都是冰川上不稳定的水体。与此相反，东天山并没有冰上湖，这可能与稳定的母冰川和湖泊盆地有关。在研究区，近年来东天山山区新增的冰川湖主要集中在河谷冰川前部一定距离范围内。贾洋等（2013）认为这些新增的冰川湖大多是由冰川作用和河谷筑坝形成的冰前湖。很明显，这些新增的湖泊主要是由来自上层冰川的融水增加而形成的。同时，由于区域差异，其他因素也可能影响湖泊变化，如湖泊深度、地表条件、湖盆入渗等。Daiyrov 等（2018）讨论了天山北部特斯基山脉和昆格山脉的伊塞克湖盆地的湖泊变化与湖面条件和地面入渗的关系。该研究发现这些山脉中许多新增的、消失的和短时存在的湖泊变化很大，这些变化并不是由当地夏季气温、降水或冰川衰退的短期变化直接驱动的，相反，它们似乎主要受到区域地貌条件的影响。此外，Buckel 等（2018）在对阿尔卑斯山脉冰川湖的研究中指出，阿尔卑斯山某些海拔的冰川湖分布受冰川侵蚀和沉积动力学的主要影响，而并非受流域内冰川覆盖率的影响。

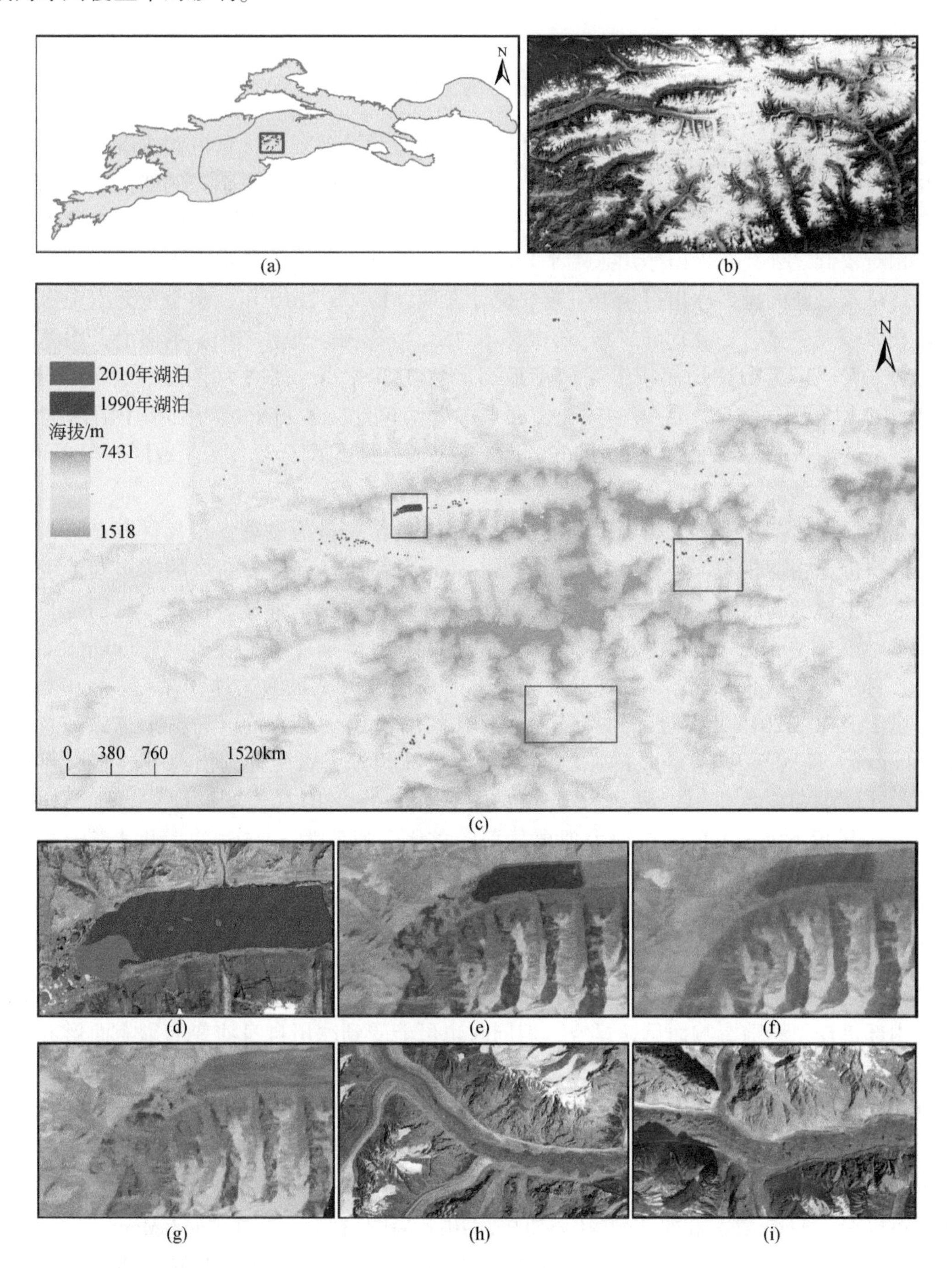

图 6-13　1990 ~ 2010 年托木尔峰地区典型冰川湖变化

（a）、（b）托木尔峰在天山中的地理位置；（c）1990 ~ 2010 年托木尔峰地区冰川湖变化；（d）1990 ~ 2010 年麦兹巴赫冰川湖面积变化；（e）~（g）1989 ~ 1997 年麦兹巴赫冰川湖和其上端北伊力尔切克冰川面积变化；（h）、（i）大型山谷型冰川表面消失的冰上湖

6.3.1 冰川因素分析

6.3.1.1 不同规模冰川对冰川湖变化的影响

在全球气温上升的背景下，天山山区冰川处于持续退缩态势，且退缩幅度存在明显的空间差异，其中，以中小型、低海拔冰川对气候变化的响应最为敏感。例如，东天山的冰川多为中小型冰川（平均单条冰川面积为 0.48km^2），除北天山冰川末端平均海拔和中值海拔相对较低之外，东天山冰川末端平均海拔明显要低于西天山和中天山。据中国第一次冰川目录及最新的世界冰川目录 RGI 6.0 统计发现，1960 ~ 2010 年，整个东天山山区冰川数量和面积减少显著，分别减少约 20.65% 和 45.22%。就 1990 ~ 2015 年整个天山冰川退缩态势来看，东天山冰川面积退缩速率最高，达 0.88%/a。其次为北天山地区，1990 ~ 2015 年冰川面积退缩速率达 0.64%/a，而这主要与该地区冰川末端海拔和中值海拔（冰川末端平均海拔和平均中值海拔为 3696m 和 3895m，明显低于天山其他地区）较低有关，亦受气候变暖的影响。

在气候变暖背景下，天山山区湖泊中以冰缘湖的扩张最为显著，很大程度上与其接触的母冰川进退密切相关。例如，北天山的 Adygine 山谷地区有许多新增的冰川湖，主要与永久性冻土包围的热熔型冰川后退有关，其中，冰缘湖面积呈现显著扩张，特别是与冰川末端接触湖泊面积、深度显著增加，有些湖泊体积增加了 13 倍多（Falatkova et al.，2019）。此外，Falatkova 等（2019）发现，天山锡尔河流域最大的冰川湖——Petrov 冰川湖，由于 1990 ~ 2015 年其母冰川持续消退，其湖泊面积表现为持续的扩张态势，速率为 0.05km^2/a。而对于天山 Djungarskiy Alatau 地区的冰川湖，以两种湖泊类型的冰川湖（新出现的冰碛湖和冰缘湖）扩张最为强烈（Kapitsa et al.，2017）。同时研究发现，1990 ~ 2013 年，塔里木河流域的冰缘湖表现出显著的扩张，速率为 3.35%/a，明显高于其他类型的湖泊，如冰上湖（0.37%/a）、非冰川湖（0.57%/a）和冰前湖（0.64%/a）的扩张速率（Wang X et al.，2016）。

相较于其他类型的冰川湖泊，在气温变化和冰川退缩的背景下，冰上湖表现出明显的季节性变化特征，当消融期冰川表面开始消融时，可迅速在其表面形成湖泊，但也可能受冰川内部机理、缝隙影响而迅速排空，但同时也可能受到冰川自身演变的影响而形成一个复杂的小流域网络系统。例如，在天山托木尔峰地区的冰上湖海拔一般处于 3985m 以下，而其对应的冰川表面坡度处于 2° ~ 6°（Narama et al.，2017），在冰川演化的晚期，它们往往出现在碎屑覆盖的冰川上（Benn et al.，2012）。然而，值得注意的是，冰川融水增加补给冰川湖的同时，冰川湖也会反过来加速冰川的消融（Wangchuk and Bolch，2020），如冰缘湖可以通过机械崩解和水下融解来加快冰川末端的退缩（Truffer and Motyka，2016）。King 等（2019）发现，除气候变化可能会加剧冰川的衰退外，冰川湖的持续扩张已经加剧了喜马拉雅山脉在未来几十年的冰量损失。总体上，天山地区的冰川湖泊变化表明，气候变暖背景下随着天山冰川的持续退缩和质量损失，当前天山山区冰川湖呈现数量显著增加和面积扩张的趋势，尤其是那些位于冰川附近的冰缘湖。

6.3.1.2 不同类型冰川对冰川湖变化的影响

利用 WorldView-2 和 Google Earth 的高分辨率图像，研究发现东天山山区的冰川类型主要为山谷型冰川、冰斗和悬冰川及其复合型冰川。1990 年以来，东天山新增的冰川湖中分为冰前湖和冰缘湖两种类型。而在大型冰川附近经常形成规模较大的冰川湖，尤其是在山谷型冰川附近。1990～2015 年，东天山冰川湖的扩张速率随其母冰川规模的增大而加速，如新增的 41 个冰川湖中，30 个主要由山谷型冰川或复合型冰川融水补给形成。

随着近年来东天山地区冰川湖泊的不断扩大，很少有冰川湖面积缩小或消失。例如，1990～2015 年，共有 2 个冰川湖消失，面积减少约 0.10km^2（9.89%）。在巴里坤山，研究发现一个消失的冰川湖，它的消失很大程度上与其上游母冰川消失有关，这已经通过比较 1970 年前后和 2010 年两期的冰川目录得到证实。而在哈尔里克山另一个消失的冰川湖可能是由其上游母冰川（3 个大型的山谷型冰川和 2 个悬冰川）的融水增加，使其湖盆坝冲开而造成的。这在 1990～2015 年假彩色合成的 Landsat 影像和 WorldView-2 及 Google Earth 高分辨率影像中得到证实。本节发现 1990 年该湖泊面积较大，而 2000 年、2010 年和 2015 年的湖泊边界几乎找不到。此外，该消失的冰川湖下游地区出现了若干个小型湖泊，在这些小型湖泊和上游消失的冰川湖之间明显有一条河道，这进一步证实了冰川湖消失的原因。该冰川湖上游河道的平均坡度在 13.63°左右，随着气候变暖和冰川迅速退缩，融水的不断增加在很大程度上影响或破坏下游湖盆地貌。

6.3.2 气候变化因素分析

6.3.2.1 天山山区气候变化分析

近几十年以来，天山山区气温持续上升。相比于 1990 年以前，1990 年以来天山山区气温上升了 0.95℃。1990～2015 年，整个天山山区气温以 0.30℃/10a 的速率递增，这一气温上升速率明显高于过去半个多世纪全球（0.12℃/10a）（IPCC，2013）和中国（0.20℃/10a）（Shi et al.，2007）的升温速率，这一变化速率与中亚地区的升温幅度（0.31℃/10a）（Deng and Chen，2017）较为接近。

1990～2015 年，除天山南部低海拔区域的 3 个站点表现为降低趋势外，天山地区几乎所有站点（95%）的气温表现为明显上升趋势（图 6-14）。就天山不同区域气温变化来看，东天山、北天山及天山南部的气温增长速率要高于天山其他区域。2000～2015 年，西天山气温表现为下降趋势，然而，同期东天山气温却呈现显著上升（Deng et al.，2019）。1990～2015 年，天山山区年均降水量呈增加趋势，相较 1990 年前降水量增加了约 16.44mm，近 25 年天山山区降水量增长速率为 0.69mm/10a，且存在明显的区域差异。如图 6-14（c）站点降水量变化所示，天山山区降水量的显著增加主要集中在天山中部和南部区域，其中，天山内部降水量增加更为明显，而在天山外围的南部区域多数站点显示降水量减少。此外，西天山西南部多数站点的降水量呈现减少趋势，这在本节天山 GPCC 降水量变化趋势中可以明显看出［图 6-14（d）］。气温显著上升的同时伴随降水量的减少，这将形成更加干旱的气候环境，尤其对于天山外围的地区。相比之下，天山内部地区的湿润环境将随着冰川融水、积雪融水及降水的增加而扩大。天山气候模式的空间变化包括气温和降水量的变化，这必将影响到区域冰川消融过程，而降水的空间差异和冰川消融的空间差异将造成补给山区湖泊的补给方式存在显著差异。

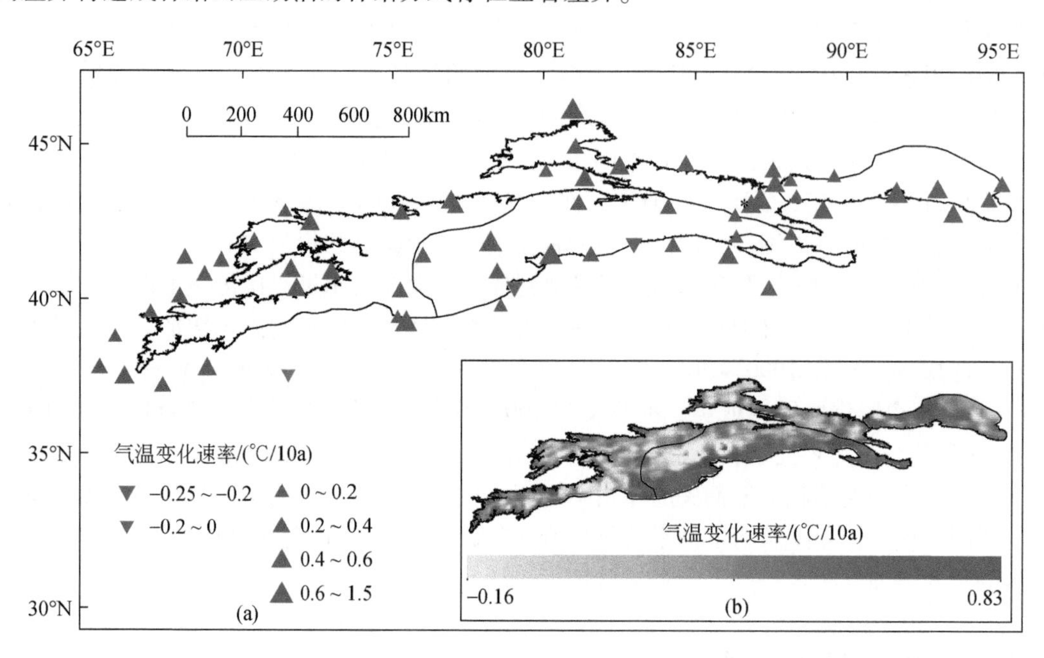

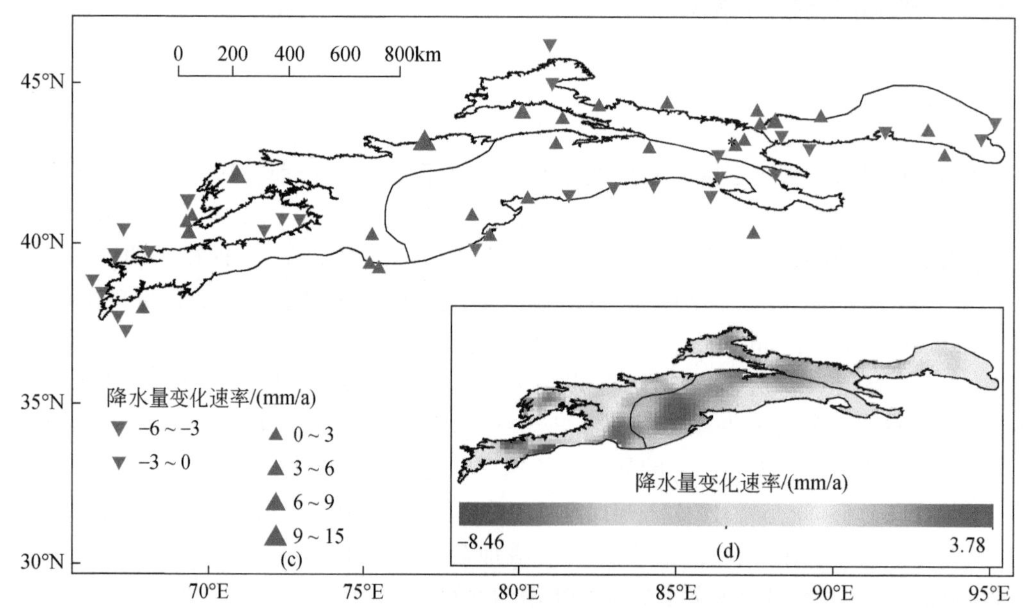

图 6-14 1990 ~ 2015 年天山地区气温和降水量变化

(a) 站点气温变化；(b) ERA-5 格点气温变化；(c) 站点降水量变化；(d) GPCC 格点降水量变化

天山山区的冰川湖因远离人类活动区，几乎难以受到人类活动的影响，但其变化却更易受气候变化的影响。就冰川湖而言，气温升高会加速冰川的融化，导致冰川退缩并使下游冰川湖面积扩张。此外，降水量的增加和蒸发量的减少都可能导致冰川湖泊面积扩大。Song 和 Sheng（2016）在唐古拉山的一项研究表明，自 2002 年以来，该地区冰川湖的持续扩张主要与冰川融水补给量增大有关，而降水量变化对其影响并不明显。Liu Q 和 Liu S Y（2016）发现天山山区冰川物质平衡变化对气温的敏感性要高于降水量。

为探究天山山区湖泊变化是否与气候变化密切相关，本研究深入探索了不同类型山区湖泊的空间格局，并分析了其对气候变化的响应，如表 6-4 所示。1990 ~ 2015 年，天山地区呈现明显气温上升（0.30℃/10a），尤其是东天山地区，气温上升速率高达 0.32℃/10a。

表 6-4　1990 ~ 2015 年天山不同地区气温、降水量及不同类型山区湖泊变化

区域	气温变化速率 /（℃/10a）	降水量变化速率 /（mm/a）	冰上湖变化速率 /（%/a）	冰缘湖变化速率 /（%/a）	冰前湖变化速率 /（%/a）	非冰川湖变化速率 /（%/a）
东天山	0.32	0.59	—	6.47	2.00	1.75
北天山	0.28	0.53	—	3.49	1.29	1.03
中天山	0.31	1.34	-0.35	1.44	0.74	0.73
西天山	0.28	-1.60	—	5.51	0.67	0.62

伴随天山山区气温上升，整个天山山区冰川退缩显著，但就天山地区冰川变化而言，天山内部冰川的退缩速率明显低于天山外围冰川的退缩速率（Sorg et al.，2012）。Falatkova 等（2019）和 Farinotti 等（2015）发现天山内部的冰川变化以变薄为主，冰川退缩速率要明显低于天山外围的冰川。而规模较大冰川的末端通常是被破碎的冰碛物覆盖，这意味着小型冰川的末端和面积对气候变暖的响应更为敏感（Narama et al.，2010）。中天山平均单条冰川面积为 1.11km^2，约为天山北部和西部的 2 倍，而相比较于天山其他地区冰川的变化，中天山冰川表现出最为缓慢的冰川退缩和面积萎缩趋势，这也可以解释为什么中天山地区冰川湖的扩张速度相比于天山其他地区要慢。

冰上湖一般是冰川上不稳定的水体，其时空分布受冰川水文过程的限制。在夏季，它们通常会由冰川表面融化水量的增加而迅速形成，而且当冰下通道打开时，它们也会迅速消失。在一些冰冠或冰原上，冰上湖出现并在季节性基础上干涸。冰上湖比冰缘湖在时间上的变动更大，而且它们的位置每年有很大可能发生变动（Gardelle et al.，2011）。这可能是天山山区冰上湖数量和面积减少的原因，同时，导致难以监测气候变化对冰上湖变化的影响。

为进一步探究除冰川融水以外的其他因子对冰川湖的影响，本节对天山山区非冰川湖的变化进行了分析。研究发现，1990 ~ 2015 年天山各地区的非冰川湖面积均表现出扩张趋势，整个天山山区非冰川湖扩张速率为 0.76%/a。非冰川湖因未受到冰川融水补给影响，故降水可能对其扩张产生了重要影响。就天山山区降水量分布和变化来看，如图 6-15（b）和图 6-15（d）所示，天山山区海拔每增加 1000m，降水量增加约 55mm。而本节提取的非冰川湖位置相比于冰川湖均在母冰川 10km 范围内，其所处海拔略低于冰川位置，但该海拔地区仍受到充足降水的影响，为非冰川湖提供了充足的水源。例如，1990～2015年西天山降水量表现出减少趋势，尤其是西南地区，与此同时，该海拔范围总的非冰川湖数量和面积均表现出减少趋势，这表明降水量变化可能在天山非冰川湖的形成和演变过程中发挥着重要作用。

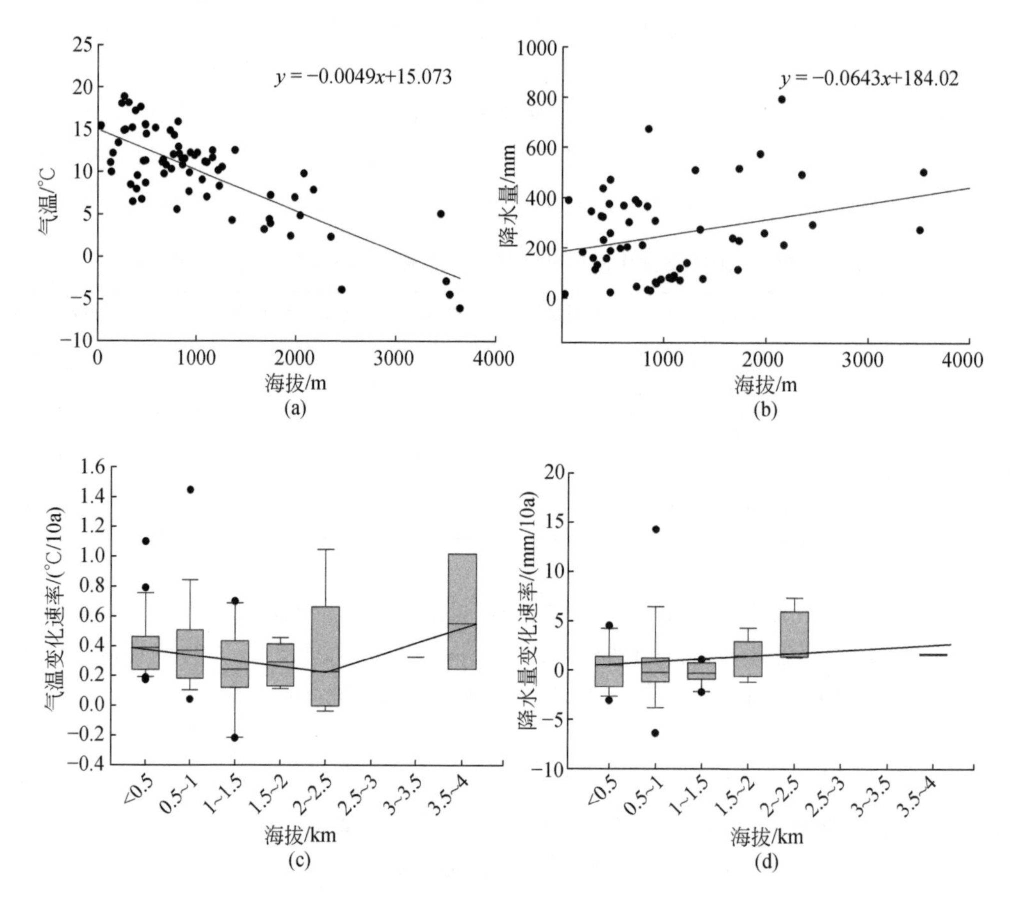

图 6-15　1990～2015 年天山山区不同海拔范围年均气温和降水量的变化

(a)、(b) 年均气温和降水量与海拔变化的关系；(c)、(d) 不同海拔范围气温和降水量的变化速率

尽管非冰川湖泊并没有受到冰川融水的补给作用，但可能受到融雪水和周围融冰的影响。本节认为周围冰在暖季对湖泊的影响比较小，故通过这些湖泊和上游母冰川的位置，并根据水线最大限度地排除了非冰川。在气候变暖的情况下，积雪覆盖面积和降雪率的变化将直接影响水量平衡。Li Y P 等（2020）研究发现，天山气温的升高已经使更多的降水由雪变成雨，特别是在东天山地区，而且这一趋势将在未来更明显。在气候变暖的条件下，东天山山区的积雪覆盖度也呈现出明显的下降趋势，与此同时，东天山年均积雪覆盖日数也随着降雪开始时间的提前和降雪结束时间的推迟而减少。这将在一定程度上加速东天山地区积雪融水消融，从而使得受融雪水补给的下游湖泊增大，加速非冰川湖的扩张。

对比 1990～2015 年 4 个天山地区冰川湖和非冰川湖的变化发现，冰川湖的扩张速率明显高于非冰川湖的扩张速率。在天山地区，随着海拔的升高，温度以−4.9℃/1000m 的速率下降［图6-15（a）］。海拔2500m以下区域，随着海拔升高，升温幅度下降，然而，海拔2500m以上区域，随着海拔的逐渐上升，升温幅度明显增大，这意味着海拔2500m以上区域地表温度的持续上升将对固体水资源不利，这也意味着更多的固态水将从山区消融，并为下游的湖泊和河流提供更多的水资源。

6.3.2.2 东天山山区气候变化分析

东天山作为天山山区湖泊扩张速率最快，同时升温幅度最高的区域，气候变化对其产生的影响不容忽视。为进一步探究东天山山区不同类型湖泊变化的驱动因素，本节研究了1990～2015年东天山山区不同时空气候变化及其对不同类型湖泊的影响。

东天山山区湖泊的地理异质性变化主要受气候变化的复杂影响，而较少受到人类活动的干扰。例如，降水和冰川融水控制水的输入，蒸发可能影响水的输出。本节进一步通过站点气象观测资料及欧洲中期天气预报中心-再分析数据（European Centre for Medium-Range Weather Forecasts Re-Analysis Interim，ERA-Interim）、CRU和GPCC气象格点数据，对1990～2015年东天山地区多年气温、降水量及蒸散发量的时空变化进行了分析（图6-16）。研究发现，近25年东天山多年平均气温、降水量和蒸散发量均呈明显增加趋势，其中，站点多年观测气温上升速率高达0.47℃/10a，明显高于天山其他地区的升温速率（Deng and Chen，2017）。同时，随着气温升高，东天山降水量增长速率达6.90mm/10a，潜在蒸散发量上升幅度更是高达71.16mm/10a。

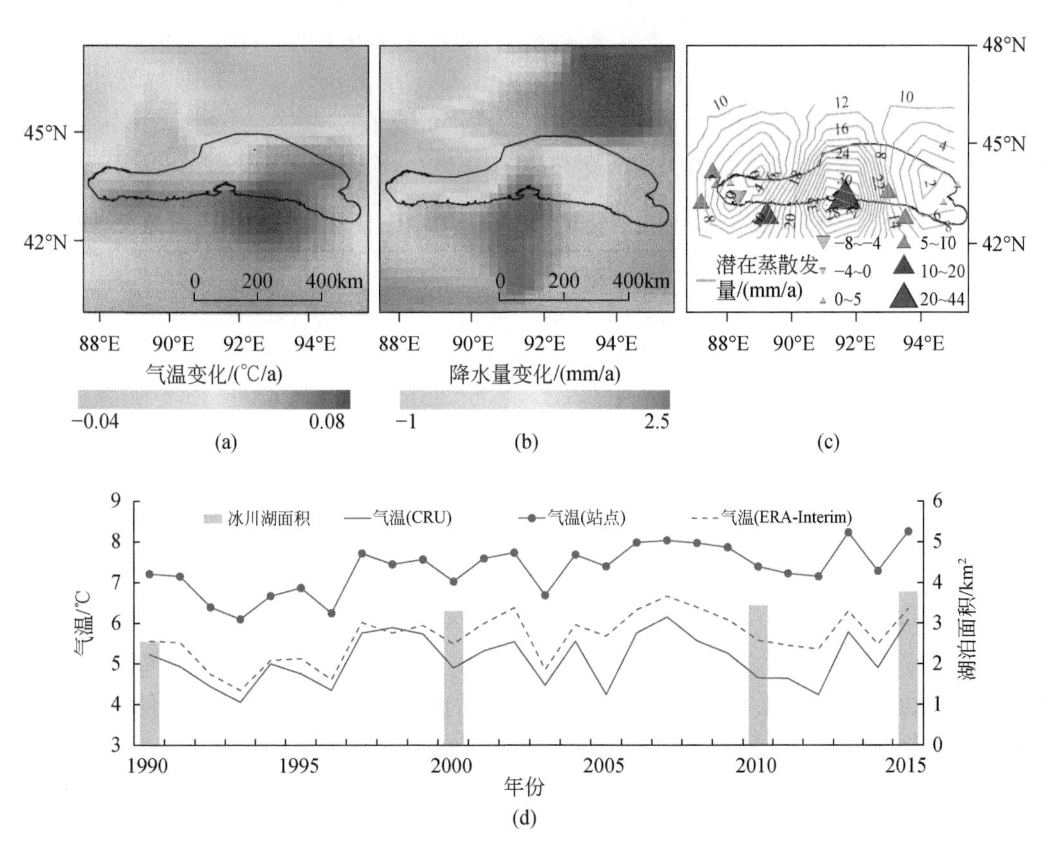

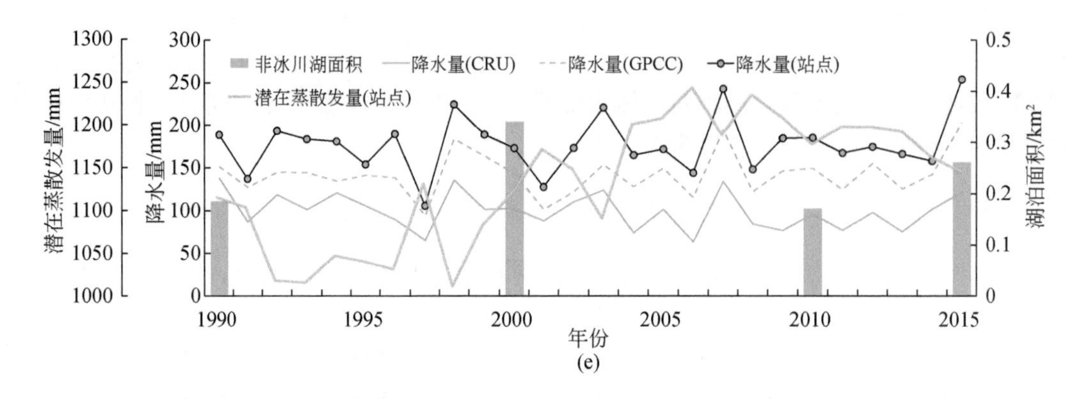

图 6-16　1990～2015 年东天山地区气温、降水量、潜在蒸散发量及不同类型湖泊变化

（a）气温的空间变化；（b）降水量的空间变化；（c）潜在蒸散发量的空间变化；（d）气温和冰川湖面积变化；（e）降水量、潜在蒸散发量和非冰川湖面积变化

对 1990～2015 年东天山不同时期气温、降水量、潜在蒸散发量和不同类型湖泊变化进行分析发现（表 6-5），1990～2000 年，东天山气温增长速率高达 0.61～0.78℃/10a，而降水增长速率为-1.54～1.13mm/a，潜在蒸散发量达 0.99mm/a，同期冰川湖扩张速率为 0.77km^2/10a，非冰川湖扩张速率为 0.16km^2/10a。2000～2010 年，东天山气温上升速率减缓至 0.20～0.60℃/10a，降水增长速率达-1.31～2.56mm/a，而潜在蒸散发量高达 8.19mm/a，与此同时，冰川湖扩张显著减缓，扩张速率为 0.13km^2/10a，非冰川湖面积却以 0.17km^2/10a 的速率减少。然而，2010～2015 年，东天山气温上升速率增至 1.42～2.71℃/10a，降水增长速率高达 5.12～8.74mm/a，而潜在蒸散发量却为-6.64mm/a，同期非冰川湖和冰川湖扩张加速至 0.20km^2/10a 和 0.70km^2/10a。

表 6-5　1990～2015 年东天山不同时期气温、降水量、潜在蒸散发量及冰川湖和非冰川湖变化

时期	气温			降水量			潜在蒸散发量	冰川湖扩张速率	非冰川湖扩张速率
	CRU /(℃/10a)	ERA-Interim /(℃/10a)	OBS /(℃/10a)	CRU /(mm/a)	GPCC /(mm/a)	OBS /(mm/a)	/(mm/a)	/(km^2/10a)	/(km^2/10a)
1990～2000 年	0.78	0.66	0.61	-1.54	1.13	0.70	0.99	0.77	0.16
2000～2010 年	0.20	0.44	0.60	-1.31	2.56	2.15	8.19	0.13	-0.17
2010～2015 年	2.71	1.42	1.59	5.12	8.36	8.74	-6.64	0.70	0.20

注：OBS 表示观测站点气象数据

1990～2015 年，东天山各时期冰川湖的扩张速率均高于非冰川湖。这也进一步证明了冰川融水补给的存在对东天山冰川湖的扩张起着重要的作用。对于非冰川湖而言，其面积变化与降水量呈正相关，与潜在蒸散发量呈负相关。如图 6-16（e）所示，非冰川湖面积在 1990～2000 年显示最高的区域扩张，表明较高的降水量和潜在蒸散发量使得该时期湖泊扩张显著。例如，从 3 年平均降水量变化来看，1990～2000 年降水量增长了 20.88mm。而非冰川湖面积的显著萎缩发生在 2010 年，这在很大程度上与降水量减少和潜在蒸散发量的加大有关，2000～2010 年，3 年平均降水量减少了约 24.24mm。而 2015 年湖区面积的明显增大与降水量的显著增加、潜在蒸散发量的减小相关，该时期降水量增加了约 17.59mm。

与非冰川湖相比，东天山冰川湖对降水量和潜在蒸散发量变化的响应并不那么敏感，而对气温变化的响应较为迅速。如图 6-17（d）和图 6-17（e）所示，冰川湖面积在湿润年份（如 2015 年）扩张最大。相反，尽管在干旱年份，这些冰川湖区域也可以保持持续扩张的趋势。值得注意的是，在降水量较大的年份里，冰川湖甚至会出现更大的扩张。从图 6-16（a）可以看出，东天山气温呈持续上升趋势，由北向南上升，尤其是山地及其周边地区较平原地区升温更为明显。同时，气候变暖地区冰川湖显著扩张，如博格达山地区的冰川湖扩张速率最高，其次是巴里坤山和哈尔里克山地区。

东天山山区气温处于持续上升态势，由北向南气温上升速率明显增大，相比于平原地区，山区及其周边区域气温上升更为显著。降水量增加显著的区域主要集中在东天山西北部及中部区域，而中南部低海拔山区降水量减少较为显著。相比较而言，博格达山地区冰川湖扩张更为显著，除了受气温显著上升使得冰川融水补给湖泊增大之外，降水量的显著增加可能是冰川湖扩张的另一个重要因素。相对于降水量增加可能使得冰川湖扩大，东天山各区域冰川湖的扩张速率均高于非冰川湖的扩张速率，这也在一定程度上证实了冰川融水在冰川湖扩张中起到的重要作用。对东天山蒸散发变化进行分析发现，1990～2015 年，东天山地区潜在蒸散发量呈明显上升趋势，以东天山中南部地区上升最为明显，向西至博

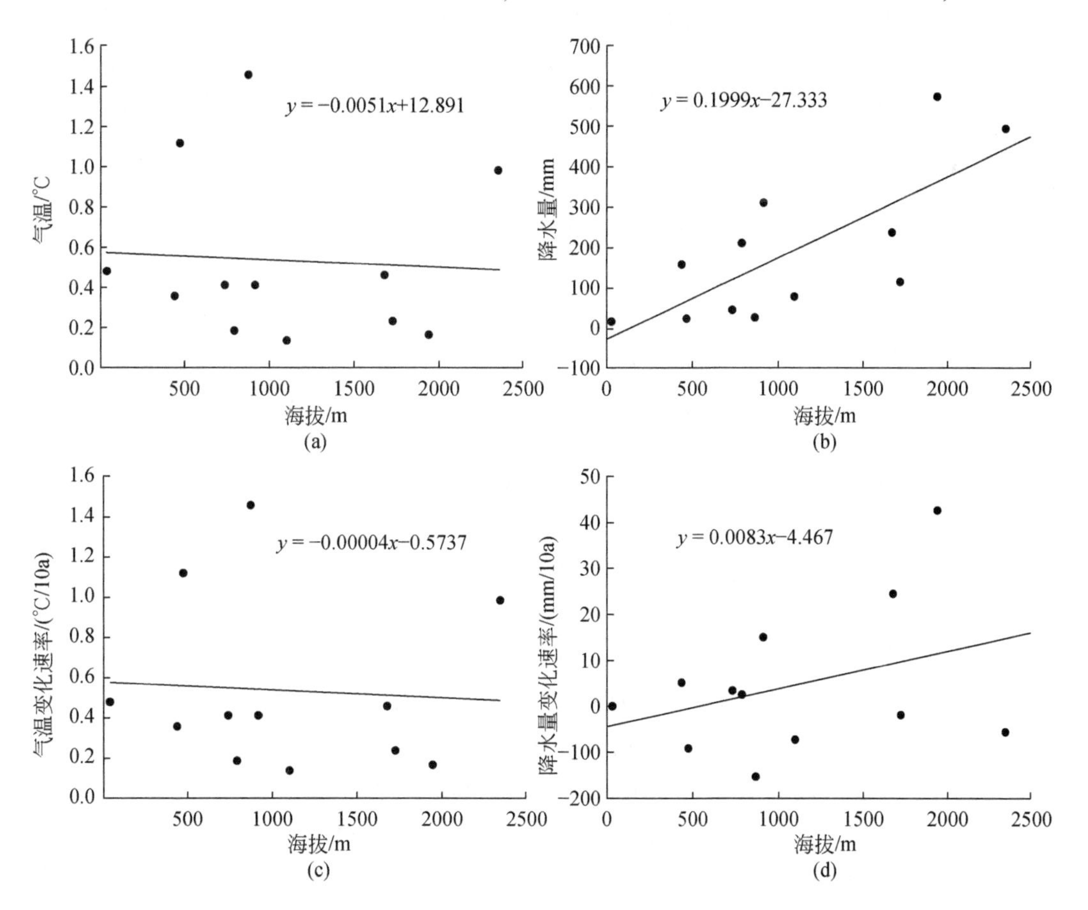

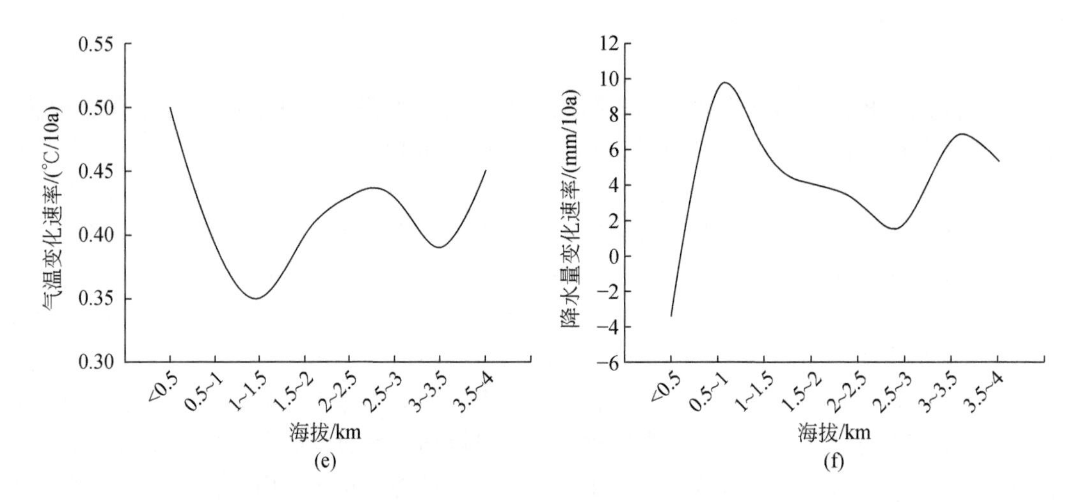

图 6-17　1990 ~ 2015 年东天山年均气温和降水量随海拔变化的关系

(a)、(b) 东天山站点年均气温、降水量随海拔变化的关系；(c)、(d) 东天山年均气温（ERA-Interim）、降水量（GPCC）随海拔变化的关系；(e)、(f) 东天山不同海拔范围气温和降水量的变化速率

格达峰地区蒸散发量明显减弱。在巴里坤山地区并未发现非冰川湖的存在，这说明该地区湖泊主要由冰川融水补给形成，同时，该地区也是气温和潜在蒸散发量上升最为显著，而降水量增长不明显的区域。潜在蒸散发量的增加意味着湖泊蒸发能力增强，湖泊水资源损失加重，对湖泊的水量平衡产生负面影响，而这种影响可能会抵消某些湖泊降水量增加的影响，从而影响到湖泊水量收支平衡，尤其对于海拔较低、蒸散发能力比较强烈的低海拔区的非冰川湖。

东天山气温和降水量随海拔的变化呈现不同变化特征。当山区海拔升高时，这些站点的平均气温以 5. 1℃/1000m 的速率下降 [图 6-17 (a)]。相比之下，站点的年均降水量显示随着海拔的升高，降水量呈现明显的增加趋势，如图 6-17 (b) 所示，海拔每上升 1000m，降水量增加约 199. 9mm，这是天山其他地区降水量随海拔变化速率的 4 倍 (55. 3mm/1000)。在这些高海拔地区，气温低，降水量大，相应地发育有大量的冰川和积雪。然而，值得注意的是，近年来气候变暖的速度在这些高海拔地区更快。例如，天山地区的升温速率在海拔 2500m 以下表现为下降趋势，而在海拔 2500m 以上增温速率递增 [图 6-15 (c)]。这表明，1990 ~ 2015 年，海拔依赖的升温在 2500m 以上出现逆转。海拔 2500m 以上区域气温递增速率加大，将不利于山区固体水资源的积累，这意味着山区将有更多的消融水，同时，为下游的河流和湖泊提供更多水资源。从 1990 ~ 2015 年东天山在不同海拔下气温和降水量的变化来看，东天山随着海拔的增加，年均降水量也在增加，达 8. 3mm/1000m。相比之下，随着海拔的升高，年均气温在下降。然而，由于区域内站点大多处于低海拔区域，只有一个气象站在海拔 2000m 以上。

为进一步探究不同海拔下东天山地区气温和降水量的变化特征，本书采用 ERA-Interim 和 GPCC 格点数据对其进行了分析。研究发现，海拔 1500m 以下东天山地区的升温速率在减小，而海拔 1500m 以上升温速率明显增大 [图 6-17 (e)]。东天山海拔较高地区升温速率加大，这将进一步加剧高海拔地区冰川和积雪固态水资源的损失，尤其是雪线海拔范围附近。随着上游冰川和积雪融水量加大，相应地，下游山区湖泊将进一步吸收上游来自冰川和积雪的融水。东天山降水量增加速率随海拔升高呈增加趋势，但呈现间歇性增加［图 6-17（f）］。例如，在海拔 1000m 以下，随着海拔升高，降水量增加幅度加大，然而，海拔 1000m 以上降水量增加速率逆转变缓。东天山不同海拔范围的气候变化进一步影响了冰川湖和非冰川湖，如东天山海拔 2000 ~ 2500m 和 2500 ~ 3000m 的非冰川湖数量分布相同，然而，非冰川湖在海拔 2000 ~ 2500m 的扩张面积要大于在海拔 2500 ~ 3000m 的扩张面积。究其原因分析发现，海拔 2000 ~ 2500m 降水量的增长率为 2.99mm/a，明显高于海拔 2500 ~ 3000m 降水量的增长率（1.79mm/a）。与此同时，研究发现，海拔 3000 ~ 3500m 的非冰川湖扩张速率最大，为 1.08%/a，同样海拔 3000m 以上降水量增加率也最高，为 6.63mm/a。对于冰川湖而言，不同海拔范围内，冰川湖在各海拔范围内均呈现扩张趋势，但海拔较高的扩张速率较大。例如，海拔 3500 ~ 4000m 冰川湖的扩张速率为 2.11%/a，明显高于海拔 3000 ~ 3500m 冰川湖的扩张速率（1.66%/a）。因此，在气候变暖的情况下，东天山由冰川融水补给的冰川湖呈现持续数量增加和面积扩张的态势，而非冰川湖则表现为受特定降水量或潜在蒸散发量的影响而呈现间歇性的扩张。

6.4 天山冰川湖突发洪水问题

随着全球变暖，过去几十年来，天山地区冰川呈现加速退缩趋势。冰川退缩一方面为冰湖的形成创造了潜在条件，另一方面也促进了冰湖的进一步扩张。冰湖的形成和扩张在为下游地区提供潜在的水源和水力发电等的同时，也带来了潜在的巨大风险，尤其是突发的冰湖溃决洪水，对下游上百公里的区域造成严重破坏，危及下游居民的生命和财产安全（Zheng et al.，2021）。

6.4.1 天山地区冰川湖溃决历史记录

根据 Zheng 等（2021）并基于现有的历史文献资料和新闻报道等，本书整理了天山地区已报道的历史冰湖溃决洪水事件。首先，通过对相关文献数据库的检索及对相关新闻报道的整理，收集了历史上有记录的发生在天山地区的冰湖溃决洪水案例或数据库片段；其次，按照统一的格式对每个事件进行了整理，并补充了相关可获取的信息；最后，借助历史卫星影像、谷歌地球及文献中记录的现场调查资料，对部分记录有误或位置重复的事件进行了删除和合并，并对每个事件的可靠性重新进行了评估，最终整理出一份天山地区完整的、有记录的历史冰湖溃决洪水事件数据库（图 6-18）。

对于没有记录的历史冰湖溃决洪水事件的识别，已有研究表明冰湖溃决洪水发生后遗漏的地形地貌形态学痕迹可以长期保留，这就为识别这些历史冰湖溃决洪水事件提供了重要的和可靠的依据。一般来说，冰湖溃决洪水通常来自于 4 种不同大坝类型的冰湖，即冰碛坝、基岩坝、冰川坝及由冰和冰碛石等混合而成的复合坝（此类冰湖通常位于有大量冰碛石覆盖的冰川表面）。对于来自冰碛坝或基岩坝冰湖的溃决洪水，洪水发生后通常会留

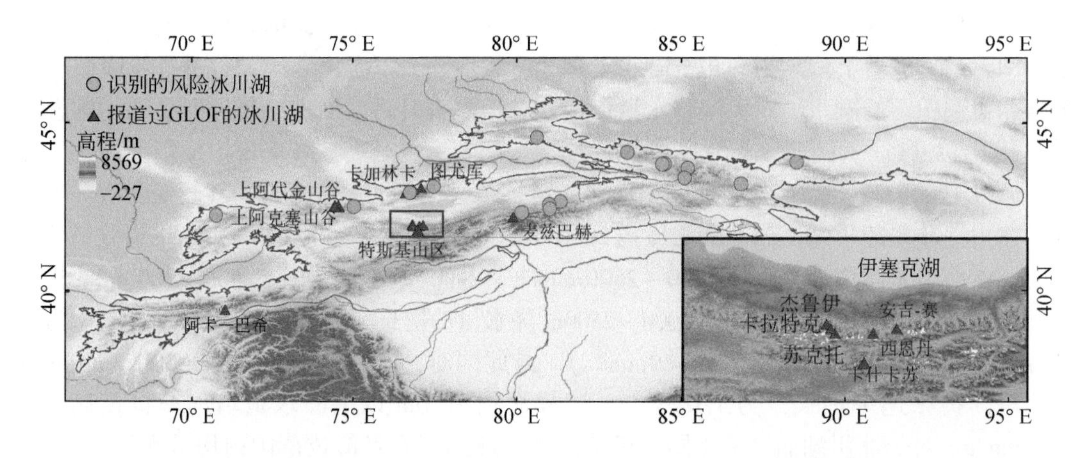

图 6-18　历史时期天山已经报道的和未报道的发生过冰湖溃决洪水的冰川湖

下明显的、易于识别的地貌形态特征或沉积物遗迹。这些特征或遗迹能够长期保留，即使其中一些洪水事件可能发生在很久以前（郑国雄，2022）。

天山地区有历史记录发生过冰川湖溃决突发洪水（GLOF）的共有 30 个湖泊，其中有报道的 12 个冰川湖主要分布在吉尔吉斯斯坦（9 个）和哈萨克斯坦（3 个），均发生在西天山地区。除了麦兹巴赫冰川湖和阿卡–巴希（Archa-Bashy）冰川湖的大坝类型属于复合坝外，其余的冰川湖均为冰碛坝。多数冰川湖为单次溃决突发洪水，仅阿克塞山谷（Aksay valley）、阿代金山谷（Adygene valley）、安吉–赛（Angy-Say）和麦兹巴赫冰川湖发生过多次 GLOF。

卡加林卡（Kargalinka）冰川湖面积 7800m^2，2015 年的高温天气增加了冰川积雪融水，导致流入附近冰川湖的水量猛增。2015 年 7 月 23 日，Kargalinka 冰碛坝挡水失效，导致水、泥浆、巨石和其他碎片顺流而下，流向阿拉木图。虽然城市郊区的一座大坝挡住了部分水流，但山洪淹没了几个街区，造成 76 人受伤，127 所房屋受损，并迫使大约 1000 人撤离（图 6-19）。

图尤库（Tuyuksu）冰川湖在 1973 年 7 月 15 日发生了一次 GLOF，导致 10 人死亡，水利工程遭到严重破坏。其湖泊体积从 1951 年的 2×10^4m^3、1956 年的 3.2×10^4m^3 变为 1973 年的 2.6×10^5m^3，表明冰川湖在 20 世纪 60 年代迅速发展。此外，在 TS. TUYUKSUYSKIY 冰川气象站（3450m），6 月的高降水量（234.1mm；1972～2007 年平均降水量 164.4mm）和 7 月的高温度造成湖面快速上升，并导致最终的 GLOF（Narama et al.，2009）。

卡斯凯伦河上 35 号冰川消融产生的冰川湖在 1980 年 7 月 23 日发生了 GLOF。35 号冰川前沿的冰湖经历了一次冰湖溃决，其中约 22 万 m^3 水被排出。在 1971 年 9 月 23 日的科罗纳照片中，湖泊总面积为 0.0428km^2，但 1980 年 9 月 7 日已减少到 0.0088km^2。冰川湖的流出物穿过了一个被碎石覆盖的死冰区。35 号冰川是一个位于基岩陡坡上的悬空冰川。塌陷的湖泊在碎石覆盖的死冰区发展，并与冰川完全分离。这种情况表明，来自冰碛湖和热岩湖的 GLOF 可以产生类似规模的破坏（Narama et al.，2009）。

图6-19　2015年7月11日和2015年7月27日Kargalinka冰川湖卫星照片（图片来源于NASA）

2006～2014年，吉尔吉斯斯坦特斯基山脉西部发生了4次大规模的GLOF事件，分别是2006年卡什卡苏（Kashkasuu）冰川湖的排水量为1.94×10^{5}m^3，2008年7月24日的西恩丹（Zyndan）冰川湖为4.37×10^{5}m^3，2013年杰鲁伊（Jeruy）冰川湖为1.82×10^{5}m^3，2014年卡拉特克（Karateke）冰川湖为1.23×10^{5}m^3。将这种排泄口为地下且在几个月内急剧增长和排水的冰川湖称为“管道型”冰川湖。从春天到初夏，这些湖泊要么出现，要么扩大现有湖泊，然后在夏季排水。当穿过碎石地貌的冰管道被堵塞时，就会形成短暂的湖泊。堵塞的原因是冬季管道内储存的水被冻结，或者是冰管道周围的冰和碎石崩塌，然后在夏季通过开放的冰管道进行排水（Narama et al.，2018）。①Kashkasuu冰川湖位于特斯基山脉的南部，直接与冰川接触，所以称其为“冰川接触型”。其面积在2005年6月21日到2006年5月23日几乎保持不变，之后持续增长到2006年7月26日，冰湖面积扩大到0.025km^2，但在2006年8月11日湖泊又缩小到0.004km^2。因此，该湖在2006年7月26日和8月11日之间发生了GLOF。②在Kashkasuu的西北部是Jeruy冰川湖。该湖在2013年5月18日时无法辨认，但到2013年6月19日时清晰可见，到2013年8月6日，它已经增长到0.035km^2，估计体积为1.82×10^{5}m^3。该湖泊在2013年8月15日排水，但在9月23日仍有一些水。③Karateke冰川湖没有与冰川接触，位于冰川前沿的碎石地貌上。2014年5月5日湖泊面积只有0.001km^2，但在2014年6月30日扩大到0.02km^2，然后在2014年7月16日减少到0.016km^2，2004年7月17日排水。排水后，其面积变为0.001km^2。④2008年7月24日，西恩丹冰川湖的GLOF造成了3人死亡，破坏了基础设施，并摧毁了马铃薯和大麦及牧场。由于洪水被及时排泄到同河，图拉苏村和恩丹河下游的一个水库未受到严重的破坏。实时动态GPS测量（RTKGPS）和卫星ALOS的全色遥感立体测绘仪传感器（ALOS/PRISM）和ALOS的先进可见光与近红外辐射计-2传感器（ALOS/AVNIR-2）［Landsat 7 ETM+］ALOS/PRISM和ALOS/AVNIR-2显示，湖泊面积从0.0422km^{2}减少到0.0083km^2（Narama et al.，2018，2010）。

另外，1998 年 7 月 7 日，在伊萨尔-阿莱的沙希玛尔丹河流域发生了泥石流，吉尔吉斯斯坦 Archa-Bashy 冰川发生了 GLOF，并引发了初始体积为 50000m^3 的泥石流，造成 100 多人死亡（Petrov et al.，2017）。值得注意的是，在诸多 GLOF 中，麦兹巴赫冰川湖由于溃决频繁，单次洪水强度大，需重点关注。

6.4.2 麦兹巴赫冰川湖溃决洪水发生规律

麦兹巴赫冰川湖位于中国-吉尔吉斯斯坦边界的天山托木尔峰-汗腾格里峰山区。伊力尔切克冰川北支退缩使得冰川前缘形成湖盆，而南支阻塞湖盆形成冰坝，从而产生麦兹巴赫冰川阻塞湖（图 6-20）。麦兹巴赫冰川湖是天山山区典型的冰川阻塞湖，长 3.4km，宽 1.2km，面积 4km^2，平均水深 44m，湖面海拔为 3300m（Xie，2012）。它接纳北伊力尔切克冰川的融水，而它的南岸是巨大的南伊力尔切克冰川的冰体（Liu et al.，1998；Xie，2012；李达等，2020）。麦兹巴赫冰川湖的排水机制主要为冰内和冰下水道扩大排水（Shen et al.，2009；Liu，1992；Ng and Liu，2009；Shangguan et al.，2017），只有温度上升到 0℃以上时才能产生消融。冰湖溃决突发洪水受水位和入湖水温度的双重影响，当达到一定条件时便发生溃决。麦兹巴赫冰川湖不仅是中天山众多冰川湖中最大的一个，同时又是发生溃决洪水频率最高的湖泊，几乎每 1 ~ 2 年就会有洪水发生。

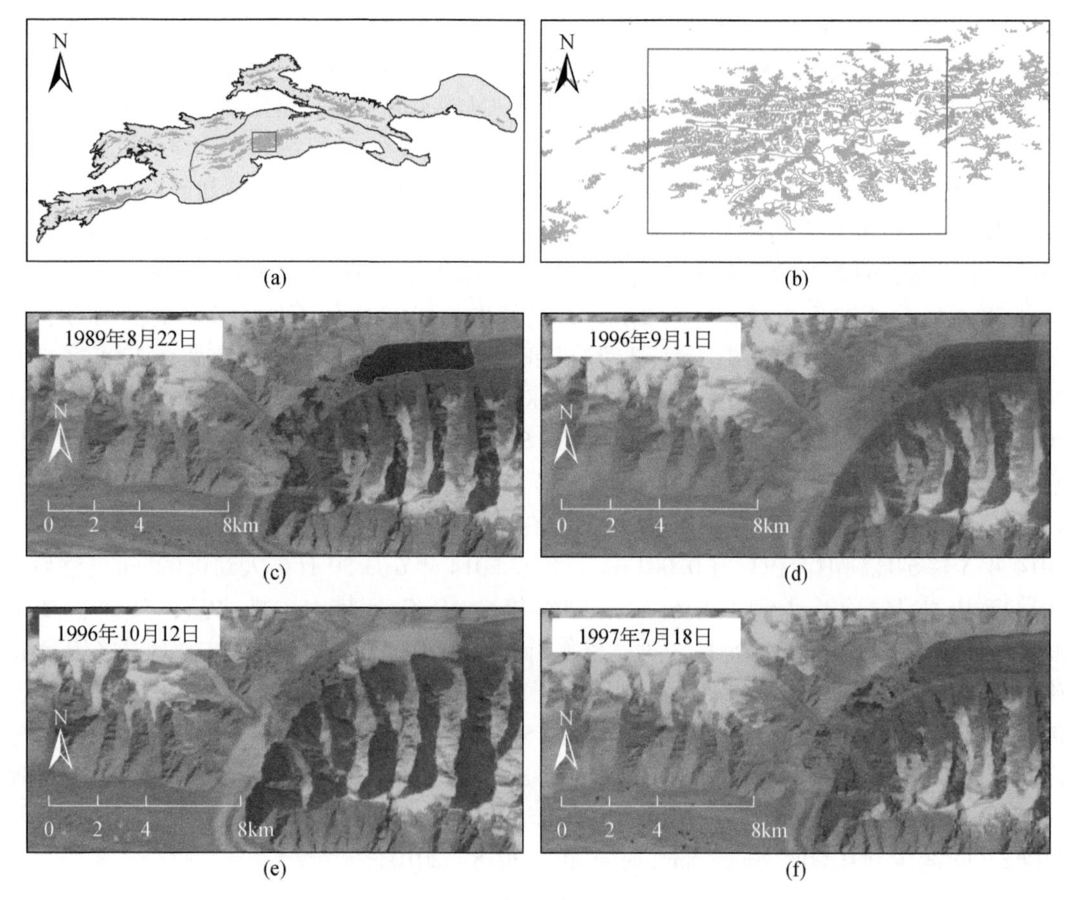

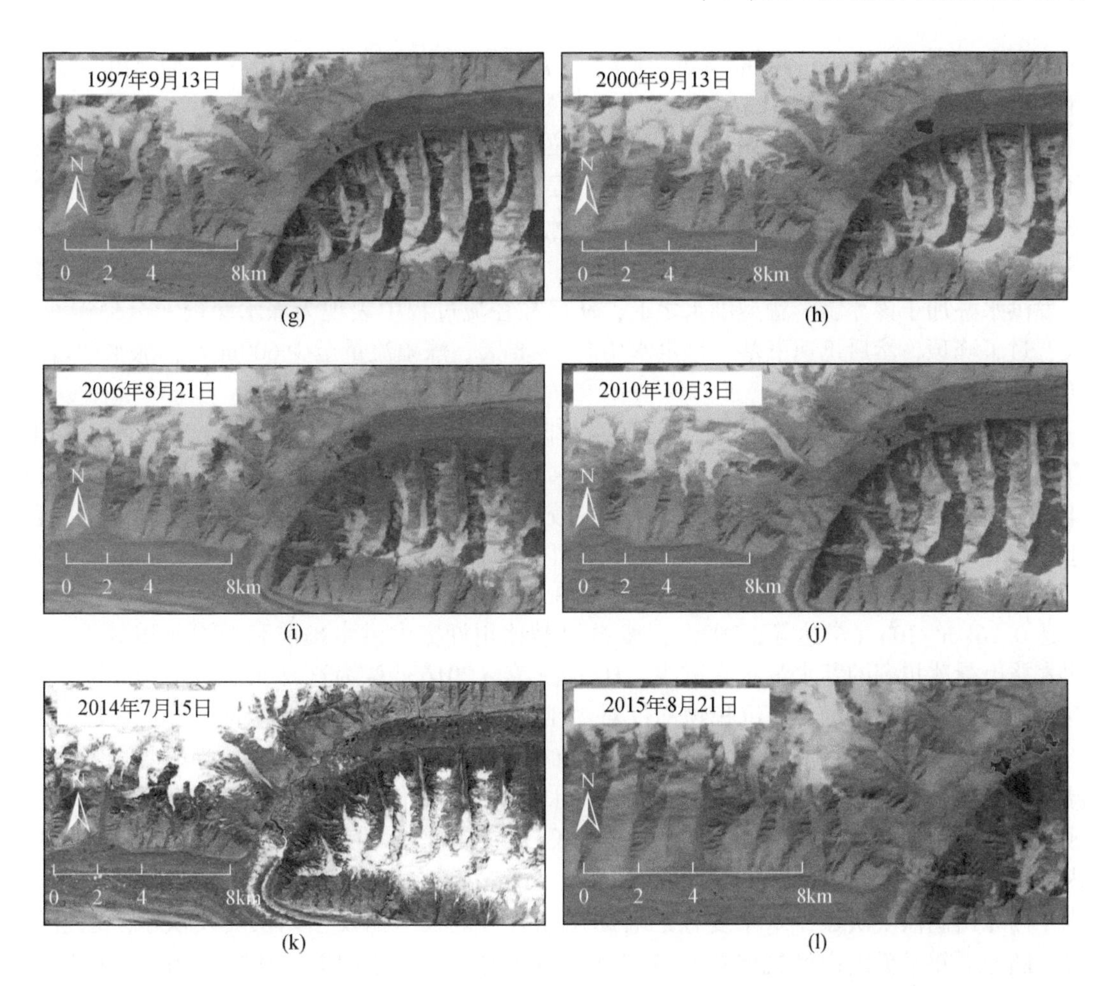

(g) (h) (i) (j) (k) (l)

图 6-20 1990 ~ 2015 年，麦兹巴赫冰川湖与其上下游北伊力尔切克冰川和南伊力尔切克冰川的变化

(a) 中天山托木尔峰位置；(b) 托木尔峰地区冰川分布；(c) ~ (l) 麦兹巴赫冰川湖和南北伊力尔切克冰川在不同时期的变化

麦兹巴赫冰川湖的湖泊水量每年从 4 月开始增长，到 5 ~ 6 月湖泊水量达到最大，而一般至 7 月底 8 月初“下湖”已经泄洪 [图 6-20 (c)、图 6-20 (d)、图 6-20 (g) 和图 6-20 (h)]，这可能与其内部复杂的水系网络有关（Narama et al.，2017）。

麦兹巴赫冰川湖北部的“上湖”形成于 1971 年，是在气温变暖下由北伊力尔切克冰川末端向上退缩而在其前端形成的冰前湖（Shen et al.，2009），而北伊力尔切克冰川融水通过该“上湖”流向麦兹巴赫冰川湖。自 1971 年以来的 50 年间，随着北伊力尔切克冰川的持续消退，冰蚀洼地不断扩大，该“上湖”处于持续扩张态势，至 1996 年 9 月或 10 月扩张至最大面积，达 3.92km²，相对于 1990 年，湖泊面积扩张约 5.98%。然而，由于麦兹巴赫冰川湖上部北伊力尔切克冰川于 1996 年 10 月 12 日 ~ 11 月 13 日发生跃动，冰川向前推进了约 3.7km，从而使其前端——麦兹巴赫冰川湖“上湖”急剧萎缩，几乎消失，至 2000 年冰川面积缩小至 0.34km²，相较于 1990 年减少了约 90.87% [图 6-20 (c) 和图 6.20 (i)]。然而，2000 年以来随着天山山区气温的显著上升，“上湖”处于持续扩张趋势，其中，2000 ~ 2010

年，冰川面积增加了约0.10km^2（28.28%）［图6-20（h）和图6.20（j）］，而2010～2015年，冰川面积增加了约0.21km^2（47.55%）［图6-20（j）～图6-20（l）］。

麦兹巴赫冰川湖作为阿克苏河支流库玛拉克河河源区，对阿克苏河及塔里木河干流的径流补给具有十分重要的作用。随着全球气候变暖，高山冰川冰雪融化速度加快，麦兹巴赫冰川湖频繁发生溃决洪水，增加了下游洪水防御压力。冰川堰塞湖溃决洪水涨水缓慢，落水迅速，夏、秋季受高温融雪（冰）影响，在山区河流中形成冰雪消融型洪水，而多数突发洪水叠加于该冰雪消融型洪水之上，从而在径流过程中表现为涨水缓慢，至少连涨3天，过了峰顶，然后迅速下落。该洪水历时7～8天，涨幅流量至少600m^3/s，涨水期占总历时的80%。

1990年以来，麦兹巴赫冰川湖突发洪水日期呈明显提前趋势，1990～2015年麦兹巴赫冰川湖提前速率达0.54d/a，冰川湖突发洪水时间从1990年的第219天，提前至2015年的第204天。与此同时，麦兹巴赫冰川湖较早的泄洪也说明其蓄水时间缩短，湖泊面积也会相对缩小。1998年以来，麦兹巴赫冰川湖的面积从1998年的3.75km^{2}逐渐减少为2017年的2.87km^2，其中，“下湖”面积从3.30km^{2}减少为1.88km^2，而“上湖”扩张速率达0.26km^2/10a（李达等，2020）。麦兹巴赫冰川湖突发洪水提前和湖泊面积减小，说明麦兹巴赫冰川湖的蓄水量正在减少。Häusler等（2016）认为这是北伊力尔切克冰川跃动后，冰川融水挟带的大量沉积物不仅对“上湖”产生了影响（使其向下游麦兹巴赫冰川湖补给径流减弱），同时还会在“下湖”沉积，从而使得麦兹巴赫冰川湖的蓄水量明显减少。当然，在气候变暖背景下，麦兹巴赫冰川湖的蓄水能力减弱并伴随泄洪提前，将造成冰川湖泄洪后期冰川融水补给水量时间延长，使得后期冰川湖蓄水量加大，同时，冰川内部持续释放融水的作用（Shangguan et al.，2017），造成较早的冰川湖突发洪水，将加剧年内冰川湖泄洪次数，未来麦兹巴赫冰川湖有可能在年内发生两次突发洪水。也就是说，随着近年来天山山区气候持续变暖，冰川减薄后退，冰湖库容达到蓄满时间明显加速，洪水逐年提前，洪水频率也在不断增加。

6.4.3 天山地区冰川湖溃决洪水风险及应对

全球变暖导致山区冰川湖突发洪水威胁加大。随着全球气候变暖，冰川加速融化，末端退缩或厚度减薄，冰川周围的冰川湖面积及蓄水量改变。根据第三极地区GLOF灾害评估模型，天山地区GLOF具有较低的灾害水平和风险水平，其灾害水平远低于喜马拉雅东部、横断山、西藏内陆、喜马拉雅中部和西部及藏东南，其风险水平低于喜马拉雅东部、喜马拉雅中部、横断山和喜马拉雅西部，与藏东南地区、西藏内陆、兴都-库什及帕米尔地区相当（Zheng et al.，2021）。冰川湖作为一种宝贵的水资源，对人类生产和生活有着重要意义。然而，冰川湖又是许多冰川灾害的孕育地和发源地，对下游人类生产活动构成严重的威胁。冰川融水迅猛增加是干旱区洪水灾害的主要根源，尤其是冰川湖溃决引起的洪水灾害危害最大。

6.4.3.1 加强研究，提高预警预报能力

麦兹巴赫冰川湖是亚洲最大的冰川堰塞湖，同时又是冰川湖溃决洪水发生最频繁的冰

川湖。冰川湖突然溃决引发的洪水或泥石流，是危害人民生命和财产安全，并对自然和社会环境产生破坏性后果的自然灾害。虽然阿克苏河冰川洪水主要发生在吉尔吉斯斯坦境内，但由于吉尔吉斯斯坦境内缺乏完善的水利设施，无法有效对洪水进行管理与防范，导致洪水直接影响我国境内阿克苏河下游的生产和生活。据不完全统计，库玛拉克河冰川洪水灾害自1980年以来已造成直接经济损失总计十几亿元以上。随着气候变暖和我国经济水平的快速发展，冰川湖库容增加，冰坝的稳定性降低，从而有可能导致冰川湖的溃决频率增加和溃决时间提前、冰川湖灾害频率增加、灾害损失日益严重的趋势。麦兹巴赫冰川湖地处吉尔吉斯斯坦境内高海拔山谷区，所处位置交通极为不便，且自然条件恶劣，因此，对于冰川湖溃决时间、溃决洪峰流量等的监测和预警一直是备受关注而又悬而未决的问题。再加上阿克苏河流域山区产流的多源复杂性，使得洪水与强降水事件的发生具有不一致性，从而导致该流域洪水发生机制的研究更具挑战。因此，建议加快开展阿克苏河冰川湖突发洪水的研究，查明阿克苏河冰川湖突发洪水发生的原因，并加强对冰川湖突发洪水的预警，增强对麦兹巴赫冰川湖突发洪水的预测能力，对维护流域水资源安全、减轻洪水灾害、确保阿克苏绿洲经济可持续发展和保障下游人民生命财产安全具有重要意义。

6.4.3.2 精细调度，合理利用洪水资源

洪水具有利害两重性。一方面，洪水可为人类提供可持续发展所必需的水土资源、生态环境资源和生物多样性环境，另一方面，洪水也可以造成财产损失和人员伤亡。对于干旱区，洪水资源化利用是一个缓解干旱区水资源短缺的重要手段。2022年6月1日起，麦兹巴赫冰川堰塞湖面积逐渐增大，特别是受当地高温影响，6月23日至7月10日冰川加速融化，冰川湖内漂浮未融化的冰块增多，冰川湖面积从1.59km^{2}增加至2.20km^2，7月13日达到最大面积（2.30km^2），7月16日，冰川湖面积减至2.20km^2。经判断，麦兹巴赫冰川堰塞湖于7月16日开始局部排水、发生溃决，初期排水较慢，流量逐渐增大，逐步达到洪峰流量。7月18日，该堰塞湖水体面积减少明显，21日冰川湖水已基本排空，湖床只剩余冰水沉积物。自7月12日起，协合拉水文站断面日平均流量逐渐增大，18日后，流量增长速率增大，尤其在19日，由647m^3/s增长至1120m^3/s，20日、21日最大流量分别为1110m^3/s、1220m^3/s，在22日0时流量急剧消落至690m^3/s。洪水未对在建的大石峡水利枢纽，运行的小石峡水电站、协合拉引水枢纽、艾里西引水枢纽等沿线水利工程及下游河道造成影响。

新疆维吾尔自治区水利厅积极指导塔里木河流域管理局充分发挥流域统一管理和调度职能，根据塔里木河流域水量调度方案，统筹源流与干流、上游与下游、地方与兵团、生产和生态用水需求，开展精细化调度；督促指导阿克苏河和塔里木河沿线逐个节点增加引水量，充分用好用足洪水资源，切实提高农业灌溉用水保障和生态引洪补水效益。据统计，2022年7月的麦兹巴赫冰川堰塞湖溃决下泄洪水10769万m^3，截至7月23日16时，阿克苏河及塔里木河干流共利用洪水资源9247万m^3（占比85.8%），其中，7485万m^{3}用于农业灌溉，1762万m^{3}用于生态。其余1522万m^{3}洪水在协合拉引水枢纽以下818km河道内蒸发渗漏，补给两岸生态（郑昕等，2023）。

7　天山地区径流变化及模拟

7.1　天山地区气候数据的降尺度模拟

7.1.1　气候降尺度方法

7.1.1.1　模型建立

为了模拟高分辨率的气候数据，国内外学者已经开发了统计降尺度（Chen et al., 2014；Guven and Pala，2021）和动力降尺度技术（Pervin and Gan，2021）。统计降尺度由于计算简单而广受欢迎（Sachindra et al., 2018），常用的统计降尺度方法包括多元线性回归（Sharifi et al., 2019）、非线性回归（Fan et al., 2021a）、广义线性模型（Beecham et al., 2014）、人工神经网络（Kueh and Kuok，2016）、支持向量机（Pour et al., 2018）和相关向量机（Okkan and Inan，2014）等。Vandal 等（2019）指出，与简单和长期存在的方法相比，将最先进的机器学习方法用于气候降尺度不一定能提高模拟精度。传统的回归模型可以显示回归系数，有助于评估因变量对不同因子的依赖性。在传统回归方法中，最小二乘法被广泛用于计算回归系数，但其对噪声敏感，适用于数量相对较少的样本（Knopov and Kasitskaya，1999；Xu W et al., 2018）。针对数量较多的样本，批量梯度下降（batch gradient descent，BGD）通常被用作回归的核心训练算法，其在每次迭代中降低成本函数，直到成本函数最小化且稳定（Liu and Yang，2017；Nakama，2009）。

在山区，地理位置和地形对气温与降水的空间分布具有重要影响（Kattel and Yao, 2018；Sun and Zhang，2016）。研究表明，我国西北地区的气温和降水与经纬度及地形因子呈非线性关系（Gheyret et al., 2020；Zuo et al., 2019），且气温和降水对经纬度及地形因子的非线性响应并不相同（Fan et al., 2020a，2021a；Wang et al., 2018；Zuo et al., 2019）。综合以上分析，本研究基于 ERA-Interim 气温产品、ERA-5 降水产品和 DEM，分别拟合了月气温和月降水与坡向、坡度、经度、纬度的非线性回归（nonlinear regression, NLR）模型，并采用 BGD 算法训练模型，构建批量梯度下降-非线性回归（batch gradient descent-nonlinear regression，BGD-NLR）模型。图 7-1 显示了气温和降水的降尺度过程，其具体步骤如下。

首先，将高程、坡向和坡度重采样至 0.125°×0.125°（LR1）与 0.25°×0.25°（LR2），得到$高程_{LR1}$、$高程_{LR2}$、$坡向_{LR1}$、$坡向_{LR2}$、$坡度_{LR1}$和$坡度_{LR2}$。在 LR1 和 LR2 分辨率下，分别提取研究区每个像元的经纬度值，得到$经度_{LR1}$、$经度_{LR2}$、$纬度_{LR1}$和$纬度_{LR2}$。

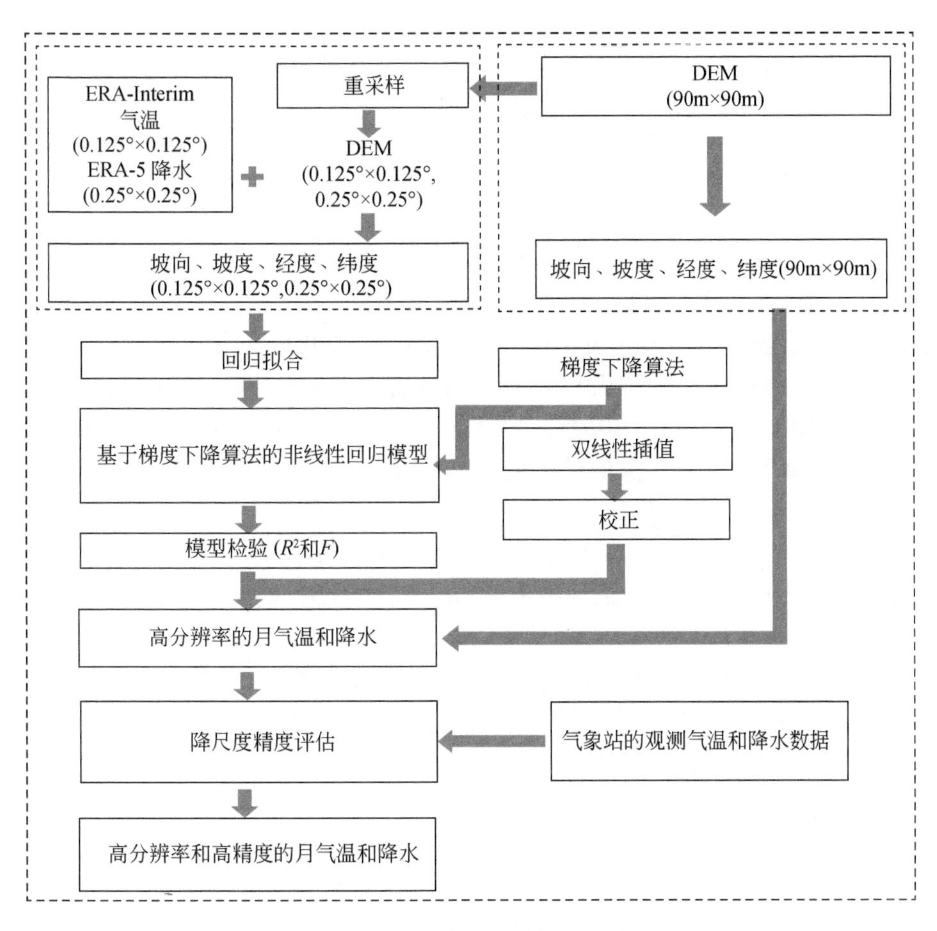

图 7-1　气温和降水降尺度技术路线

在 LR1 分辨率下，建立每月气温的非线性方程，方程的预测变量为高程$_{LR1}$、坡向$_{LR1}$、坡度$_{LR1}$、经度$_{LR1}$和纬度$_{LR1}$，响应变量为 ERA-Interim 多年平均每月气温，如式（7-1）所示：

$$T = F_1(A,B,C,D,E) + \Delta T \tag{7-1}$$

式中，$F_1(A, B, C, D, E)$ 为非线性模型模拟的月气温；A 为高程；B 为坡向；C 为坡度；D 为经度；E 为纬度；ΔT 为气温分布的残差。

在 LR2 分辨率下，建立每月降水的非线性方程，方程的预测变量为高程$_{LR2}$、坡向$_{LR2}$、坡度$_{LR2}$、经度$_{LR2}$和纬度$_{LR2}$，响应变量为 ERA-5 多年平均每月降水，如式（7-2）所示：

$$P = F_2(A,B,C,D,E) + \Delta P \tag{7-2}$$

式中，$F_2(A, B, C, D, E)$ 为非线性模型模拟的月降水；A 为高程；B 为坡向；C 为坡度；D 为经度；E 为纬度；ΔP 为降水分布的残差。

在模型中，回归的成本函数为

$$J(\theta) = \frac{1}{2m}\sum_{i=1}^{m} \{h_\theta[x^{(i)}] - y^{(i)}\}^2 \tag{7-3}$$

式中，m 为样本数量；$x^{(i)}$ 为样本的特征；$y^{(i)}$ 为目标值；$h_\theta(x)$ 为回归的假设函数，$h_\theta(x)$ =

$\theta_0+\theta_1 x$，θ 为权重。

然后，采用 BGD 算法训练数据集最小化 $J(\theta)$，找到 θ 的最优解，如式（7-4）所示：

$$\frac{\partial}{\partial \theta_j}J(\theta)=\frac{1}{m}\sum_{i=1}^{m}\{h_\theta[x^{(i)}]-y^{(i)}\}x_j^{(i)} \tag{7-4}$$

θ 的校正函数为

$$\theta_j=\theta_j-\alpha\frac{1}{m}\sum_{i=1}^{m}\{h_\theta[x^{(i)}]-y^{(i)}\}x_j^{(i)} \tag{7-5}$$

式中，α 为学习率；m 为样本数量；θ_j 为第 j 个模型参数。

为了提高收敛速度，采用极差标准化方法（徐建华，2010）对数据进行归一化。每次将训练数据随机划分为 60% 的训练组和 40% 的测试组（Samadianfard et al.，2016），采用 R^2（Wang et al.，2018；Fan et al.，2020b）验证降尺度模型的精度（Xu et al.，2011，2013）。

在 LR1 分辨率下，计算气温的模拟值 $F_1(A, B, C, D, E)$ 与 ERA-Interim 气温产品的差值 ΔT_{LR1}，如式（7-6）所示：

$$\Delta T_{LR1}=T_{ERA\text{-}Interim}-F_1(A,B,C,D,E) \tag{7-6}$$

在 LR2 分辨率下，计算降水的模拟值 $F_2(A, B, C, D, E)$ 与 ERA-5 降水产品的差值 ΔP_{LR2}，如式（7-7）所示：

$$\Delta P_{LR2}=P_{ERA\text{-}5}-F_2(A,B,C,D,E) \tag{7-7}$$

然后，使用双线性插值方法将 ΔT_{LR1} 和 ΔP_{LR2} 重采样至 90m×90m（HR），获得高分辨率的气温和降水分布残差 ΔT_{HR} 和 ΔP_{HR}。

在 HR 分辨率下，将高程$_{HR}$、坡向$_{HR}$、坡度$_{HR}$、经度$_{HR}$、纬度$_{HR}$分别代入气温和降水的降尺度模型，得到高分辨率的气温模拟值T_{HR}和降水模拟值P_{HR}，将其分别与高分辨率的气温残差 ΔT_{HR}和降水残差 ΔP_{HR}相加，得到高分辨率的气温 T 和降水 P，如式（7-8）和式（7-9）所示，最终实现气温和降水的降尺度。

$$T=T_{HR}+\Delta T_{HR} \tag{7-8}$$

$$P=P_{HR}+\Delta P_{HR} \tag{7-9}$$

7.1.1.2 气候变量对不同因子的依赖

表 7-1 显示了气温 BGD-NLR 降尺度模型参数。在 12 个月份中，气温与高程、坡向、坡度、经度和纬度呈现出较强的非线性关系。根据标准化系数可以看出，气温对各因子的依赖性，从高到低依次为纬度、经度、高程、坡度和坡向，说明地理位置是影响天山气温空间分布的主要因素。在地形因子中，海拔对天山气温的贡献最高。

表 7-1　气温 BGD-NLR 降尺度模型参数

月份	θ_0	θ_1	θ_2	θ_3	θ_4	θ_5	θ_6	θ_7	θ_8
1	0.94	-0.65	1.02	-1.33	0.06	0.01	-0.16	-1.47	1.30
2	0.87	-0.62	1.15	-1.34	0.04	0.01	-0.11	-1.44	1.13
3	0.86	-0.60	1.34	-1.72	0.04	0.01	-0.38	-0.90	1.31
4	0.87	-0.67	1.50	-1.94	0.04	0.01	-0.52	-0.68	1.49

续表

月份	θ_0	θ_1	θ_2	θ_3	θ_4	θ_5	θ_6	θ_7	θ_8
5	0.90	-0.71	1.41	-1.94	0.04	0.01	-0.37	-0.60	1.49
6	0.88	-0.71	1.35	-1.98	0.05	0.01	-0.22	-0.63	1.59
7	0.88	-0.69	1.32	-2.00	0.05	0.01	-0.17	-0.69	1.64
8	0.89	-0.70	1.39	-2.00	0.05	0.01	-0.26	-0.67	1.61
9	0.94	-0.73	1.38	-2.00	0.05	0.01	-0.39	-0.60	1.55
10	0.97	-0.71	1.24	-2.00	0.05	0.01	-0.37	-0.61	1.57
11	0.99	-0.69	0.99	-1.75	0.06	0.01	-0.20	-0.90	1.52
12	0.95	-0.66	0.89	-1.35	0.06	0.01	-0.23	-1.14	1.25

注：方程为 $T = \theta_0 + \theta_1 \times A + \theta_2 \times B + \theta_3 \times C + \theta_4 \times D + \theta_5 \times E + \theta_6 \times B^2 + \theta_7 \times B \times C + \theta_8 \times C^2$ 。式中，A 为高程，B 为经度，C 为纬度，D 为坡度，E 为坡向

模拟值与实际值的 R^2 可以显示模型的模拟效果（Xu et al.，2014）。表 7-2 表明，在 12 个月份中，模型均具有较高的精度，模拟值和实际值的 R^2 为 0.80 ~ 0.85。为进一步评估气温对不同因子的依赖，从降尺度模型中分别剔除各因子，计算模拟精度的变化。根据表 7-2，当从模型中剔除高程、坡向、坡度、经度、纬度时，R^2 分别变为 0.60 ~ 0.70、0.71 ~ 0.80、0.64 ~ 0.75、0.51 ~ 0.66、0.45 ~ 0.56，进一步说明天山气温的空间分布对纬度和经度的依赖最高，其次为高程、坡度和坡向。

表 7-2　气温 BGD-NLR 降尺度模型精度（R^2）

月份	BGD-NLR	剔除变量				
		高程	坡向	坡度	经度	纬度
1	0.83	0.69	0.79	0.73	0.65	0.56
2	0.85	0.70	0.80	0.75	0.66	0.56
3	0.84	0.67	0.79	0.71	0.60	0.53
4	0.82	0.65	0.77	0.70	0.59	0.52
5	0.82	0.65	0.75	0.70	0.58	0.51
6	0.83	0.63	0.76	0.69	0.56	0.51
7	0.83	0.63	0.77	0.69	0.55	0.50
8	0.82	0.61	0.74	0.67	0.53	0.47
9	0.80	0.60	0.73	0.65	0.51	0.47
10	0.80	0.60	0.71	0.64	0.52	0.45
11	0.81	0.61	0.73	0.65	0.54	0.48
12	0.80	0.60	0.72	0.66	0.55	0.49

表 7-3 显示了降水 BGD-NLR 降尺度模型参数。在 12 个月份中，降水与高程、坡向、坡度、经度和纬度呈现出较强的非线性关系。降水对各因子的依赖性，从高到低依次为纬度、经度、高程、坡向和坡度，说明地理位置是影响天山降水空间分布的主要因素。在地形因子中，海拔对降水分布的贡献高于坡向和坡度。

表 7-3 降水 BGD-NLR 降尺度模型参数

月份	θ_0	θ_1	θ_2	θ_3	θ_4	θ_5
1	0.23	0.40	0.01	0.01	-1.32	-0.87
2	0.23	0.64	0.03	0.01	-1.59	0.11
3	0.18	0.64	0.06	0.01	-1.52	0.12
4	0.03	0.53	0.07	0.01	-0.26	-0.81
5	-0.04	0.59	0.09	0.01	0.11	-0.75
6	-0.17	0.92	0.15	0.01	0.54	-0.90
7	-0.19	0.75	0.15	0.01	0.86	-0.79
8	-0.15	0.68	0.15	-0.01	0.91	-0.67
9	-0.08	0.54	0.11	-0.01	0.35	-0.24
10	0.02	0.45	0.05	0.01	-0.39	-0.17
11	0.14	0.50	0.02	0.02	-0.99	-0.95
12	0.24	0.37	0.01	0.01	-1.53	-0.85

月份	θ_6	θ_7	θ_8	θ_9	θ_{10}	θ_{11}
1	-0.35	2.13	5.50	-1.68	-0.68	-3.82
2	-0.55	1.86	3.25	-1.09	-0.56	-2.68
3	-0.49	1.93	2.32	-0.84	-0.66	1.81
4	-0.35	0.49	4.08	-1.00	-0.12	-2.77
5	-0.36	-0.16	3.71	-0.90	0.20	-2.56
6	-0.50	-0.81	4.24	-0.87	0.51	-3.03
7	-0.32	-1.48	3.34	-0.58	0.85	-2.36
8	-0.17	-1.83	2.98	-0.43	1.03	-2.19
9	-0.22	-0.93	1.89	-0.32	0.55	-1.47
10	-0.32	0.50	2.20	-0.62	-0.15	-1.60
11	-0.45	1.76	5.62	-1.68	-0.56	-3.77
12	-0.31	2.66	5.43	-1.76	-0.99	-3.66

注：方程为 $P = \theta_0 + \theta_1 \times A + \theta_2 \times B + \theta_3 \times C + \theta_4 \times D + \theta_5 \times E + \theta_6 \times A^2 + \theta_7 \times D^2 + \theta_8 \times E^2 + \theta_9 \times D \times E + \theta_{10} \times D^3 + \theta_{11} \times E^3$。式中，$A$ 为高程，B 为坡向，C 为坡度，D 为纬度，E 为经度

表 7-4 表明，在 12 个月份中，模型均具有较高的精度，模拟值和实际值的 R^2 为 0.66 ~ 0.79。为进一步评估降水对不同因子的依赖，从降尺度模型中分别剔除各因子，计算测试期模拟精度的变化。当从模型中分别剔除高程、坡向、坡度、经度和纬度时，R^2 分别变

为0.42~0.53、0.44~0.57、0.48~0.69、0.38~0.50和0.30~0.43，进一步说明天山降水的空间分布对纬度和经度的依赖最高，其次为高程、坡向和坡度。

表7-4 降水BGD-NLR降尺度模型精度（R^2）

月份	BGD-NLR	剔除变量				
		高程	坡向	坡度	经度	纬度
1	0.73	0.45	0.48	0.59	0.40	0.37
2	0.78	0.49	0.53	0.69	0.44	0.39
3	0.79	0.45	0.50	0.58	0.40	0.38
4	0.78	0.45	0.49	0.50	0.48	0.30
5	0.75	0.53	0.57	0.59	0.50	0.43
6	0.69	0.45	0.46	0.50	0.41	0.40
7	0.66	0.42	0.44	0.48	0.42	0.39
8	0.70	0.51	0.53	0.58	0.49	0.43
9	0.73	0.42	0.48	0.49	0.38	0.34
10	0.73	0.43	0.49	0.53	0.38	0.32
11	0.73	0.50	0.55	0.58	0.47	0.40
12	0.75	0.49	0.52	0.62	0.45	0.41

7.1.2 降尺度精度评估

基于上述降尺度模型，本研究模拟得到天山高分辨率的月气温和降水数据集，气温数据的时间为1979年1月至2019年8月，降水数据的时间为1979年1月至2020年12月，空间分辨率为90m×90m，由于数据集较大，在Mendeley数据库共享了部分数据（doi：10.17632/s3zkm8p366.1）。使用天山30个气象站的观测月气温和降水评估降尺度数据的精度，根据观测站的经纬度，使用最邻近点法提取站点所在位置的降尺度气温和降水值，评估指标包括线性斜率（slope）、纳什效率系数（NSE）、平均绝对误差（MAE）和均方根误差（RMSE）（Wang et al.，2018），下面将分别介绍降尺度气温和降水的精度评估结果。

7.1.2.1 降尺度气温精度评估

根据观测站的经纬度，使用最邻近点法提取研究区30个气象站所在位置的降尺度气温值，将其与观测数据进行对比，表7-5显示了降尺度气温的精度检验结果。在30个气象站，降尺度气温和观测气温的线性斜率为0.69~1.12，NSE高于0.65，MAE和RMSE低于7℃。在达坂城、十三间房、巴楚、阿拉尔、轮台、伊吾和哈密等气象站，降尺度气温和观测气温的线性斜率和NSE高于0.97，MAE和RMSE低于3℃，以上结果表明降尺度气温具有较高的精度。为进一步验证降尺度气温的精度，本研究随机选取了部分站点，绘制了降尺度气温与观测气温的散点图（图 7-2）。在每个站点，降尺度气温与观测气温均呈正相关关系且相关性显著，表明降尺度气温与观测气温的变化趋势一致。

表 7-5　降尺度气温的精度检验结果

站点	线性斜率	NSE	MAE/℃	RMSE/℃
精河	0.83	0.95	2.69	3.09
奇台	0.86	0.97	2.22	2.48
伊宁	0.96	0.93	2.69	2.92
昭苏	0.89	0.94	2.02	2.34
乌鲁木齐	0.80	0.86	4.12	4.80
巴伦台	0.94	0.65	5.22	4.90
达坂城	1.05	0.99	1.10	1.34
十三间房	1.02	0.97	1.90	2.26
库米什	0.90	0.97	2.05	2.30
巴音布鲁克	0.69	0.83	3.67	4.79
焉耆	0.87	0.92	3.08	3.40
阿克苏	0.95	0.92	2.90	3.10
拜城	0.94	0.97	1.69	2.06
库车	1.01	0.95	2.44	2.64
库尔勒	0.96	0.95	2.58	2.72
喀什	0.91	0.76	5.03	5.22
阿合奇	0.94	0.77	4.01	4.27
巴楚	0.99	0.99	0.53	0.90
柯坪	0.90	0.94	2.50	2.84
阿拉尔	1.05	0.98	1.49	1.75
巴里坤	1.01	0.94	3.11	3.24
淖毛湖	0.91	0.91	4.04	4.25
吐鲁番	0.92	0.76	6.54	6.83
乌苏	0.79	0.90	4.02	4.52
乌恰	0.93	0.77	4.99	5.02
蔡家湖	0.75	0.93	3.68	4.21
轮台	0.98	0.97	1.97	2.19
吐尔尕特	1.01	0.93	2.00	1.98
伊吾	1.12	0.97	1.60	1.88
哈密	0.97	0.98	1.73	1.95

为了验证降尺度数据对不同地形区的模拟效果，使用 8 个高海拔站和 22 个平原站的观测数据评估降尺度数据在高海拔山区和平原地区的精度。表 7-6 表明，降尺度气温在高海拔山区和平原地区均表现良好，在高海拔山区，降尺度气温和观测气温的线性斜率为 0.93，NSE 为 0.95，MAE 和 RMSE 低于 3.2℃。在平原地区，降尺度气温和观测气温的线

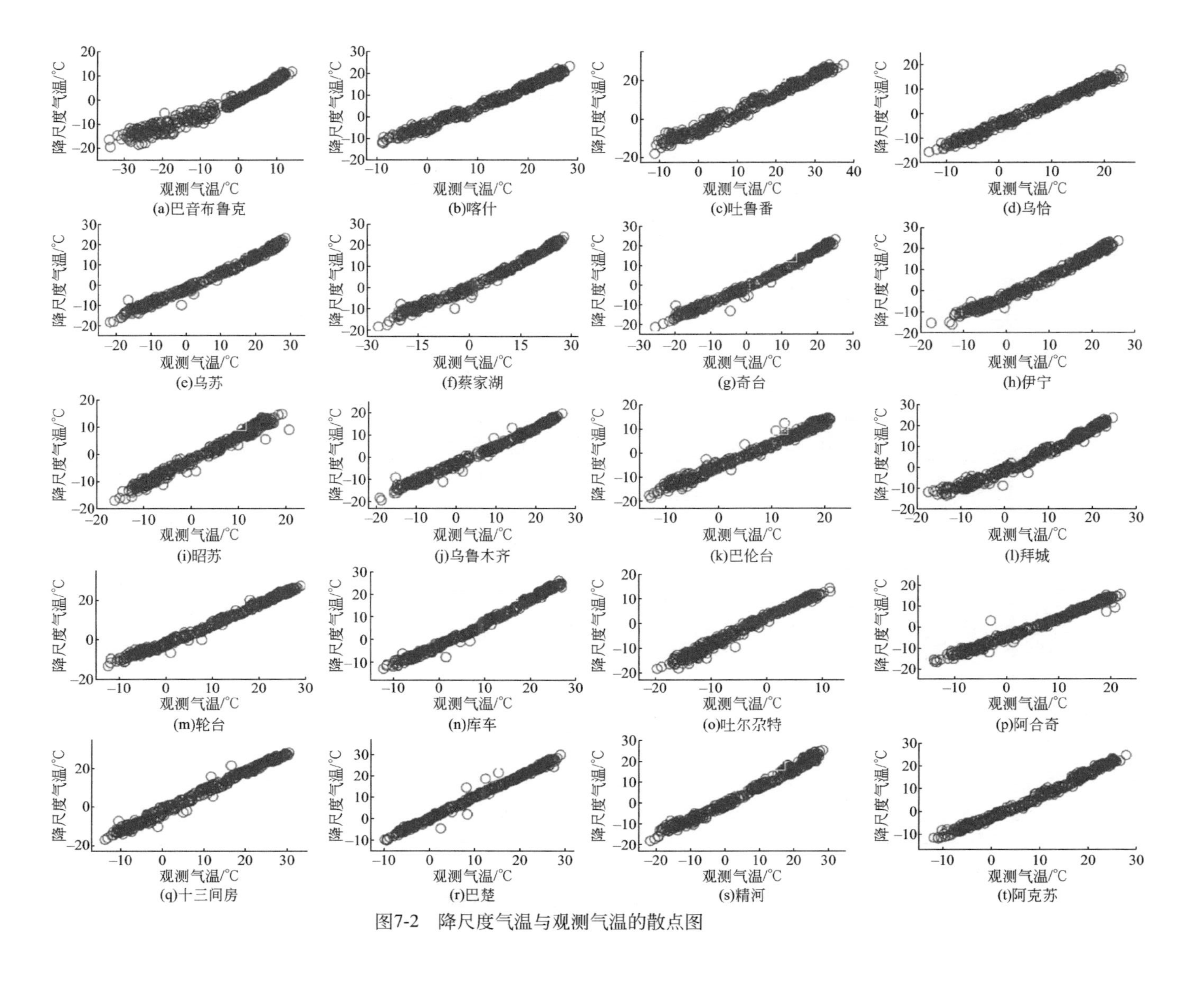

图7-2 降尺度气温与观测气温的散点图

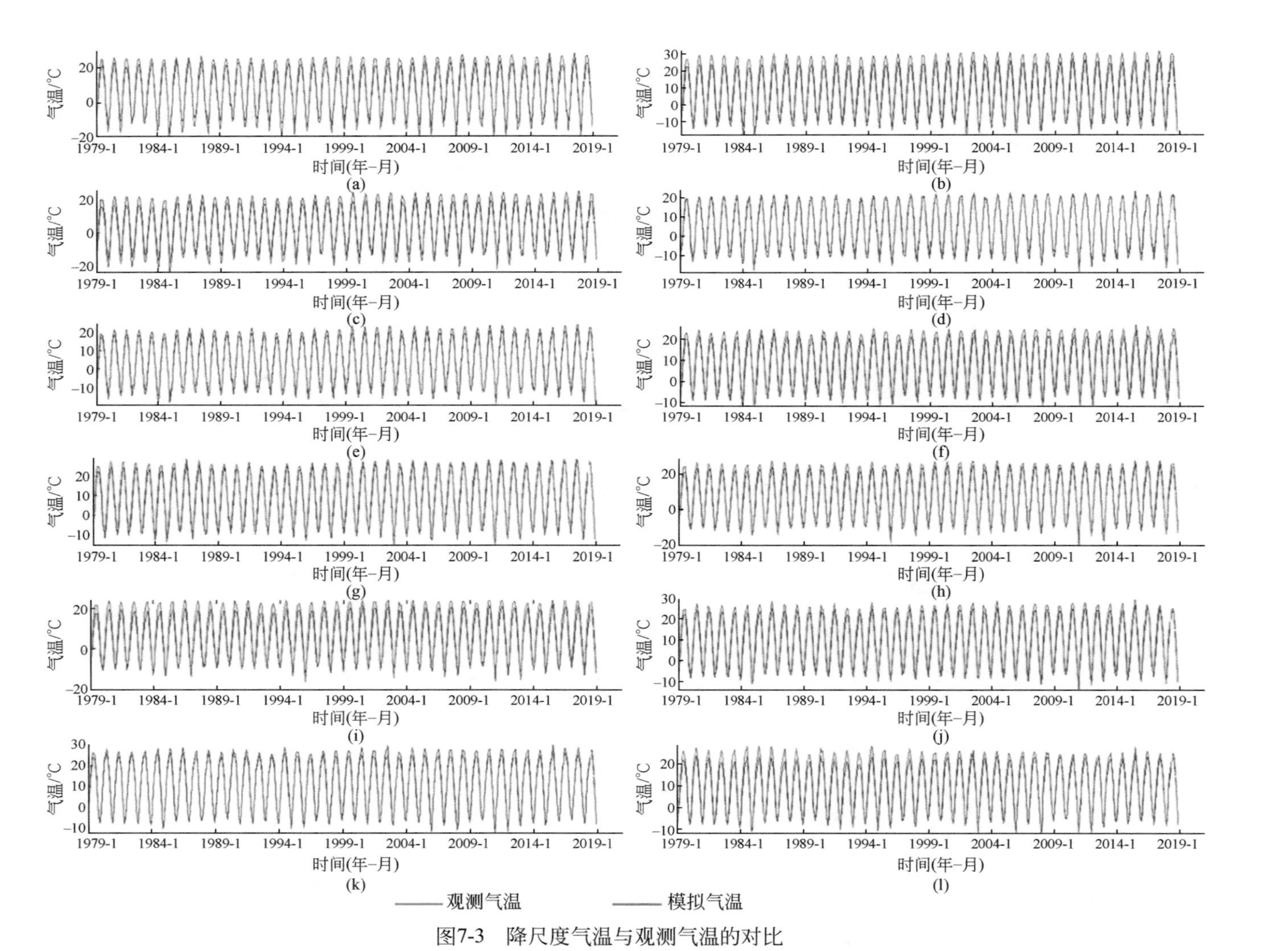

图7-3 降尺度气温与观测气温的对比

(a)~(l)依次为精河、淖毛湖、巴里坤、达坂城、伊吾、阿克苏、哈密、库米什、焉耆、库尔勒、阿拉尔和柯坪气象站性斜率为 0.90，NSE 为 0.93，MAE 和 RMSE 低于 3.5℃。以上结果表明，降尺度气温具有较高的精度，可以准确地揭示高海拔山区和平原地区的气温变化。

表 7-6　降尺度气温在高海拔山区和平原地区的精度

位置	线性斜率	NSE	MAE/℃	RMSE/℃
高海拔山区	0.93	0.95	2.78	3.10
平原地区	0.90	0.93	2.77	3.36

图 7-3 显示了典型站点降尺度气温与观测气温的对比图，可以看出，降尺度气温与观测气温非常接近且具有相似的变化，进一步表明降尺度气温具有较高的精度。

7.1.2.2　降尺度降水精度评估

根据观测站的经纬度，使用最邻近点法提取研究区 30 个气象站所在位置的降尺度降水值，将其与观测值进行对比，表 7-7 显示了降尺度降水的精度检验结果。在 30 个气象站，降尺度降水和观测降水的 NSE 高于 0.50，MAE 和 RMSE 低于 15.5mm，在多数站点，二者的线性斜率为 0.6～1.2。在昭苏和蔡家湖等气象站，降尺度降水和观测降水的 NSE 高于 0.80，MAE 和 RMSE 低于 10mm，以上结果表明降尺度降水具有较高的精度。

表 7-7　降尺度降水的精度检验结果

站点	线性斜率	NSE	MAE/mm	RMSE/mm
精河	1.53	0.61	14.43	14.35
奇台	1.22	0.60	5.79	2.31
伊宁	0.66	0.55	8.88	12.57
昭苏	1.05	0.83	6.34	3.08
乌鲁木齐	0.92	0.71	10.56	13.97
巴伦台	0.56	0.64	12.80	7.49
达坂城	0.53	0.52	3.97	8.35
十三间房	0.57	0.51	2.37	4.30
库米什	0.65	0.51	3.40	5.89
巴音布鲁克	1.00	0.68	6.96	2.72
焉耆	1.10	0.72	9.97	14.38
阿克苏	0.90	0.59	6.83	9.75
拜城	0.56	0.52	6.26	9.96
库车	0.65	0.51	4.79	7.67
库尔勒	0.70	0.52	4.15	6.67
喀什	0.84	0.51	6.52	9.62
阿合奇	0.70	0.53	13.14	9.57
巴楚	0.75	0.51	4.37	7.61

续表

站点	线性斜率	NSE	MAE/mm	RMSE/mm
柯坪	0.82	0.66	6.29	9.91
阿拉尔	0.73	0.52	3.44	6.22
巴里坤	1.03	0.61	15.42	11.99
淖毛湖	0.79	0.63	1.59	2.74
吐鲁番	0.90	0.50	1.71	2.67
乌苏	0.80	0.57	4.25	3.24
乌恰	0.60	0.51	9.42	14.38
蔡家湖	0.99	0.85	7.60	9.97
轮台	0.56	0.51	4.59	7.64
吐尔尕特	0.91	0.65	6.51	10.81
伊吾	1.28	0.61	3.20	5.77
哈密	0.65	0.51	2.35	3.99

本研究随机选取了部分气象站，绘制了测试期降尺度降水和观测降水的散点图（图7-4）。可以看出，在每个站点，降尺度降水和观测降水均呈正相关且相关性显著，说明降尺度降水与观测降水具有相似的变化，进一步表明降尺度降水具有较高的精度。

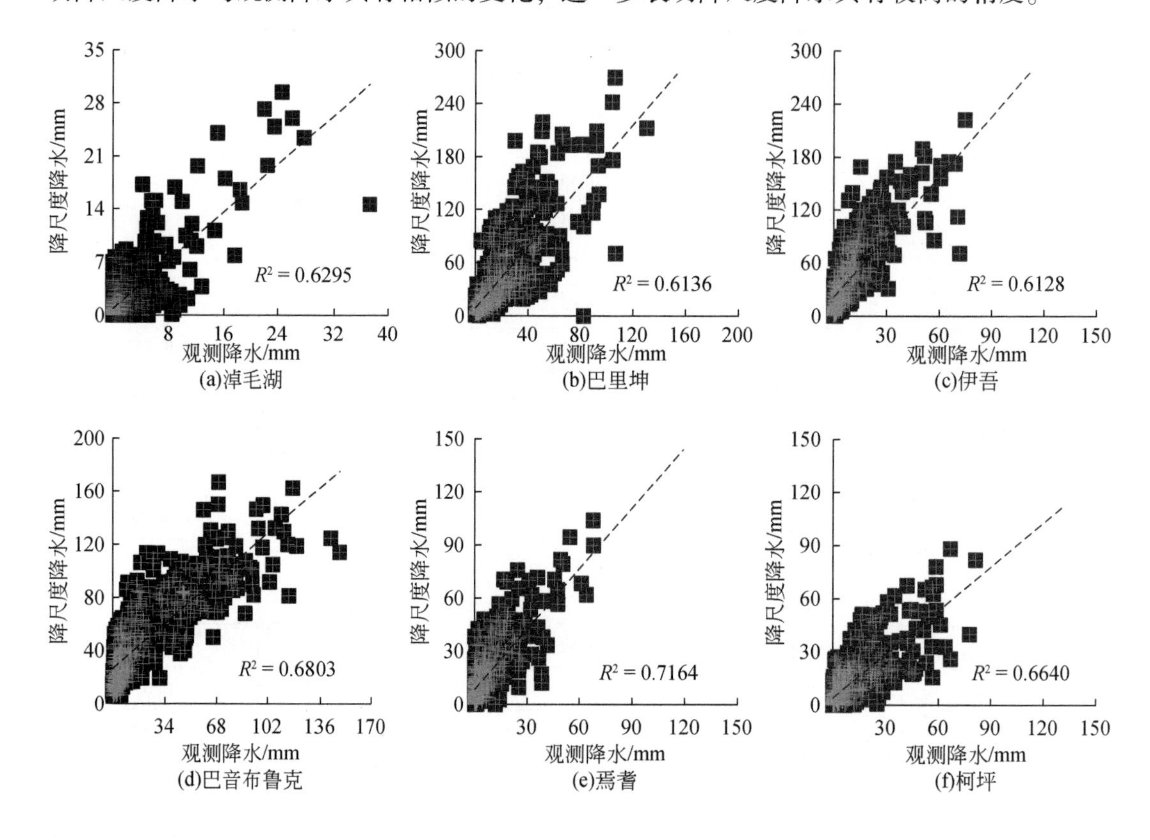

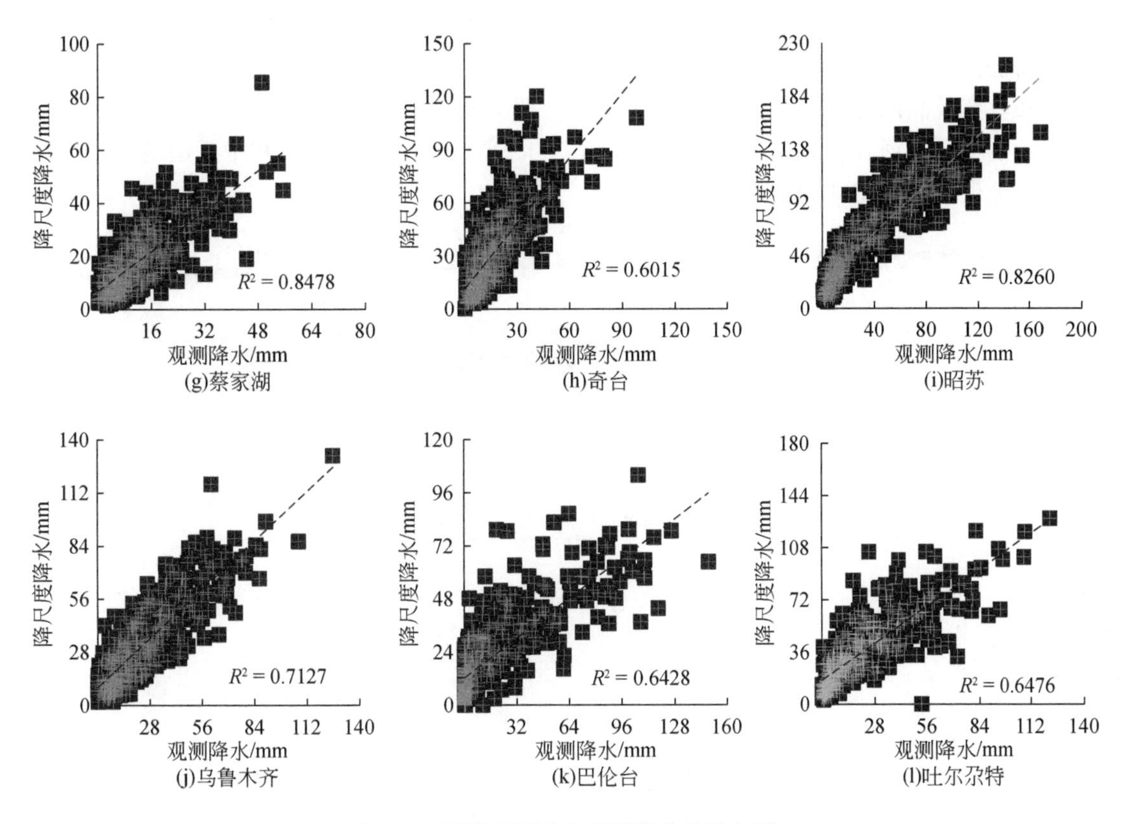

图 7-4　降尺度降水与观测降水的散点图

为进一步验证降尺度降水在高海拔山区和平原地区的模拟能力，使用 8 个高海拔站和 22 个平原站的观测数据评估降尺度降水在高海拔山区和平原地区的精度。表 7-8 表明，降尺度降水在高海拔山区和平原地区均表现良好，在高海拔山区表现更好。在高海拔山区，降尺度降水和观测降水的线性斜率为 1.24，NSE 为 0.83，MAE 和 RMSE 低于 8.5mm。在平原地区，降尺度降水和观测降水的线性斜率为 1.16，NSE 为 0.65，MAE 和 RMSE 低于 9mm。以上结果表明，降尺度降水具有较高的精度，可以准确地揭示高海拔山区和平原地区的降水变化。

表 7-8　降尺度降水在高海拔山区和平原地区的精度

地区	线性斜率	NSE	MAE/mm	RMSE/mm
高海拔山区	1.24	0.83	7.73	8.04
平原地区	1.16	0.65	7.85	8.80

7.1.3　降尺度前后对比

为评估降尺度在模拟精度上的改进，将降尺度数据集与对应时间的原始再分析产品进行对比。图 7-5 表明，降尺度气温的空间格局与 ERA-Interim 产品一致，其空间分辨率得到显著提高，更准确地揭示了天山气温的空间分布。上述结果表明，海拔对天山气温的空间分布具有较高的贡献。东天山以盆地为主，西天山和中天山地形复杂，包括山脉、丘陵、山前平原和河谷，海拔为 1000 ~ 5500m，与东天山相比，西天山和中天山的降尺度结果更好地反映了其特殊的地理环境。

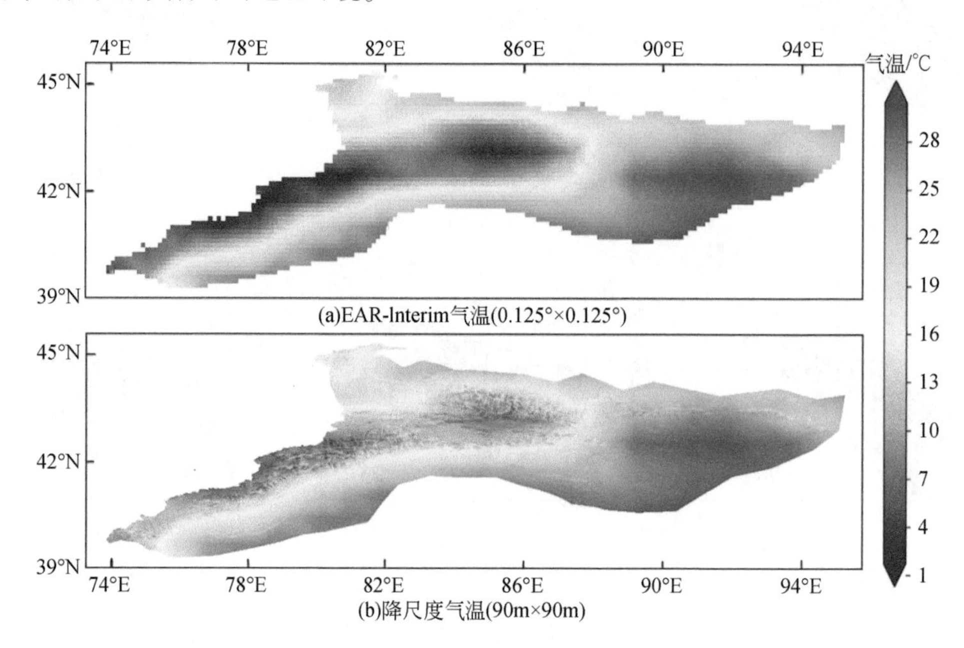

图 7-5　ERA-Interim 气温与降尺度气温的对比（2019 年 8 月）

研究区包括阿克苏河流域，流域西部和北部位于吉尔吉斯斯坦境内

图 7-6 表明，在流域尺度上，相对于稀缺的观测数据，再分析产品显示了气温的空间分布，但其分辨率较低，无法准确显示气温的空间差异，而降尺度的气温数据能清晰地揭示流域气温的空间分布。

图 7-7 显示了降尺度降水与对应时间的 ERA-5 降水的对比。与 ERA-5 降水相比，降尺度数据的空间分辨率显著提高，更准确地揭示了天山降水的空间分布。

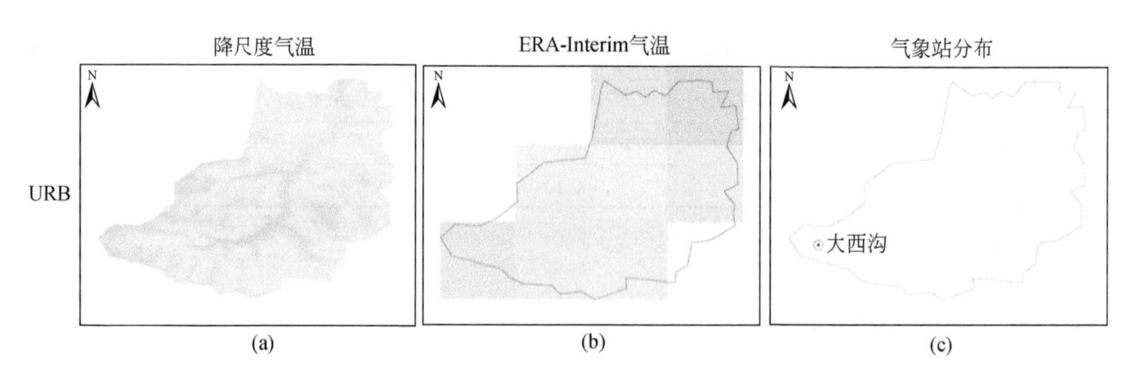

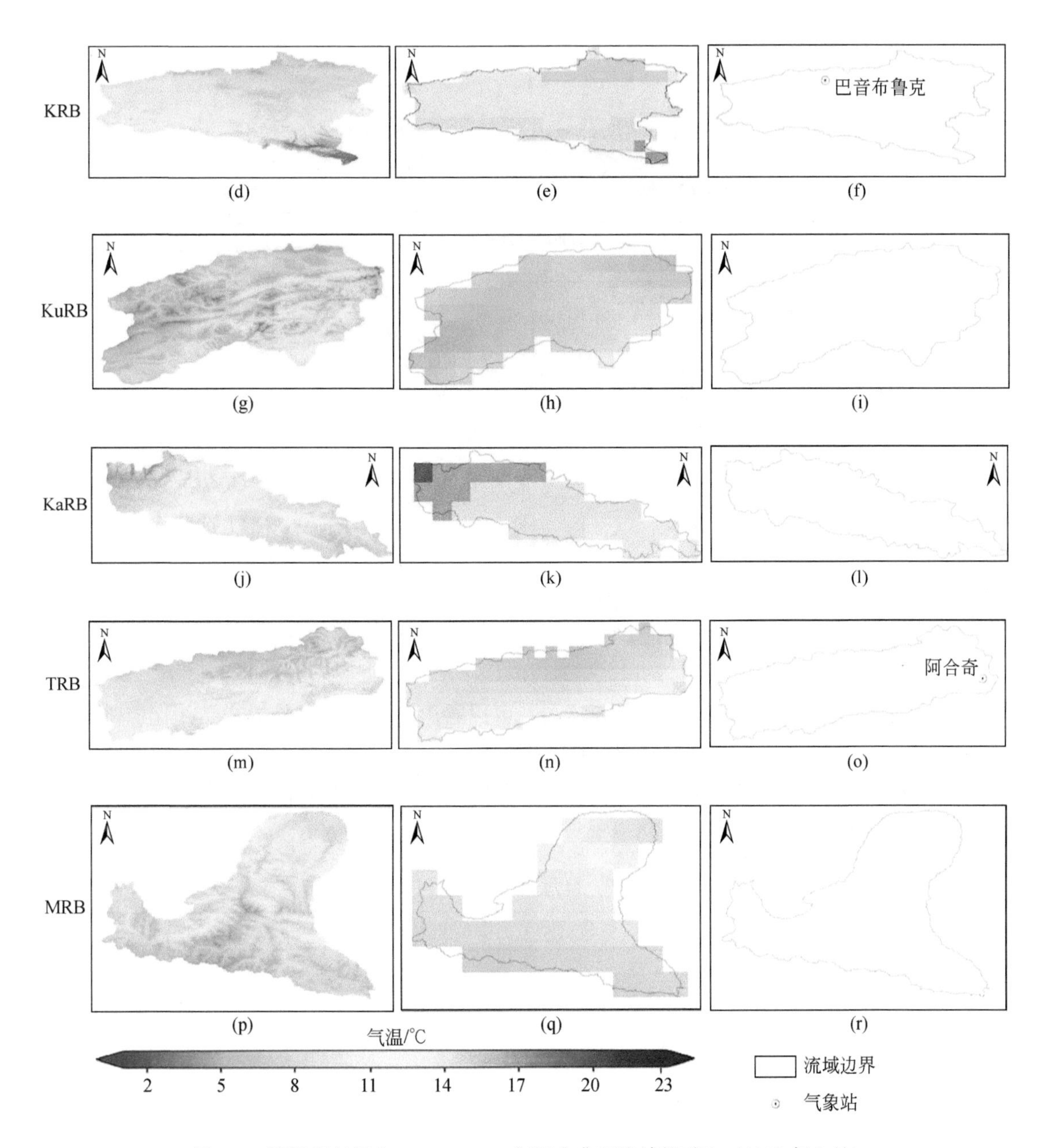

图 7-6　降尺度气温和 ERA-Interim 气温在典型流域的对比（2019 年 8 月）

（a）、（d）、（g）、（j）、（m）、（p）为降尺度气温；（b）、（e）、（h）、（k）、（n）、（q）为 ERA-Interim 气温；（c）、（f）、（i）、（l）、（o）、（r）为气象站分布

URB 表示乌鲁木齐河流域；KRB 表示开都河流域；KuRB 表示库玛拉克河流域；KaRB 表示喀什河流域；TRB 表示托什干河流域；MRB 表示玛纳斯河流域。下同

为进一步对比降尺度前后的精度，根据观测站的经纬度，使用最邻近点法分别提取了研究区 30 个气象站所在位置的原始再分析产品和降尺度值，并计算了其与观测数据的相

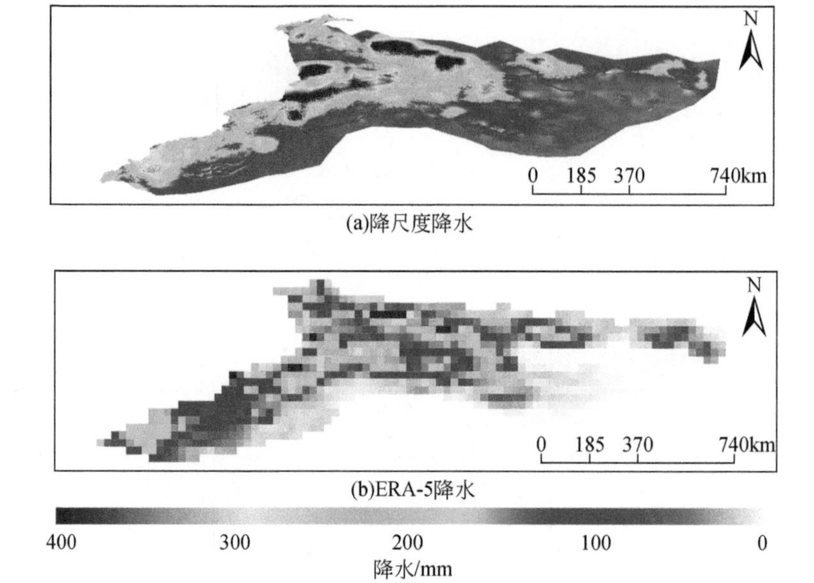

图 7-7　降尺度降水和 ERA-5 降水的对比（2000 年 7 月）
研究区包括阿克苏河流域，流域西部和北部位于吉尔吉斯斯坦境内

关系数（R）、MAE 和 RMSE，结果见表 7-9。可以看出，与原始再分析产品相比，降尺度数据与观测数据的 R 值更高，MAE 和 RMSE 值更低，说明降尺度后，数据的精度显著提高。综上，本研究开发的气候降尺度方法具有重要意义，降尺度数据集可用于天山典型流域的气候-径流过程研究。

表 7-9　降尺度前后精度对比

数据	R	MAE	RMSE
ERA-Interim 气温/℃	0.98	3.50	3.96
降尺度气温/℃	0.99	1.98	2.21
ERA-5 降水/mm	0.69	10.51	13.81
降尺度降水/mm	0.91	7.64	8.02

图 7-8 显示，在流域尺度上，分辨率低的 ERA-5 降水的降尺度降水数据更清晰地显示了流域的降水分布。

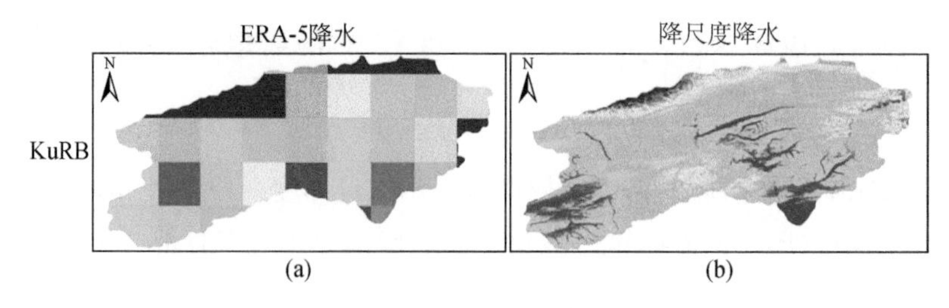

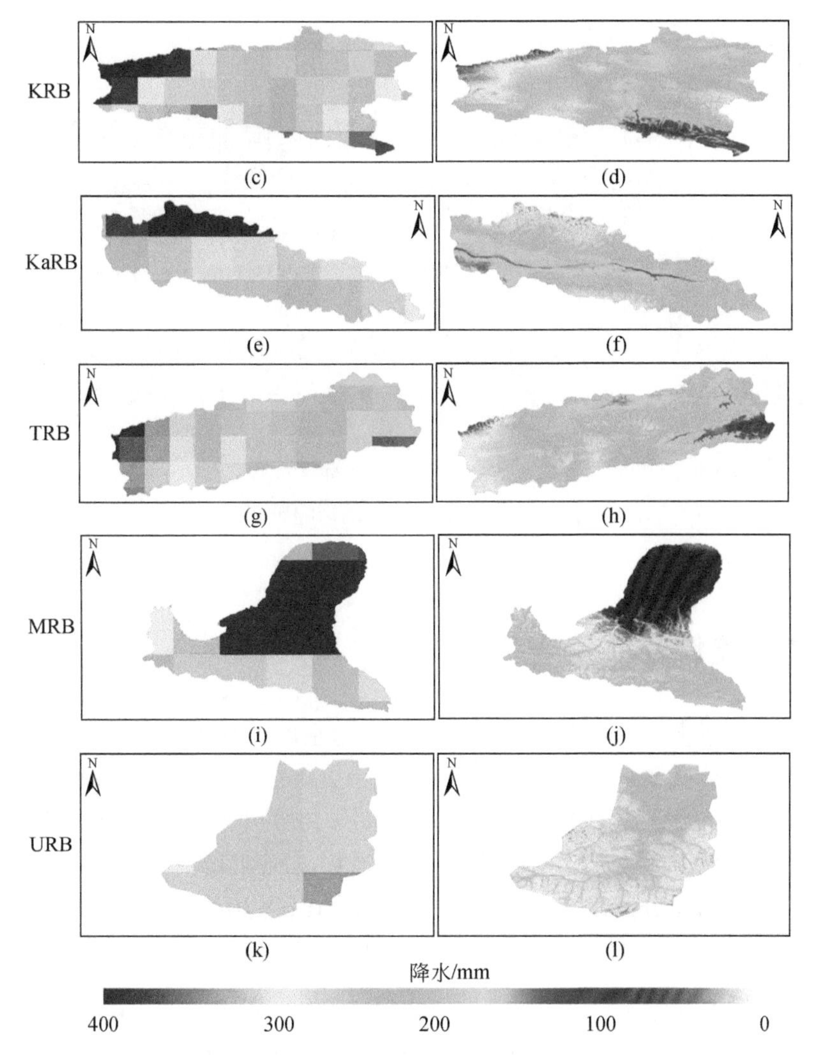

图 7-8　降尺度降水和 ERA-5 降水在典型流域的对比（2000 年 7 月）

(a)、(c)、(e)、(g)、(i)、(k) 为 ERA-5 降水；(b)、(d)、(f)、(h)、(j)、(l) 为降尺度降水

7.2　气候变化对天山典型流域径流的影响

研究气候变化对山区流域径流的影响对于区域水资源管理具有重要意义（Chen et al.，2009；邓铭江，2009）。基于降尺度数据集、观测径流资料及积雪深度产品，本节选取乌鲁木齐河流域（URB）、玛纳斯河流域（MRB）、喀什河流域（KaRB）、托什干河流域（TRB）、库玛拉克河流域（KuRB）和开都河流域（KRB）作为天山山区流域的典型代表，从径流变化、径流与气候变量的相关性、气候变化对径流的贡献、径流对气候变化的敏感性及气候变化驱动径流的机理等角度探究气候变化对天山典型流域径流的影响（图 7-9），为气候-径流过程多尺度建模奠定基础。

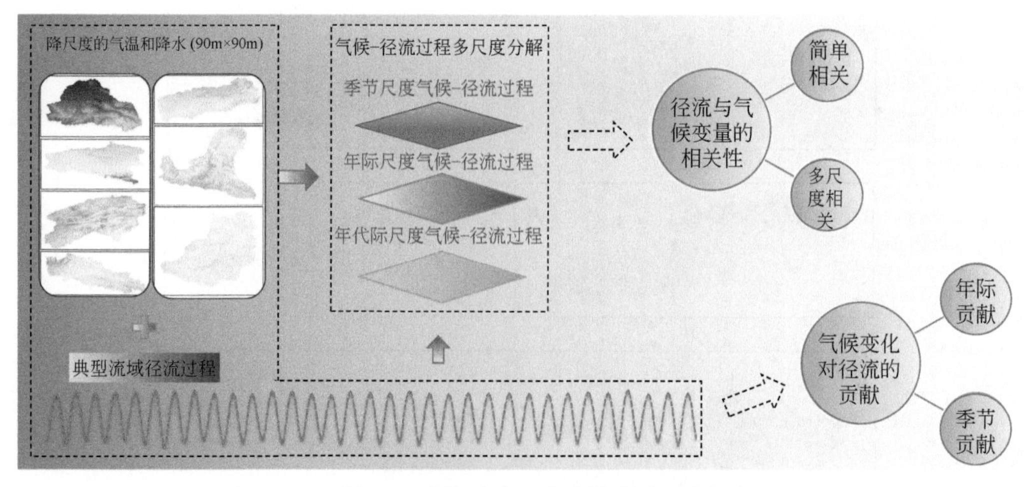

图 7-9　气候变化对径流的影响研究框架

7.2.1　典型流域径流量变化

在全球变暖背景下，以降水和冰雪融水补给为主的干旱山区流域，径流量发生了变化。本节采用趋势检验和距平累积法（穆兴民等，2003）探究天山典型流域径流量的年际变化特征。图 7-10 表明，KaRB 的径流量在 1980～1987 年和 2006～2011 年呈减少趋势，其余 5 个流域的径流量在研究期内均呈增加趋势。研究表明，1980～2015 年，TRB、KuRB 和 KRB 的径流量分别以 $2.2\times10^8 m^3/10a$、$8\times10^7 m^3/10a$ 和 $2.6\times10^8 m^3/10a$ 的速率增加（Wang et al.，2018，2019），支持了本研究结果。

图 7-10　径流量趋势检验

径流量距平累积值的变化可以揭示径流量年际变化的阶段性特征。图 7-11 是采用距平累积法（穆兴民等，2003），通过计算流域每年的径流量距平，然后按年序累加，得到的典型流域径流量距平累积曲线。由于 KaRB 的径流数据时间较短，其径流的阶段性变化未在文中呈现。

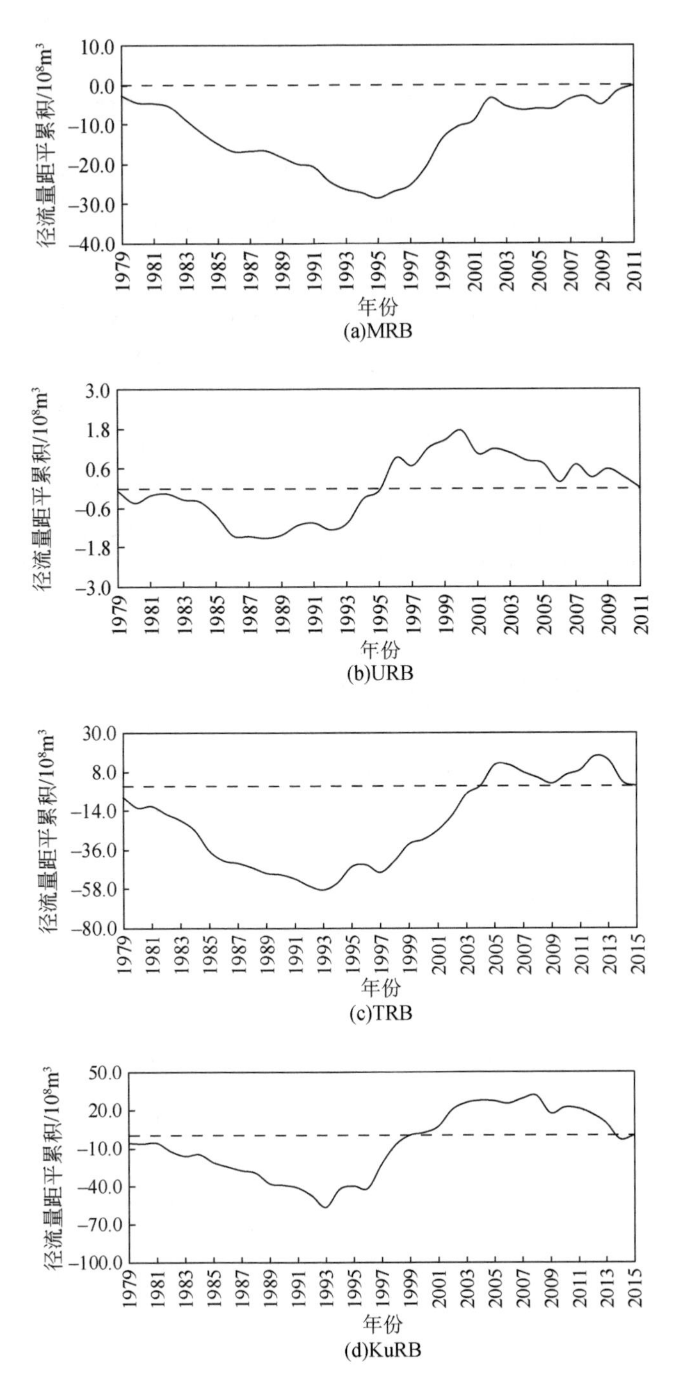

(a)MRB

(b)URB

(c)TRB

(d)KuRB

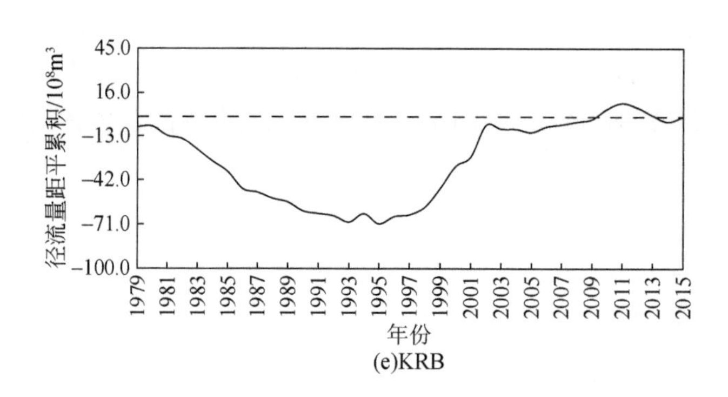

图 7-11　典型流域径流量的距平累积曲线

从图 7-11（a）可以看出，1979～2011 年，MRB 的年径流量序列可分为 3 个阶段：显著枯水阶段（1979～1995 年）、显著丰水阶段（1996～2002 年）和平水阶段（2003～2011 年）；在 URB［图 7-11（b）］，根据径流量距平累积曲线的上升和下降过程，其径流量序列大致可分为以下 4 个阶段：枯水阶段（1979～1986 年）、平水阶段（1987～1992 年）、显著丰水阶段（1993～2000 年）、枯水阶段（2001～2011 年）。在 KRB、TRB 和 KuRB，年径流量序列大致可分为以下三个阶段：显著枯水阶段（1979～1993 年）、显著丰水阶段（1994～2003 年）和平水阶段（2004～2015 年）［图 7-11（c）～图 7-11（e）］。

7.2.2　径流量与气候变量的相关性

气温和降水是影响山区流域径流量变化的主要气候变量（Chen et al.，2016；Xu et al.，2013，2016a，2016b），在不同流域，气温和降水对径流量的影响不同（Wang et al.，2018）。本节从径流与气温、降水的简单相关和多尺度相关两个角度探究天山典型流域径流与气温、降水的关系，为气候–径流过程多尺度建模奠定基础。

7.2.2.1　径流量与气候变量的简单相关

图 7-12 显示了天山典型流域径流量与气温、降水在月尺度上的 Pearson 相关系数。可以看出，在 6 个流域，径流量与气温、降水呈正相关关系，且相关性显著（$R>0.65$，$P<0.01$），表明气温和降水是驱动天山典型流域径流量变化的主要变量。在 KaRB，径流量与气温的相关性更强，在 URB、MRB、KuRB 和 KRB，径流量与降水的相关性更强，在 TRB，径流量与气温和降水的相关性相当。在 KaRB，径流量与气温的相关系数达 0.84，说明对气温变化敏感的冰川和积雪是 KaRB 径流的重要补给。在 URB、MRB 和 KRB，径流量与降水的相关系数在 0.83 以上，表明降水是 URB、MRB 和 KRB 径流的重要补给。

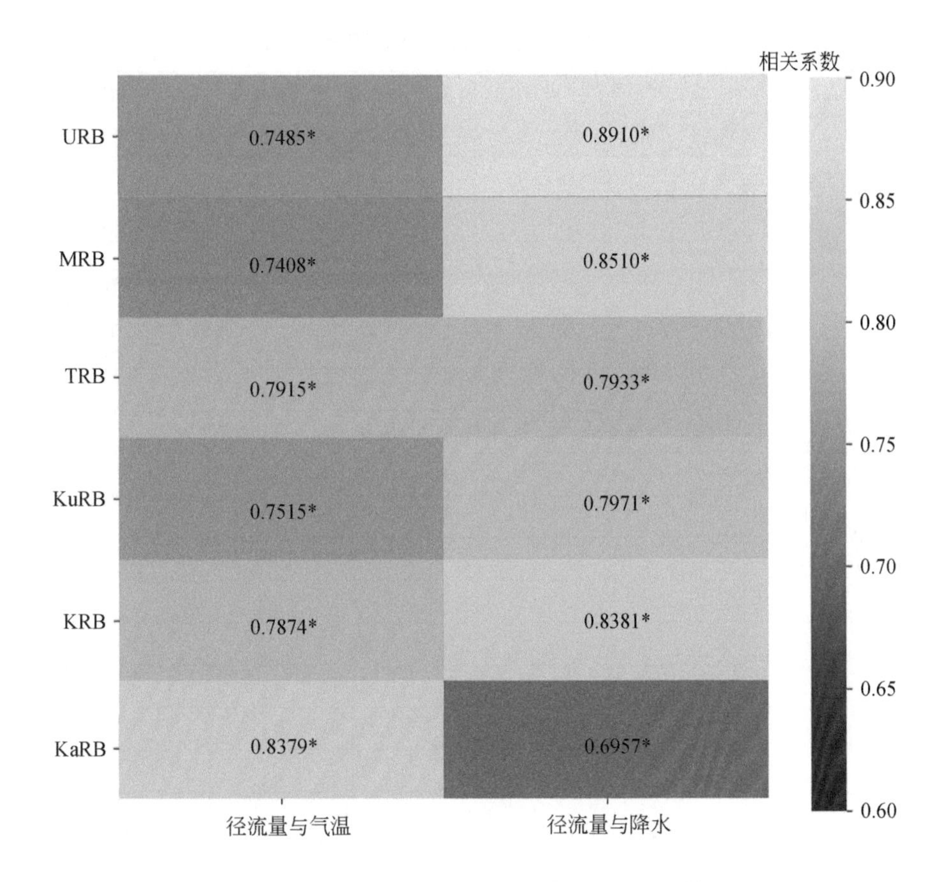

图 7-12　月径流量与气温和降水的相关系数

* 表示显著性水平 $a=0.01$

为分析不同季节径流量与气候变化的相关性，本研究计算了天山典型流域的径流量与气温、降水在各季节的 Pearson 相关系数。表 7-10 表明，不同季节，径流量与气温、降水的相关性差异较大。在 URB，春季，径流量与气温呈显著负相关，夏季，径流量与降水呈极显著正相关，在其他季节，径流量与气温和降水的相关性均不显著，表明春季气温和夏季降水对 URB 的径流量变化具有重要影响；在 MRB，夏季，径流量与气温和降水均呈显著正相关，相关系数分别为 0.69 和 0.54，表明夏季的冰川积雪融水和降水是 MRB 径流量的重要补给；在 KaRB 和 KRB，春季和夏季，径流量与降水呈显著正相关关系，与气温的相关性在各季节均不显著，说明春季和夏季的降水变化对 KaRB 与 KRB 的径流量具有重要影响；在 TRB，春季和秋季，径流量与降水呈正相关关系，相关性显著，说明春秋季节的降水变化对 TRB 的径流量变化具有重要影响；在 KuRB，径流量与气温在春季、夏季和秋季均呈现正相关关系，夏季的相关性最强（$R=0.67$），说明春季、夏季和秋季的气温，尤其是夏季的气温变化对 KuRB 的径流量具有重要影响。总体而言，夏季的气温变化及春、夏季的降水变化对天山典型流域的径流量变化影响较大。

表 7-10　径流量与气温和降水的季节相关性

流域	季节	径流量与气温	径流量与降水
URB	春	-0.29 *	0.08
	夏	-0.13	0.65 **
	秋	-0.12	-0.09
	冬	0.14	0.12
MRB	春	0.05	0.37 *
	夏	0.69 *	0.54 *
	秋	0.32	0.21
	冬	0.22	0.37 *
KaRB	春	0.09	0.54 *
	夏	-0.02	0.74 *
	秋	-0.02	0.07
	冬	0.28	0.12
TRB	春	-0.17	0.46 *
	夏	0.02	0.24
	秋	0.30	0.44 *
	冬	0.13	0.09
KuRB	春	0.38 *	0.05
	夏	0.67 *	0.09
	秋	0.58 *	0.12
	冬	-0.01	0.02
KRB	春	-0.02	0.32 *
	夏	0.06	0.55 *
	秋	-0.01	0.24
	冬	-0.06	0.10

* 显著性水平 $a=0.05$；* * 显著性水平 $a=0.01$

7.2.2.2　径流与气候变量的多尺度相关

研究表明，在不同时间尺度上，径流量与气温、降水的相关性存在差异（Fan et al., 2021b；Xu et al., 2014）。为分析不同时间尺度上径流量与气候变量的相关性，本研究使用改进的自适应噪声完备经验模态分解（ICEEMDAN）方法对天山典型流域的径流量、气温和降水序列进行分解和重构。表 7-11 显示了天山典型流域径流量、气温和降水分解所得 IMF 分量的振荡周期。在 KaRB，由于径流数据的时间较短，其径流量、气温和降水分解后分别得到 5 个本征模枋函数（IMF）和 1 个趋势分量（RES），在其他流域，径流量、气温和降水分解后均得到 6 个 IMF 和 1 个 RES。在季节尺度上，径流量具有准 3 ~ 5 个月（IMF1）周期，气温和降水具有准 3 个月（IMF1）周期；在年际尺度上，径流量具有准

12 个月（IMF2）、准 13 ~ 31 个月（IMF3）、准 32 ~ 58 个月（IMF4）、准 75 ~ 117 个月（IMF5）周期，气温具有准 12 个月（IMF2）、准 23 ~ 27 个月（IMF3）、准 40 ~ 49 个月（IMF4）、准 71 ~ 117 个月（IMF5）周期，降水具有准 12 个月（IMF2）、准 13 ~ 30 个月（IMF3）、准 29 ~ 58 个月（IMF4）、准 60 ~ 107 个月（IMF5）周期；在年代际尺度上，径流量具有准 126 ~ 323 个月（IMF6）周期，气温具有准 168 ~ 424 个月（IMF6）周期，降水具有准 122 ~ 296 个月（IMF6）周期。可以发现，在季节、年际和年代际尺度上，天山典型流域的径流量、气温和降水具有相似的振荡特征。

表 7-11　径流量与气温和降水的周期　　（单位：月）

流域	变量	IMF1	IMF2	IMF3	IMF4	IMF5	IMF6
URB	径流量	5	12	29	57	91	313
	气温	3	12	23	40	117	191
	降水	3	11	30	58	103	296
MRB	径流量	4	12	31	58	108	323
	气温	3	12	23	49	110	424
	降水	3	11	13	29	75	141
KaRB	径流量	4	12	13	54	105	—
	气温	3	10	26	44	116	—
	降水	3	10	25	57	107	—
TRB	径流量	4	12	14	37	75	134
	气温	3	12	23	40	71	168
	降水	3	10	19	34	65	140
KuRB	径流量	5	12	29	57	117	210
	气温	3	12	25	47	80	195
	降水	3	12	17	41	68	123
KRB	径流量	3	12	16	32	83	126
	气温	3	12	27	44	89	202
	降水	3	11	17	36	60	122

根据径流量、气温和降水的振荡周期，可以准确地重构季节尺度、年际尺度和年代际尺度的径流量、气温和降水序列（Fan et al.，2021b；柏玲，2016）。在 KaRB，由于径流数据时间较短，其径流量、气温和降水的年代际振荡尚未揭示。表 7-12 显示，在年际尺度和年代际尺度上，天山典型流域的径流量与气温和降水的相关性显著，在季节尺度上，KaRB 的径流量与降水的相关系数未通过 95% 的显著性检验，KRB 的径流量与气温的相关性不显著，这可能与季节尺度上径流量和气候变量在振荡过程中受到较多的系统外界噪声有关。

表 7-12　径流量与气温和降水的多尺度相关系数

流域	尺度	径流量与气温	径流量与降水
URB	季节尺度	0.1678*	0.7915*
	年际尺度	0.6550*	0.1214*
	年代际尺度	0.1583*	0.7782*
MRB	季节尺度	0.1586*	0.7548*
	年际尺度	0.7284*	0.4392*
	年代际尺度	0.7812*	0.7653*
KaRB	季节尺度	0.1681*	0.0156
	年际尺度	0.5309*	0.2283*
TRB	季节尺度	0.3494*	0.7467*
	年际尺度	0.3866*	0.2812*
	年代际尺度	0.9174*	0.1837*
KuRB	季节尺度	0.2772*	0.1431*
	年际尺度	0.7185*	0.6746*
	年代际尺度	0.2023*	0.3832*
KRB	季节尺度	-0.0136	0.1458*
	年际尺度	0.8536*	0.2524*
	年代际尺度	-0.2041*	0.2008*

* 显著性水平 $a=0.05$

根据表 7-12，季节尺度上，在 KaRB 和 KuRB，径流量与气温的相关性较强，在其他流域，径流量与降水的相关性较强；年际尺度上，在 6 个流域，径流量与气温的相关性均强于降水；年代际尺度上，在 MRB 和 TRB，与降水相比，径流量与气温的相关系数更高，在 URB 和 KuRB，径流量与降水的相关系数更高。值得注意的是，在季节和年代际尺度上，KRB 的径流量与气温呈负相关关系，其具体机制需要进一步研究。综上可以看出，气温和降水是影响天山典型流域径流量变化的重要变量，且在不同流域和不同时间尺度上，气温和降水对径流量的影响存在差异。

7.2.3　气候变化对径流量的贡献

山区流域的径流主要由降水和冰川积雪融水补给，其变化主要由气温和降水控制，受其他变量影响较小（Wang et al.，2018；Xu et al.，2013）。在不同流域，气温和降水变化对径流量的贡献并不完全相同（Kuriqi et al.，2019）。为进一步认识天山典型流域的气候-径流过程，本研究使用多元线性回归（MLR）方法（Wang Z L et al.，2017）测算了气温和降水对径流量变化的相对贡献率（图 7-13）。从年变化来看，气温和降水对径流量变化的贡献，在 URB 为 27% 和 73%，在 MRB 为 39% 和 61%，在 KaRB 为 5% 和 95%，在 TRB 为 28% 和 72%，在 KuRB 为 80% 和 20%，在 KRB 为 12% 和 88%。在 6 个流域中，

KuRB 海拔最高，冰川和永久积雪分布广泛，气温在年径流量变化中占主导地位，在其他流域，降水对径流量变化的贡献高于气温。Wang 等（2018，2019）使用权重连接法和神经网络测算了气候变化对天山南坡流域径流的贡献，研究结果与本节相似。

根据已有研究（Bai et al.，2016），在天山山区流域，夏季径流量在年径流量中占比最高，其次是春季、秋季和冬季。因此，气温和降水变化对径流量（尤其是夏季径流量）的贡献在一定程度上能反映径流的补给情况。图 7-13 表明，不同季节气温和降水对径流量的贡献存在显著差异。在 URB，春季，气温对径流量变化的贡献高于降水；夏季，降水对径流量变化的贡献率高达 82%；秋季和冬季，气温和降水变化对径流量变化的贡献相当，因此，URB 的径流量以夏季降水补给为主，各季节的冰川积雪融水补给为辅。在 MRB，春季，降水对径流量变化的贡献率高达97%，夏季和秋季，气温对径流量变化的贡

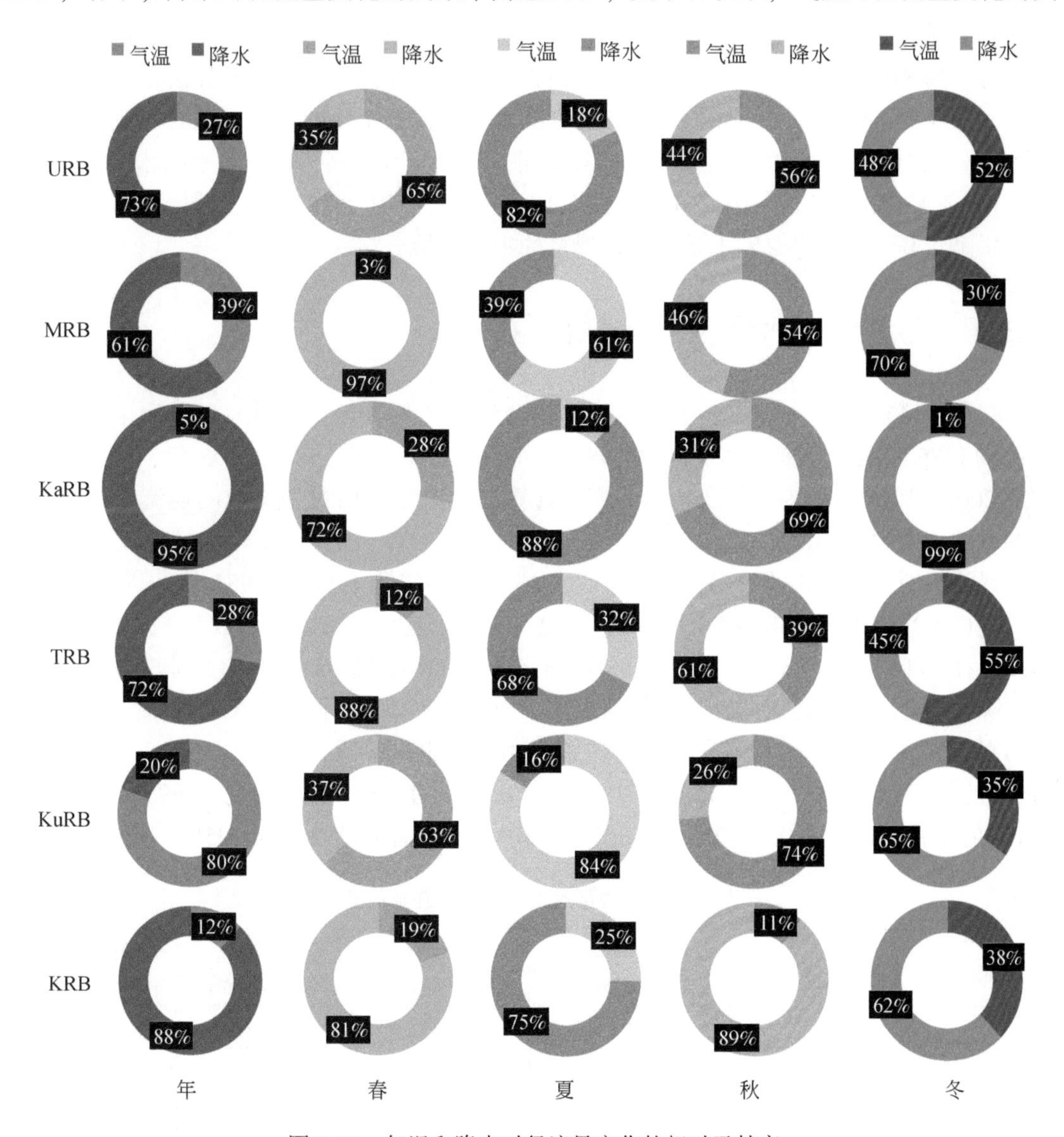

图 7-13　气温和降水对径流量变化的相对贡献率

献率分别为61%和54%，高于降水，表明夏季的冰川积雪融水是MRB径流的主要补给来源，其次是各季节降水。在KaRB，春季、夏季和冬季，降水对径流量变化的贡献率分别为72%、88%和99%，高于气温；秋季，气温对径流量变化的贡献高于降水。KaRB地处伊犁河谷地区，地形向西敞开，有利于大西洋暖湿气流深入，降水丰富，其径流量变化主要受降水的控制。

根据图7-13，在TRB，春季、夏季和秋季，降水对径流量变化的贡献高于气温；冬季，气温对径流量变化的贡献更高，这表明TRB的径流量以夏季降水补给为主。与其他流域不同，在KuRB，气温对径流量变化的贡献更高；春季、夏季和秋季，气温对径流量变化的贡献率分别为63%、84%和74%，表明夏季的冰川融雪水是KuRB径流量的主要补给，此外，春、秋季的冰川积雪融水和冬季降水也是径流的重要补给。在KRB，各季节降水对径流量变化的贡献均高于气温，在春季、夏季、秋季和冬季，降水对径流量变化的贡献率分别为81%、75%、89%和62%，表明KRB的径流量主要由降水补给，其中夏季降水是最重要的补给来源。整体而言，气温和降水对径流量变化的相对贡献具有明显的季节性差异。在MRB和KuRB，夏季气温对径流量变化的贡献较高，表明夏季的冰川积雪融水是MRB与KuRB径流量的主要补给；在URB、KaRB、TRB和KRB，夏季降水对径流量变化的贡献较高，表明夏季降水是流域径流量的主要补给。

7.2.4 径流量对气候变化的敏感性

对研究区径流量、气温和降水进行突变检验，发现其突变时间大多滞后于1985年。因此以1985年为分割点，将1980~1985年作为基准期，将1986~1995年、1996~2005年及2006~2011年作为气候变化影响期，计算以上时期天山典型流域的径流量对气候变化的敏感性系数（Lan et al.，2010）。

径流量对气候变化的敏感性系数见表7-13。自基准期（1980~1985年）以来，URB、MRB、KaRB、TRB、KuRB和KRB的年径流量对降水变化的敏感性系数为12.75~13.63、14.38~17.00、8.15~8.21、7.69~8.16、1.57~1.68及12.95~13.53。可以看出，径流量对降水变化的响应为正向，且随时间推移，敏感性系数有所降低。当年降水变化1%时，URB的年径流量将变化12.75%~13.63%，MRB的年径流量将变化14.38%~17.00%，KaRB的年径流量将变化8.15%~8.21%，TRB的年径流量将变化7.69%~8.16%，KuRB的年径流量将变化1.57%~1.68%，KRB的年径流量将变化12.95%~13.53%。

表7-13 径流量对气候变化的敏感性系数

流域	变量	基准期（1980~1985年）	影响期Ⅰ（1986~1995年）	影响期Ⅱ（1996~2005年）	影响期Ⅲ（2006~2011年）
URB	*T*	0.40	0.24	0.11	0.15
	P	13.63	13.09	12.75	12.93
MRB	*T*	3.90	3.00	2.08	2.21
	P	17.00	15.64	14.38	14.68

续表

流域	变量	基准期（1980～1985年）	影响期Ⅰ（1986～1995年）	影响期Ⅱ（1996～2005年）	影响期Ⅲ（2006～2011年）
KaRB	*T*	0.06	—	—	0.04
	P	8.21	—	—	8.15
TRB	*T*	1.12	0.98	0.50	0.49
	P	8.16	8.16	7.83	7.69
KuRB	*T*	3.38	2.97	2.41	2.56
	P	1.67	1.68	1.58	1.57
KRB	*T*	0.23	0.27	0.22	0.25
	P	13.53	13.16	12.95	13.30

注：*T* 表示气温，*P* 表示降水

表7-13显示，径流量对气温变化的响应也为正向，当年平均气温变化1%时，URB的年径流量将变化0.11%～0.40%，MRB的年径流量将变化2.08%～3.90%，KaRB的年径流量将变化0.04%～0.06%，TRB的年径流量将变化0.49%～1.12%，KuRB的年径流量将变化2.41%～3.38%，KRB的年径流量将变化0.22%～0.27%。综合敏感性分析结果来看，在KuRB，径流量对气温变化的敏感性强于降水，在其他流域，径流量对降水变化的敏感性更强。

7.2.5 气候变化驱动径流的机理

上述研究结果表明，在气候变化驱动下，天山典型流域的径流量发生了明显变化。那么，气温和降水是如何驱动径流量变化的呢？

山区流域的径流主要由降水和冰川积雪融水补给，其中，降水主要以降雨和降雪的形式补给径流（陈亚宁，2010）。在雪线以上，降雪转化为冰川和积雪，当气温升高时，冰川积雪融化，进而补给径流（图7-14）。研究表明，冰川积雪融水占天山地区径流总量的

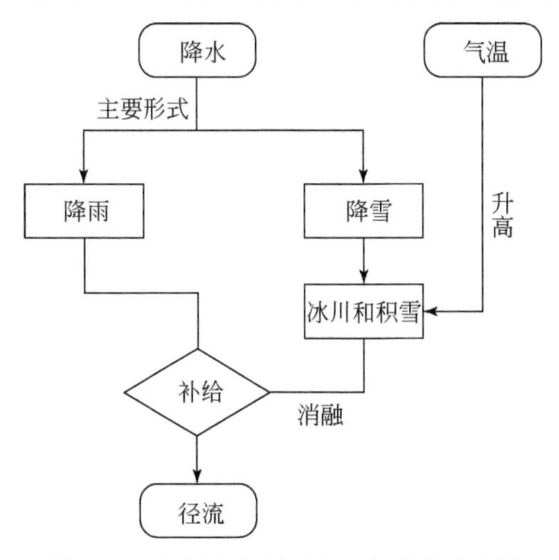

图7-14　气候变化驱动山区径流的示意图

20% ~40%，在高温干旱年份，冰川径流的补给比例可高达40%（陈亚宁等，2022）。在气候变暖背景下，山区的降水形式（雨雪比）发生了变化，河川径流的补给方式、产汇流过程和径流量也随之发生了变化（Bai et al.，2016；Fan et al.，2021b）。在以融雪径流补给为主的河流，降雪率降低将导致其向雨水主导型转变（Barnett et al.，2005），从而改变径流量的季节分配并导致洪峰出现的时间提前（Liu et al.，2011）。

为进一步分析气候变化驱动天山山区流域径流的机理，本节以开都河为例，首先对比了气温、降水与径流量的变化趋势，其次分析了气候变暖背景下流域冰川面积和积雪深度的变化。图7-15显示，KRB径流量的年内分配与气温和降水一致，夏季气温高，降水丰富，径流量的峰值出现在夏季。

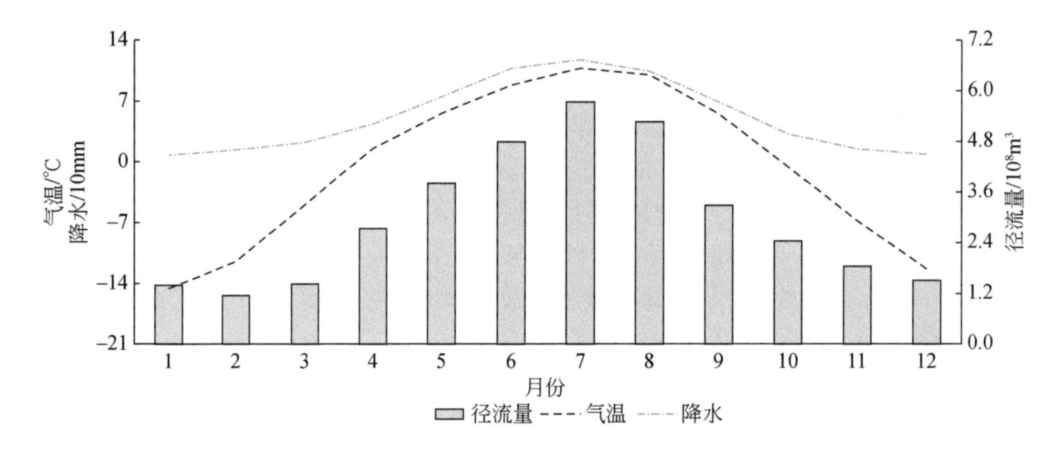

图7-15　KRB气温、降水与径流量的年内分配

从年变化来看，1979 ~2015年，KRB的径流量与降水具有一致的变化趋势（图7-16），说明降水是流域径流量的重要补给，降水的增加与减少直接影响流域的径流量变化。

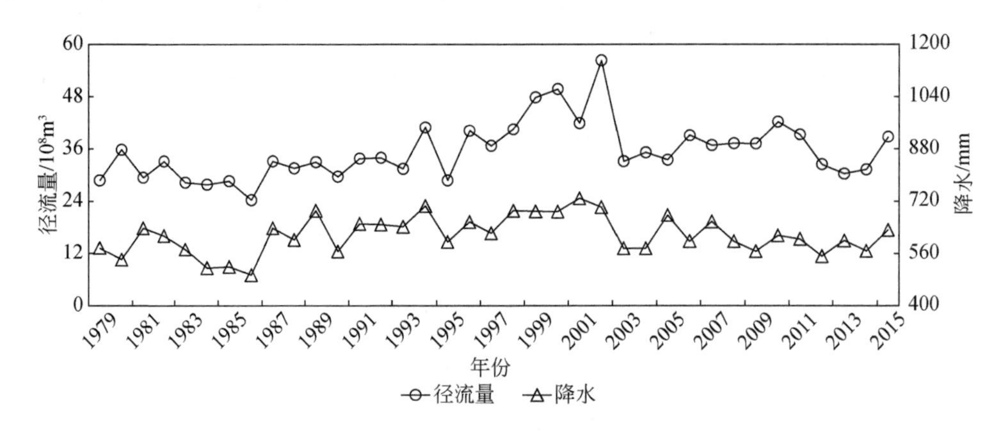

图7-16　1979 ~2015年KRB降水与径流量的变化

研究期内，KRB的径流量与气温呈现相似的波动特征（图7-17），当气温增加（减少）时，径流量也呈现增加（减少）趋势，说明冰川积雪融水是径流的重要补给来源（陈亚宁等，2022）。全球变暖背景下，以冰川积雪融水补给为主的流域径流量呈增加趋势

(陈忠升，2016)。

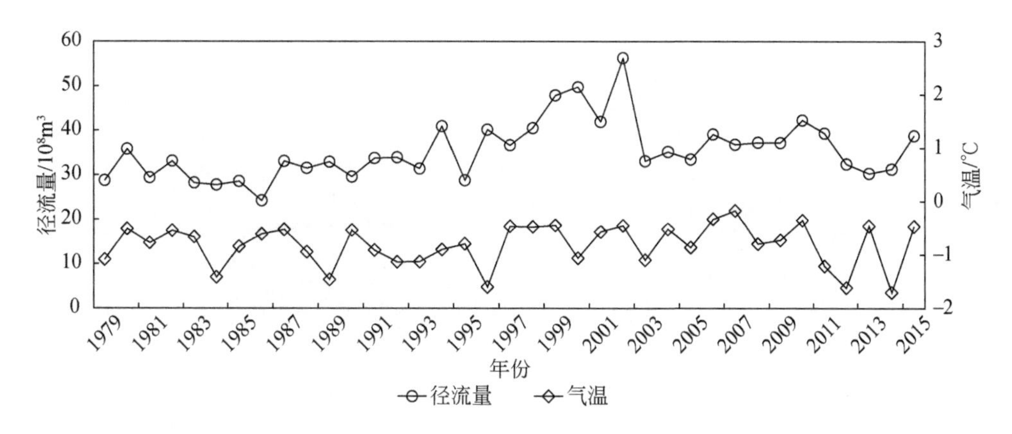

图 7-17　1979 ~ 2015 年 KRB 气温与径流量的变化

在全球变暖背景下，KRB 的冰川面积发生了变化（刘时银等，2006b）。柏玲（2016）基于两次冰川编目数据提取了 KRB 的冰川面积，结果表明，相对于第一个统计时段（1956 ~ 1983 年），第二个统计时段（2005 ~ 2010 年）的冰川面积减少了 45.27%（图 7-18）。

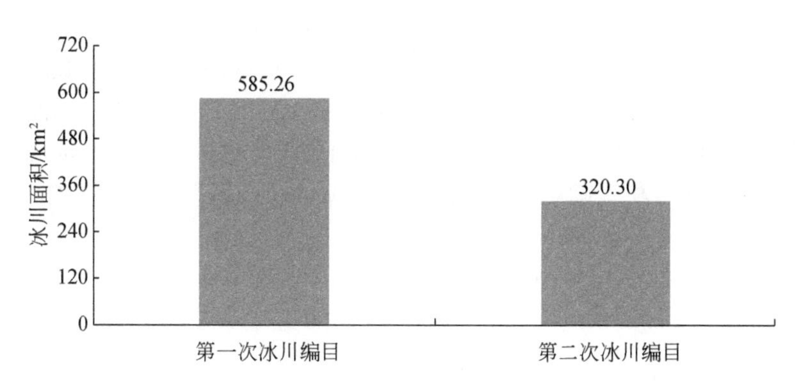

图 7-18　KRB 的冰川面积变化

资料来源：柏玲，2016

气候变暖不仅导致冰川退缩，还加速了积雪消融。图 7-19 表明，在气候变暖背景下，KRB 的积雪深度呈下降趋势，中部和东部地区下降趋势最明显。相对于 1980 年 1 月，东北部山区的积雪深度下降了约 10cm，这表明升温加速了流域内的积雪消融，进而驱动了 KRB 径流量的增加。已有研究表明，春季、夏季、秋季和冬季，气温与 KRB 积雪面积的相关系数分别为-0.81、-0.48、-0.80、-0.82，说明气温对 KRB 的积雪深度变化具有重要影响（李倩等，2012）。

上文以开都河为例，从径流量与气温和降水的年际变化、年内变化及流域冰川面积和积雪深度的变化分析了气候变化影响径流的机制。过去 40 年，KRB 的气温和降水均呈增加趋势，升温导致流域的冰川面积减少，积雪深度下降，冰川积雪融水和降水共同驱动了

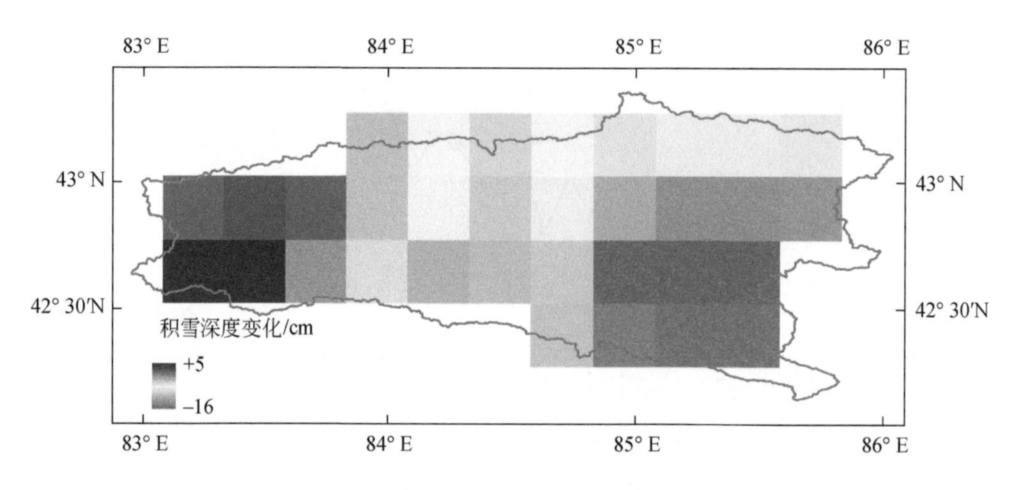

图 7-19　KRB 的积雪深度变化（2015 年 1 月相对于 1980 年 1 月）

流域径流量的增加。值得注意的是，在不同流域，气温和降水对径流量变化的贡献存在显著差异。例如，气温和降水对径流量变化的贡献，在 KRB 为 12% 和 88%，在 KuRB 为 80% 和 20%（图 7-13）。研究期内，在 KaRB，降水减少导致径流量呈减少趋势；在其他流域，降水增加及升温导致冰川积雪融水增加驱动径流量增加。

针对山区流域的冰川和积雪变化，学者们已经开展了较为深入的研究。研究表明，在全球变暖背景下，天山的冰川退缩速率加快，近 30 年冰川覆盖面积减少了 10.1%，速率约为 1943 ~ 1973 年的 3 倍（Aizen et al.，2007）。有学者指出，到 21 世纪末，亚洲的冰川损失将高达 49%（Kraaijenbrink et al.，2017）。积雪是天山地区重要的固态水资源，2002 ~ 2017 年，天山有 53% 的地区积雪覆盖率减少，其余 47% 的区域积雪覆盖率增加（Li Y P et al.，2020）。

从长远来看，随着冰川积雪消融加速，高山固体水库的调节作用减弱，山区流域的气候-径流过程将变得更加复杂（邓铭江，2009）。由于本研究主要侧重于气候-径流过程建模，所以对机理的分析不再过多展开叙述。

7.3　天山典型流域气候-径流过程多尺度建模

准确地模拟山区流域的径流变化可以为区域水文预报和水资源管理提供服务（Pacheco and van der Weijden，2014；Pacheco，2015）。由于能较好地描述气候变化驱动径流的机理，分布式水文模型被广泛用于气候-径流过程建模。然而，在天山山区，气象站点稀少，数据稀缺，分布式水文模型的应用受到限制。因此，针对缺少资料的天山山区流域，有必要发展一种气候-径流过程建模方法，服务流域水文预报和水资源管理。

本节基于降尺度气候数据集，首先比较了径向基函数人工神经网络（RBFANN）、随机森林（RF）、支持向量回归（SVR）和极限梯度提升树（XGBoost）算法在气候-径流模拟中的精度，根据对比结果进行优选，构建了改进的自适应噪声完备经验模态分解-极限梯度提升树（ICEEMDAN-XGBoost）模型，对季节、年际和年代际尺度的气候-径流过程进行模拟；其次，将不同尺度的模拟结果相加再减去重复计算的 RES，得到模拟的月径流量，使用水文站的观测径流验证模拟的精度，如图 7-20 所示。

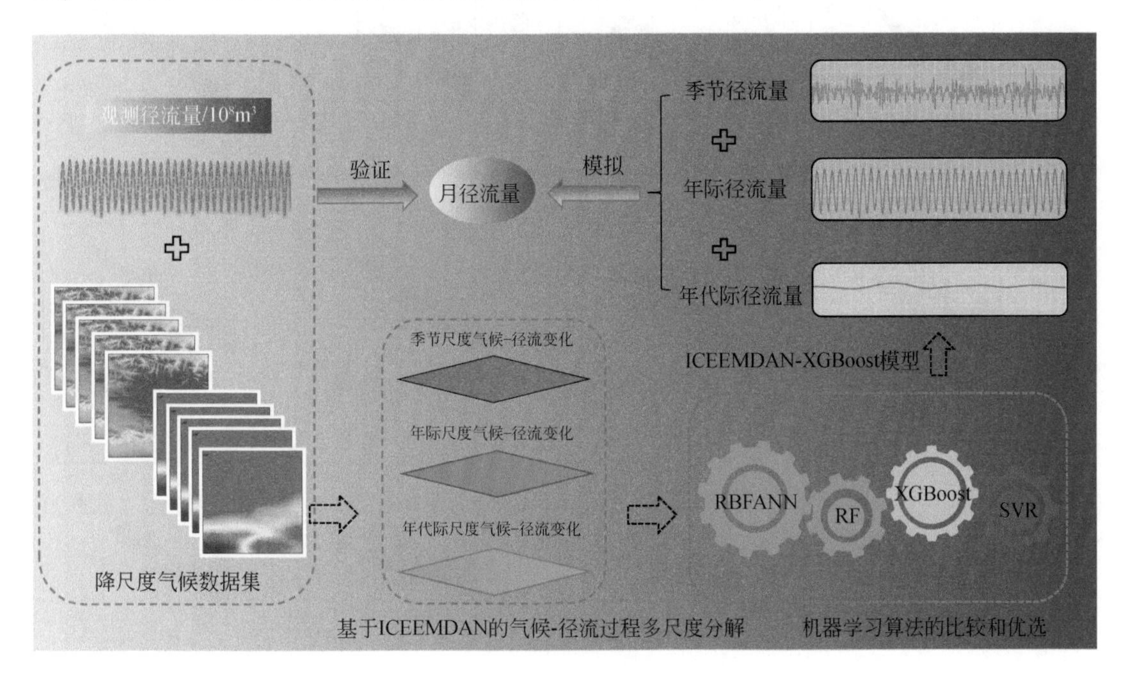

图 7-20　气候-径流过程多尺度建模框架

7.3.1　机器学习算法比较和优选

将 6 个流域作为研究单元，分别对 4 种机器学习算法进行训练，在模拟过程中，数据被随机划分为 60% 的训练组和 40% 的测试组（Samadianfard et al.，2016）。为了比较 4 种机器学习算法在径流模拟中的性能，本研究绘制了测试期不同算法模拟的径流量与观测径流量的散点图。图 7-21 显示，4 种算法均具有较高的精度。在 MRB、KaRB、TRB、KuRB、KRB 和 URB，RBFANN 模拟值与观测值的 R^2 分别为 0.746、0.249、0.698、0.408、0.473 和 0.860，RF 模拟值与观测值的 R^2 分别为 0.852、0.604、0.842、0.639、0.674 和 0.889，SVR 模拟值与观测值的 R^2 分别为 0.797、0.665、0.778、0.639、0.730 和 0.693，XGBoost 模拟值与观测值的 R^2 分别为 0.910、0.944、0.883、0.706、0.764 和 0.896。总体来看，XGBoost 模拟径流量与观测径流量的 R^2 最高，其次是 RF、SVR 和 RBFANN。

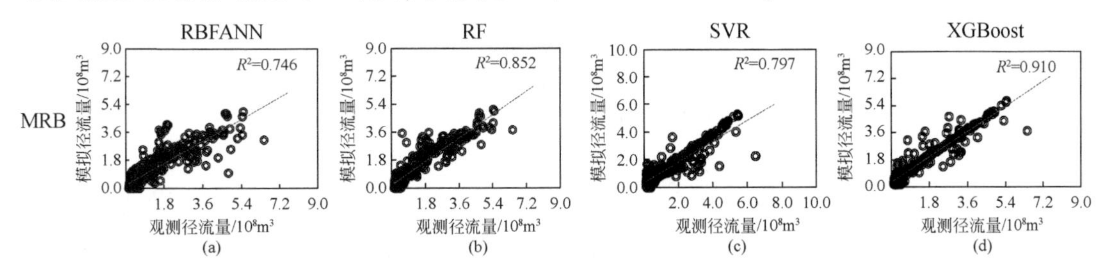

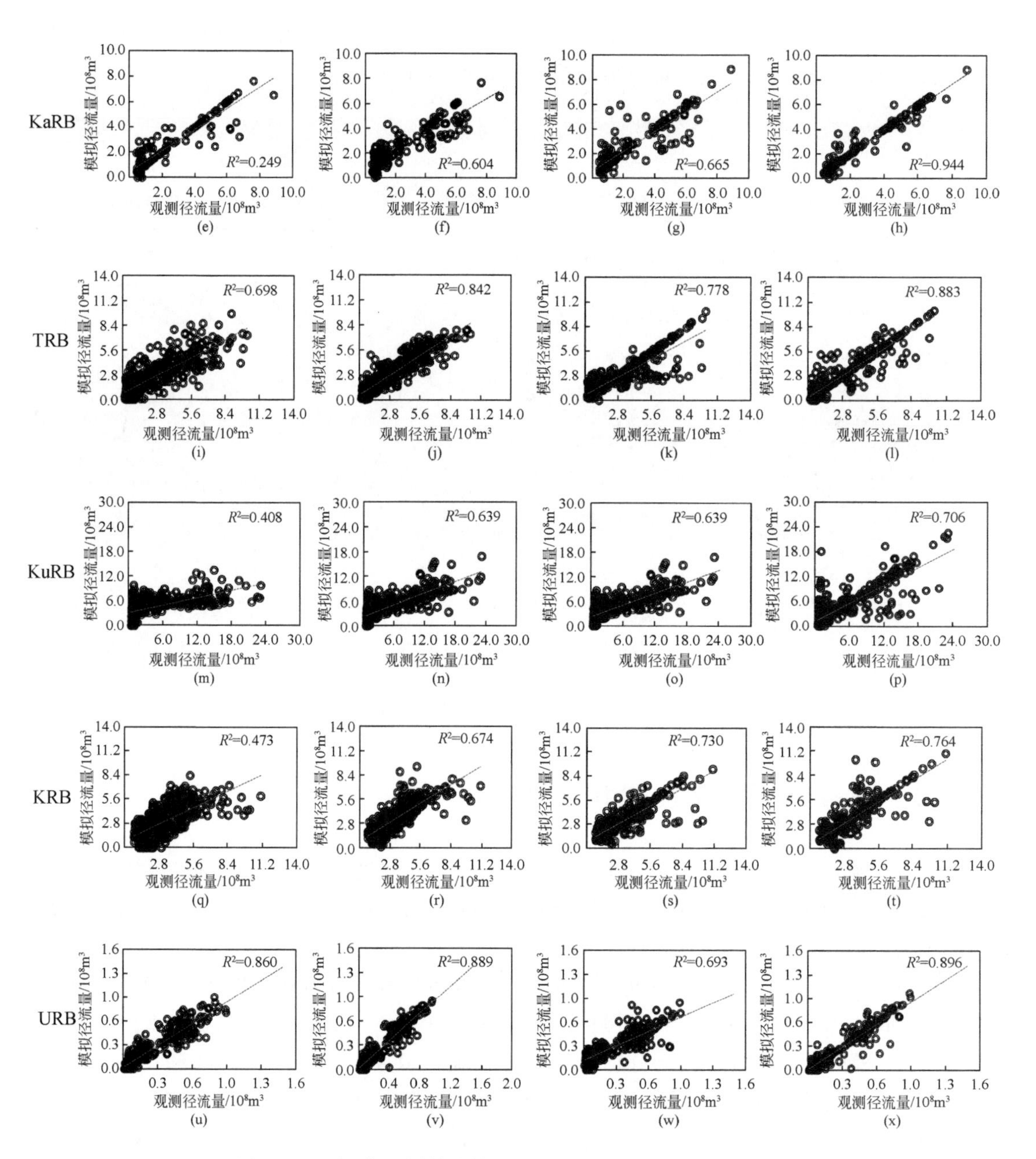

图 7-21 测试期不同算法模拟径流量与观测径流量的散点图

(a)、(e)、(i)、(m)、(q)、(u) 分别是 RBFANN 在 MRB、KaRB、TRB、KuRB、KRB 和 URB 的散点图；(b)、(f)、(j)、(n)、(r)、(v) 分别是 RF 在 MRB、KaRB、TRB、KuRB、KRB 和 URB 的散点图；(c)、(g)、(k)、(o)、(s)、(w) 分别是 SVR 在 MRB、KaRB、TRB、KuRB、KRB 和 URB 的散点图；(d)、(h)、(l)、(p)、(t)、(x) 分别是 XGBoost 在 MRB、KaRB、TRB、KuRB、KRB 和 URB 的散点图

尽管图 7-21 已经直观地显示了 4 种算法的模拟效果，为了更严谨和更具说服力，本研究还计算了测试期不同算法模拟的月径流量和观测径流量的赤池信息准则（AIC）、

NSE、MAE 和 RMSE，进一步对比和评估不同算法的性能。表 7-14 表明，无论是相关性指标还是相对偏差指标，XGBoost 算法的模拟精度都优于其他算法。在 6 个流域中，基于 XGBoost 模拟的径流量与观测径流量的 NSE 在 0.7 以上，MAE 低于 $1.5\times10^8m^3$，RMSE 低于 $3\times10^8m^3$。此外，算法在不同流域的表现具有一定差异。在 URB，模拟精度从高到低依次为 XGBoost、RF、RBFANN 和 SVR；在 MRB 和 TRB，模拟精度从高到低依次为 XGBoost、RF、SVR 和 RBFANN；在 KaRB、KuRB 和 KRB，模拟精度从高到低依次为 XGBoost、SVR、RF 和 RBFANN（表 7-14）。总体而言，在 4 种算法中，XGBoost 精度最高，最适用于天山典型流域的月径流模拟。基于以上结果并结合上述气候-径流多尺度相关性结果，本研究构建了 ICEEMDAN-XGBoost 模型对天山典型流域的气候-径流过程进行多尺度建模。

表 7-14　测试期不同算法模拟的月径流量和观测径流量的精度对比

流域	模型	AIC	NSE	MAE/10^8m^3	RMSE/10^8m^3
URB	RBFANN	-1903.39	0.87	0.06	0.09
	RF	-1976.30	0.89	0.05	0.08
	SVR	-1526.88	0.65	0.11	0.15
	XGBoost	-2024.85	0.90	0.03	0.08
MRB	RBFANN	-331.60	0.74	0.44	0.69
	RF	-571.42	0.85	0.34	0.52
	SVR	-425.99	0.79	0.33	0.62
	XGBoost	-797.41	0.91	0.19	0.40
KaRB	RBFANN	222.59	0.11	1.52	1.93
	RF	120.35	0.53	0.99	1.40
	SVR	112.42	0.54	0.78	1.38
	XGBoost	87.76	0.71	0.58	1.27
TRB	RBFANN	223.42	0.70	0.91	1.28
	RF	-50.15	0.84	0.66	0.94
	SVR	97.31	0.77	0.60	1.11
	XGBoost	-188.56	0.88	0.36	0.80
KuRB	RBFANN	1217.05	0.38	2.90	3.93
	RF	1032.00	0.60	2.21	3.17
	SVR	902.67	0.70	1.32	2.75
	XGBoost	893.45	0.71	1.42	2.71
KRB	RBFANN	343.26	0.35	1.18	1.47
	RF	70.60	0.65	0.78	1.08
	SVR	-56.80	0.74	0.51	0.94
	XGBoost	-59.33	0.74	0.41	0.93

7.3.2 模拟精度检验

图 7-22 显示，ICEEMDAN-XGBoost 模型可以较好地模拟不同时间尺度上的径流量变化。在年际尺度和年代际尺度上，模拟径流量和观测径流量的变化曲线几乎完全重合，在季节尺度上，算法在某些年份低估了径流量峰值。已有研究表明，径流量的峰值通常发生在某一天或某几个小时（Aizen et al.，2000），基于日尺度和小时尺度的算法可能会更准确地模拟径流量峰值的变化。在 KaRB，由于径流数据的时间较短，年代际尺度上的径流量变化尚未呈现。

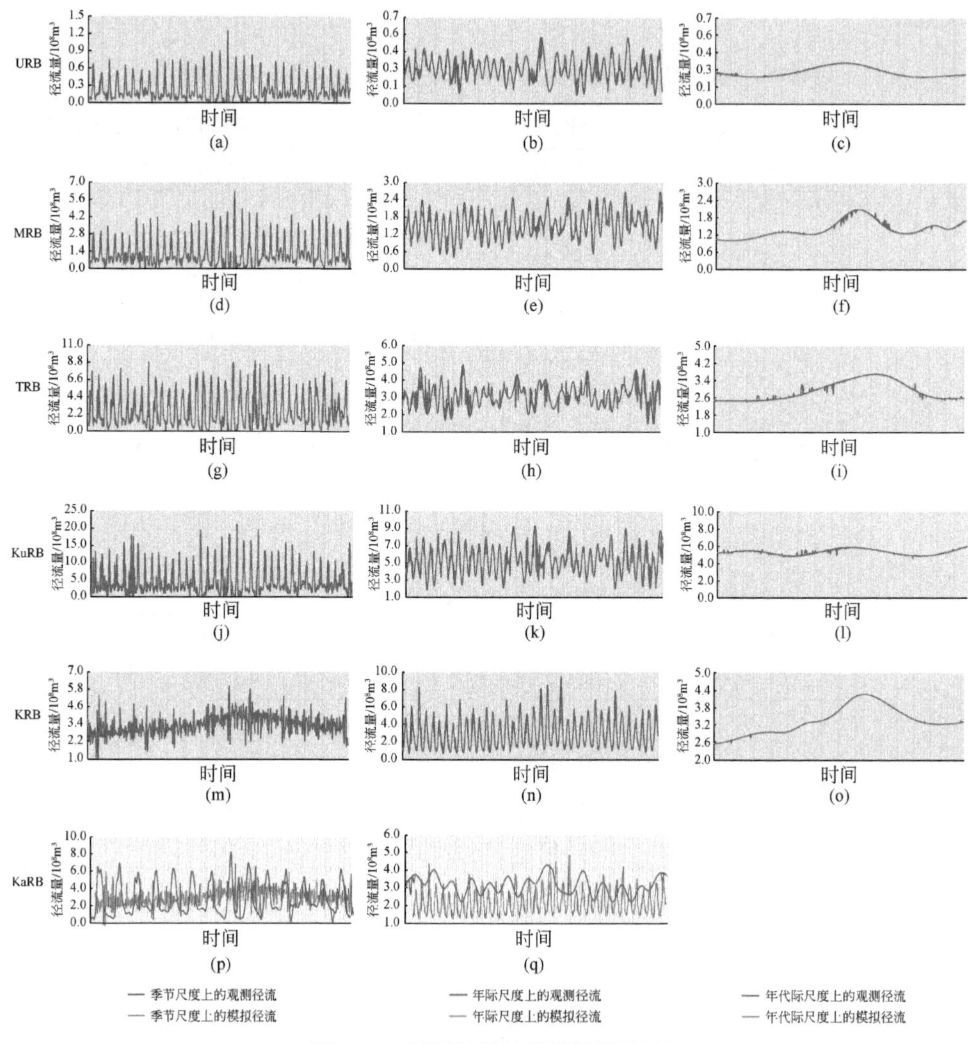

图 7-22　不同尺度的模拟结果验证

(a)、(d)、(g)、(j)、(m)、(p) 分别是 URB、MRB、TRB、KuRB、KRB 和 KaRB 的季节尺度模拟结果；(b)、(e)、(h)、(k)、(n)、(q) 分别是 URB、MRB、TRB、KuRB、KRB 和 KaRB 的年际尺度模拟结果；(c)、(f)、(i)、(l)、(o) 分别是 URB、MRB、TRB、KuRB 和 KRB 的年代际尺度模拟结果；(a)～(f) 横轴为 1979 年 1 月至 2011 年 12 月，每月一个数值；(g)～(o) 横轴为 1979 年 1 月至 2015 年 12 月，每月一个数值；(p)、(q) 横轴为 1980 年 1 月至 1987 年 12 月+2006 年 1 月至 2011 年 12 月，每月一个数值

为进一步评估不同时间尺度上的模拟精度，本研究计算了季节尺度、年际尺度和年代际尺度上模拟径流量和观测径流量的线性斜率、NSE、MAE、RMSE。表 7-15 表明，ICEEMDAN-XGBoost 模型可以准确地模拟季节、年际和年代际尺度的径流量变化。在不同时间尺度上，模拟径流量与观测径流量的线性斜率在 0.84 ~ 1.01，总体来看，年代际尺度上的模拟精度最高，其次是年际尺度和季节尺度。在季节尺度上，6 个流域模拟径流量与观测径流量的 NSE 在 0.58 以上，MAE 低于 $1.5\times10^8 m^3$，RMSE 低于 $2.7\times10^8 m^3$，在 URB、MRB 和 TRB，模拟径流量与观测径流量的 NSE 在 0.85 以上，MAE 低于 $5\times10^7 m^3$，RMSE 低于 $8\times10^7 m^3$；在年际尺度上，URB、KaRB、TRB 和 KuBB 的模拟径流量与观测径流量的 NSE 在 0.59 以上，MAE 低于 $5\times10^7 m^3$，RMSE 低于 $8\times10^7 m^3$；在 MRB 和 KRB，模拟径流量与观测径流量的 NSE 在 0.86 以上，MAE 低于 $3\times10^7 m^3$，RMSE 低于 $6\times10^7 m^3$；在年代际尺度上，URB、MRB、TRB、KuBB 和 KRB 的模拟径流量与观测径流量的 NSE 在 0.9 以上，MAE 低于 $5\times10^6 m^3$，RMSE 低于 $1\times10^7 m^3$，模拟精度显著优于季节尺度和年际尺度。以上结果表明，在天山典型流域，径流量对气温和降水变化的非线性响应在年代际尺度上最敏感，其次是年际尺度和季节尺度。

表 7-15　不同尺度的模拟精度

流域	模型	线性斜率	NSE	MAE/（$10^8 m^3/a$）	RMSE/（$10^8 m^3/a$）
URB	季节尺度	1.00	0.88	0.03	0.07
	年际尺度	0.92	0.78	0.02	0.04
	年代际尺度	1.00	0.99	0.01	0.01
MRB	季节尺度	1.00	0.86	0.21	0.42
	年际尺度	1.01	0.86	0.09	0.17
	年代际尺度	1.00	0.98	0.01	0.04
KaRB	季节尺度	0.88	0.67	0.50	1.14
	年际尺度	0.87	0.67	0.15	0.35
TRB	季节尺度	0.94	0.86	0.38	0.79
	年际尺度	0.87	0.59	0.19	0.43
	年代际尺度	1.00	0.98	0.02	0.06
KuRB	季节尺度	0.92	0.59	1.43	2.69
	年际尺度	0.95	0.78	0.42	0.76
	年代际尺度	0.99	0.92	0.04	0.09
KRB	季节尺度	0.84	0.58	0.22	0.46
	年际尺度	0.97	0.88	0.27	0.60
	年代际尺度	1.00	0.99	0.01	0.01

将不同尺度的模拟结果相加再减去重复计算的 RES，即可得到模拟的月径流量。本研究随机选取了部分站点，计算模拟值与观测值绝对误差的分布，结果见图 7-23。可以看出，除个别年份外，模拟值与观测值的绝对误差均低于 $3\times10^8 m^3$，表明模拟值与观测值较

接近，误差较小。

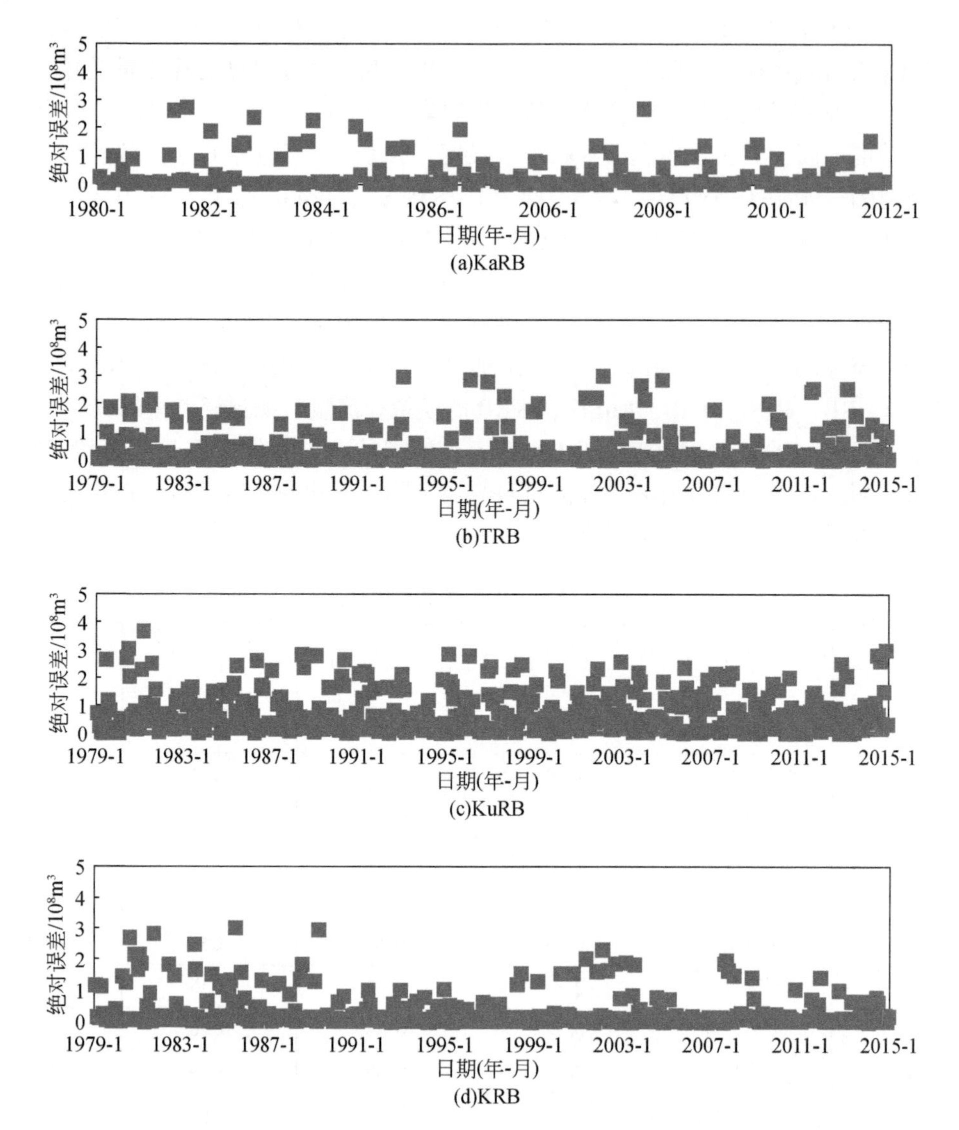

图 7-23　模拟径流量与观测径流量的误差分布

为进一步评估模拟结果的精度，本研究还计算了模拟径流量与观测径流量的线性斜率、NSE、MAE 和 RMSE。表 7-16 表明，在 6 个流域，模拟径流量与观测径流量的线性斜率在 0.94～1.05，NSE 高于 0.7，除 KuRB 外，其他流域模拟径流量与观测径流量的 MAE 低于 $6\times10^7m^3$，RMSE 低于 $1.2\times10^8m^3$，表明模拟径流量接近水文站的观测数据，二者误差较小。在 KuRB，模拟径流量与观测径流量的线性斜率为 1.05，NSE 为 0.71，MAE 为 $1.42\times10^8m^3$，RMSE 为 $2.71\times10^8m^3$；在 URB、MRB 和 TRB，模拟值与观测值的线性斜率等于或接近 1，NSE 高于 0.88，MAE 低于 $4\times10^7m^3$，RMSE 低于 $1\times10^8m^3$。

表 7-16　模拟结果精度检验

流域	线性斜率	NSE	MAE/ ($10^8 m^3/a$)	RMSE/ ($10^8 m^3/a$)
URB	1.00	0.90	0.03	0.08
MRB	1.00	0.91	0.19	0.40
KaRB	0.99	0.72	0.52	1.18
TRB	0.98	0.88	0.36	0.80
KuRB	1.05	0.71	1.42	2.71
KRB	0.94	0.74	0.21	0.43

为评估不同季节模拟径流量的精度，本研究还计算了各季节模拟径流量与观测径流量的 NSE，结果见表 7-17。整体来看，模型对春季和夏季的模拟精度高于秋季和冬季。不同季节模拟径流量与观测径流量的 NSE，在 URB 为 0.51 ~ 0.75，在 MRB 为 0.56 ~ 0.77，在 KaRB 为 0.53 ~ 0.70，在 TRB 为 0.53 ~ 0.73，在 KuRB 为 0.50 ~ 0.66，在 KRB 为 0.55 ~ 0.72，可见，在 6 个流域，不同季节模拟径流量与观测径流量的 NSE 均在 0.5 以上。综上，本研究开发的方法在天山典型流域的径流量模拟中具有较好的性能，可以准确地模拟各月和各季节的径流量变化。

表 7-17　不同季节模拟结果精度检验（NSE）

流域	春季	夏季	秋季	冬季
URB	0.75	0.70	0.59	0.51
MRB	0.77	0.71	0.58	0.56
KaRB	0.70	0.62	0.53	0.55
TRB	0.73	0.69	0.60	0.53
KuRB	0.66	0.59	0.50	0.51
KRB	0.72	0.68	0.55	0.57

8 天山地区水资源变化趋势预估

天山山区的水资源主要由高山区冰川和积雪融水、中山森林带降水及低山带的基岩裂隙水构成，水资源的形成、补给和水循环过程等独具特色，在世界干旱区具有很强的代表性。然而，山区的冰川和积雪对气候变化非常敏感，全球变暖背景下的冰川和积雪变化将直接影响河川径流与水资源数量。联合国政府间气候变化专门委员会（IPCC）第六次评估报告指出，相对于1850～1900年，2001～2020年这20年平均的全球地表温度升高了0.99℃，2011～2020年这10年平均的全球地表温度已经上升约1.09℃。在全球变暖背景下，天山山区增温显著，冰川、积雪呈现持续退缩趋势（Immerzeel et al.，2010；Kraaijenbrink et al.，2017；Pritchard，2019），这势必影响到天山地区的水资源数量和水系统稳定性。开展天山地区水资源未来变化趋势预估，直接关系到中亚干旱区未来的经济社会发展和生态安全。

8.1 天山地区未来气候变化特征

天山对全球和区域气候变化响应敏感。在全球变暖背景下，天山的气温和降水将呈现怎样的变化特征？本节基于CMIP5和CMIP6多模式数据集合降尺度，分析天山地区未来的气候变化特征，揭示RCP情景和共享社会经济路径（shared socioeconomic pathways，SSPs）情景下天山地区气温和降水的变化。

8.1.1 大气环流模式和区域气候模式

8.1.1.1 气候变化情景

在未来气候变化预测中，气候变化情景给出了CO_2、CH_4等温室气体排放及未来社会经济发展等的预估。IPCC在历次评估中先后采用了IS92、SRES、RCP和SSP等气候变化情景。

RCP情景综合考虑气候、大气和碳循环预估与社会经济情景。每种情景都提供了相对应的社会经济条件下的排放路径，并给出辐射强迫强度。IPCC5在进行气候变化预测时使用4种RCP情景（RCP 8.5、RCP 6.0、RCP 4.5、RCP 2.6），本节仅考虑了RCP 4.5和RCP 8.5情景。RCP 4.5情景下，2100年辐射强迫稳定在4.5W/m²，模式考虑了温室气体的物质排放，同时考虑了技术革新，如改变能源体系的优化等。RCP 8.5是“最坏”的温室气体排放情景，假设人口增长速率高、技术革新率低，以及能源结构改善缓慢等（Kawase et al.，2011；van Vuuren et al.，2011；沈永平和王国亚，2013）。

SSPs 情景是与各个社会经济发展路径相匹配的多种排放情景，对区域尺度的人类活动和非温室气体辐射强迫进行了更细致的区分和更为详细的描述，是根据当前国家与区域的实际情况及发展规划来获取具体社会经济发展情景。构成 SSPs 的定量元素包含人口和 GDP 等指标，定性元素包含全球发展的描述，主要涵盖 7 个方面：人口和人力资源、经济发展、生活方式、人类发展、环境与自然资源、政策和机构及技术发展。2012 年，IPCC 第五次评估报告专题会议明确了 5 个基础型的 SSPs（SSP1 ~ SSP5），分别为可持续发展路径 SSP1、中间路径 SSP2、区域竞争路径 SSP3、不均衡路径 SSP4 及传统化石燃料为主的路径 SSP5（翟盘茂等，2021；姜彤等，2020）。

8.1.1.2 全球环流模式

全球环流模式（GCM）的物理基础是从气候系统的热力学、流体运动学出发，建立气候系统方程，包括大气、海洋、陆面和海冰 4 个基础子系统。地球气候系统模式是近 30 年来地学领域发展最快的一个前沿方向，已经成为理解气候变化机理的重要工具和预测、预估未来气候的不可或缺的手段（周天军等，2020）。

GCM 空间分辨率较低，一般在 100 ~ 300km，对区域气候模拟存在偏差，特别是在观测站点稀少、地形复杂的亚洲中部山区等，如 CMIP5 的一些 GCM 模型（https://cmip-pcmdi. llnl. gov/mips/cmip5/）。以往的研究表明，CMIP5 的大部分 GCM 会在我国中西部模拟出虚假降水中心，偏差在 CMIP3 和大部分 CMIP5 的全球模式结果中也仍然存在。CMIP5 的部分 GCM 对中国西北干旱区的模拟效果虽然较 CMIP3 有所提高，但仍存在一定偏差，如对平均气温的模拟整体偏低（天山山区除外），除夏季天山山区外，对其他地区年和季节尺度的降水量模拟均偏高，其中，低纬度地区偏差较大，高纬度地区偏差较小。

8.1.1.3 区域气候模式

由于 GCM 空间分辨率较低，难以模拟地形复杂山区的气候变化。发展于 20 世纪 80 年代后期的区域气候模式（region climate model，RCM），具有较高的时空分辨率，且包含更详细的物理过程，能更好地表达具有特殊地形和陆面特征的区域气候特征。

目前，区域气候模式比较计划得到发展，如 ENSEMBLES（http://ensembles-eu. met-office. com/index. html）、PRUDENCE（prediction of regional scenarios and uncertainties for defining Euroean climate change risks and effects，https://ensemblesrt3. dmi. dk/）、MICE（modeling impacts of climate extremes，http:// www. cru. uea. ac. uk/cru/projects/mice/）和 CORDEX（coordinated regional climate downscaling experiment，https://cordex. org/）。

RCM 的发展促使众多学者利用不同的 RCM 模型，如 RegCM（regional climate model system）、PRECIS（providing regional climates for impacts studies）及区域环境集成模拟系统（regional integrated environmental modeling system，RIEMS）等，在再分析资料或 GCM 的驱动下，评估其对区域气候的模拟能力，并预估未来的气候变化。全球变化东亚区域研究中心于 20 世纪 90 年代初开始研究区域气候模式的改进和应用，于 2000 年完成了 RIEMS，该模式能够较好地模拟东亚气候的主要特征。相对于较低分辨率的 GCM，高分辨率的 RCM 对极端天气事件有更好的模拟效果。

8.1.2 CMIP5 和 CMIA6 多模式集合降尺度

8.1.2.1 CMIP5 多模式集合降尺度

基于7.1.1节开发的气候降尺度模型，本书对CMIP5多模式集合RCP 4.5情景的月降水量和月气温降尺度。为提高降尺度数据的精度，对模式输出的每月平均值进行偏差校正（Hempel et al.，2013），最终得到2006年1月至2050年12月天山高分辨率（90m×90m）的月气温和月降水量数据集。

选择情景模式产品和观测数据的重叠时期（2006年1月至2020年12月）对降尺度数据集进行可靠性检验，结果见表8-1。在30个气象站中，降尺度气温与观测气温的线性斜率接近1，R^2在0.80以上，MAE与RMSE低于10℃，说明降尺度气温与观测气温的变化趋势一致，在多数站点，降尺度气温和观测气温的MAE和RMSE低于7℃。综上，降尺度得到的月气温精度较高，可用于预测典型流域的径流变化。

表8-1 CMIP5多模式集合降尺度所得气温的精度检验结果

站点	线性斜率	R^2	MAE/℃	RMSE/℃
精河	1.09	0.85	5.27	6.51
奇台	1.01	0.83	4.77	6.00
伊宁	1.01	0.88	4.32	5.23
昭苏	0.95	0.85	3.30	4.01
乌鲁木齐	1.01	0.82	4.34	5.22
巴伦台	0.87	0.86	3.77	4.32
达坂城	0.98	0.85	3.81	5.10
十三间房	0.99	0.88	6.55	8.56
库米什	1.05	0.85	5.41	6.00
巴音布鲁克	0.98	0.80	9.87	9.93
焉耆	1.01	0.88	4.21	4.99
阿克苏	1.03	0.89	5.01	5.23
拜城	1.01	0.87	4.41	5.11
库车	1.03	0.89	5.45	6.09
库尔勒	1.01	0.87	6.23	7.22
喀什	1.11	0.89	9.98	9.90
阿合奇	0.99	0.83	3.22	4.21
巴楚	1.07	0.89	7.61	9.12

续表

站点	线性斜率	R^2	MAE/℃	RMSE/℃
柯坪	1.06	0.87	5.99	7.33
阿拉尔	1.04	0.87	3.22	4.11
巴里坤	0.99	0.85	4.02	5.09
淖毛湖	1.01	0.90	5.89	7.02
吐鲁番	1.06	0.90	9.44	9.65
乌苏	1.04	0.85	5.01	5.90
乌恰	1.02	0.89	7.99	8.70
蔡家湖	1.12	0.87	5.80	6.80
轮台	1.03	0.88	5.90	6.09
吐尔尕特	0.95	0.81	4.11	5.11
伊吾	0.93	0.86	4.36	5.52
哈密	1.01	0.90	5.98	7.05

表 8-2 表明，对 RCP 4.5 情景的月降水量降尺度可以准确地模拟天山的降水变化。在多数站点，降尺度降水与观测降水的线性斜率在 0.60 和 1.02，R^2 在 0.60 以上，在巴伦台、巴音布鲁克和阿合奇气象站，降尺度降水和观测降水的 RMSE 大于 10mm，在其他站点，MAE 和 RMSE 值均低于 10mm。整体来看，降尺度得到的月降水量可用于预测天山典型流域的径流变化。

表 8-2　CMIP5 多模式集合降尺度所得降水的精度检验结果

站点	线性斜率	R^2	MAE/mm	RMSE/mm
精河	0.70	0.60	4.79	6.23
奇台	0.72	0.67	5.89	8.01
伊宁	0.83	0.73	6.92	9.56
昭苏	0.87	0.89	7.57	8.79
乌鲁木齐	0.84	0.79	6.99	9.42
巴伦台	0.74	0.68	8.02	13.02
达坂城	0.60	0.59	3.90	5.45
十三间房	0.89	0.60	1.22	2.79
库米什	0.67	0.59	4.77	5.48
巴音布鲁克	0.79	0.71	10.70	13.22
焉耆	0.62	0.60	3.75	5.90
阿克苏	0.69	0.67	4.63	5.92
拜城	0.89	0.80	4.21	6.94

续表

站点	线性斜率	R^2	MAE/mm	RMSE/mm
库车	1.02	0.60	5.90	9.34
库尔勒	1.01	0.69	5.01	9.09
喀什	0.99	0.61	6.22	9.89
阿合奇	0.85	0.80	8.77	15.19
巴楚	0.77	0.62	4.31	7.23
柯坪	0.86	0.88	4.96	7.07
阿拉尔	0.80	0.72	3.11	4.98
巴里坤	0.83	0.78	8.97	9.07
淖毛湖	0.89	0.61	2.89	4.01
吐鲁番	0.87	0.62	0.61	1.23
乌苏	0.79	0.67	5.90	8.05
乌恰	0.86	0.89	5.90	8.93
蔡家湖	0.74	0.60	5.92	7.02
轮台	0.78	0.69	3.13	6.05
吐尔尕特	0.90	0.89	6.45	9.09
伊吾	0.83	0.77	7.01	8.22
哈密	0.62	0.69	3.22	3.97

8.1.2.2 CMIP6 多模式集合降尺度

基于 BGD-NLR 降尺度模型，本书对 CMIP6 多模式集合 SSP 245 情景的月气温和月降水量降尺度。为提高降尺度数据的精度。对模式输出的每月平均值进行偏差校正（Hempel et al.，2013），最终得到2000 年1 月至2050 年12 月天山高分辨率（90m×90m）的月气温和月降水量数据集。选择观测数据与情景模式产品的重叠时期（2000 年 1 月至 2020 年 12 月）对降尺度数据集进行可靠性检验，结果见表 8-3。在 30 个气象站中，降尺度气温与观测气温的线性斜率接近 1，R^2 在 0.6 以上，MAE 和 RMSE 低于 10℃，说明降尺度气温的精度较高，可用于预测天山典型流域的径流变化。

表 8-3 CMIP6 多模式集合降尺度所得气温的精度检验结果

站点	线性斜率	R^2	MAE/℃	RMSE/℃
精河	1.25	0.64	7.44	9.41
奇台	1.01	0.69	6.58	8.12
伊宁	1.04	0.65	6.09	7.67
昭苏	1.01	0.64	4.85	6.03
乌鲁木齐	1.01	0.67	6.44	7.92

续表

站点	线性斜率	R^2	MAE/℃	RMSE/℃
巴伦台	0.96	0.66	5.90	6.96
达坂城	1.01	0.64	5.67	6.89
十三间房	1.01	0.65	6.94	8.25
库米什	1.18	0.67	7.43	8.94
巴音布鲁克	1.09	0.68	6.80	9.04
焉耆	1.17	0.66	7.56	9.45
阿克苏	1.10	0.68	8.02	9.37
拜城	1.14	0.69	7.54	8.90
库车	1.02	0.65	7.80	9.45
库尔勒	1.09	0.70	7.34	9.63
喀什	0.97	0.75	6.73	8.92
阿合奇	1.01	0.69	4.90	5.93
巴楚	1.18	0.71	7.56	9.56
柯坪	1.04	0.74	7.92	9.50
阿拉尔	1.13	0.72	6.45	8.56
巴里坤	0.99	0.69	6.87	8.21
淖毛湖	1.09	0.79	6.90	8.77
吐鲁番	1.11	0.69	7.89	9.12
乌苏	1.12	0.68	8.09	9.56
乌恰	0.89	0.74	7.90	9.36
蔡家湖	1.01	0.79	6.33	8.02
轮台	1.04	0.73	7.02	8.99
吐尔尕特	0.90	0.70	4.34	5.45
伊吾	0.97	0.69	6.26	7.90
哈密	1.19	0.73	6.70	8.32

表 8-4 表明，在 30 个气象站中，降尺度降水和观测降水的线性斜率与 R^2 在 0.6 以上，在多数站点，MAE 和 RMSE 值低于 10mm，表明降尺度数据的误差可以接受。整体来看，基于 CMIP6 多模式集合 SSP 245 情景降尺度可以准确地模拟天山地区的降水变化，降尺度数据可用于预测天山典型流域的径流变化。

表 8-4　CMIP6 多模式集合降尺度所得降水的精度检验结果

站点	线性斜率	R^2	MAE/mm	RMSE/mm
精河	0.79	0.69	3.45	5.15
奇台	0.69	0.60	7.02	8.47
伊宁	0.72	0.72	9.56	9.71

续表

站点	线性斜率	R^2	MAE/mm	RMSE/mm
昭苏	0.60	0.60	15.50	19.97
乌鲁木齐	0.89	0.85	6.43	9.00
巴伦台	0.72	0.67	9.73	15.16
达坂城	6.88	0.78	3.22	6.24
十三间房	0.67	0.60	2.67	3.01
库米什	0.69	0.61	3.01	4.77
巴音布鲁克	0.87	0.89	8.44	9.29
焉耆	0.68	0.72	4.21	5.17
阿克苏	0.63	0.60	5.79	7.02
拜城	0.79	0.79	5.22	6.98
库车	0.68	0.60	5.01	6.01
库尔勒	0.71	0.76	4.23	5.23
喀什	0.73	0.69	4.98	5.90
阿合奇	0.64	0.64	11.02	16.20
巴楚	0.64	0.68	5.11	6.04
柯坪	0.69	0.69	5.77	8.07
阿拉尔	0.62	0.60	4.21	5.71
巴里坤	0.75	0.69	9.02	9.97
淖毛湖	0.98	0.60	1.43	4.00
吐鲁番	0.82	0.60	0.96	1.04
乌苏	0.71	0.65	7.03	9.21
乌恰	0.69	0.63	9.34	13.27
蔡家湖	0.79	0.60	5.00	5.91
轮台	0.68	0.60	7.24	7.90
吐尔尕特	0.69	0.63	9.32	11.22
伊吾	0.94	0.89	3.77	5.23
哈密	0.78	0.60	3.06	4.79

8.1.3 天山未来气候变化特征

8.1.3.1 RCP 4.5 情景下气候变化特征

基于 CMIP5 多模式集合降尺度得到的气候数据集可以揭示 RCP 4.5 情景下天山的气候变化特征。表 8-5 显示了 RCP 4.5 情景下 2021 ~ 2049 年天山年均温的描述性统计和趋势检验结果。2021 ~ 2049 年，天山的气温以 0.3℃/10a 的速度增加（Z=3.72，a=0.01），相比于过去 40 年，升温速率有所提高。西天山、中天山、东天山的年均温均呈增加趋势，东天山升温速率为 0.2℃/10a，其余地区均为 0.3℃/10a，升温趋势显著（a=0.01）。

表 8-5　RCP 4.5 情景下 2021 ~ 2049 年天山年均温的描述性统计和趋势检验结果

区域	描述性统计		趋势检验	
	SD	CV/%	升温速率/(℃/10a)	Z
天山	0.36	0.05	0.3	3.72 *
西天山	0.33	0.06	0.3	3.56 *
中天山	0.40	0.06	0.3	3.32 *
东天山	0.43	0.05	0.2	3.51 *

* 显著性水平 a=0.01

为分析气温的年内变化特征，本书采用线性趋势法计算了天山地区气温的季节变化趋势，结果见图 8-1。2021 ~ 2049 年，春季和冬季，气温在波动中下降，降温趋势分别为 1.40℃/10a 和 0.09℃/10a；夏季和秋季，气温在波动中上升，升温趋势为 0.69℃/10a 和 1.98℃/10a，说明未来 30 年天山气温的升高主要由秋季贡献。进一步研究发现，春季、夏季、秋季和冬季的气温分别在 2028 年、2046 年、2046 年、2036 年达到极大值，在 2035 年、2037 年、2021 年、2047 年达到极小值，极大值分别为 11.06℃、19.19℃、7.01℃、-0.83℃，极小值分别为 6.05℃、13.28℃、-0.28℃和-5.13℃。

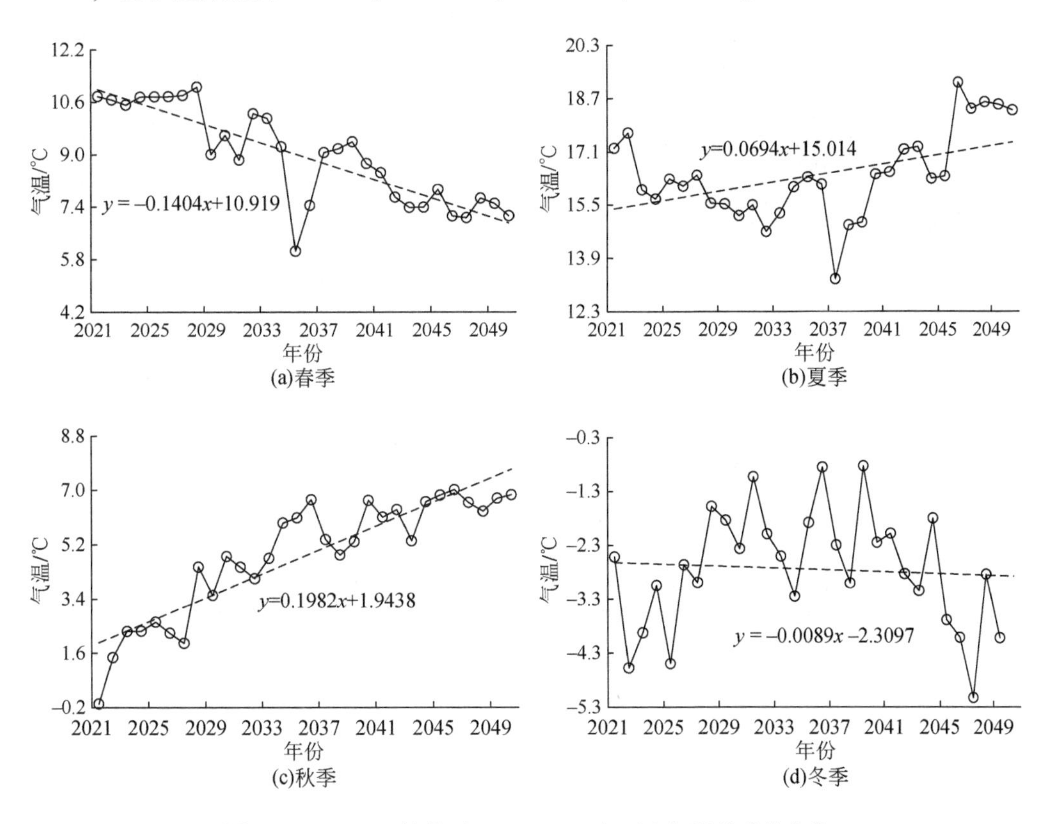

图 8-1　RCP 4.5 情景下 2021 ~ 2049 年天山气温的季节变化

从气温的空间分布［图 8-2（a）］来看，东天山气温最高，中天山次之，西天山气温最低。位于西天山的托什干河流域气温最低，位于东天山的吐鲁番-哈密气温最高，多年平均气温约15℃。气温的空间变化［图8-2（b）］表明，未来30年，西天山、中天山和东天山的气温均呈上升趋势，西天山温度上升最快，中天山次之，东天山升温较慢。整体来看，未来30年，海拔较高的山区气温较低但升温较快，平原地区气温较高但升温较慢。

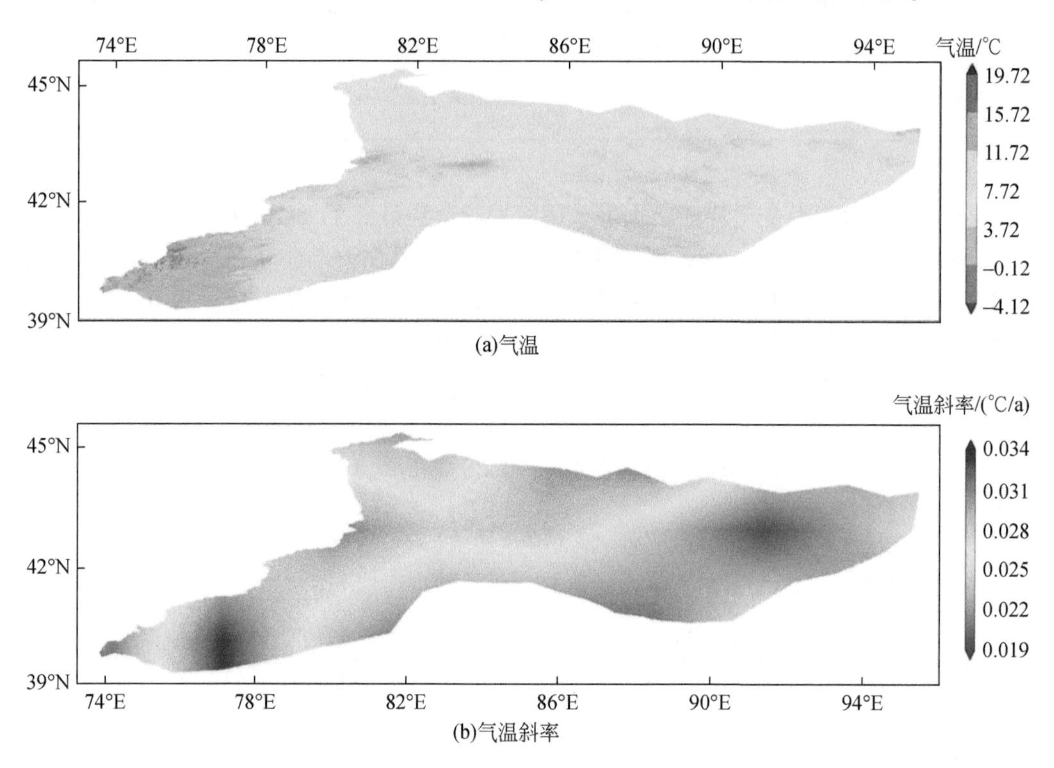

图8-2　RCP 4.5 情景下 2021～2049 年天山年平均气温的空间分布与空间变化

研究区包括阿克苏河流域，流域西部和北部位于吉尔吉斯斯坦境内

表8-6显示了RCP 4.5情景下2021～2049年天山年降水的描述性统计和趋势检验结果。2021～2049年，天山的降水呈增加趋势，速率为7.3mm/10a，增加趋势显著。在西天山、中天山和东天山，降水的增加速率分别为13.9mm/10a、6.9mm/10a和2.5mm/10a。

表8-6　RCP 4.5 情景下 2021～2049 年天山年降水的描述性统计和趋势检验结果

区域	描述性统计		趋势检验	
	SD	CV/%	增加速率/（mm/10a）	Z
天山	26.70	6.32	7.3	1.29
西天山	41.1	6.45	13.9	0.85
中天山	38.20	9.97	6.9	0.91
东天山	18.67	7.69	2.5	0.63

图8-3显示了RCP 4.5情景下2021～2049年天山降水的季节变化。2021～2049年，

春季和夏季，降水将减少，速率分别为 4. 97mm/10a 和 0. 30mm/10a；秋季和冬季，降水在波动中上升，线性趋势分别为 4. 05mm/10a 和 8. 46mm/10a。由此可见，春季降水的减少趋势最明显，冬季降水的增加趋势最明显，说明天山年降水的增加主要由冬季贡献。进一步研究发现，冬季降水在 2033 年后增加较快。春季、夏季、秋季和冬季降水分别在 2037 年、2024 年、2050 年、2044 年达到极大值，在 2047 年、2032 年、2027 年、2028 年达到极小值，极大值分别为 127. 27mm、130. 16mm、113. 65mm 和 91. 45mm，极小值分别为 84. 44mm、93. 64mm、79. 10mm 和 49. 24mm。

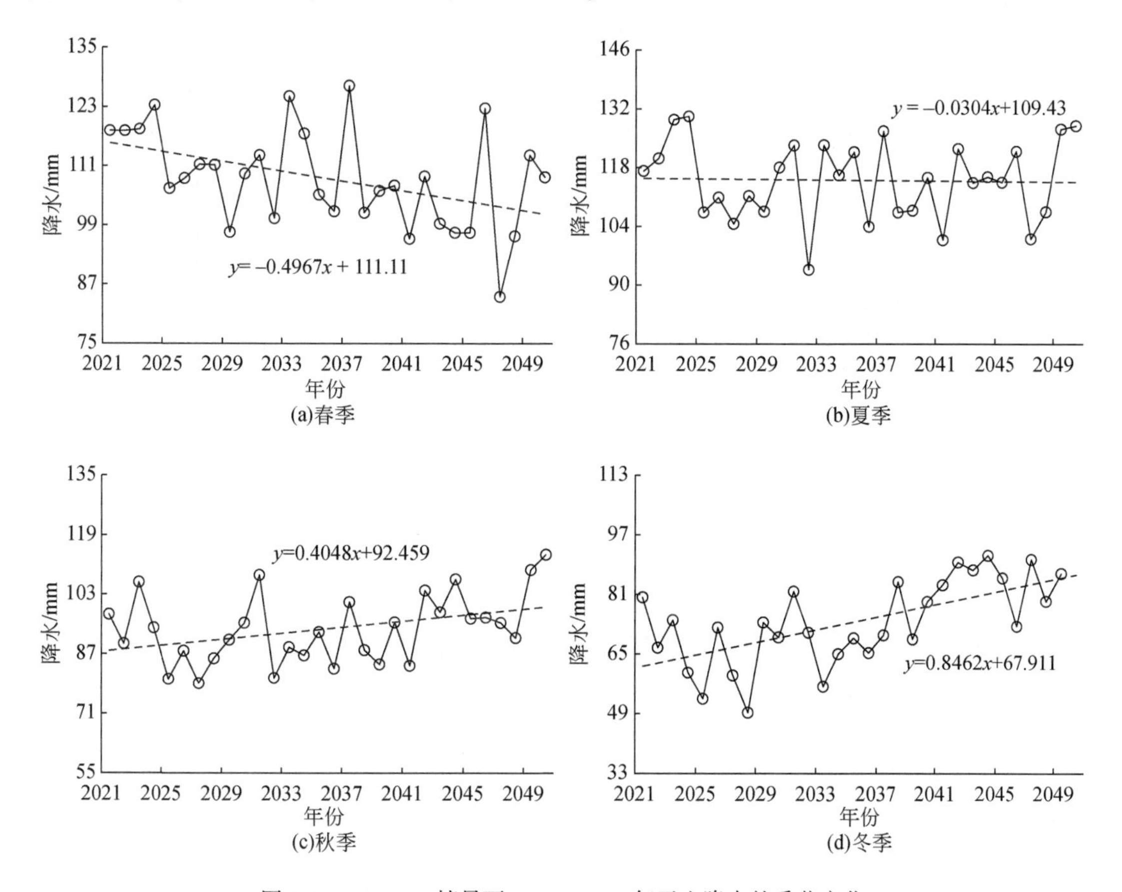

图 8-3　RCP 4. 5 情景下 2021 ~ 2049 年天山降水的季节变化

从降水的空间分布［图 8-4（a）］来看，天山北坡的降水少于南坡；从东西来看，西天山降水最丰富，其次是中天山，东天山降水最少。位于西天山的托什干河流域、库玛拉克河流域和伊犁河谷地区是降水高值区，位于东天山的吐鲁番-哈密地区和南坡的平原地区是降水低值区。降水的空间变化［图 8-4（b）］表明，未来 30 年，西天山降水呈明显的增加趋势，其中托什干河流域降水增加最快，中天山和东天山的降水呈缓慢的增加趋势，趋势接近 0，与上文趋势检验结果一致。整体来看，RCP 4. 5 情景下，未来 30 年，海拔较高的高山区降水丰富且增加较快，平原地区降水较少且增加较慢。

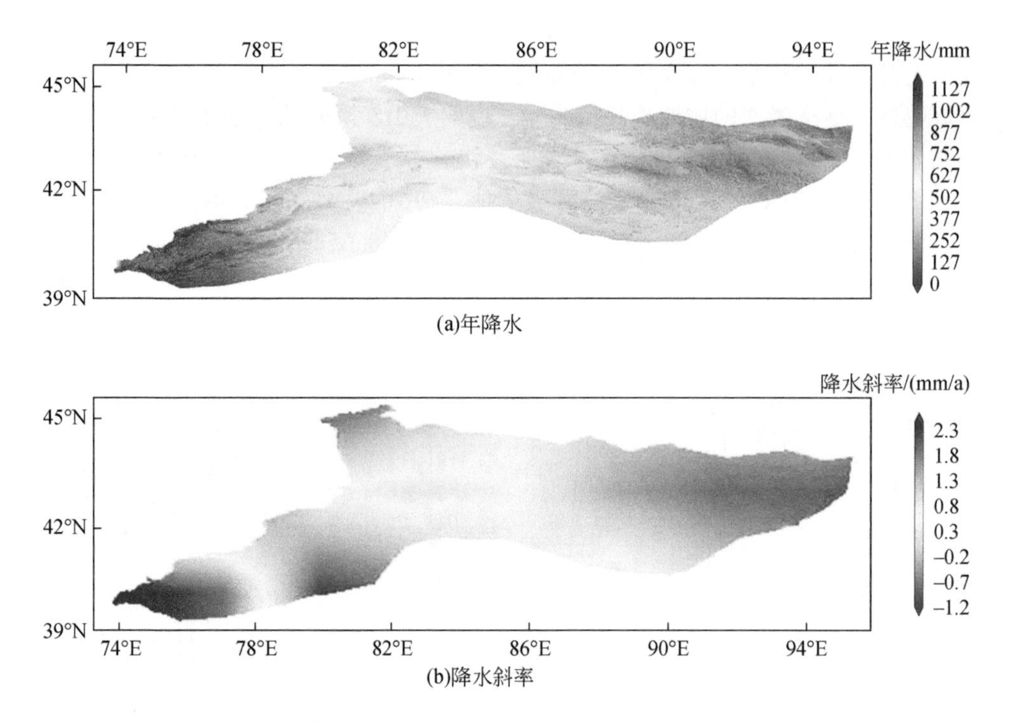

图 8-4　RCP 4.5 情景下 2021～2049 年天山年降水的空间分布与空间变化

研究区包括阿克苏河流域，流域西部和北部位于吉尔吉斯斯坦境内

8.1.3.2　SSP 245 情景下气候变化特征

基于 CMIP6 多模式集合降尺度得到的气温和降水数据集可以揭示未来天山的气候变化特征。表 8-7 表明，SSP 245 情景下，2021～2049 年，天山的气温以 0.5℃/10a 的速率增加（Z=5.67，a=0.01），升温速率高于 RCP 4.5 情景。西天山升温速率最高，为 0.6℃/10a，中天山和东天山升温速率均为 0.4℃/10a，升温趋势显著（a=0.01）。整体来看，与 RCP 4.5 情景相比，SSP 245 情景下天山和典型流域的升温趋势更明显。

表 8-7　SSP 245 情景下 2021～2049 年天山年均温的描述性统计和趋势检验结果

区域	描述性统计		趋势检验	
	SD	CV/%	升温速率/(℃/10a)	Z
天山	0.43	0.07	0.5	5.67*
西天山	0.41	0.19	0.6	4.10*
中天山	0.48	0.05	0.4	5.64*
东天山	0.52	0.07	0.4	5.67*

*显著性水平 a=0.01

图 8-5 显示，2021～2049 年，春季和冬季，天山的气温在波动中上升，线性升温趋势分别为 0.93℃/10a 和 1.18℃/10a；夏季和秋季，气温在波动中下降，线性降温趋势分别

为0.02℃/10a和0.15℃/10a。此外，天山各季节的气温变化均呈明显的阶段性特征，在不同时段，气温的变化趋势存在差异，如2032～2034年，天山的春季气温呈下降趋势；2045～2049年，春季气温呈明显的上升趋势。以上结果表明，在SSP 245情景下，天山升温主要由春季和冬季贡献，这与RCP 4.5情景模拟的结果不同。

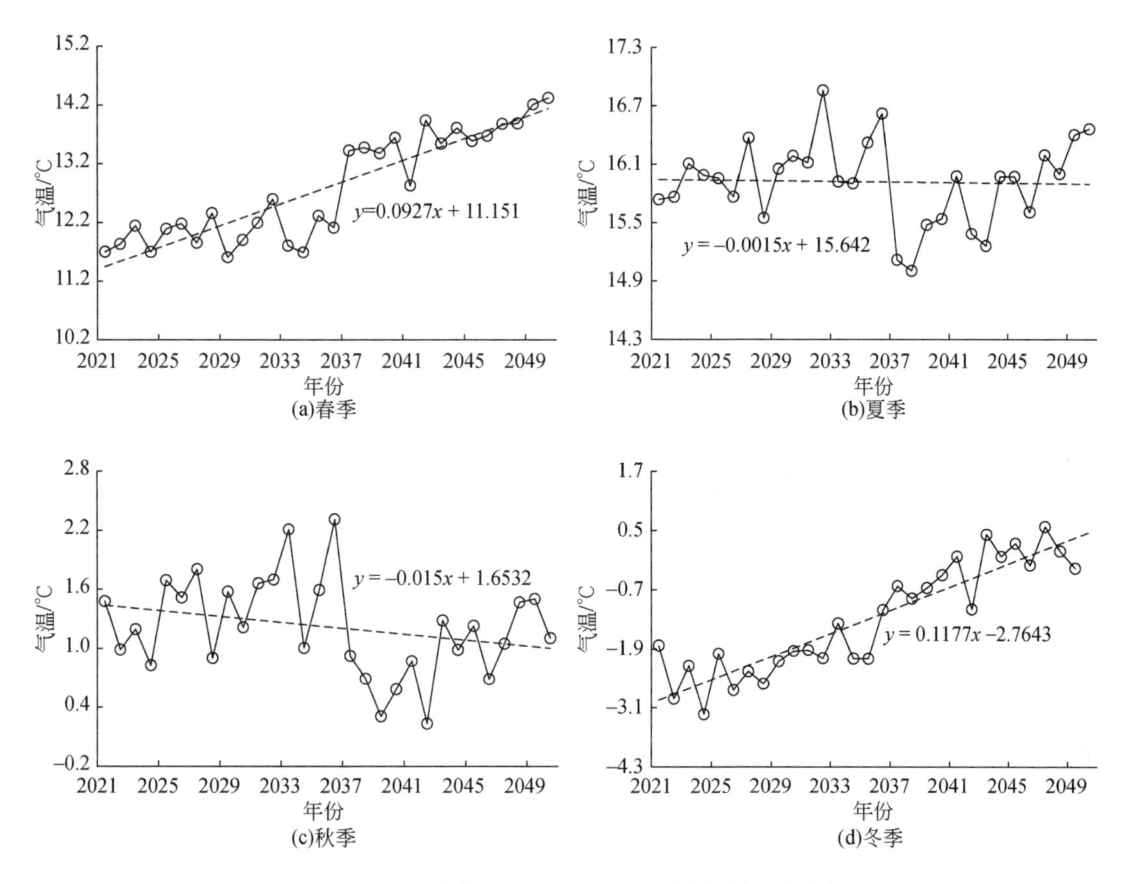

图8-5 SSP 245情景下2021～2049年天山气温的季节变化

从气温的空间分布［图8-6（a）］来看，东天山气温最高，中天山次之，西天山气温最低，海拔较高的山区气温较低，河谷和平原地区气温较高。位于西天山的开都河流域气温最低，位于东天山的吐鲁番-哈密气温最高，多年平均气温约15℃，这与CMIP5情景预测的结果相似。气温的空间变化［图8-6（b）］表明，SSP 245情景下，天山的气温呈上升趋势，不同地区升温趋势存在差异。整体来看，西天山升温较快，中天山和东天山升温较慢，与上文趋势检验结果一致。

表8-8显示了SSP 245情景下天山年降水的描述性统计和趋势检验结果。2021～2049年，天山的降水以3.4mm/10a的速率增加。在西天山，降水呈减少趋势，速率为4.0mm/10a，在中天山和东天山，降水呈增加趋势，速率分别为11.1mm/10a和1.8mm/10a，除中天山外，其他地区未通过显著性检验。图8-7显示了SSP 245情景下天山降水的季节变化。2021～2049年，春季、夏季和秋季，降水在波动中上升，线性趋势分别为2.75mm/

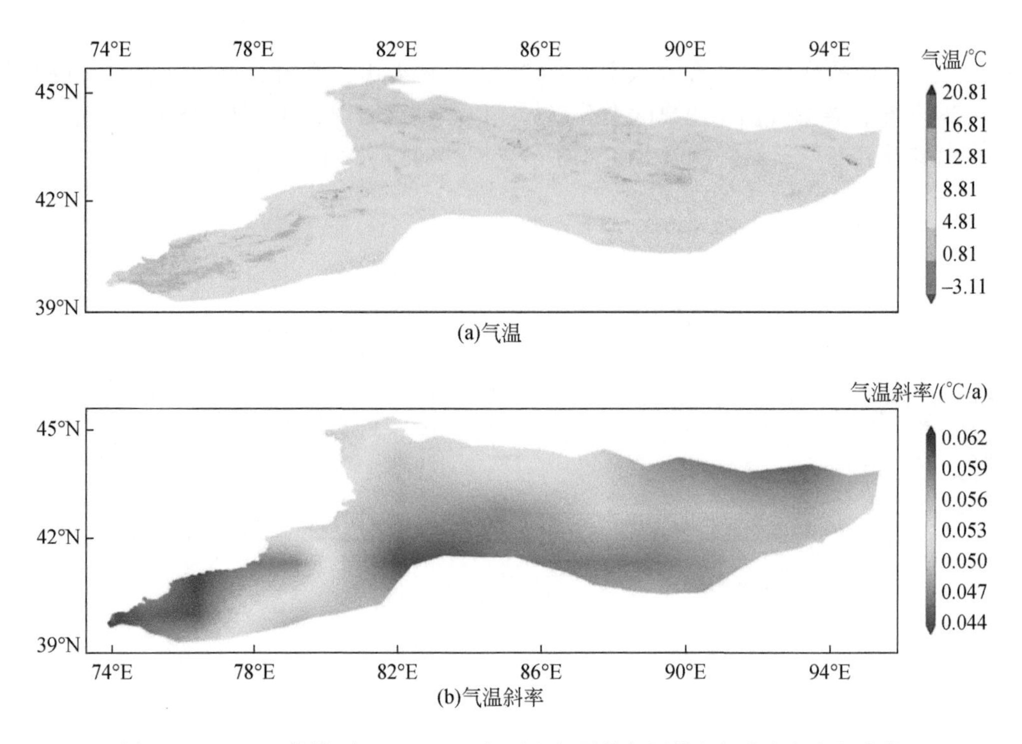

图 8-6 SSP 245 情景下 2021 ~ 2049 年天山年平均气温的空间分布与空间变化
研究区包括阿克苏河流域，流域西部和北部位于吉尔吉斯斯坦境内

10a、1.57mm/10a 和 0.31mm/10a，冬季，降水在波动中下降，线性趋势为 1.11mm/10a，说明 SSP 245 情景下降水增加主要由春季和夏季贡献。

表 8-8 SSP 245 情景下 2021 ~ 2049 年天山年降水的描述性统计和趋势检验结果

区域	描述性统计		趋势检验	
	SD	CV/%	增加速率/(mm/10a)	Z
天山	18.69	4.54	3.4	1.11
西天山	33.11	4.77	-4.0	-0.04
中天山	24.25	5.22	11.1	1.93*
东天山	9.57	5.10	1.8	0.71

* 显著性水平 a=0.05

根据图 8-7，天山各季节降水变化具有明显的阶段性特征，在不同时段，降水的变化趋势存在差异。例如，2034 ~ 2039 年，天山的冬季降水呈减少趋势，2040 ~ 2046 年，冬季降水呈增加趋势。进一步研究发现，春季、夏季、秋季和冬季降水分别在 2028 年、2028 年、2035 年、2046 年达到极大值，在 2032 年、2032 年、2030 年、2030 年达到极小值，极大值分别为 140.92mm、134.53mm、101.94mm、70.40mm，极小值分别为 113.75mm、109.77mm、76.55mm 和 55.61mm。

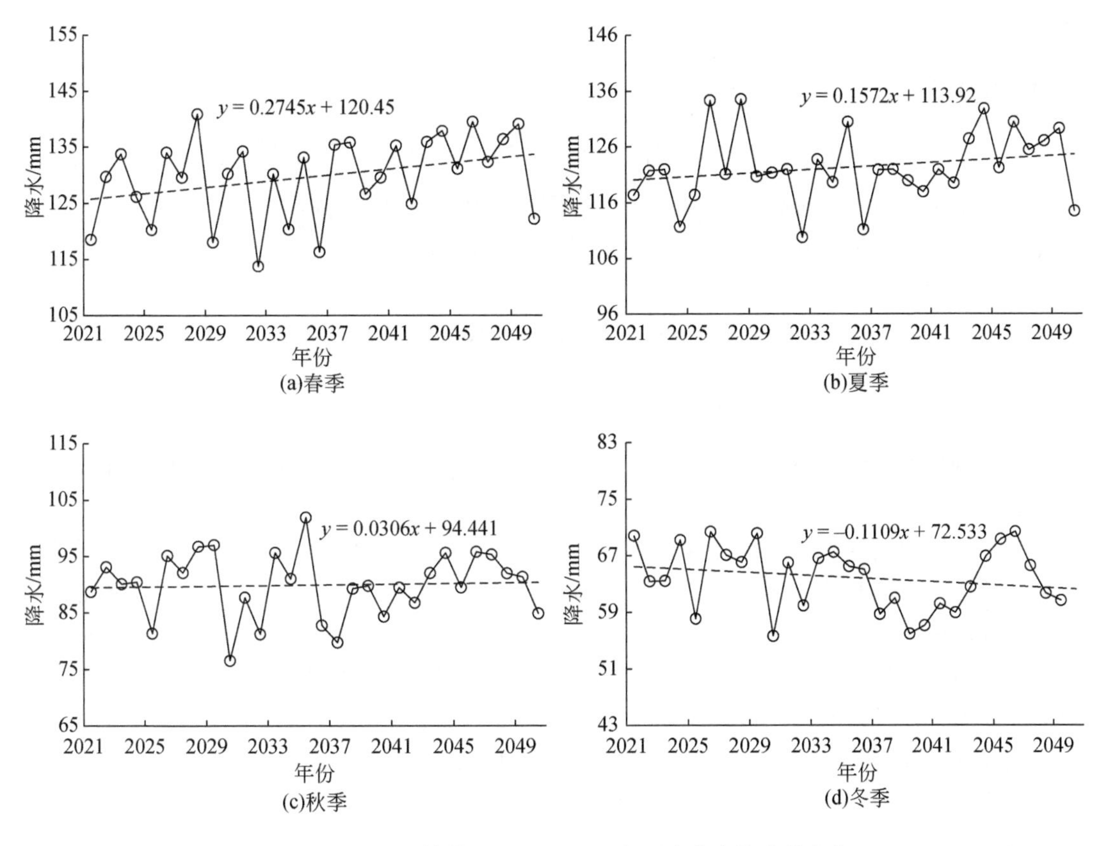

图 8-7　SSP245 情景下 2021 ~ 2049 年天山降水的季节变化

8.2　基于 SWAT-Glacier 的天山典型流域流量预估

天山地区温度升高加速冰川和积雪消融，同时降水增加，气候变化将通过影响冰川积雪动态过程和降雨产流过程影响山区来水量，进而导致山区水文过程发生改变。本节采用融入了冰川动态模块的 SWAT-Glacier 分布式水文模型对天山南坡典型流域的径流量进行预估，为理解未来天山地区径流量变化提供科学参考。

8.2.1　基于 SWAT-Glacier 的未来模拟框架

本研究采用 CORDEX 的高分辨率气候数据集（Giorgi et al.，2009），通过偏差校正，驱动含有冰川动态模块的分布式水文模型 SWAT-Glacier，分析未来开都河流域的来水量变化（图 8-8）。

8.2.1.1　未来气候变化数据集

本研究基于世界气候研究计划（world climate research programme，WCRP）的重要子

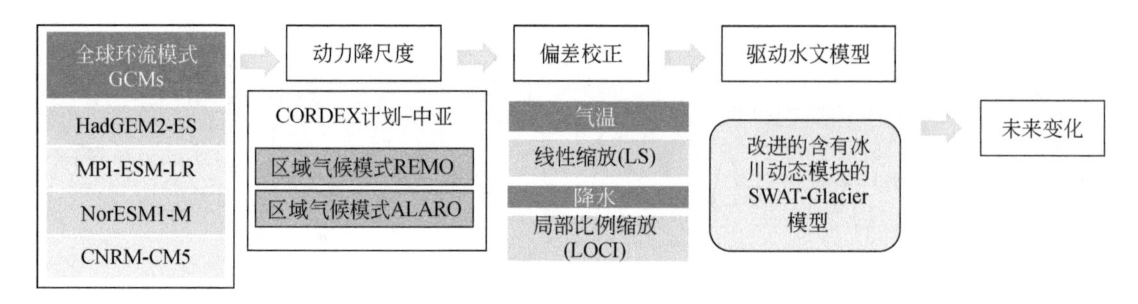

图 8-8　基于 SWAT-Glacier 的未来径流量模拟框架图

计划 CORDEX 在中亚地区的 4 个区域气候模式（HadGEM2-ES-REMO、MPI-ESM-LR-REMO、NorESM1-M-REMO 和 CNRM-CM5-ALARO），获取 RCP 8.5 情景下未来塔里木河流域的气候变化信息。

考虑到区域气候模式可能存在偏差，尤其是在资料稀缺地区，本节以气象站的观测数据为基准，对 CORDEX 数据进行校正。依据前人研究（Fang et al.，2015），本研究选择在干旱区校正效果较好的线性缩放（linear scaling，LS）和局部比例缩放（local intensity scaling，LOCI）分别对 CORDEX 数据进行校正。将 1976～2005 年的日气温和降水数据作为基准数据，以月为校正单位。

气温的线性缩放采用观测的多年平均气温校正模式输出的多年月均气温，根据模拟值与观测值之间的偏差进行校正，见式（8-1）：

$$T_{\text{cor},m,d} = T_{\text{raw},m,d} + \mu(T_{\text{obs},m}) - \mu(T_{\text{raw},m}) \tag{8-1}$$

式中，$T_{\text{cor},m,d}$ 为校正后第 m 月第 d 天的气温值；$T_{\text{raw},m,d}$ 为模拟的第 m 月第 d 天的气温值；$\mu(\cdot)$ 代表求平均符号，如 $\mu(T_{\text{obs},m})$ 为第 m 月的观测气温的平均值。

降水的局部比例缩放可以校正湿日频率和湿日降水强度。该方法通常包括两步：首先，对第 m 月定义一个湿日阈值 $P_{\text{thres},m}$，保证模拟降水中超过该阈值的降水天数和观测降水天数相等；其次，计算缩放因子 s_m，见式（8-2），以保证校正后的降水总量和观测的降水总量相等。最终通过式（8-3）进行校正：

$$s_m = \frac{\mu(P_{\text{obs},m,d} \mid P_{\text{obs},m,d} > 0)}{\mu(P_{\text{raw},m,d} \mid P_{\text{raw},m,d} > P_{\text{thres},m})} \tag{8-2}$$

$$P_{\text{cor},m,d} = \begin{cases} 0, & P_{\text{raw},m,d} < P_{\text{thres},m} \\ P_{\text{raw},m,d} \times S_m, & P_{\text{raw},m,d} \geqslant P_{\text{thres},m} \end{cases} \tag{8-3}$$

式中，$P_{\text{cor},m,d}$、$P_{\text{obs},m,d}$ 和 $P_{\text{raw},m,d}$ 分别为校正后、观测和模拟的第 m 月的第 d 天的降水量。

8.2.1.2　SWAT-Glacier 分布式水文模型

为模拟并预估未来天山山区流域的径流变化，本研究在土壤和水评估工具（soil and water assessment tool，SWAT）原始版本中加入基于度日因子的冰川动态模块，构建了塔里木河流域四源流的 SWAT-Glacier 分布式水文模型（Fang et al.，2018a，2018b）。在模型构建阶段，SWAT-Glacier 引入了 4 个融冰参数，即最大融冰因子 gmfmx、最小融冰因子

gmfmn、温度滞后因子 L_{gla} 和融冰基温 GT_{mlt}，这 4 个参数可率定。

首先，根据冰川体积-面积比例关系，估算冰川体积和水当量：

$$V = 0.04 \times \left(\frac{A}{1000000}\right)^{1.35} \tag{8-4}$$

式中，V 为单个冰川的体积，m^3；A 为源自中国冰川目录（CGI）或 RGI 的冰川面积，m^2。本研究采用 0.92kg/m^3 的冰川密度系数将冰川体积转化为水当量。

只有当冰川表面温度高于融冰阈值温度时，冰川才开始消融，否则，不产生冰川融水径流。当日冰川消融量可看作冰川表面温度与冰川消融量 GLA_{mlt} 的线性函数：

$$GLA_{mlt} = \begin{cases} GF_{mlt} \times GLA_{cov} \cdot \left(\dfrac{T_{gla}+T_{max}}{2} - GT_{mlt}\right), & T_{max} > GT_{mlt} \\ 0, & T_{max} \leqslant GT_{mlt} \end{cases} \tag{8-5}$$

式中，GLA_{mlt} 为模拟当日冰川消融量，mm H_2O；GF_{mlt} 为模拟当日的冰川消融因子，mm H_2O/(d · ℃)；GLA_{cov} 衡量的是在每一个水文响应单元（HRU）水平上冰川覆盖的面积比例；T_{max} 为模拟当日的最高气温，℃；T_{gla} 为冰川表面温度，℃，是前日冰川表面温度与当日最高气温的线性函数；GT_{mlt} 为融冰基温，℃。

与积雪消融因子类似，冰川消融因子通常被认为在年际尺度上是相对稳定的，在年变化呈正弦函数形式波动，计算公式如式（8-6）所示：

$$GF_{mlt} = \frac{gmfmx - gmfmn}{2} \times \sin\left[\frac{2\pi}{365} \times (I_{day} - 128)\right] + \frac{gmfmx + gmfmn}{2} \tag{8-6}$$

式中，gmfmx 和 gmfmn 分别为年内最大融冰因子和最小融冰因子，mm H_2O/(d · ℃)。假设在 8 月 7 日（儒略日 219 天）融冰速率最大，在 2 月 7 日融冰速率最小。融冰仅发生在 5 月 1 日至 10 月 31 日。I_{day} 为模拟日在一年中的儒略日。

冰川融化后，在日尺度上更新冰川体积（δV）和冰川面积（δA），以进行第二日的冰川融水模拟。

$$\delta V = \frac{GLA_{mlt} \times A}{V} \tag{8-7}$$

$$\delta A = \left[\frac{(1 + \delta V) \times V}{0.04 \times 10^9}\right]^{\frac{1}{1.35}} \tag{8-8}$$

8.2.1.3 模型设定与验证

本节在开都河流域构建分布式水文模型，采用第二代多目标进化算法 ε-NSGAII 对 SWAT-Glacier 分布式水文模型进行率定。ε-NSGAII 算法在寻找水文模型的全局最优参数方面是非常有效且可靠的。本节选择的两个目标函数是 NSE 系数和冰川融水占比误差（BIAS_g），如式（8-9）和式（8-10）所示：

$$NSE = 1 - \frac{\sum_{i=1}^{n} (Y_i^{obs} - Y_i^{sim})^2}{\sum_{i=1}^{n} (Y_i^{obs} - Y^{mean})^2} \tag{8-9}$$

$$\text{BIAS\_g}=\begin{cases}0, & |C_{\text{glamlt}}^{\text{sim}}-C_{\text{glamlt}}^{\text{obs}}|\leqslant 0.05\\ |C_{\text{glamlt}}^{\text{sim}}-C_{\text{glamlt}}^{\text{obs}}|-0.05, & \text{否则}\end{cases} \tag{8-10}$$

式中，Y_i^{obs} 和 Y_i^{sim} 为第 i 个观测和模拟的流量；Y^{mean} 为观测流量的平均值；n 为观测值个数；$C_{\text{glamlt}}^{\text{obs}}$ 和 $C_{\text{glamlt}}^{\text{sim}}$ 为观测（杨针娘，1991；周聿超，1999）和模拟的冰川融水占比。考虑到前人研究可能存在误差，如果 BIAS_g 在5%以内，BIAS_g 设置为0；NSE 表征了模拟径流与观测径流的符合程度，介于-∞ ~1.0，NSE 值越大，模拟效果越好，当 NSE=1 时，表明模拟值和观测值完全重合。

在模型验证方面，针对4 个全球环流模式-区域气候模式（GCM-RCM）模拟的气温和降水，比较观测值、模拟值和校正值在频率与时间序列上的吻合程度，结果显示，对于气温，各个 GCM-RCM 均低估了山区气温。无论在频率上还是在时间上，校正后的气温与观测气温吻合很好；对于降水，几乎所有的 GCM-RCM 均高估了山区降水，LOCI 对降水的校正可使各月份的干日日数与观测值一致，同时提高降水量的反演能力。

本研究采用 NSE 和目视方法验证 SWAT-Glacier 分布式水文模型在开都河流域的模拟效果。对于流量，观测的气象数据驱动 SWAT-Glacier 分布式水文模型获得非常好的模拟效果（“Sim-obs”），月尺度的 NSE 均在0.65 以上，说明模型在开都河的模拟效果较好。

当采用校正后的 GCM-RCM 气象数据驱动 SWAT-Glacier 分布式水文模型时，模拟效果略有下降。但在月尺度上，NSE 在0.65 以上（图8-9）。

8.2.2　未来径流变化

本研究采用上述构建好的 SWAT-Glacier 分布式水文模型，以 1976 ~2005 年为历史时

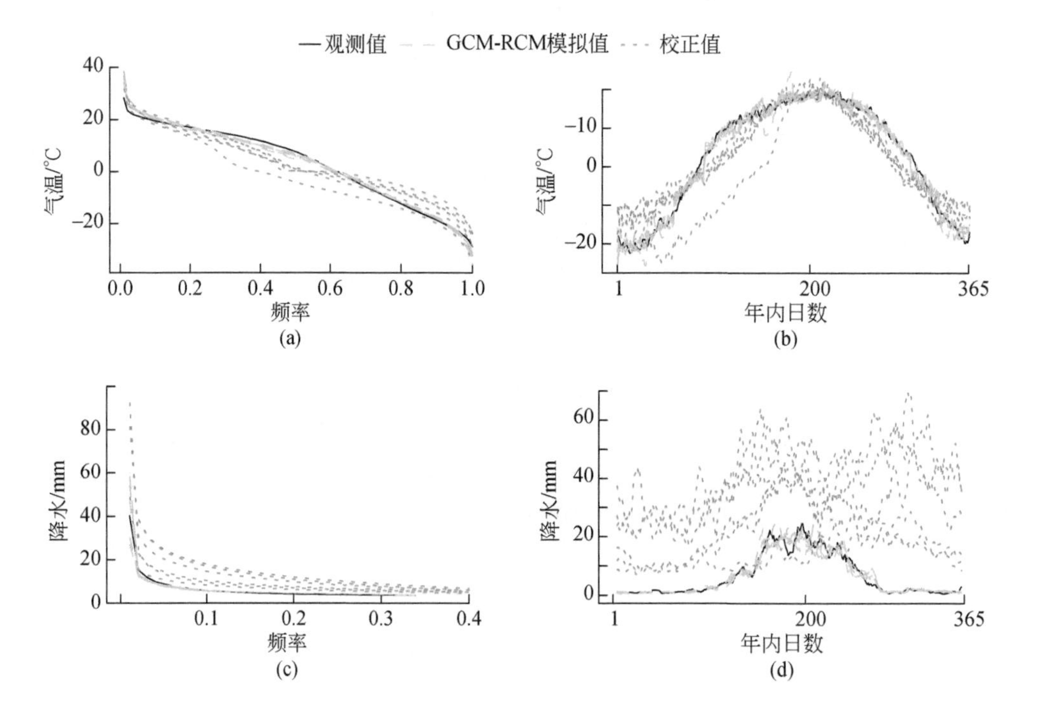

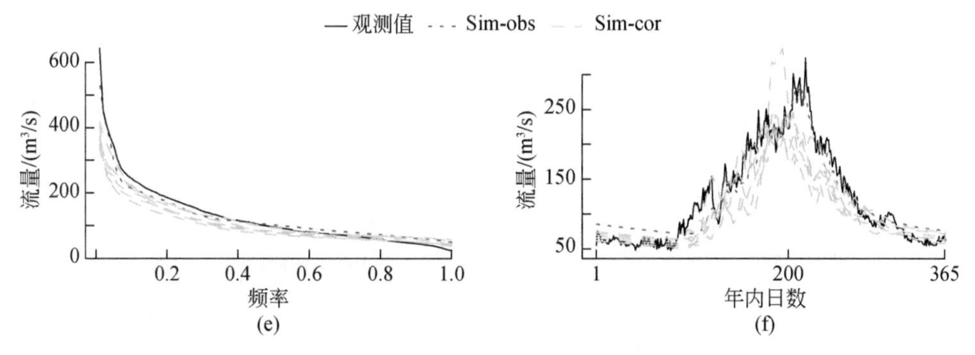

图 8-9 开都河流域气温、降水和流量的校正效果

Sim-obs 表示基于气象数据的模拟流量；Sim-cor 表示基于校正的气象数据的模拟流量

期，假设未来土地利用和土壤状况保持在 2000 年水平，分别预估未来 3 个时期（2006～2035 年、2036～2065 年、2066～2095 年）开都河的来水变化。

未来开都河径流量总体呈减少趋势，近期（2030 年以前）基本保持高位波动状态，但从长远看，2066～2095 年径流量将减少 27.4% 左右。在季节上，春季流量将呈现增加趋势，尤其是在 RCP 4.5 情景下，春季流量从 1976～2005 年的 74.4m^3/s 增加到 2066～2095 的 88.5m^3/s。值得注意的是，夏季流量将呈现降低趋势，从 1976～2005 年的 189.5m^3/s 降低到 2066～2095 的 146.6m^3/s，降低了 22.6%。秋季流量将呈现波动状态，冬季流量将呈现微弱的下降趋势。总体上，在 RCP 4.5 情景下，开都河流域的年径流量在 1976～2005 年、2006～2035 年、2036～2065 年和 2066～2095 年的多年平均值分别为 $3.31\times10^9m^3$、$3.23\times10^9m^3$、$3.17\times10^9m^3$ 和 $3.31\times10^9m^3$；在 RCP 8.5 情景下，开都河流域的年径流量在 1976～2005 年、2006～2035 年、2036～2065 年和 2066～2095 年的多年平均值分别为 $3.34\times10^9m^3$、$3.08\times10^9m^3$、$3.06\times10^9m^3$ 和 $2.90\times10^9m^3$（图 8-10）。

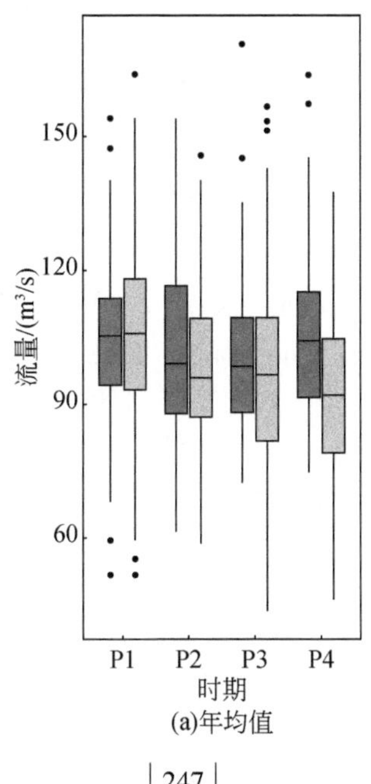

(a)年均值

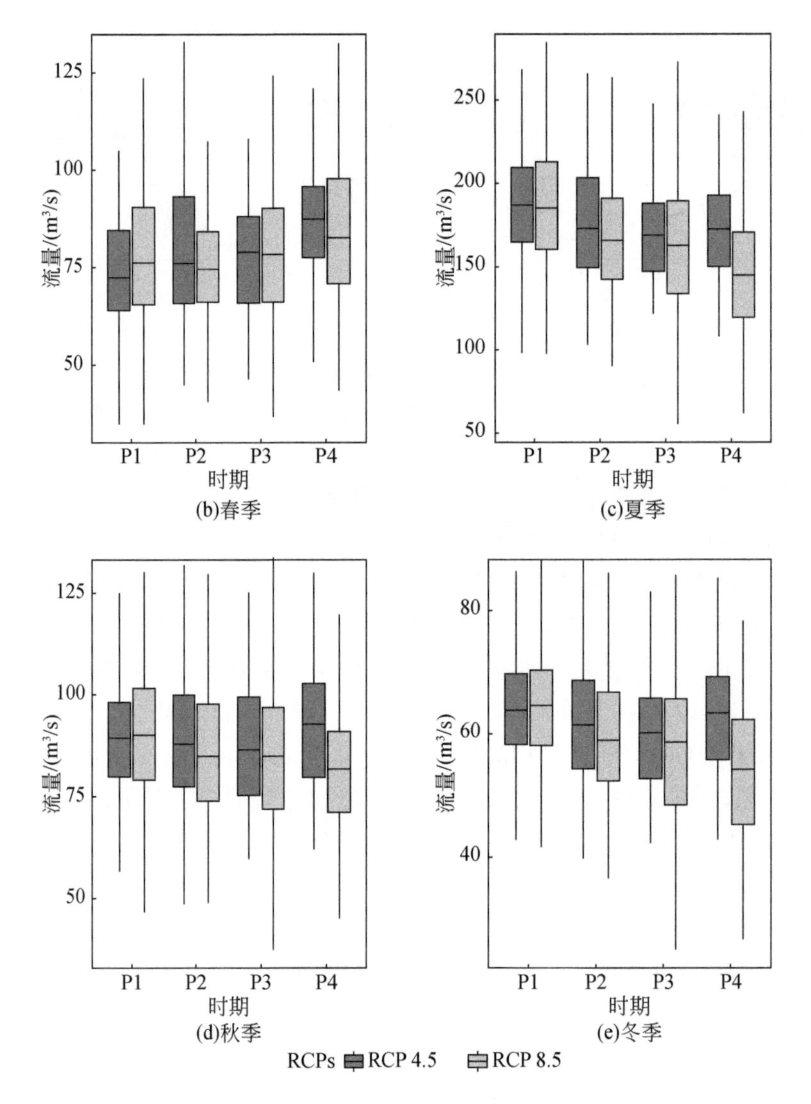

图 8-10 RCP 4.5 和 RCP 8.5 情景下开都河出山口流量变化

P1、P2、P3 和 P4 分别代表 1976～2005 年、2006～2035 年、2036～2065 年和 2066～2095 年

未来开都河径流将呈现短期波动、长期减少的趋势，这与以往的研究一致（Fang et al.，2018a；Huang et al.，2020；Luo et al.，2018；Xu C et al.，2016），但也有研究得出相反的结论（Ren et al. 2018）。由于气候模型的不确定性在“气候模型-偏差校正-水文模型”链中最大，径流变化预估的不一致很可能是由不同的气候模型引起的。此外，一些水文模型不包括冰川融水模块，或假设冰川面积保持不变（没有冰川消融），这也导致径流预测存在差异。考虑到开都河模拟精度高，NSE 为 0.63，开都河未来径流模拟结果具有较高的可靠性。

8.2.3 未来预估的不确定性

图 8-11 显示了基于耦合模型预测的未来径流变化。结果表明，采用不同的 GCM-RCM 驱动水文模型，不仅在径流模拟量上存在区别，在径流变化方向上也存在差异。在 RCP 8.5 情景下，径流几乎是连续减少的。在 RCP 4.5 和 RCP 8.5 下，径流的变化为-26% ~ 3.4% 和-38% ~ -7%（第一和第三四分位数）。值得注意的是，由于气温持续升高，大多数模型预测的径流在 21 世纪 50 年代后呈减少趋势。在季节上，径流往往在 3 ~5 月增加，在其他月份呈减少趋势。在 RCP 4.5 和 RCP 8.5 情景下，相对于 1986 ~2005 年，2080 ~ 2099 年径流在 6 ~8 月将减少 15% 和 27%，在 3 ~5 月将增加 3.0% 和 3.7%。

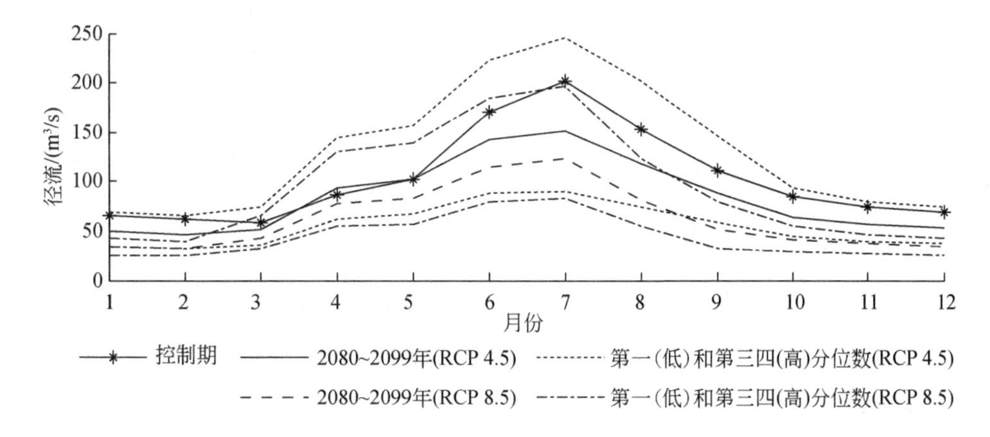

图 8-11 21 世纪末期（2080 ~2099 年）相对于 1986 ~2005 年开都河流域月径流变化

图 8-12 显示了 GCM 不确定性对 2080 ~2099 年融雪径流（SM）、地表径流（R_s）、地下径流（R_g）和蒸散发（ET）的影响。总体而言，水文要素在 RCP 8.5 情景下的变化比 RCP 4.5 情景更显著。具体而言，SM 呈明显的季节变化，如 SM 在 3 ~5 月将增加 16% 和 18%，在 6 ~8 月下降 49% 和 79%，积雪融化时间向前推了 1 ~2 个月。融雪时间提前与升温有关，此外，温度升高，降雪向降雨转化，更快形成径流；R_s 存在明显的季节性变化，在 3 ~5 月增加，6 ~8 月减少，R_g 的年变化微弱（4% ~5%），GCM 导致的不确定性相对较小；ET 在 21 世纪将上升 24% ~42%。

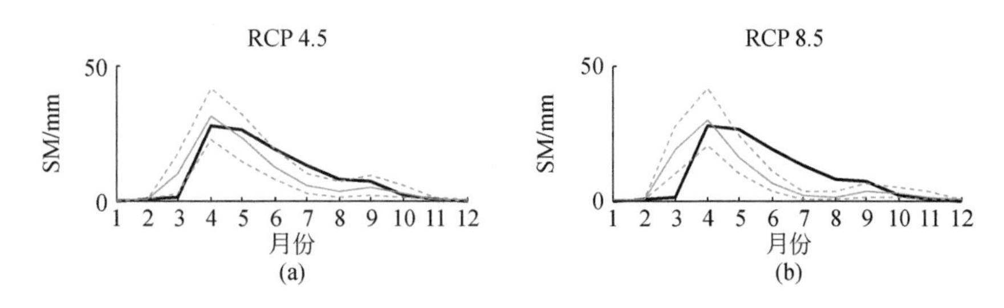

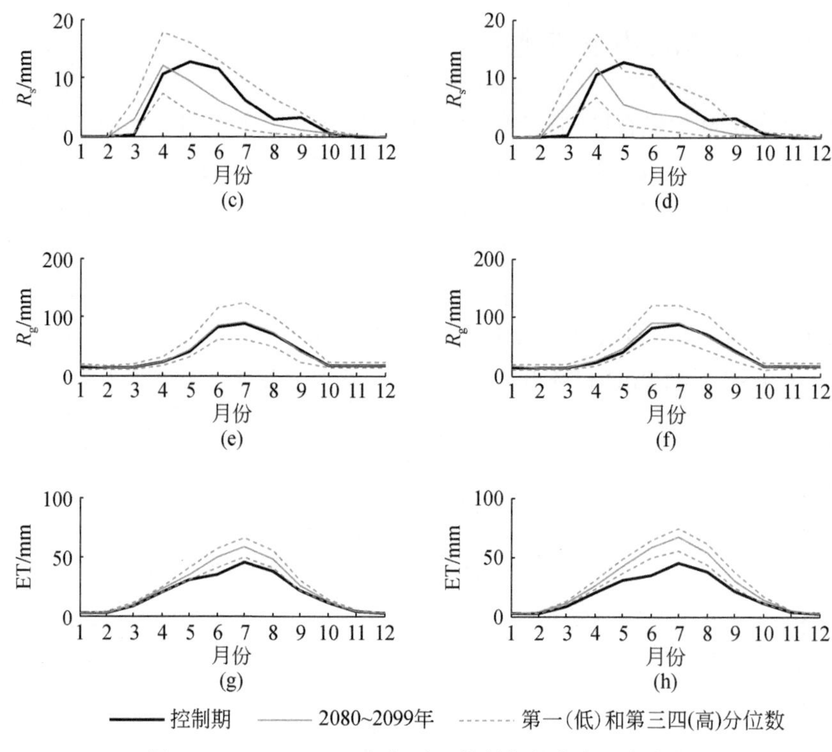

图 8-12　2080～2099 年相对于控制期的水文要素变化

水文要素包括融雪径流（SM）、地表径流（R_s）、地下径流（R_g）和蒸散发（ET）

GCM、降水和气温的校正及水文模型都会导致径流预测的不确定性（图 8-13）。表 8-9 列出了使用标准差方法和方差分解（ANOVA）方法估算全球环流模式（GCMs）、典型浓度路径（RCPs）、降水校正方法（BC_{pcp}）和气温校正方法（BC_{tmp}）对流量不确定性的贡献。对于这两种方法，GCM 是流量预测中最重要的不确定性来源，这与之前的研究一

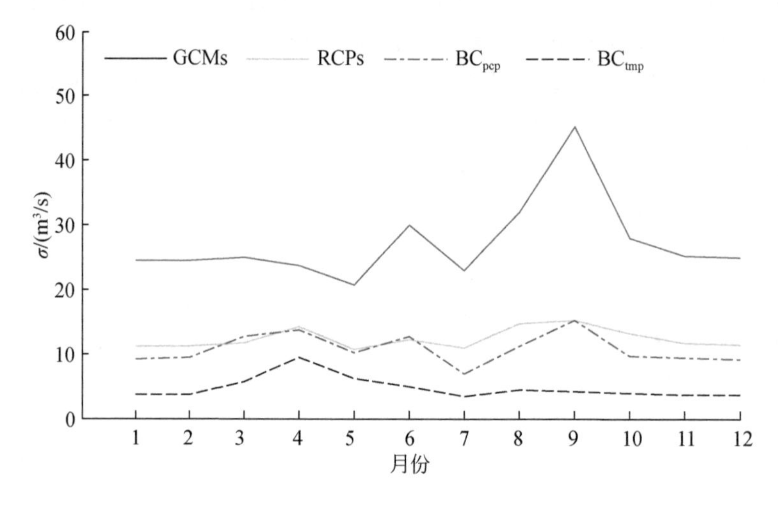

图 8-13　不同 GCMs、RCPs、BC_{pcp}、月份 BC_{tmp} 模拟的径流标准差（σ）

致（Buytaert et al., 2010；Chen et al., 2011；Bosshard et al., 2013）。基于标准差方法，这4个时期的不确定性都略有增加，如与GCM和RCP相关的贡献从2020～2049年的0.215和0.093增加到2080～2099年的0.345和0.124，表明每个时期的不确定性来源有所增加。基于ANOVA方法，GCM在流量不确定性中占主导地位，其他来源可以忽略不计。此外，基于ANOVA的GCM或RCP的不确定性比例并未随时间变化呈现增加趋势。

表8-9 基于标准差方法和ANOVA的不确定性分解

时段	标准差方法				ANOVA			
	GCMs	RCPs	BC_{pcp}	BC_{tmp}	GCMs	RCPs	BC_{pcp}	BC_{tmp}
2020～2039年	0.215	0.093	0.061	0.036	0.947	0.033	0.017	0.003
2040～2059年	0.300	0.094	0.082	0.038	0.967	0.009	0.023	0.001
2060～2079年	0.303	0.110	0.098	0.042	0.907	0.053	0.035	0.005
2080～2099年	0.345	0.124	0.115	0.049	0.943	0.014	0.039	0.004
平均值	0.291	0.105	0.089	0.041	0.941	0.027	0.029	0.003

基于标准差方法的GCM的不确定性最为重要，占总不确定性的55.3%，远低于基于ANOVA的不确定性（超过90%的不确定性由GCM引起）。原因可能是ANOVA使用平方指数来量化不确定性的贡献，这往往有利于高不确定性来源。气候模型对径流不确定性估计的贡献很高，减少径流预估不确定性的最有效方法是减少气候预测中的不确定性。

8.3 基于机器学习的天山典型流域径流预估

8.3.1 不同情景下典型流域气候变化

8.3.1.1 RCP 4.5情景下典型流域气候变化

基于CMIP5多模式集合降尺度得到的气候数据集可以揭示RCP 4.5情景下典型流域的气候变化特征。表8-10显示了RCP 4.5情景下2021～2049年天山典型流域年均温的描述性统计和趋势检验结果。2021～2049年，典型流域的年均温均呈增加趋势，速率为0.3℃/10a，升温趋势显著（a=0.01）。王充（2018）研究表明，RCP 4.5情景下，2016～2050年，KRB的升温速率为0.4℃/10a，KuRB和TRB的升温速率为0.3℃/10a，与本研究结果相似。SD和CV值表明，未来30年，TRB和KRB的年均温波动较大。

图8-14显示了RCP 4.5情景下2021～2049年天山典型流域气温的季节变化趋势。对于TRB而言，其春季气温降低，夏季、秋季和冬季气温升高。在其他流域，春季和冬季气温降低，夏季和秋季气温升高，且春季降温趋势最明显，秋季升温趋势最明显，表明典型流域气温的升高主要由秋季贡献。

表 8-10 RCP 4.5 情景下 2021～2049 年天山典型流域年均温的描述性统计和趋势检验结果

流域	描述性统计		趋势检验	
	SD	CV/%	升温速率/(℃/10a)	Z
URB	0.46	0.06	0.3	3.40*
MRB	0.49	0.07	0.3	4.17*
KaRB	0.41	0.07	0.3	3.02*
TRB	0.35	0.11	0.3	4.27*
KuRB	0.32	0.06	0.3	3.31*
KRB	0.41	0.08	0.3	3.22*

* 显著性水平 a=0.01

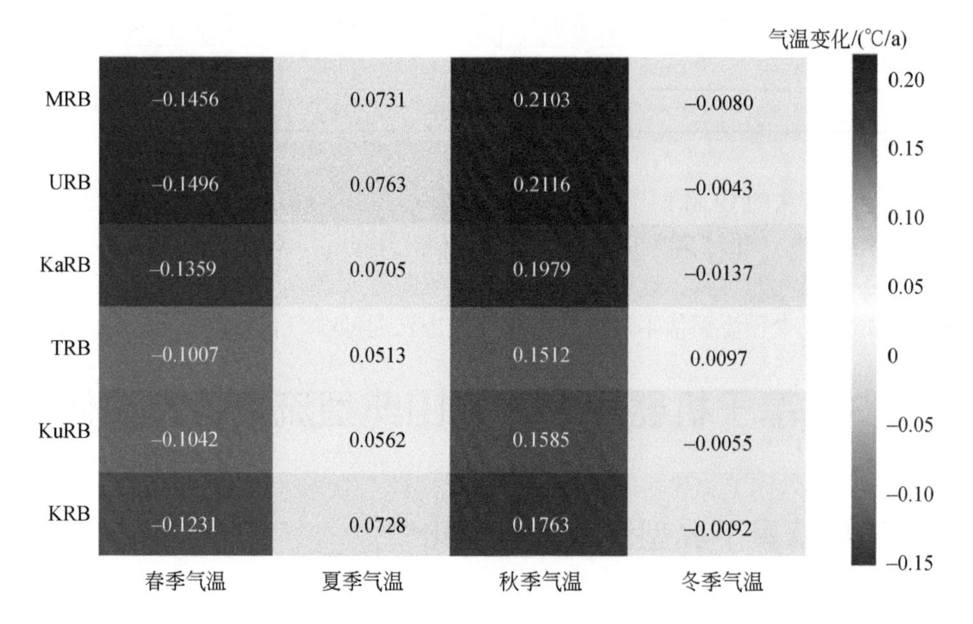

图 8-14 RCP 4.5 情景下 2021～2049 年天山典型流域气温的季节变化

表 8-11 显示了 RCP 4.5 情景下 2021～2049 年天山典型流域年降水的描述性统计和趋势检验结果。2021～2049 年，6 个流域的降水均呈增加趋势，TRB 的降水增加较快，速率为 15.7mm/10a，但未通过显著性检验。SD 和 CV 值表明，RCP 4.5 情景下，URB、MRB、KaRB 和 KRB 的年降水波动较大（SD>34，CV>10%）。

表 8-11 RCP 4.5 情景下 2021～2049 年天山典型流域年降水的描述性统计和趋势检验结果

流域	描述性统计		趋势检验	
	SD	CV/%	增加速率/(mm/10a)	Z
URB	34.78	12.46	7.5	0.67
MRB	41.55	14.04	9.6	1.19

续表

流域	描述性统计		趋势检验	
	SD	CV/%	增加速率/(mm/10a)	Z
KaRB	47.43	11.77	7.7	0.92
TRB	53.32	7.40	15.7	0.90
KuRB	44.39	8.77	5.7	1.18
KRB	47.27	10.95	6.5	0.72

图8-15显示了RCP 4.5情景下2021～2049年天山典型流域降水的季节变化趋势。整体来看，典型流域的降水在春季减少，在夏季变化较小，在秋季和冬季有所增加。结合表8-11可以得出，在6个流域，年降水的增加主要由秋季和冬季贡献，其中冬季降水增加对年降水变化的贡献最高。

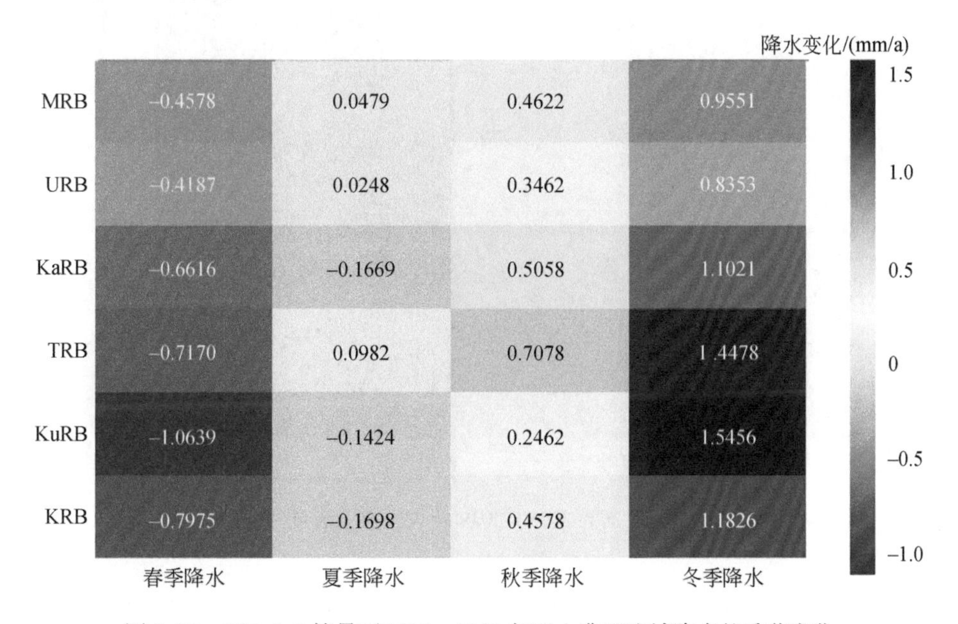

图8-15 RCP 4.5情景下2021～2049年天山典型流域降水的季节变化

8.3.1.2 SSP 245情景下典型流域气候变化

表8-12表明，SSP 245情景下，2021～2049年，6个流域的气温均呈增加趋势，URB、MRB和KaRB的升温速率为0.5℃/10a，TRB和KuRB的升温速率为0.6℃/10a，KRB的升温速率为0.4℃/10a，升温趋势显著（a=0.01）。整体来看，与RCP 4.5情景相比，SSP 245情景下天山和典型流域的升温趋势更明显。图8-16显示，春季和冬季，6个流域的气温均呈上升趋势，冬季升温速率最高；夏季，TRB、KuRB和KRB的气温呈上升趋势，MRB、URB和KaRB的气温呈下降趋势；秋季，6个流域的气温均呈下降趋势。以上结果表明，SSP 245情景下，天山典型流域气温的升高主要由春季和冬季贡献。

表 8-12　SSP 245 情景下 2021 ~ 2049 年天山年均温的描述性统计和趋势检验结果

流域	描述性统计		趋势检验	
	SD	CV/%	升温速率/(℃/10a)	Z
URB	0.47	0.08	0.5	5.64*
MRB	0.49	0.06	0.5	5.67*
KaRB	0.46	0.05	0.5	5.53*
TRB	0.43	0.15	0.6	5.50*
KuRB	0.43	0.11	0.6	5.64*
KRB	0.44	0.12	0.4	5.50*

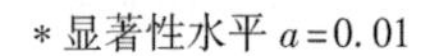

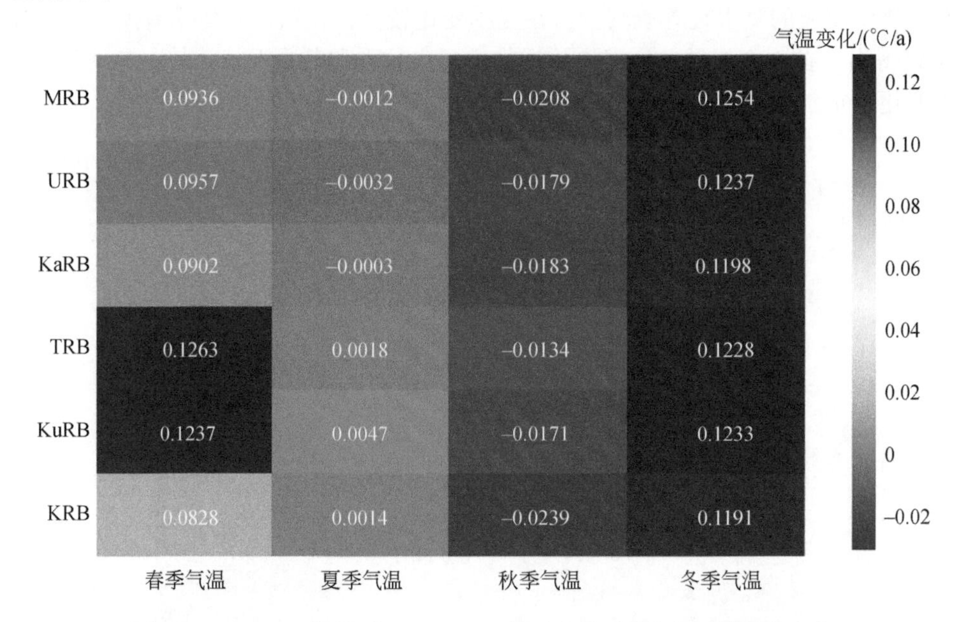

图 8-16　SSP 245 情景下 2021 ~ 2049 年天山典型流域气温的季节变化

表 8-13 显示了 SSP 245 情景下 2021 ~ 2049 年天山典型流域年降水的描述性统计和趋势检验结果。2021 ~ 2049 年，TRB 和 KuRB 的降水呈减少趋势，速率分别为 6.6mm/10a 和 2.9mm/10a，其他流域的降水均有所增加，在 KaRB，降水的变化趋势接近 0，在 MRB 和 KRB，降水增加较快，速率高达 13.6mm/10a 和 15.4mm/10a。

表 8-13　SSP 245 情景下 2021 ~ 2049 年天山典型流域年降水量的描述性统计和趋势检验结果

流域	描述性统计		趋势检验	
	SD	CV/%	增加速率/(mm/10a)	Z
URB	29.56	6.98	9.1	1.89*
MRB	30.33	5.65	13.6	1.14
KaRB	28.12	6.55	0.1	2.14*
TRB	45.93	5.89	-6.6	-0.07

续表

流域	描述性统计		趋势检验	
	SD	CV/%	增加速率/(mm/10a)	Z
KuRB	43.66	5.21	-2.9	-0.21
KRB	35.21	6.70	15.4	1.96*

*显著性水平 $a=0.05$

图 8-17 显示了 SSP 245 情景下 2021～2049 年天山典型流域降水的季节变化。可以看出，在 TRB 和 KuRB，夏季、秋季和冬季降水减少导致年降水减少，在 URB、MRB 和 KRB，年降水的增加主要由春季和夏季贡献。

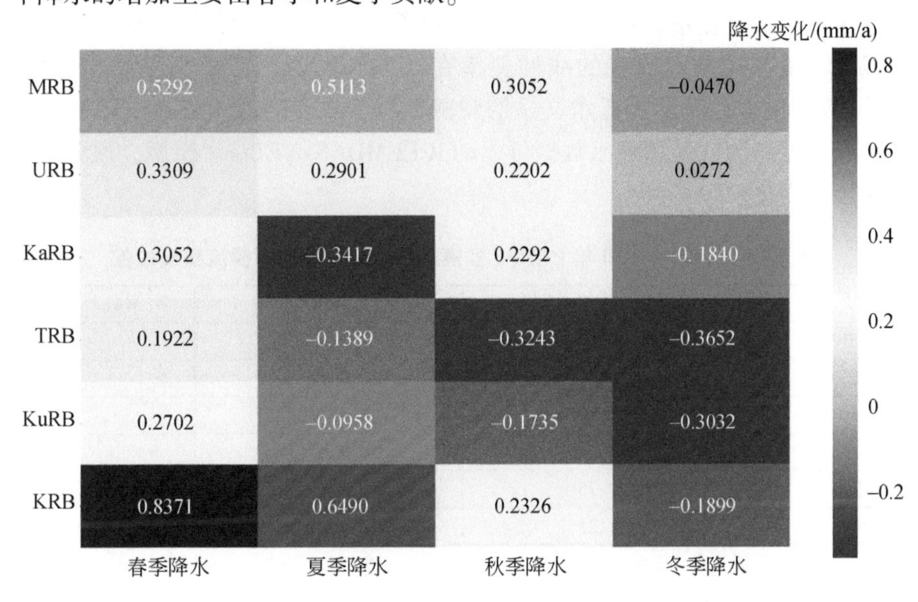

图 8-17　SSP 245 情景下 2021～2049 年天山典型流域降水的季节变化

8.3.2　径流多尺度建模

为验证 ICEEMDAN-XGBoost 模型在未来径流模拟中的适用性，基于 CMIP5 多模式集合降尺度得到的气温和降水数据，使用 7.3 节开发的径流多尺度建模方法模拟了历史时期（2006～2020 年）天山典型流域的径流量，将模拟结果与观测径流量进行对比，结果见表 8-14。在 6 个流域，模拟径流量与观测径流量的线性斜率在 0.72～1.22，NSE 高于 0.60，MAE 低于 $3\times10^8 m^3$，表明模拟径流量接近水文站的观测数据，二者的误差较小。因此，CMIP5 多模式集合降尺度得到的气温和降水数据可驱动 ICEEMDAN-XGBoost 模型，预测未来天山典型流域的径流量变化。

表 8-14　2006 ~ 2020 年 CMIP5 多模式集合降尺度模拟径流精度检验

流域	线性斜率	NSE	MAE/ ($10^8m^3/a$)
URB	0.89	0.70	2.21
MRB	0.77	0.67	2.75
KaRB	0.72	0.61	2.84
TRB	0.87	0.70	2.50
KuRB	1.22	0.74	1.23
KRB	0.79	0.69	1.98

基于 CMIP6 多模式集合降尺度得到的气温和降水数据，模拟了历史时期（2000 ~ 2020 年）天山 6 个流域的径流量，将模拟结果与观测径流量进行对比，结果见表 8-15。在 6 个流域，模拟径流量与观测径流量的线性斜率在 0.74 ~ 1.21，NSE 高于 0.65，MAE 低于 $2.2\times10^8m^3$，表明模拟径流量接近水文站的观测数据，二者的误差较小。因此，CMIP6 多模式集合降尺度得到的气温和降水数据可驱动 ICEEMDAN-XGBoost 模型，预测未来天山典型流域的径流量变化。

表 8-15　2000 ~ 2020 年 CMIP6 多模式集合降尺度模拟径流精度检验

流域	线性斜率	NSE	MAE/ ($10^8m^3/a$)
URB	0.82	0.75	1.54
MRB	0.79	0.69	1.75
KaRB	0.80	0.74	1.66
TRB	0.74	0.65	2.11
KuRB	0.75	0.70	2.09
KRB	1.21	0.69	1.68

8.3.3　不同情景下典型流域径流过程预估

8.3.3.1　RCP 4.5 情景下径流预估

使用降尺度气候数据集驱动 ICEEMDAN-XGBoost 模型，模拟得到 RCP 4.5 情景下 2021 年 1 月至 2050 年 12 月天山典型流域的月径流量变化（图 8-18）。该情景下，未来 30 年，典型流域的月径流量波动较大，径流量的峰值出现在 7 月。

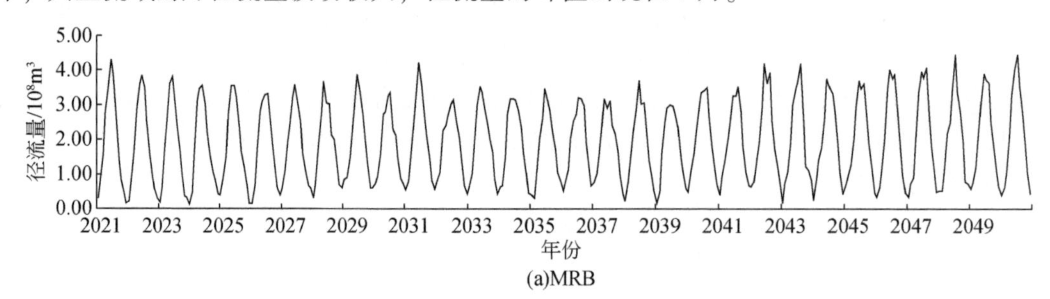

(a)MRB

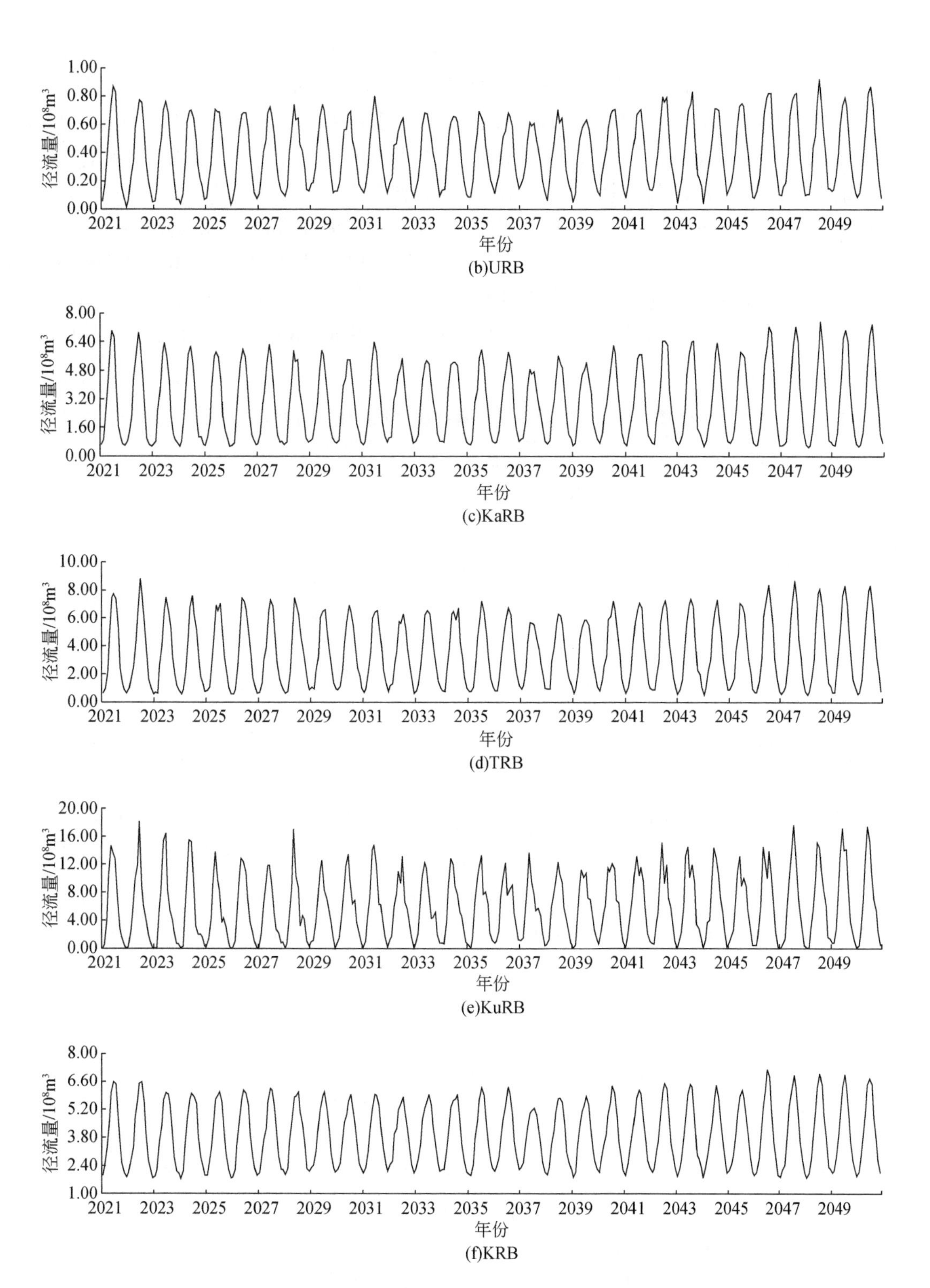

图 8-18　RCP 4.5 情景下典型流域的月径流量变化

表 8-16 显示了 RCP 4.5 情景下 2021 ~ 2049 年天山典型流域年径流量的描述性统计和趋势检验结果。整体来看，天山南坡流域的年径流量较北坡更丰富。KuRB 的年径流量最丰富，多年平均径流量为 $6.51\times10^9 m^3$，KRB 次之，多年平均径流量为 $3.76\times10^9 m^3$，KaRB 和 TRB 的多年平均径流量分别为 $3.63\times10^9 m^3$ 和 $3.37\times10^9 m^3$。在天山北坡的流域中，MRB 径流最丰富，多年平均径流量为 $1.51\times10^9 m^3$，其次为 URB。趋势检验结果表明，2021 ~ 2049 年，6 个流域的径流量均呈增加趋势，增加速率从高到低依次为 KuRB、KaRB、TRB、MRB、KRB 和 URB，速率分别为 $5.2\times10^8 m^3/10a$、$1.4\times10^8 m^3/10a$、$1.1\times10^8 m^3/10a$、$7\times10^7 m^3/10a$、$5\times10^7 m^3/10a$ 和 $1\times10^7 m^3/10a$，增加趋势显著。已有研究表明，RCP 4.5 情景下，未来 30 年 TRB 径流量增加速率为 $1.0\times10^8 m^3/10a$，与本研究结果相似（王充，2018）。

表 8-16　RCP 4.5 情景下 2021 ~ 2049 年天山典型流域年径流量的描述性统计和趋势检验结果

流域	描述性统计			趋势检验	
	多年平均径流量/$10^8 m^3$	SD	CV/%	增加速率/($10^8 m^3/10a$)	Z
URB	2.69	0.11	0.04	0.1	4.10 *
MRB	15.14	0.89	0.06	0.7	4.35 *
KaRB	36.28	1.82	0.05	1.4	3.50 *
TRB	33.66	1.54	0.05	1.1	3.28 *
KuRB	65.11	5.59	0.09	5.2	4.60 *
KRB	37.55	0.91	0.02	0.5	3.50 *

* 显著性水平 $a=0.01$

图 8-19 显示了 RCP 4.5 情景下 2021 ~ 2049 年天山典型流域年径流量的季节变化。春季，6 个流域的径流量均呈减少趋势；夏季和秋季，径流量均呈增加趋势，KuRB 的径流量增加趋势最明显；冬季，KaRB、TRB 和 KRB 的径流量呈减少趋势，MRB、URB 和 KuRB 的径流量呈增加趋势，说明未来 30 年天山典型流域径流量的增加主要由夏季和秋季贡献。

8.3.3.2　SSP 245 情景下径流预估

使用降尺度气候数据集驱动 ICEEMDAN-XGBoost 模型，模拟得到 SSP 245 情景下 2021 年 1 月至 2050 年 12 月典型流域的月径流量变化（图 8-20）。该情景下，典型流域的月径流量波动较大，径流量峰值出现在 7 月，与 RCP 4.5 情景模拟的结果相似。表 8-17 显示了 SSP 245 情景下 2021 ~ 2049 年天山典型流域年径流量的描述性统计和趋势检验结果。在天山南坡的流域中，KuRB 年径流量最丰富，多年平均径流量为 $6.27\times10^9 m^3$，KaRB 次之，多年平均径流量为 $3.92\times10^9 m^3$，KRB 和 TRB 的多年平均径流量分别为 $3.87\times10^9 m^3$ 和 $3.43\times10^9 m^3$。在天山北坡的河流中，MRB 的多年平均径流量最丰富，为 $1.54\times10^9 m^3$，其次为 URB，为 $2.86\times10^8 m^3$。趋势检验结果表明，2021 ~ 2049 年，6 个流域的年径流量均呈增加趋势，增加速率从高到低依次为 KuRB、KaRB、TRB、KRB、MRB 和 URB，速率分别为

图 8-19　RCP 4.5 情景下 2021～2049 年天山典型流域年径流量的季节变化

$3.5\times10^8 m^3/10a$、$1.7\times10^8 m^3/10a$、$1.5\times10^8 m^3/10a$、$9\times10^7 m^3/10a$、$9\times10^7 m^3/10a$ 和 $1\times10^7 m^3/10a$。在 TRB 和 KuRB，虽然降水量减少，但气温升高导致径流量增加，进一步表明气温对 TRB 和 KuRB 径流量变化的重要性。整体来看，该情景预测的年径流量的增加速率与 RCP 4.5 情景预测的结果相似。

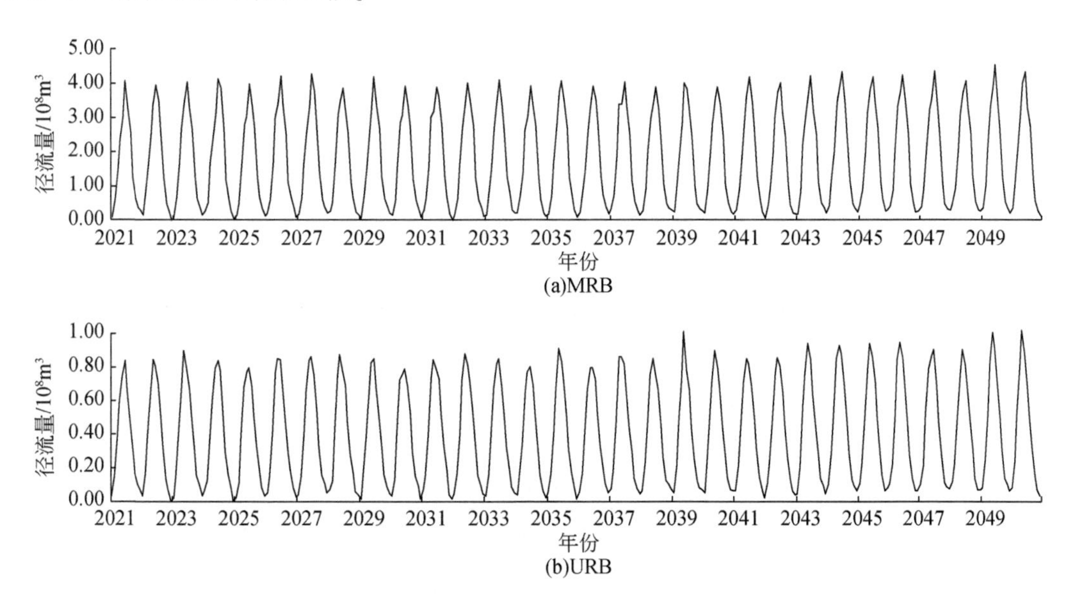

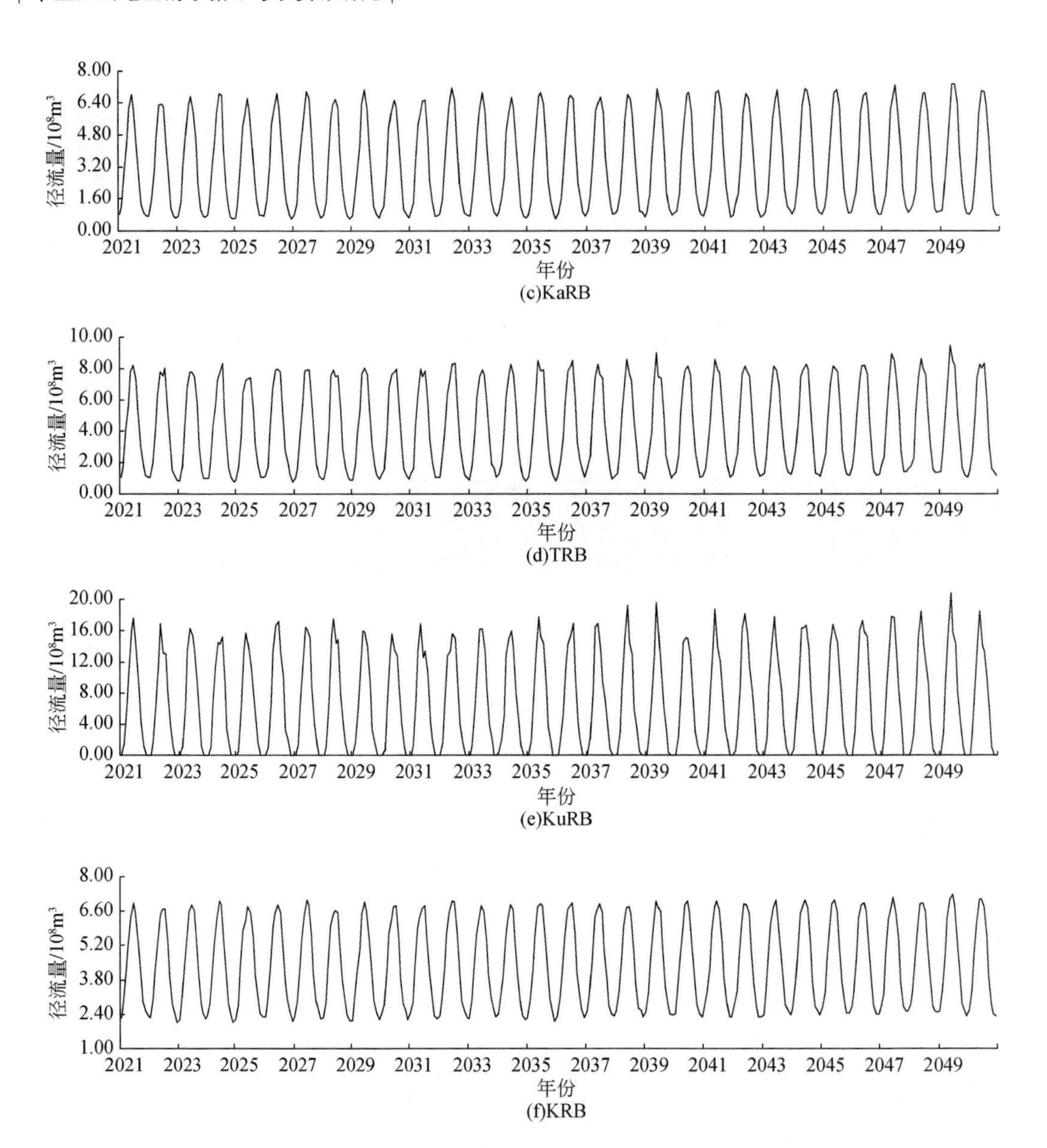

图 8-20 SSP 245 情景下典型流域的月径流量变化

表 8-17 SSP 245 情景下 2021～2049 年天山典型流域年径流量的描述性统计和趋势检验结果

流域	描述性统计			趋势检验	
	多年平均径流量/$10^8 m^3$	SD	CV/%	增加速率/($10^8 m^3$/10a)	Z
URB	2. 86	0. 30	0. 10	0. 1	4. 92*
MRB	15. 35	0. 88	0. 06	0. 9	5. 21*
KaRB	39. 19	1. 63	0. 04	1. 7	5. 71*

续表

流域	描述性统计			趋势检验	
	多年平均径流量/$10^8 m^3$	SD	CV/%	增加速率/($10^8 m^3$/10a)	Z
TRB	34.27	1.47	0.04	1.5	5.82 *
KuRB	62.74	4.00	0.06	3.5	4.21 *
KRB	38.65	0.90	0.02	0.9	5.71 *

* 显著性水平 a=0.01

SSP 245 情景下 2021～2049 年天山典型流域年径流量的季节变化趋势见图 8-21。春季和冬季，6 个流域的径流量均呈增加趋势，KuRB 径流量的增加趋势最明显；夏季，KaRB 和 KuRB 的径流量呈减少趋势，其他流域的径流量均呈增加趋势；秋季，各流域的径流量均呈减少趋势，表明该情景下典型流域径流量的增加主要由春季和冬季贡献。这与 RCP 4.5 情景预测的结果不同，主要是由于两种情景对各季节气温和降水的模拟存在差异。

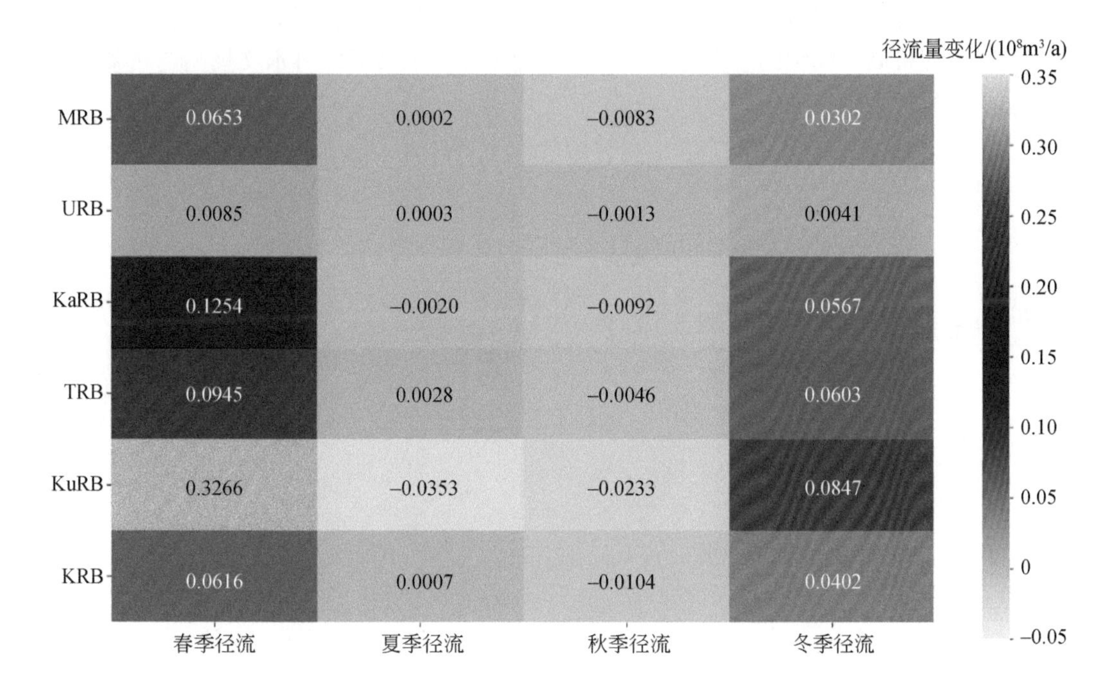

图 8-21　SSP 245 情景下 2021～2049 年天山典型流域年径流量的季节变化

8.3.4　未来预估的不确定性

针对缺资料的天山典型流域，本章集成气候降尺度、气候变量与径流的时间序列分析和相关性分析、气候变化对径流的影响评估及机器学习等方法，综合模拟了典型流域的气候-径流过程，气象站和水文站的观测数据表明模拟结果精度较高。需要说明的是，本研究开发的方法存在一定的不确定性，主要包括地球系统数据产品的不确定性和建模参数的不确定性。

8.3.4.1 地球系统数据产品存在一定的不确定性

本研究基于地球系统数据产品降尺度模拟了天山地区高分辨率的气候数据集，气象站的观测数据表明数据集的精度较高。对于缺资料的高寒山区，地球系统数据产品虽然能弥补稀缺的观测数据，但任一产品对区域气温和降水的估计都存在偏差，需要更进一步研究。此外，本研究基于CMIP5多模式集合RCP 4.5情景和CMIP6多模式集合SSP 245情景降尺度预测了天山典型流域的气候-径流过程，观测数据表明模式可以准确地模拟历史时期的气候变化，但“过去好是否代表未来好”这一问题存在争议。因此，模式的可靠性需要更进一步的研究，如采用不同模式相互验证。

8.3.4.2 建模参数存在一定的不确定性

本研究开发的方法可以较好地模拟山区流域径流量与气候变量的非线性关系，但建模过程缺乏物理机制，模型的参数存在一定的不确定性。未来可以将水文模型与机器学习结合，减少参数的不确定性。

9 气候变化的风险与挑战

中亚天山作为一个独立的巨型构造地貌单元，横亘于亚欧大陆腹地，连接中国新疆及中亚五国中的三个国家（哈萨克斯坦、吉尔吉斯斯坦和塔吉克斯坦），地缘政治复杂，水系统脆弱，水安全问题突出。加之，中亚天山地区多国多民族的政治复杂性与自然地理单元的完整性叠加在一起，诸多涉及中亚天山地区气候变化及其对水循环和水系统变化机理影响的关键科学问题有待深入研究。同时，在全球变化和人类活动不断加剧的背景下，未来水循环进一步加剧，极端水文事件的强度进一步增大，水-生态系统风险也在进一步加大。我们必须有所准备，未雨绸缪，积极应对气候变化带来的风险与挑战。

天山山脉作为“中亚水塔”，是中亚地区的主要水源地和生态屏障。中亚地区的河流大多发源于天山山脉，这里跨境河流众多，流域水资源的整体开发和管理复杂，代表各国主权和国家利益的需求矛盾直接体现为对流域水资源开发的目标冲突。气候变化导致的水系统不稳定性正在引发中亚邻国间新的矛盾，不断的水冲突及气候变化对水循环的影响成为国际关注的焦点。为此，深入开展气候变化对自然系统和人-地关系产生的影响研究，探讨气候变化对“中亚水塔”及跨境河流的影响，解析气候变化对中亚天山地区水循环机理与水安全的影响，查明和掌握水资源变化，可为我国政府在中亚地区国际谈判和区域协调中争取话语权与主动权提供参考，也为保障丝绸之路经济带建设水资源安全提供科学依据。

9.1 气候变化打破了原有自然平衡

气候变暖引起的山区冰川、积雪变化和水循环改变直接影响河川径流过程与水资源数量的改变（秦大河，2014；IPCC，2022）。中亚天山地区地形起伏和热量分布的极大差异导致水循环与水文过程有可能在很小尺度上的变化产生时空分布的巨大差异，这给变化环境下的未来水资源趋势预估带来新的挑战。全球变暖加剧了水系统的脆弱性和河川径流的波动性，加大了水资源的不确定性。气候变化导致的水系统不稳定性正在引发中亚地区及国家间新的矛盾，不断的水冲突及气候变化带来的水资源风险和压力已成为国际社会关注的热点（Chen Y N et al.，2018）。研究结果显示，在过去的半个世纪，全球增温速率为0.175℃/10a（Jones et al.，2012），而中亚地区达0.36～0.42℃/10a，明显高于全球或北半球同期平均增温速率。

9.1.1 降水形式和冰雪消融规律改变

降水是水循环中最活跃的要素，更是天山山区最关键的水文要素。气候变暖改变了山区的降水形式和冰川、积雪的积累与消融规律，打破了原有的自然平衡。气温升高不仅打破了冰川表面的能量和物质平衡，导致山区冰川、积雪和冻土等固态水体的加速消融（Yao et al.，2012；Chen et al.，2016），以及降水量的变化，还使得山区降水的时空分布和雨雪比等都发生变化（Barnett et al.，2005），并引起河川径流补给方式和径流量的改变。

随着气候变暖，山区固态降水出现了向液态降水转变的趋势，导致降雪率降低。研究表明，降雪率对温度变化较为敏感，每升高1℃，降雪率可下降10%～15%（Safeeq et al.，2016）。在过去的几十年里，青藏高原地区、天山山脉以及阿尔卑斯山区的降雪率有下降趋势。研究结果显示，在RCP 8.5情景下，降雪率将由1976～2005年的0.56下降到2070～2099年的0.42。在全球变暖背景下，尽管降水量略有增加，但降雪量将继续呈下降趋势。预计在21世纪，北半球大部分地区的降雪率将会减少（O'Gorman，2014）。降雪量和降雪率的下降主要是温度上升所致。降雪对温度的敏感度为-16.2%/℃～-0.9%/℃，这意味着随着温度升高1℃，降雪量将减少0.9%～16.2%。降雪对温度的响应随季节和海拔的变化而变化。降雪趋势对海拔4000m以下的气候变化更为敏感（Mir et al.，2015）。这是因为较温暖的气候不仅增加了降雨量，同时由于饱和水汽压随温度呈指数增加，只要温度仍然低于降雪点，温度增加就更容易发生降雪，尤其是冬季温度升高不会导致降雪量降低。

9.1.2 水循环过程更加复杂

气候变暖加剧了水循环，改变了山区产汇流过程，导致极端水文事件加剧。天山山区的河川径流对冰川、积雪的依赖性较强，随着冰川退缩、冰川调节功能下降及降水异常等极端气候水文事件的影响而导致径流变率增大，水源机制及产汇流过程将发生改变，河流水文过程将会变得更为复杂（陈亚宁等，2017）。

中亚天山山区河川径流并非线性系统，其对水循环要素（如蒸发、积雪、冰川等）变化的响应也并非线性过程。气候变化势必改变天山地区原有的水循环过程，如河流补给特征、径流季节分配、径流量等，给中亚地区原本紧张的水资源供需矛盾带来挑战（Chen Y N et al.，2018）。研究表明，降水形式变化对水循环的影响主要体现在改变径流量均值和径流量季节分配，然而，降水形式的变化对径流量的影响暂无定论，如何影响径流量变化尚不得知。Berghuijs等（2014）通过Budyko水热平衡假设分析了美国420个流域降水形式变化对径流量的影响，指出降雪向降雨转变会导致径流量显著减少，但其影响机理尚不明确。在以融雪径流补给为主的地区，降雪率的降低可能导致河流由融雪主导型向雨水主导型转变，从而导致径流量季节分配变化，径流量峰值向冬季和早春移动，而不再集中于需水量最高的夏秋季节（Barnett et al.，2005）。

在全球变暖背景下，随着冰川消融加速，以冰雪融水补给为主的河流其水文过程也发生了变化。由于洪峰的时间变化受到融雪日期和积雪覆盖面积的影响（Campbell et al.，2011），天山地区由于冰川退缩，冰川补给河流的最大径流出现时间已经出现了季节性变化（Sorg et al.，2012），表现为融雪洪峰的提前（Barnett et al.，2005；Liu et al.，2011）。同时，气候变暖导致的冰川和积雪的变化也影响径流组分，如在兴都库什-喜马拉雅山脉由于气候变暖，冰川融水径流提前约30天，融冰径流在过去30年增加了33%～38%（Singh et al.，2006）；天山北坡小流域的径流已经出现了由单峰型向双峰型转变的趋势

(Zhang F Y et al., 2017)。天山山区发育了大规模冰川和大面积积雪，冰川积雪融水作为径流的主要补给来源之一，对流域水文过程产生重大影响。气候变化对天山地区冰川积雪及河川径流量变化的影响成为当前关注的热点。水循环的变化将直接影响到区域水资源的重新分配和新的水资源管理模式与策略。

9.1.3 水资源不确定性增大

气候变暖加速了水循环，加大了水资源不确定性。中亚干旱区水循环各环节受陆表格局和气候影响显著，水资源构成复杂，径流和水资源的弹性非常大，气候变化导致的降水和温度较小的变化均会引起径流较大幅度的改变，而这种变化难以沿用现有的流域水循环模式或水文模型阐述其内在机理和基本规律。当今和未来全球变暖趋势明显，由此引起的“中亚水塔”萎缩和水系统安全性降低，可能导致中亚地区和国家间的水事争端与水资源供需矛盾加剧，从而影响丝绸之路经济带建设。

天山山区资料稀缺，地形复杂，水文过程独特，产汇流机制多元，准确模拟山区水文过程，对揭示气候变化、预估水资源变化具有重要的意义。天山地区水资源构成多元，不仅有降水补给河流，还有融雪径流、冰川融水径流，与冰川主导的系统相比，以融雪为主的系统其水文过程更加复杂和多变。因此，气候变化引起的冰川损失或大量减少将导致径流峰值的时间和幅度发生明显变化。对于中高纬度地区，冰川融化的径流峰值通常发生在夏季，从而降低了融雪径流和降雨径流的变异性，并可以对干旱起到一定的缓冲作用。在较长的时间尺度上，冰川覆盖面积较大的地区预计会出现冰川径流的初步增加，原因是积雪的早期消失及冰层暴露较低地区的地表反照率降低，可以用来融化的热量增加。然而，随着冰川体积的减小和调蓄功能的下降，补充河川的年径流将减少，加之，极端气候水文事件的加剧，导致水文波动加大，水资源不确定性增加。在气候变暖背景下，随着大多数地区冰川的总径流减少和调蓄功能下降，夏季的河流流量将对降水事件变得更加敏感。

9.2 气候变化加剧了水系统的复杂性

气候变化加剧了水循环和水系统脆弱性，以中亚天山为典型研究案例，涵盖了水问题的五大方面：干旱缺水问题、水污染问题、水争端问题、生态退化问题、突发洪水问题。气候变暖引起的山区冰川、积雪变化和水循环改变直接影响河川径流过程与水资源数量(Barnett et al., 2005; Yao et al., 2012)。全球气温以每 10 年 0.2℃±0.1℃ 的速度升高(IPCC, 2018)，而中亚地区升温速率高达 0.36～0.42℃/10a，明显高于全球或北半球同期水平 (Chen et al., 2016)。全球气候变化使得极端水文事件发生机制更为复杂，进一步加剧了天山地区极端水文事件，加大了水资源不确定性和国际河流水–生态风险。

9.2.1 极端水文事件强度加大

中亚天山地区是极端水文事件的高发区和气候变化的敏感区，是对全球变暖响应最敏感的地区之一（Sorg et al.，2012）。天山地区的极端水文事件主要包括极端降水、极端洪水和极端干旱等，发生过程独特，成因机理复杂。天山地处印度洋暖湿气流和北大西洋气流重叠影响区，水循环各环节受陆表格局和气候影响显著，地形起伏和热量分布的巨大差异使得水循环过程及极端水文事件在很小尺度上就可能产生时空分布的巨大变化。因此，极端水文事件的形成表现为相当复杂的多层次、多途径交叉耦合过程，其形成、发生过程与环境要素和大气环流等存在着内在联系。

在全球变暖大背景下，中亚天山地区以降水和冰（川）雪融水为基础的水资源系统非常脆弱，水循环系统的稳定性和水资源的可再生性降低，不确定性加大，极端气候水文事件的频度和强度增加、重现期缩短，河流水文波动和水资源不确定性加大，中亚地区跨境河流的用水争端进一步增加，经济社会用水与生态需水的矛盾也在进一步加大（Chen Y N et al.，2018）。不仅如此，随着全球气候变化、经济社会的快速发展及资源、环境和生态压力的不断加大，由极端水文事件造成的直接经济损失和死亡率呈指数上升趋势。统计表明，中亚干旱区 67% 的重大突发性农业灾害和水利工程水毁事件都是由极端水文事件造成的。例如，2006 年新疆北部洪灾不断，南部严重干旱；2008 年中亚天山地区降水异常偏少，出现近 30 年来最严重的干旱；2009 年是塔里木河过去 50 年的最枯年份，断流河长超过 1200km，断流时间达 250 天；2010 年冬春季节中亚天山地区出现了近 50 年少有的暴雪天气，引起大面积雪灾、雪崩和灾害性融雪洪水；2018 年天山东部新疆哈密市伊州区突降特大暴雨引发洪水，造成 20 人遇难、8 人失踪，8700 多间房屋及部分农田、公路、铁路、电力和通信设施受损及水库局部溃坝；2020 年，发生在中亚哈萨克斯坦、乌兹别克斯坦与塔吉克斯坦的洪水导致溃坝和决堤，受灾人数达数十万人。

20 世纪 80 年代后期以来，伴随着气温和降水的“突变性”增加，气候变化导致的极端水文事件的发生及冰湖溃决、洪水、干旱等增加的灾害风险正成为天山地区所面临的重大挑战。气候变化及其引发的极端水文事件加剧了对中亚干旱区水资源供给系统的影响，加大了绿洲农业生产的不稳定性，极端气候事件及洪旱事件的增强，加大了重大水利工程安全运行的风险，给水资源应急管理的能力带来严峻挑战。气候变化使得极端水文事件发生机制更为复杂，然而，极端气候水文事件机理的解析是开展未来气候变化对水资源和生态系统可能影响研究的基础。目前，极端气候水文事件的遥相关研究大部分集中在统计分析上，对过程、机理的研究和解析还需进一步加强，系统开展未来情景下的区域极端事件及社会经济风险变化研究与预估，有助于提高区域对气候变化的综合应对及防范能力。

9.2.2 生态和经济的用水矛盾加大

水资源短缺及其时空分布的高度异质性决定了其生态系统的脆弱性。气候变化引起的水资源无论在量上还是时空分布上的变化，都会使以新疆为主体的西北干旱区在水资源开发利用过程中生态维持与经济发展的用水矛盾更加突出。一定规模的经济系统对水资源的刚性需求往往挤占用以维持自然植被系统的生态用水，使得生态用水保障难度加大，从而导致河流下游尾闾湖泊萎缩、荒漠河岸林生态系统退化，生态风险加剧。同时，气候变暖加剧了冰川消融，而一旦冰川消亡或冰川面积减小至一定范围，会出现冰川消融“拐点”，一些主要依靠冰川融水补给的河川径流出现大幅减少趋势，引发新的水资源危机，进而加剧生态风险，影响社会经济可持续发展。然而，以往的研究中，自然属性研究与社会属性研究存在一定的脱节，缺乏对不同尺度社会经济发展用水和生态系统需水的综合考虑，以及对干旱区水资源社会经济服务功能和生态系统服务功能之间联系的研究。

气候变化已经对中亚干旱区生态环境和经济社会发展造成影响，并且未来气候变化将进一步影响水资源的数量、质量和空间分布，经济社会发展过程中的水资源需求、能源开发、粮食生产、生态系统等之间的关联特征也将发生变化。水资源安全与能源安全、粮食安全、生态安全之间的相互耦合与作用进一步趋向复杂，使得干旱区经济社会可持续发展的不确定性及风险水平大大增加。20 世纪 90 年代以来，伴随温度升高、降水增加，“暖湿化”成为热点。然而，我国西北地区和中亚干旱区降水量的增加十分有限，并不能从根本上改变其荒漠景观格局和干旱缺水状况。在过去的半个多世纪，我国西北地区和中亚干旱区温度升高的同时，降水量亦出现增加趋势。1960 ~ 2020 年，降水量以 9. 32mm/10a 的速度增加；1998 年以来，降水增速有所减缓，但仍表现为增加态势。然而，西北干旱区降水基数小，南疆大部分平原区的年降水量不足 100mm，甚至 50mm 左右，尽管增幅较大，但是，降水总量的增加十分有限。不仅如此，温度升高加大了蒸发能力，而降水增量不足以补偿温度升高和蒸发能力加大所导致的失水，反而使得夏季土壤干旱加剧，荒漠区天然植被受干旱胁迫加大。由此可见，西北干旱区降水基数低，降水量的微弱增加难以抵消升温的负效应，无法从根本上改变中亚干旱区荒漠景观的基本格局和非灌不植的农业模式。

由降水量组成和结构分析可见，西北地区和中亚干旱区降水量虽然有所增加，但降水日数并未显著增加，降水量的增多在很大程度上是单场降水强度增大或暴雨所致。研究结果显示，全球气候变暖使西北干旱区极端降水事件增加，在过去的半个多世纪，西北地区温度升高的同时，极端降水事件增多、增强。而这种极端降水概率和强度的增大，不会对一个地区长期的气候产生正面的影响，反而会加剧气候灾害，加大这一地区发生干旱和局地暴雨洪水灾害的风险，未来生态和经济的用水矛盾依然存在。

9. 2. 3 跨境河流水–生态风险加大

中亚内陆干旱区作为国际水冲突的焦点区域之一备受关注。我国西北干旱区毗邻中亚多国，跨境河流众多，水资源形成区与消耗区交叠，仅新疆与中亚国家的跨境水量就占新疆水资源总量的 1/3 以上。我国每年约有 280 亿 m^3 水经伊犁河与额尔齐斯河等流入哈萨克斯坦，占该国东部及首都圈（阿斯塔纳）水资源总量的 70%；而从吉尔吉斯斯坦流入我国的水量，也占到塔里木河最大源流阿克苏河水量的 70%。

在中亚干旱区，跨境河流的水问题十分突出，尤其在全球变暖和人类活动的影响下，水循环加剧、极端水文事件强度加大，水资源变化及其引发的河流下游生态环境日益突出，保障水资源和生态安全受到该区域各国强烈关注，与区域经济合作之间形成了促进与制约的双重关系。水的问题正成为继石油之后新的社会危机，因水资源而引起的冲突甚至战争，已在亚洲、非洲和中东等水资源短缺地区越演越烈。中亚干旱区是国际水冲突的焦点区域之一，气候变化对该区域水循环关键过程与格局的影响正日益成为国际水问题研究的热点。开展气候变化对干旱区水文循环与水量平衡影响的研究，尤其是径流变化导致的跨界河流水资源重大变化的相关研究，是我国西北能源基地与中亚能源通道建设迫切需要解决的关键任务之一，将对取得该区域各国相互理解和信任、维护周边稳定、开展科技外交、促进中亚合作和共同发展及区域和谐具有重大意义。

维护国际河流水资源和生态安全是减缓中亚水冲突关键而有效的途径。伊犁河是我国流入哈萨克斯坦水量最大的一条河，产流区在我国，但目前我国境内的水资源年利用率约为25%，使得上百亿立方米水资源流出境外。针对南疆资源型缺水严重、天山北坡经济社会发展中的水资源瓶颈及艾比湖地区水资源匮乏导致的严峻生态问题，我们要加快对伊犁河水资源的开发利用，加大水资源开发强度。阿克苏河是中国和吉尔吉斯斯坦的跨境河流，吉尔吉斯斯坦来水量占库玛拉克河（阿克苏河的最大支流）出山口水量的83%。在苏联时期，为解决楚河流域和伊塞克湖的水资源问题，遏制伊塞克湖水位下降，吉尔吉斯斯坦计划将萨雷扎兹河（阿克苏河支流库玛拉克河的吉尔吉斯斯坦河段）的水调入伊塞克湖和楚河流域，但是由于自然环境和开发条件，该计划未能实施（郭利丹等，2015）。2014 年 7 月，吉尔吉斯斯坦的副总理瓦列里・迪尔在国家战略研究会议上提出了萨雷扎兹河流域及其邻近地区的综合开发项目；同年 8 月，吉尔吉斯斯坦阿克苏州州长约尔多什别克・拜塞托夫在乔尔蓬阿塔举行的国际经济论坛上表示，在萨雷扎兹河建设水电站的初步预算为 30 亿美元。在 2017 年中国水利部公布的中国承建的水库大坝中，萨雷扎兹河上拟建设 5 座大型水库。如果吉尔吉斯斯坦对萨雷扎兹河进行开发（包括上游调水和水电站建设），那么吉尔吉斯斯坦将会控制阿克苏河境外来水量，对处于下游的我国阿克苏河流域乃至塔里木河流域的水资源、生态环境、经济产业、水库运行等产生一系列不利影响。为此，需要尽快开展气候变化下水资源演变趋势和生态水文关键过程的研究，评估气候变化和调水对水循环和水资源的影响范围、程度和影响机制，并提出应对策略。该研究成果不仅可以服务于国家调水工程的实施，还可以为保障国际河流水资源与生态安全、科学管理水资源、合理开发利用国际河流提供决策依据。

9.3 气候变化引发的科学问题

西北干旱区的新疆以高大山盆相间的地貌格局为特点，气候深受青藏高原隆升和西风环流的影响，构成了以山地-绿洲-荒漠三大地理单元为基本特征的特殊气候系统，而山盆相间地貌格局加大了西北地区气候系统变异的复杂性。西北干旱区气候系统具有复杂性的同时又表现出明显的区域差异和不确定性。在过去 30 年，西北干旱区出现了温度升高和降水增加现象，然而，西北干旱区大部分区域的降水量远低于潜在蒸发量，部分区域甚至相差一个数量级。“暖湿化”是否使得西北干旱风险得以减缓尚需探讨。在全球变暖的影响下，西北地区的升温幅度远超全球平均和东部区域，由此带来的潜在蒸发量在大部分区域也远超降水增幅，气候在向“暖干化”还是“暖湿化”转变尚无定论。西北干旱区气候格局是否发生一致性改变，区域分异及归因尚待深入研究。在升温背景下，“中亚水塔”正发生着怎样的变化？水循环加剧还是减缓？水系统稳定性又将如何？这些关系到丝绸之路经济带建设水安全的关键科学问题尚不明晰。其具体表现为以下几个方面。

9.3.1 雨、雪、冰变化及对区域水资源的影响机制

温度升高不仅影响降水形式和冰雪融化速率，还将改变径流补给方式（陈亚宁等，2017）。然而，雨、雪、冰变化影响径流过程的机理尚不得而知。在全球气候变化导致的山区冰川、积雪消长过程不确定性不断增强的情况下（Greve et al.，2018），深入研究冰雪分布及变化，解析雨、雪、冰产流过程，对预估未来天山水资源变化趋势至关重要。

为此，针对天山地区雨、雪、冰产流构成比例不清、过程复杂的特点，我们需要加快开展中亚天山地区降水、雨雪比、积雪、冰川动态变化的时空差异性研究，解析温度、降水变化对冰-雪-水相变、融冰和雪-产流的影响机理，利用数据挖掘及地域差异分析法建立卫星遥感降水数据空间降尺度方法，根据站点观测数据校正降尺度模型，构建具有较高时空分辨率和精度的高寒山区降水数据集，实现数据从低海拔山区向高海拔山区的拓展；辨析降雪在降水中所占比率，分析山区降水形式、时空分布及雨雪比变化对冰川、积雪融水过程的可能影响；结合 GRACE 重力卫星数据，解析天山地区水储量的时空分布；借助遥感、地理信息技术及冰川动力学模式方法解析冰川变化的物理特征及空间分异；融合遥感数据和地面观测数据反演山区复杂气候、地形条件下的雪深及雪水当量。解析典型流域径流中冰雪融水的比例，掌握中亚天山这一特殊地区的雨-雪-冰产汇流过程及规律。

9.3.2 陆-气间能量和水分交换及水循环机理

天山地区陆-气间能量和水分交换过程是不同自然地理单元间相互联系的纽带。全球变暖导致天山地区呈现出荒漠区升温快、山区降水增加多、绿洲区蒸发潜力反转等显著的水热演变空间差异性。这些新的水热格局特征使已十分敏感的水循环过程具有更大的不确定性。

为此，需要从物理机制方面解析其对陆-气间能量和水分交换的影响机理，准确刻画水循环过程变化，研究受西风环流、地中海气流和北冰洋水汽影响的天山区域水循环特征，解析典型流域水循环动力过程及其要素之间相互关系，研究流域产流区、耗散区一体化水循环模拟方法，构建考虑天山地区典型景观单元间水热平衡差异的陆-气耦合模型，并综合气候、水文、生态及不同人类活动类型的监测与分析，探讨天山地区山地-绿洲-荒漠系统能量与水分循环规律和驱动机制，定量分析不同气候变化情景和多种人类活动类型对天山地区陆-气间能量与水分格局的影响，以及识别不同驱动机制的敏感区域。将天山地区产流与耗散、山地与平原、荒漠与绿洲综合考虑，发展多尺度水文模型相互融合的方法，构建考虑山地-绿洲-荒漠景观单元水热平衡的陆-气耦合模型，综合考虑典型景观单元间的能量与水分联系，解析天山地区陆-气间能量与水分传输过程、单元间水热联系，揭示中亚天山地区典型流域水循环产流-耗散机制。结合 CMIP6 国际耦合模式的气候变化情景和全球升温 1.5℃、2℃的模拟试验，精确刻画不同气候变化情景下典型流域能量与水分格局演变，定量解析气候变化扰动下山地-绿洲-荒漠水热过程及动态平衡的水循环机理，以求突破水文科学对这一特殊区域水循环机理的认知。

9.3.3 关键水文过程变化机理及趋势预测

中亚天山地区地形差异显著，气候与水文站点少，加之山区气候-径流过程复杂(Chen et al., 2017)，导致对这一区域的蒸散发、地表径流及地表-地下水转换等关键水文过程和变化机理认识不清，水文预测受到限制。发展和构建适合高寒山区复杂地貌特征及缺少观测数据的分布式水文模型是对水文学的一大挑战，将为揭示气候变化下的干旱区山区产汇流机制做出创新性贡献。

为此，针对天山高海拔地区资料稀缺、气候-径流过程复杂的特点，我们需要进一步研发基于地球系统数据产品提取流域气候水文数据的技术，以流域为单元，重点开展流域蒸散发、地表径流、地下基流、地表-地下水的转换等关键水文过程及其相互作用机理的研究。基于地球系统数据产品，提取流域气候水文数据，采用区域气候模式和统计降尺度相结合的数据处理方法，对实测数据稀少的流域系统实现参数化过程。基于气候水文数据，运用分形理论和自组织临界性理论，以及复杂网络分析、小波分析、集合经验模式分解、人工神经网络等方法，认识和描述气候-水文过程的非线性关系。改进分布式水文模型，构建流域水文过程综合模拟模型，模拟流域的产汇流机理，解析径流来源构成（冰川积雪融水、降水和地下水补给比例)。通过耦合区域气候模式和统计降尺度数据处理方法，运用多方法集成的建模技术，构建流域水文过程综合模拟模型，揭示降水、冰川、积雪变化过程及对山区水储量时空变化的影响机理，分析降水、冰川、积雪变化对河川径流和区域水资源总量的影响，阐明各关键水文过程的相互作用及变化机理，构建指标体系，定量评价气候变化对径流的贡献，解析径流来源构成（冰川积雪融水、降水和地下水补给比例)，预估1.5℃和2℃不同气候情景下中亚天山地区的水资源变化趋势。

9.3.4 极端水文事件及趋势预估

极端水文事件主要包括极端降水和极端气温、极端洪水和极端干旱等，具有突发性强、发生频率低的特点，在统计意义上属于不易发生的事件或者是小概率事件（Beniston et al., 2007)。极端水文事件发生过程独特，成因机理复杂，因而，难以沿用现有的水文、水循环模式和理论描述其内在机理和基本规律；再者，极端事件相比平均态而言，不仅对气候变化的响应更加敏感（Klein and Können, 2003; Winsemius et al., 2016)，而且响应过程极为复杂，几乎所有与极端水文事件形成和发展相关的因素都会对气候变化做出响应，甚至出现连锁反应，从而使得对极端水文事件的预估存在很大挑战。

为此，如何有效预估极端水文事件这一科学问题备受关注。因而，极端水文事件发生机理解析和未来趋势预估的过程中，需要将大气环流模式、水文模型和极值分布函数进行耦合，需要在建模过程中，充分考虑气候变化情景的不确定性、流域水文模拟的不确定性及洪水频率分析的不确定性等。这些不确定性沿着建模链传播及相互作用，加大了极端水文事件预估的不确定性，特别是在中亚天山这一缺资料地区。天山地形引起的明显上升运动为降水提供了必要的动力条件。极端水文事件是一个复杂的水文过程，天山地区的大部分研究主要集中在极端气候事件的发生规律及其大气环流作用机制方面，而从多因素、多尺度综合集成研究成为当前解读极端水文事件发生、发展变化的关键问题。因而，定量识别“GCM-降尺度-水文模型-极值理论”建模链的不确定性，提高极端水文事件的模拟和预估精度，成为气候变化科学与干旱区水科学研究的热点和难点。为此，深入研究天山地区极端事件时空分布、发生特点、变化趋势及其与气候变化的关系，量化气候影响评价不确定性的来源，预估未来极端水文事件发生规律，有助于我们加强对极端气候水文事件的认识，积极应对极端气候水文事件带来的负面影响，减轻灾害损失。

9.3.5 高分辨率区域气候模式开发

针对全球气候模式对于地形起伏大、热量分布差异显著的天山地区误差较大，无法准确反映产流区、耗散区气候因子的实际状况（Qin and Xie，2016），迫切需要开发适合干旱山区陆面格局特征的高分辨率区域气候模式，为中亚天山研究提供用于动力降尺度的区域气候模式平台和未来气候水文趋势预估的驱动场，这是揭示水循环机理的基础。深入研究天山气候水文要素过去 50 年的时空变化特征，解析中亚天山气候形成机制及多因子的相互作用，结合中亚天山下垫面条件，发展陆面过程参数化方案，将其与区域气候模式 RegCM4 耦合，构建适用于天山地区山盆地貌格局并考虑冻融界面变化的高分辨率区域气候模式，提供用于动力降尺度的区域气候模式平台；将再分析资料作为大尺度驱动数据，利用该模式进行动力降尺度模拟，并结合天山地区气象观测资料研究降水、温度、辐射等气候要素过去 50 年的长期时空变化特征，解析中亚天山气候形成机制及多因子的相互作用；结合 CMIP6 未来气候情景预估进行动力降尺度，模拟和预估不同气候变化（1.5℃和 2℃升温阈值）情景下未来（2030 年和 2050 年）中亚天山地区气候水文要素的时空变化趋势。

9.3.6 水文模型模拟及其不确定性

在流域水文过程的模拟研究中，水文模型作为一个重要的工具，其从简单的概念性集总式模型发展到复杂的物理性分布式模型的过程中，都对流域的自然水文过程进行了较好的概化。研究结果显示，结合 GCMs 的降尺度输出，可以较好地描述气候变化下极端气候事件中相关水文过程（如蒸散发、地表径流、土壤水、地下水等）的变化规律。目前，国际上比较成熟的分布式水文模型有基于地形的水文模型（TOPMODEL）、SWAT、分布式水文土壤植被模型（DHSVM）、欧洲水文模拟系统（MIKESHE）和可变下渗容量大尺度水文模型（VIC）等，然而，这些模型对输入参数的要求和提供的参数库等一般是建立在欧美的数据集或观测标准之上，使得模型在天山高寒山区缺资料地区的推广受到很大限制。由于气候变化下径流并非是平稳序列，假如未来降水存在显著变化趋势，必然导致基于历史水文资料率定的模型在未来水文极值事件预测时存在偏差（Chebana and Ouarda，2021）。在一般的水文模型运行中，较少或没有考虑下垫面变化的影响，而极端水文事件的形成在很大程度上受地形、植被、气候条件及人类活动的影响（Dahri et al.，2021）。

水文模型系统的复杂性、高度非线性和多尺度等特征给模型不确定性相关研究带来诸多挑战。水文模型的不确定性主要体现在三个方面，即模型输入的不确定性、模型参数的不确定性及模型结构的不确定性。由于水文模型构建过程抽象和简化了流域水文过程，所以模型参数不可避免地在一定程度上被推理概化。水文模型参数较多且往往不易获取，模型非线性与参数相关性可能会导致模型解空间存在多个最优解，即“异参同效”现象（Brigode et al.，2013）。并且模型自身结构的不确定性同样也是值得重点关注的方面。迄今为止，在全球水文学研究领域，相关研究部门开发了非常多的水文模型，不同模型对不同气候、土壤等条件下不同时段、不同量级极端水文事件模拟效果不尽相同。与模型参数不确定性及输入数据对极端水文事件模拟结果的影响相比，模型结构的不确定性对极端水文事件的模拟精度影响可能更大，成为破解极端水文事件复杂性的关键，特别是在干旱高寒缺资料地区。

在中亚天山山区，不仅有融雪径流，还有冰川、积雪混合型融水径流，与冰川主导的系统相比，以融雪为主的系统其水文过程更加复杂和多变。不同空间尺度和气候带的复杂气候水文过程，导致理解与冰川、积雪融水相关的水文过程成为一项重大挑战。尽管诸多模型，如 SHE、TOPMODEL 中均有融雪模块，但未包含冰川动态过程，难以满足研究需求。天山地区大多数区域气象站点少且分布不均，缺资料问题突出。同时，由于山区地形复杂，站点气象数据变差非常大。加之，天山地区水文过程独特，产汇流机制多元，融雪洪水模拟与预报中涉及山区数据匮乏、大尺度数据降尺度困难，以及水热耦合过程较降雨径流物理过程更为复杂。不仅如此，天山山区冰川湖的存在和变化也增加了洪水模拟的难度，这都给极端水文事件的预估带来了困难。

9.3.7 气候-水-经济-生态协同模拟与水安全策略

气候变化对未来水资源补给与利用的影响及水-生态-经济协调发展等问题是干旱区水资源研究与调控管理的核心问题。全球变暖不仅加剧了天山地区水文变率和水资源供给的不确定性，影响区域水安全，还加大了干旱区荒漠化过程，导致中亚地区绿洲经济与荒漠生态两大系统的水资源供需矛盾更加突出。如何实现天山地区气候-水-经济-生态协同模拟，保障区域水安全，成为丝绸之路经济带建设和发展中最重要的科技需求。

为此，需要系统开展基于供需水压力的天山地区流域水资源脆弱性与适应性评估，揭示气候变化和人类活动对流域来水-供水-需水的影响机制，解析水系统的关键脆弱性，评估水资源安全风险；通过拟合工业产值和用水量的关系，建立分布式的工业需水模型；综合考虑城市规模、城市人口、人均生活用水量和人均 GDP 等指标，建立分布式的生活需水模型。利用缺水指数确定天山地区各流域的缺水程度，从而确定天山地区水资源合理开发利用的阈值；构建适用于中亚干旱区水资源形成和消耗特征的气候-水-生态-经济协同模拟模型，结合未来可能的气候变化情景，从水资源供给的角度，分析提出中国与中亚地区间水资源协同开发的战略建议。

参考文献

柏玲．2016. 气候变化对天山南坡典型流域径流过程的影响．上海：华东师范大学．
蔡英，宋敏红，钱正安，等．2015. 西北干旱区夏季强干、湿事件降水环流及水汽输送的再分析．高原气象，34（3）：597-610.
陈斌，徐祥，施晓晖．2011. 拉格朗日方法诊断2007年7月中国东部系列极端降水的水汽输送路径及其可能蒸发源区．大气科学，69（5）：810-818.
陈活泼，孙建奇，范可．2012. 新疆夏季降水年代际转型的归因分析．地球物理学报，55（6）：1844-1851.
陈曦．2010. 中国干旱区自然地理．北京：科学出版社．
陈亚宁．2010. 新疆塔里木河流域生态水文问题研究．北京：科学出版社．
陈亚宁．2014. 中国西北干旱区水资源研究．北京：科学出版社．
陈亚宁，李稚，范煜婷，等．2014. 西北干旱区气候变化对水文水资源影响研究进展．地理学报，69（9）：1295-1304.
陈亚宁，李稚，方功焕，等．2017. 气候变化对中亚天山山区水资源影响研究．地理学报，72：18-26.
陈亚宁，李稚，方功焕．2022. 中亚天山地区关键水文要素变化与水循环研究进展．干旱区地理，45（1）：1-8.
陈亚宁，杨青，罗毅，等．2012. 西北干旱区水资源问题研究思考．干旱区地理，35（1）：1-9.
陈忠升．2016. 中国西北干旱区河川径流变化及归因定量辨识．上海：华东师范大学．
邓铭江．2009. 新疆水资源战略问题探析．中国水利，17：13-27.
范梦甜．2022. 天山典型流域气候-径流过程建模．上海：华东师范大学．
苟晓霞，杨余辉，叶茂，等．2019. 天山北坡不同海拔气候变化规律研究．云南大学学报（自然科学版），41（2）：333-342.
顾慰祖．2011. 同位素水文学．北京：科学出版社．
郭利丹，夏自强，周海炜，等．2015. 阿克苏河境外水利工程开发对我国的潜在影响分析．干旱区资源与环境，29（11）：128-132.
郝靖宇，高敏华．2020. 新疆天山山区积雪时空变化分析．安徽农业科学，48（14）：203-208.
侯慧姝，杨宏业．2014. MODIS积雪产品及研究应用概述．遥感技术与应用，24（2）：252-256.
胡汝骥．2004. 中国天山自然地理．北京：中国环境科学出版社．
黄晓东，郝晓华，王玮，等．2012a. MODIS逐日积雪产品去云算法研究．冰川冻土，34（5）：1118-1126.
黄晓东，郝晓华，杨永顺，等．2012b. 光学积雪遥感研究进展．草业科学，29（1）：35-43.
黄晓东，张学通，李霞，等．2007. 北疆牧区MODIS积雪产品MOD10A1和MOD10A2的精度分析与评价．冰川冻土，29（5）：722-729.
贾洋，陈曦，李均，等．2013. 1990—2012年天山博格达峰冰川湖泊群变化及其对气候变化的响应．上海：上海遥感与社会发展国际学术研讨会．
江志红，任伟，刘征宇，等．2013. 基于拉格朗日方法的江淮梅雨水汽输送特征分析．气象学报，71（2）：295-304.

姜彤，吕嫣冉，黄金龙，等．2020. CMIP6 模式新情景（SSP-RCP）概述及其在淮河流域的应用．气象科技进展，10：102-109.
康红文，谷湘潜，付翔，等．2005. 我国北方地区降水再循环率的初步评估．应用气象学报，2：139-147.
孔彦龙．2013. 基于氘盈余的内陆干旱区水汽再循环研究．北京：中国科学院大学．
李达，上官冬辉，黄维东．2020. 天山麦兹巴赫冰川湖 1998－2017 年面积变化相关研究．冰川冻土，42（4）：1126-1134.
李龙，姚晓军，刘时银，等．2019. 近 50 年丝绸之路经济带中国境内冰川变化．自然资源学报，34：1506-1520.
李倩，李兰海，包安明．2012. 开都河流域积雪特征变化及其与径流的关系．资源科学，34（1）：91-97.
李卫红，吾买尔江·吾布力，马玉其，等．2019. 基于河－湖－库水系连通的孔雀河生态输水分析．沙漠与绿洲气象，12（1）：130-135.
李旭冰．2022. 西天山北麓湖泊时空动态变化及影响因素研究．南京：南京信息工程大学．
李玉平，韩添丁，沈永平，等．2018. 天山南坡清水河与阿拉沟流域径流变化特征及其对气候变化的响应．冰川冻土，40（1）：127-135.
刘潮海，施雅风，王宗太，等．2000. 中国冰川资源及其分布特征——中国冰川目录编制完成．冰川冻土，22：106-112.
刘国纬．1997. 水文循环的大气过程．北京：科学出版社．
刘时银，丁永建，李晶，等．2006a. 中国西部冰川对近期气候变暖的响应．第四纪研究，26：762-771.
刘时银，丁永建，张勇，等．2006b. 塔里木河流域冰川变化及其对水资源影响．地理学报，61（5）：482-490.
刘时银，姚晓军，郭万钦，等．2015. 基于第二次冰川编目的中国冰川现状．地理学报，70（1）：3-16.
刘友存，侯兰功，焦克勤，等．2016. 全球气候指数与天山地区气温变化遥相关分析．山地学报，34（6）：679-689.
穆兴民，李靖，王飞，等．2003. 黄河天然径流量年际变化过程分析．干旱区资源与环境，17（2）：1-5.
聂勇，张镱锂，刘林山，等．2010. 近30年珠穆朗玛峰国家自然保护区冰川变化的遥感监测．地理学报，65：13-28.
秦大河．2014. 气候变化科学与人类可持续发展．地理科学进展，33（7）：874-883.
沈永平，王国亚．2013. IPCC 第一工作组第五次评估报告对全球气候变化认知的最新科学要点．冰川冻土，35：1068-1076.
沈永平，苏宏超，王国亚，等．2013. 新疆冰川、积雪对气候变化的响应（Ⅰ）：水文效应．冰川冻土，35（3）：513-527.
史宁可，都伟冰，许林娟，等．2020. 天山典型湖泊多源遥感时空变化监测．北京：中国水利学会 2020 学术年会．
屠其璞．1992. 温室效应、太阳活动、南方涛动对我国气候变化的影响．自然灾害学报，1（2）：47-58.
王充．2018. 基于地球数据产品降尺度的天山南坡典型流域气候－径流变化的综合模拟．上海：华东师范大学．
王会军，薛峰．2003. 索马里急流的年际变化及其对半球间水汽输送和东亚夏季降水的影响．地球物理学报，46（1）：18-25.
王慧，王胜利，余行杰，等．2020. 1961—2017 年基于地面观测的新疆积雪时空变化研究．冰川冻土，42（1）：72-80.
王明明．2022. 天山山脉冰雪覆盖时空演变特征与情景模拟．阿拉尔：塔里木大学．

王宁练，姚檀栋，徐柏青，等．2019．全球变暖背景下青藏高原及周边地区冰川变化的时空格局与趋势及影响．中国科学院院刊，34：1220-1232.

王璞玉，李忠勤，周平，等．2014．近期新疆哈密代表性冰川变化及对水资源影响．水科学进展，25：518-525.

王圣杰．2015．天山地区降水稳定氢氧同位素特征及其在水循环过程中的指示意义．兰州：西北师范大学．

王晓艳，李忠勤，蒋缠文，等．2016．天山哈密榆树沟流域夏季洪水期河水水化学特征及其成因．冰川冻土，38：1385-1393.

王炎强，赵军，李忠勤，等．2019．1977—2017 年萨吾尔山冰川变化及其对气候变化的响应．自然资源学报，34：802-814.

吴永萍，王澄海，沈永平．2010．1948—2009 年塔里木盆地空中水汽输送时空分布特征．冰川冻土，6：1074-1083.

邢武成，李忠勤，张慧．2017. 1959 年中国天山冰川资源时空变化．地理学报，72（9）：1594-1605.

徐建华．2010．地理建模方法．北京：科学出版社．

徐祥德，赵天良，施晓晖，等．2015．青藏高原热力强迫对中国东部降水和水汽输送的调制作用．气象学报，73（1）：20-35.

杨莲梅，张庆云．2008．北大西洋涛动对新疆夏季降水异常的影响．大气科学，5：1187-1196.

杨莲梅，李霞，张广兴．2011．新疆夏季强降水研究若干进展及问题．气候与环境研究，16（2）：188-198.

杨莲梅，杨青，杨柳．2014．天山山区大气水分循环特征．气候与环境研究，19（1）：107-116.

杨柳，杨莲梅，汤浩，等．2013. 2000—2011 年天山山区水汽输送特征．沙漠与绿洲气象，7（3）：21-25.

杨青，姚俊强，赵勇，等．2013．伊犁河流域水汽含量时空变化及其和降水量的关系．中国沙漠，33（4）：1174-1183.

杨圆，杨建平，李曼，等．2015．冰川变化及其影响的公众感知与适应措施分析——以甘肃河西内陆河流域为例．冰川冻土，37：70-79.

杨针娘．1991．中国冰川水资源．兰州：甘肃科学技术出版社．

姚俊强，杨青，伍立坤，等．2016．天山地区水汽再循环量化研究．沙漠与绿洲气象，5：37-43.

曾磊，杨太保，田洪阵．2013．近 40 年东帕米尔高原冰川变化及其对气候的响应．干旱区资源与环境，27：144-150.

翟盘茂，周佰铨，陈阳，等．2021．气候变化科学方面的几个最新认知．气候变化研究进展，17：629-635.

张博，李雪梅，秦启勇，等．2022．中国天山积雪物候演变及驱动因素辨析．遥感技术与应用，37（6）：1350-1360.

张欢，邱玉宝，郑照军，等．2016．基于 MODIS 的青藏高原季节性积雪去云方法可行性比较研究．冰川冻土，38（3）：714-724.

张良，张强，冯建英，等．2014．祁连山地区大气水循环研究（Ⅱ）：水循环过程分析．冰川冻土，36（5）：1092-1100.

张正勇，刘琳，唐湘玲．2012. 1960—2010 年中国天山山区气候变化区域差异及突变特征．地理科学进展，31（11）：1475-1484.

郑国雄．2022．第三极地区冰湖演化及其潜在溃决洪水风险评估．北京：中国科学院大学．

郑昕，张长伟，王新涛，等．2023．2022 年新疆麦兹巴赫冰川堰塞湖溃决洪水应对措施．中国防汛抗旱，

33（1）：34-37.
周天军，陈梓明，邹立维，等.2020. 中国地球气候系统模式的发展及其模拟和预估. 气象学报，78（3）：332-350.
周聿超. 1999. 新疆河流水文水资源. 乌鲁木齐：新疆科技卫生出版社.
朱淑珍，黄法融，冯挺，等.2022. 1979—2020 年天山地区积雪量估算及其特征分析. 冰川冻土，44（3）：984-997.
Aizen V, Aizen E, Glazirin G, et al. 2000. Simulation of daily runoff in Central Asian alpine watersheds. Journal of Hydrology, 238（1-2）：15-34.
Aizen V B, Kuzmichenok V A, Surazakov A B, et al. 2007. Glacier changes in the Tien Shan as determined from topographic and remotely sensed data. Global and Plantary Change, 56（3-4）：328-340.
An L X, Hao Y H, Yeh T C J, et al. 2020. Annual to multidecadal climate modes linking precipitation of the northern and southern slopes of the Tianshan Mts. Theoretical and Applied Climatology, 140：453-465.
An W, Hou S, Zhang Q, et al. 2017. Enhanced recent local moisture recycling on the Northwestern Tibetan Plateau deduced from ice core deuterium excess records. Journal of Geophysical Research- Atmospheres, 122（23）：12541-12556.
Auer A H. 1974. The rain versus snow threshold temperatures. Weatherwise, 27（2）：67.
Bai L, Chen Z S, Xu J H, et al. 2016. Multi-scale response of runoff to climate fluctuation in the headwater region of Kaidu River in Xinjiang of China. Theoretical and Applied Climatology, 125：703-712.
Barnes S L. 1968. An empirical shortcut to the calculation of temperature and pressure at the lifted condensation level. Journal of Applied Meterology, 7（3）：511-511.
Barnett T P, Adam J C, Lettenmaier D P. 2005. Potential impacts of a warming climate on water availability in snow-dominated regions. Nature, 438（7066）：303-309.
Barnston A G, Livezey R E. 1987. Classification, seasonality and persistence of low- frequency atmospheric circulation pat-terns. Monthly Weather Review, 115（6）：1083-1126.
Beecham S, Rashid M, Chowdhury R K. 2014. Statistical downscaling of multi- site daily rainfall in a South Australian catchment using a generalized linear model. International Journal of Climatology, 34：3654-3670.
Beniston M, Stephenson D B, Christensen O B, et al. 2007. Future extreme events in European climate：An exploration of regional climate model projections. Climatic Change, 81（1）：71-95.
Benn D I, Bolch T, Hands K, et al. 2012. Response of debris- covered glaciers in the Mount Everest region to recent warming, and implications for outburst flood hazards. Earth-Science Reviews, 114（1-2）：156-174.
Berghuijs W R, Wood R A, Hrachowitz M. 2014. A precipitation shift from snow towards rain leads to a decrease in streamflow. Nature Climate Change, 4：583-586.
Bocchiola D. 2014. Long term（1921—2011）hydrological regime of Alpine catchments in Northern Italy. Advances in Water Resources, 70：51-64.
Bolch T. 2007. Climate change and glacier retreat in northern Tien Shan（Kazakhstan/Kyrgyzstan）using remote sensing data. Global and Planetary Change, 56：1-12.
Bosshard T, Carambia M, Goergen K, et al. 2013. Quantifying uncertainty sources in an ensemble of hydrological climate-impact projections. Water Resources Research, 49（3）：1523-1536.
Brigode P, Oudin L, Perrin C. 2013. Hydrological model parameter instability：A source of additional uncertainty in estimating the hydrological impacts of climate change? Journal of Hydrology, 476：410-425.
Brown R D, Robinson D A. 2011. Northern hemisphere spring snow cover variability and change over 1922-2010 including an assessment of uncertainty. The Cryosphere, 5：219-229.

Buckel J, Otto J C, Prasicek G, et al. 2018. Glacial lakes in Austria-distribution and formation since the Little Ice Age. Global and Planetary Change, 164: 39-51.

Buytaert W, Vuille M, Dewulf A, et al. 2010. Uncertainties in climate change projections and regional downscaling in the tropical Andes: Implications for water resources management. Hydrology and Earth System Sciences, 14 (7): 1247-1258.

Campbell J L, Driscoll C T, Pourmokhtarian A, et al. 2011. Streamflow responses to past and projected future changes in climate at the Hubbard Brook Experimental Forest, New Hampshire, United States. Water Resources Research, 47 (2): W02514.

Cappa C D, Hendricks M B, DePaolo D J, et al. 2003. Isotopic fractionation of water during evaporation. Journal of Geophysical Research-Atmospheres, 108 (D16): 4525.

Chebana F, Ouarda T B M J. 2021. Multivariate non-stationary hydrological frequency analysis. Journal of Hydrology, 593: 125907.

Chen F, Yuan Y J, Wen W S, et al. 2012. Tree-ring-based reconstruction of precipitation in the Changling Mountains, China, since A. D. 1691. International Journal of Biometeorology, 56: 765-774.

Chen F H, Chen J H, Huang W, et al. 2019. Westerlies Asia and monsoonal Asia: Spatiotemporal differences in climate change and possible mechanisms on decadal to sub-orbital timescales. Earth-Science Reviews, 192: 337-354.

Chen H, Chen Y, Li W, et al. 2018. Identifying evaporation fractionation and streamflow components based on stable isotopes in the Kaidu River Basin with mountain-oasis system in northwest China. Hydrological Processes, 32 (15): 2423-2434.

Chen H Y, Chen Y N, Li W H, et al. 2019. Quantifying the contributions of snow/glacier meltwater to river runoff in the Tianshan Mountains, Central Asia. Global and Planetary Change, 174: 47-57.

Chen J, Brissette F P, Leconte R. 2014. Assessing regression-based statistical approaches for downscaling precipitation over North America. Hydrological Processes, 28: 3482-3504.

Chen J, Brissette F P, Poulin A, et al. 2011. Overall uncertainty study of the hydrological impacts of climate change for a Canadian watershed. Water Resources Research, 47 (12): W12509.

Chen Y N. 2014. Water Resources Research in Northwest China. New York: Springer.

Chen Y N, Li W H, Deng H J, et al. 2016. Changes in Central Asia's water tower: Past, present and future. Scientific Reports, 6: 35458.

Chen Y N, Li W H, Fang G H, et al. 2017. Hydrological modeling in glacierized catchments of central Asia-status and challenges. Hydrology and Earth System Sciences, 21 (2): 669-684.

Chen Y N, Li Z, Fang G H, et al. 2018. Large hydrological processes changes in the transboundary rivers of Central Asia. Journal of Geophysical Research: Atmospheres, 123: 5059-5069.

Chen Y N, Xu C C, Hao X M, et al. 2009. Fifty-year climate change and its effect on annual runoff in the Tarim River Basin, China. Quaternary International, 208: 53-61.

Craig H, Gordon L. 1965. Deuterium and oxygen 18 variations in the ocean and the marine atmosphere//Tongiorgi E. Stable Isotopes in Oceanographic Studies and Paleotemperatures. New York: Springer.

Crawford J, Hughes C E, Parkes S D. 2013. Is the isotopic composition of event based precipitation driven by moisture source or synoptic scale weather in the Sydney Basin, Australia? Journal of Hydrology, 507: 213-226.

Criss R E. 1999. Principles of Stable Isotope Distribution. New York: Oxford University.

Cui B L, Li X Y. 2015. Stable isotopes reveal sources of precipitation in the Qinghai Lake Basin of the northeastern Tibetan Plateau. Science of the total Environment, 527: 26-37.

Dahri Z H, Ludwig F, Moors E, et al. 2021. Climate change and hydrological regime of the high-altitude Indus basin under extreme climate scenarios. Science of The Total Environment, 768: 144467.

Dai A. 2008. Temperature and pressure dependence of the rain-snow phase transition over land and ocean. Geophysical Research Letters, 35: L12802.

Dai X G, Li W J, Ma Z G, et al. 2007. Water-vapor source shift of Xinjiang region during the recent twenty years . Progress in Natural Science, 17 (5): 569-575.

Daiyrov M, Narama C, Yamanokuchi T, et al. 2018. Regional geomorphological conditions related to recent changes of glacial lakes in the Issyk-Kul Basin, Northern Tien Shan. Geosciences, 8 (3): 99.

Deb P, Kiem A S, Willgoose G. 2019. Mechanisms influencing non-stationarity in rainfall-runoff relationships in Southeast Australia. Journal of Hydrology, 571: 749-764.

Delsman J R, Oude E G H P, Beven K J, et al. 2013. Uncertainty estimation of end-member mixing using generalized likelihood uncertainty estimation (GLUE), applied in a lowland catchment. Water Resources Research, 49 (8): 4792-4806.

Deng H J, Chen Y N. 2017. Influences of recent climate change and human activities on water storage variations in Central Asia. Journal of Hydrology, 544: 46-57.

Deng H J, Chen Y N, Li Q H, et al. 2019. Loss of terrestrial water storage in the Tianshan Mountains from 2003 to 2015. International Journal of Remote Sensing, 40 (22): 8342-8358.

Deng H J, Chen Y N, Wang H J, et al. 2015. Climate change with elevation and its potential impact on water resources in the Tianshan Mountains, Central Asia. Global and Planetary Change, 135: 28-37.

Deng H J, Pepin N C, Chen Y N. 2017. Changes of snowfall under warming in the Tibetan Plateau. Journal of Geophysical Research, 122 (14): 7323-7341.

Diamond R E, Jack S. 2018. Evaporation and abstraction determined from stable isotopes during normal flow on the Gariep River, South Africa. Journal of Hydrology, 559: 569-584.

Dikich A, Hagg W. 2003. Climate driven changes of glacier runoff in the Issyk-Kul Basin, Kyrgyzstan. Zeitschrift Fur Gletscherkunde Und Glazialgeologie, 39: 75-86.

Ding B H, Yang K, Qin J, et al. 2014. The dependence of precipitation types on surface elevation and meteorological conditions and its paramete rization. Journal of Hydrology, 513: 154-163.

Donat M G, Lowry A L, Alexander L V, et al. 2016. More extreme precipitation in the world's dry and wet regions. Nature Climate Change, 6: 508-514.

Dong C, Menzel L. 2016. Improving the accuracy of MODIS 8-day snow products with in situ temperature and pre-cipitation data. Journal of Hydrology, 534: 466-477.

Draxier R R, Hess G D. 1998. An overview of the HYSPLIT_ 4 modelling system for trajectories, dispersion and deposition. Australian Meteorological Magazine, 47 (4): 295-308.

Draxier R R, Rolph B J. 2016. HYSPLIT (HYbrid Single- Particle Lagrangian Integrated Trajectory) Model. NOAA Air Resources Laboratory. https: //www. arl. noaa. gov/hysplit/ [2022-08-03] .

Duethmann D, Bolchn T, Farinotti D, et al. 2015. Attribution of streamflow trends in snow and glacier melt-dominated catchments of the Tarim River, Central Asia. Water Resources Research, 51: 4727-4750.

Falatkova K, Šobr M, Neureiter A, et al. 2019. Development of proglacial lakes and evaluation of related outburst susceptibility at the Adygine ice- debris complex, Northern Tien Shan. Earth Surface Dynamics, 7 (1): 301-320.

Falatkova K, Šobr M, Slavík M, et al. 2020. Hydrological characterization and connectivity of proglacial lakes to a stream, Adygine ice-debris complex, Northern Tien Shan. Hydrological Sciences Journal, 65 (4): 610-623.

Fan M T, Xu J H, Chen Y N, et al. 2020a. Simulating the precipitation in the data-scarce Tianshan Mountains, Northwest China based on the Earth system data products. Arabian Journal of Geosciences, 13: 637.

Fan M T, Xu J H, Chen Y N, et al. 2020b. How to sustainably use water resources-a case study for decision support on the water utilization of Xinjiang, China. Water, 12 (12): 3564.

Fan M T, Xu J H, Chen Y N, et al. 2021a. Reconstructing high-resolution temperature for the past 40 years in the Tianshan Mountains, China based on the Earth system data products. Atmospheric Research, 253: 105493.

Fan M T, Xu J H, Chen Y N, et al. 2021b. Modeling streamflow driven by climate change in data-scarce mountainous basins. Science of the Total Environment, 790: 148256.

Fang G H, Yang J, Chen Y N, et al. 2015. Comparing bias correction methods in downscaling meteorological variables for a hydrologic impact study in an arid area in China. Hydrology and Earth System Sciences, 19: 2547-2559.

Fang G H, Yang J, Chen Y N. 2018a. Impact of GCM structure uncertainty on hydrological processes in an arid area of China. Hydrology Research, 49 (3): 893-907.

Fang G H, Yang J, Chen Y N, et al. 2018b. How hydrologic processes differ spatially in a large basin: Multisite and multiobjective modeling in the Tarim River Basin. Journal of Geophysical Research-Atmospheres, 123 (4): 7098-7113.

Farinotti D, Longuevergne L, Moholdt G, et al. 2015. Substantial glacier mass loss in the Tien Shan over the past 50 years. Nature Geoscience, 8 (9): 716-722.

Feng S, Hu Q. 2007. Changes in winter snowfall/precipitation ratio in the contiguous United States. Journal of Geophysical Research, 112: D1516.

Froehlich K, Kralik M, Papesch W, et al. 2008. Deuterium excess in precipitation of Alpine regions-moisture recycling. Isotopes in Environmental and Health Studies, 44 (1): 61-70.

Gafurov A, Vorogushyn S, Kriegel D, et al. 2013. Evaluation of remotely sensed snow cover product in Central Asia. Hydrology Research, 44 (3): 506-522.

Gao Y, Xie H, Yao T, et al. 2010. Integrated assessment on multi-temporal and multi-sensor combinations for reducing cloud obscuration of MODIS snow cover products of the Pacific Northwest USA. Remote Sensing of Environment, 114 (8): 1662-1675.

Gardelle J, Arnaud Y, Berthier E. 2011. Contrasted evolution of glacial lakes along the Hindu Kush Himalaya mountain range between 1990 and 2009. Global and Planetary Change, 75: 47-55.

Gat J R. 1996. Oxygen and hydrogen isotopes in the hydrologic cycle. Annual Review of Earth and Planetary Sciences, 24: 225-262.

Gat J R, Bowser C J, Kendall C. 1994. The contribution of evaporation from the Great Lakes to the continental atmosphere: Estimate based on stable isotope data. Geophysical Research Letters, 21 (7): 557-560.

Gat J R, Mook W G, Meijer H A J, et al. 2008. Atmospheric water//Mook W G. Environmental Isotopes in the Hydrological Cycle, Principles and Applications. Pairs: International Atomic Energy Agency and United Nations Educational, Scientific and Cultural Organization: 235.

Gheyret G, Mohammat A, Tang Z Y. 2020. Elevational patterns of temperature and humidity in the middle Tianshan Mountain area in Central Asia. Journal of Mountain Science, 17: 397-409.

Gibson J J, Reid R. 2014. Water balance along a chain of tundra lakes: A 20-year isotopic perspective. Journal of Hydrology, 519: 2148-2164.

Gillies R R, Wang S Y, Huang W R. 2012. Observational and supportive modeling analyses of winter precipitation change in China over the last half century. International Journal of Climatology, 32: 747-758.

Giorgi F, Hurrell J W, Marinucci M R, et al. 1997. Elevation dependency of the surface climate change signal: A model study. Journal of Climate, 10 (2): 288-296.

Giorgi F, Jones C, Asrar G R. 2009. Addressing climate information needs at the regional level: The CORDEX framework. World Meteorological Organization (WMO) Bulletin, 58: 175.

Godsey S E, Kirchner J W, Tague C L E. 2014. Effects of changes in winter snowpacks on summer low flows: Case studies in the Sierra Nevada, California. Hydrological Processes, 28 (19): 5048-5064.

Gonfiantini R, Wassenaar L I, Araguas-Araguas L, et al. 2018. A unified Craig-Gordon isotope model of stable hydrogen and oxygen isotope fractionation during fresh or saltwater evaporation. Geochimica et Cosmochimica Acta, 235: 224-236.

Greve P, Kahil T, Mochizuki J, et al. 2018. Global assessment of water challenges under uncertainty in water scarcity projections. Nature Sustainability, 1 (9): 486-494.

Grinsted A. 2013. An estimate of global glacier volume. The Cryosphere Discussions, 7 (1): 141-151.

Guan B, Waliser D E, Ralph F M, et al. 2016. Hydrometeorological characteristics of rain-on-snow events associated with atmospheric rivers. Geophysical Research Letters, 43: 2964-2973.

Guan J Y, Yao J Q, Li M Y, et al. 2022. Historical changes and projected trends of extreme climate events in Xinjiang, China. Climate Dynamics, 59: 1744-1753.

Guan X F, Yao J Q, Schneider C. 2022a. Variability of the precipitation over the Tianshan Mountains, Central Asia. Part Ⅰ: Linear and nonlinear trends of the annual and seasonal precipitation. International Journal of Climatology, 42: 118-138.

Guan X F, Yao J Q, Schneider C. 2022b. Variability of the precipitation over the Tianshan Mountains, Central Asia. Part Ⅱ: Multi-decadal precipitation trends and their association with atmospheric circulation in both the winter and summer seasons. International Journal of Climatology, 42 (1): 139-156.

Guo L P, Li L H. 2015. Variation of the proportion of precipitation occurring as snow in the Tian Shan Mountains, China. International Journal of Climatology, 35 (7): 1379-1393.

Guo X Y, Tian L D, Wen R, et al. 2017. Controls of precipitation delta O-18 on the Northwestern Tibetan Plateau: A case study at Ngari station. Atmospheric Research, 189: 141-151.

Guo Y, Wang C. 2014. Trends in precipitation recycling over the Qinghai-Xizang Plateau in last decades. Journal of Hydrology, 517: 826-835.

Guven A, Pala A. 2022. Comparison of different statistical downscaling models and future projection of areal mean precipitation of a river basin under climate change effect. Water Supply, 22 (3): 2424-2439.

Haddeland I, Heinke J, Biemans H, et al. 2014. Global water resources affected by human interventions and climate change. Proceedings of the National Academy of Sciences of the United States of America, 111 (9): 3251-3256.

Hagg W, Mayer C, Lambrecht A, et al. 2013. Glacier changes in the Big Naryn basin, Central Tian Shan. Global and Planetary Change, 110: 40-50.

Hall D K, Foster J L, Salomonson V V, et al. 2001. Development of a technique to assess snow-cover mapping errors from space. IEEE Transactions on Geoscience & Remote Sensing, 39 (2): 432-438.

Hamlet A F, Mote P W, Clark M P, et al. 2005. Effects of temperature and precipitation variability on snowpack trends in the Western US. Journal of Climate, 18: 4545-4561.

Hempel S, Frieler K, Warszawski L, et al. 2013. A trend-preserving bias correction–The ISI-MIP approach. Earth System Dynamics Discussions, 4 (2): 219-236.

Horita J, Wesolowski D J. 1994. Liquid-vapor fractionation of oxygen and hydrogen isotopes of water from the freezing to the critical temperature. Geochimica et Cosmochimica Acta, 58 (16): 3425-3437.

Hu Z, Zhou Q, Chen X, et al. 2017. Variations and changes of annual precipitation in Central Asia over the last century. International Journal of Climatology, 37 (12): 157-170.

Hu Z Y, Zhang C, Hu Q, et al. 2014. Temperature changes in Central Asia from 1979 to 2011 based on multiple datasets. Journal of Climate, 27 (3): 1143-1167.

Huang Y, Ma Y, Liu T, et al. 2020. Climate change impacts on extreme flows under IPCC RCP scenarios in the mountainous Kaidu watershed, Tarim River basin. Sustainability, 12 (5): 2090.

Häusler H, Ng F, Kopecny A, et al. 2016. Remote-sensing-based analysis of the 1996 surge of Northern Inylchek Glacier, central Tien Shan, Kyrgyzstan. Geomorphology, 273: 292-307.

Immerzeel W W, van Beek L P H, Bierkens M F P. 2010. Climate change will affect the Asian water towers. Science, 328 (5984): 1382-1385.

IPCC. 2013. Working Group Ⅰ Contribution to the IPCC Fifth Assessment Report. Climate Change 2013: The Physical Science Basis: Summary for Policymakers. New York: IPCC.

IPCC. 2018. Global warming of 1.5℃//Masson-Delmotte V, Zhai P, Pörtner H, et al. An IPCC Special Report on the Impacts of Global Warming of 1.5℃ Above Pre-industrial Levels and Related Global Greenhouse Gas Emission Pathways, in the Context of Strengthening the Global Response to the Threat of Climate Change, Sustainable Development, and Efforts to Eradicate Poverty. Geneva, Switzerland: World Meteorological Organization: 311.

IPCC. 2022. Climate Change 2022: Impacts, Adaptation, and Vulnerability. Cambridge, New York: Working Group Ⅱ to the Sixth Assessment Report of the Intergovernmental Panel on Climate Change.

Jeelani G, Deshpande R D, Galkowski M, et al. 2018. Isotopic composition of daily precipitation along the Southern foothills of the Himalayas: Impact of marine and continental sources of atmospheric moisture. Atmospheric Chemistry and Physics, 18 (12): 8789-8805.

Jones P D, Lister D H, Osborn T J, et al. 2012. Hemispheric and large-scale land-surface air temperature variations: An extensive revision and an update to 2010. Journal of Geophysical Research: Atmospheres, 117 (D5): D05127.

Kaldybayev A, Chen Y N, Vilesov E. 2016a. Glacier change in the Karatal river basin, Zhetysu (Dzhungar) Alatau, Kazakhstan. Annals of Glaciology, 57: 11-19.

Kaldybayev A, Chen Y, Issanova G, et al. 2016b. Runoff response to the glacier shrinkage in the Karatal river basin, Kazakhstan. Arabian Journal of Geosciences, 9: 1-8.

Kang S C, Chen F, Gao T G, et al. 2009. Early onset of rainy season suppresses glacier melt: A case study on Zhadang glacier, Tibetan Plateau. Journal of Glaciology, 55: 755-758.

Kapitsa V, Shahgedanova M, Machguth H, et al. 2017. Assessment of evolution and risks of glacier lake outbursts in the Djungarskiy Alatau, Central Asia, using Landsat imagery and glacier bed topography modelling. Nat Hazard Earth Sys, 17: 1837-1856.

Kattel D B, Yao T D. 2018. Temperature-topographic elevation relationship for high mountain terrain: An example from the Southeastern Tibetan Plateau. International Journal of Climatology, 38: e901-e920.

Kawase H, Nagashima T, Sudo K, et al. 2011. Future changes in tropospheric ozone under Representative Concentration Pathways (RCPs). Geophysical Research Letters, 38: L05801.

Ke C Q, Li X C, Xie H J, et al. 2016. Variability in snow cover phenology in China from 1952 to 2010. Hydrology and Earth System Sciences, 20: 755-770.

King O, Bhattacharya A, Bhambri R, et al. 2019. Glacial lakes exacerbate Himalayan glacier mass loss. Scientific

Reports, 9 (1): 18145.

Kinzer G D, Gunn R. 1951. The evaporation, temperature and thermal relaxation- time of freely falling waterdrops. Journal of Meteorology, 8 (2): 71-83.

Klein T A M G, Können G P. 2003. Trends in indices of daily temperature and precipitation extremes in Europe, 1946-99. Journal of Climate, 16 (22): 3665-3680.

Knopov P S, Kasitskaya E I. 1999. Consistency of least-square estimates for parameters of the Gaussian regression model. Cybernetics and Systems Analysis, 35: 19-25.

Knowles N, Dettinger M D, Cayan D R. 2006. Trends in snowfall versus rainfall in the western United States. Journal of Climate, 19: 4545-4559.

Knowles N R, Knowles L O. 2006. Manipulating stem number, tuber set, and yield relationships for northern and Southern-grown potato seed lots. Crop Science, 46 (1): 284-296.

Kong Y, Pang Z. 2012. Evaluating the sensitivity of glacier rivers to climate change based on hydrograph separation of discharge. Journal of Hydrology, 434: 121-129.

Kong Y, Pang Z, Froehlich K. 2013. Quantifying recycled moisture fraction in precipitation of an arid region using deuterium excess. Tellus Series B-Chemical and Physical Meteorology, 65 (1): 1-8.

Kour R, Patel N, Krishna A P. 2016. Assessment of temporal dynamics of snow cover and its validation with hydro-meteorological data in parts of Chenab Basin, western Himalayas. Science China-Earth Sciences, 59: 1081-1094.

Kraaijenbrink P D A, Bierkens M F P, Lutz A F, et al. 2017. Impact of a global temperature rise of 1.5 degrees Celsius on Asia's glaciers. Nature, 549: 257-260.

Krasting J P, Broccoli A J, Dixon K W, et al. 2013. Future changes in northern hemisphere snowfall. Journal of Climate, 26: 7813-7828.

Krklec K, Dominguez-Villar D, Lojen S. 2018. The impact of moisture sources on the oxygen isotope composition of precipitation at a continental site in central Europe. Journal of Hydrology, 561: 810-821.

Kueh S M, Kuok K K. 2016. Precipitation downscaling using the artificial neural network BatNN and development of future rainfall intensity-duration-frequency curves. Climate Research, 68: 73-89.

Kuriqi A, Pinheiro A N, Sordo-Ward A, et al. 2019. Influence of hydrologically based environmental flow methods on flow alteration and energy production in a run-of-river hydropower plant. Journal of Cleaner Production, 232: 1028-1042.

Kutuzov S, Shahgedanova M. 2009. Glacier retreat and climatic variability in the eastern Terskey ~ Alatoo, inner Tien Shan between the middle of the 19th century and beginning of the 21st century. Global and Planetary Change, 69: 59-70.

Lan Y C, Zhao G H, Zhang Y N, et al. 2010. Response of runoff in the headwater region of the Yellow River to climate change and its sensitivity analysis. Journal of Geographical Sciences, 20: 848-860.

Landis J R, Koch G G. 1977. The measurement of observer agreement for categorical data. Biometrics, 33 (1): 159-174.

Li B, Zhu A, Zhang Y, et al. 2006. Glacier change over the past four decades in the middle Chinese Tien Shan. Journal of Glaciology, 52 (178): 425-432.

Li B F, Chen Y N, Chen Z S, et al. 2012b. Trends in runoff versus climate change in typical rivers in the arid region of Northwest China. Quaternary International, 282: 87-95.

Li B F, Chen Y N, Chen Z S, et al. 2013. Variations of temperature and precipitation of snowmelt period and its effect on runoff in the mountainous areas of Northwest China. Journal of Geographical Sciences, 23: 17-30.

Li B F, Chen Y N, Shi X. 2012a. Why does the temperature rise faster in the arid region of Northwest China? Journal of Geophysical Research: Atmospheres, 117: D16115.

Li B F, Li Y P, Chen Y N, et al. 2020. Recent fall Eurasian cooling linked to North Pacific sea surface temperatures and a strengthening Siberian high. Nature Communications, 11 (1): 5202.

Li Q, Yang T, Qi Z M, et al. 2018. Spatiotemporal variation of snowfall to precipitation ratio and its implication on water resources by a regional climate model over Xinjiang, China. Water, 1463 (10): 1-13.

Li Y, Tao H, Su B D, et al. 2019. Impacts of 1.5℃ and 2℃ global warming on winter snow depth in Central Asia. Science of the Total Environment, 651: 2866-2873.

Li Y P, Chen Y N, Li Z. 2020. Climate and topographic controls on snow phenology dynamics in the Tienshan Mountains, Central Asia. Atmospheric Research, 236: 104813.

Li Z Q, Gao W H, Zhang M J, et al. 2012. Variations in suspended and dissolved matter fluxes from glacial and non-glacial catchments during a melt season at Urumqi River, eastern Tianshan, central Asia. Catena, 95: 42-49.

Li Z X, He Y Q, Wang C F, et al. 2011. Spatial and temporal trends of temperature and precipitation during 1960-2008 at the Hengduan Mountains, China. Quaternary International, 236 (1-2): 127-142.

Li Z, Chen Y, Li W, et al. 2015. Potential impacts of climate change on vegetation dynamics in Central Asia. Journal of Geophysical Research: Atmospheres, 120 (24): 12345-12356.

Li Z, Chen Y, Shen Y, et al. 2013. Analysis of changing pan evaporation in the arid region of Northwest China. Water Resources Research, 49 (4): 2205-2212.

Li Z X, Qi F, Wang Q J, et al. 2016. Contributions of local terrestrial evaporation and transpiration to precipitation using delta O-18 and D-excess as a proxy in Shiyang inland river basin in China. Global and Planetary Change, 146: 140-151.

Liang T G, Huang X D, Wu C X, et al. 2008. An application of MODIS data to snow cover monitoring in a pastoral area: A case study in Northern Xinjiang, China. Remote Sensing of Environment, 112 (4): 1514-1526.

Liu J. 1992. Jökulhlaups in the Kunmalike River, Southern Tien Shan Mountains, China. Annals of Glaciology, 16: 85-88.

Liu Q, Liu S Y. 2016. Response of glacier mass balance to climate change in the Tianshan Mountains during the second half of the twentieth century. Climate Dynamics, 46 (1-2): 303-316.

Liu S Y, Cheng G D, Liu J S. 1998. Jokulhlaup characteristics of the Lake Mertzbakher in the Tianshan Mountains and its relation to climate change. Journal of Glaciology and Geocryology, 20 (1): 30-35.

Liu T, Willems P, Pan X L. 2011. Climate change impact on water resource extremes in a headwater region of the Tarim basin in China. Hydrology and Earth System Sciences, 15: 3511-3527.

Liu X, Rao Z, Zhang X, et al. 2015. Variations in the oxygen isotopic composition of precipitation in the Tianshan Mountains region and their significance for the Westerly circulation . Journal of Geographical Sciences, 25 (7): 801-816.

Liu Y, Yang D K. 2017. Convergence analysis of the batch gradient-based neuro-fuzzy learning algorithm with smoothing L1/2 regularization for the first-order Takagi-Sugeno system. Fuzzy Sets Systems, 319: 28-49.

Lui Y S, Tam C , Lau N C. 2019. Future changes in Asian summer monsoon precipitation extremes as inferred from 20-km AGCM simulations. Climate Dynamics, 52 (3-4): 1443-1459.

Luo Y, Wang X, Piao S, et al. 2018. Contrasting streamflow regimes induced by melting glaciers across the Tien Shan-Pamir-North Karakoram. Science Reports, 8 (1): 16470.

Majoube M. 1970. Fractionation factor of ^{18}O between water vapour and ice. Nature, 226: 1242.

Mankin J S, Diffenbaugh N S. 2015. Influence of temperature and precipitation variability on near- term snow trends. Climate Dynamics, 45 (3): 1099-1116.

Mergili M, Müller J P, Schneider J F. 2013. Spatio- temporal development of high- mountain lakes in the headwaters of the Amu Darya River (Central Asia) . Global and Planetary Change, 107: 13-24.

Merlivat L. 1978. Molecular diffusivities of $H_2{}^{16}O$, $HD^{16}O$, and $H_2{}^{18}O$ in gases. Journal of Chemical Physics, 69 (6): 2864-2871.

Mir R A, Jain S K, Saraf A K, et al. 2015. Decline in snowfall in response to temperature in Satluj basin, western Himalaya. Journal of Earth System Science, 124 (2): 365-382.

Mukherjee K, Bolch T, Goerlich F, et al. 2017. Surge-type glaciers in the Tien Shan (Central Asia) . Arctic, Antarctic, and Alpine Research, 49: 147-171.

Nakama T. 2009. Theoretical analysis of batch and on- line training for gradient descent learning in neural networks. Neurocomputing, 73: 151-159.

Narama C, Daiyrov M, Duishonakunov M, et al. 2018. Large drainages from short- lived glacial lakes in the Teskey Range, Tien Shan Mountains, Central Asia. Nat Hazards and Earth System Sciences, 18 (4): 983-995.

Narama C, Daiyrov M, Tadono T, et al. 2017. Seasonal drainage of supraglacial lakes on debris-covered glaciers in the Tien Shan Mountains, Central Asia. Geomorphology (Amsterdam, Netherlands), 286: 133-142.

Narama C, Duishonakunov M, Kääb A, et al. 2010. The 24 July 2008 outburst flood at the western Zyndan glacier lake and recent regional changes in glacier lakes of the Teskey Ala-Too range, Tien Shan, Kyrgyzstan. Nat Hazards and Earth System Sciences, 10 (4): 647-659.

Narama C, Severskiy I, Yegorov A. 2009. Current state of glacier changes, glacial lakes, and outburst floods in the Ile Ala-Tau and Kungöy Ala-Too ranges, northern Tien Shan Mountains. Journal of Geographical Studies, 84 (1): 22-32.

Ng F, Liu S. 2009. Temporal dynamics of a jokulhlaup system. Journal of Glaciology, 55 (192): 651-665.

Okkan U, Inan G. 2014. Bayesian learning and relevance vector machines approach for downscaling of monthly precipitation. Journal of Hydrologic Engineering, 20: 04014051.

Osmonov A, Bolch T, Xi C, et al. 2013. Glacier characteristics and changes in the Sary- Jaz River Basin (Central Tien Shan, Kyrgyzstan) -1990—2010. Remote Sensing Letters, 4: 725-734.

O'Gorman P A. 2014. Contrasting responses of mean and extreme snowfall to climate change. Nature, 512 (7515): 416-420.

Pacheco F A L. 2015. Regional groundwater flow in hard rocks. Science of the Total Environment, 506-507: 182-195.

Pacheco F A L, van der Weijden C H. 2014. Modeling rock weathering in small watersheds. Journal of Hydrology, 513: 13-27.

Pan B T, Zhang G L, Wang J, et al. 2012. Glacier changes from 1966—2009 in the Gongga Mountains, on the south- eastern margin of the Qinghai- Tibetan Plateau and their climatic forcing. The Cryosphere, 6: 1087-1101.

Pang Z H, Kong Y L, Froehlich K, et al. 2011. Processes affecting isotopes in precipitation of an arid region. Tellus, 63B (3): 352-359.

Parajka J, BlöSchl G. 2006. Validation of MODIS snow cover images over Austria. Hydrology and Earth System Sciences, 10 (5): 679-689.

Parajka J, Holko L, Kostka Z, et al. 2012. MODIS snow cover mapping accuracy in a small mountain catchment-comparison between open and forest sites. Hydrology and Earth System Sciences Discussions, 9 (3): 4073-4100.

Pavelsky T M, Sobolowski S, Kapnick S B, et al. 2012. Changes in orographic precipitation patterns caused by a shift from snow to rain. Geophysical Research Letters, 39: L18706.

Pekel J F, Cottam A, Gorelick N, et al. 2016. High-resolution mapping of global surface water and its long-term changes. Nature, 540: 418-422.

Peng S, Piao S, Ciais P, et al. 2013. Change in snow phenology and its potential feedback to temperature in the Northern Hemisphere over the last three decades. Environmental Research Letters, 8 (1): 1880-1885.

Pepin N C, Lundquist J D. 2008. Temperature trends at high elevations: Patterns across the globe. Geophysical Research Letters, 35 (14): L14701.

Pervin L, Gan T Y. 2021. Sensitivity of physical parameterization schemes in WRF model for dynamic downscaling of climatic variables over the MRB. Water and Climate Change, 12 (4): 1043-1058.

Petrov M A, Sabitov T Y, Tomashevskaya I G, et al. 2017. Glacial lake inventory and lake outburst potential in Uzbekistan. Science of the Total Environment, 592: 228-242.

Pieczonka T, Bolch T. 2015. Region-wide glacier mass budgets and area changes for the Central Tien Shan between 1975 and 1999 using Hexagon KH-9 imagery. Global and Planetary Change, 128: 1-13.

Pieczonka T, Bolch T, Wei J F, et al. 2013. Heterogeneous mass loss of glaciers in the Aksu-Tarim Catchment (Central Tien Shan) revealed by 1976 KH-9 Hexagon and 2009 SPOT-5 stereo imagery. Remote Sensing of Environment, 130: 233-244.

Pour S H, Shahid S, Chung E S, et al. 2018. Model output statistics downscaling using support vector machine for the projection of spatial and temporal changes in rainfall of Bangladesh. Atmospheric Research, 213: 149-162.

Pritchard H D. 2019. Asia's shrinking glaciers protect large populations from drought stress. Nature, 569: 649-654.

Qian W, Quan L, Shi S. 2002. Variations of the dust storm in China and its climatic control. Journal of Climate, 15 (10): 1216-1229.

Qian Y F, Zhang Q, Yao Y H, et al. 2002. Seasonal variation and heat preference of the South Asia high. Advances in Atmospheric Sciences, 19 (5): 821-836.

Qiao B J, Zhu L P. 2019. Difference and cause analysis of water storage changes for glacier-fed and non-glacier-fed lakes on the Tibetan Plateau. Science of the Total Environment, 693: 133399.

Qiao S B, Gong Z Q, Feng G L, et al. 2015. Relationship between cold winters over Northern Asia and the subsequent hot summers over mid-lower reaches of the Yangtze River valley under global warming. Atmospheric Science Letters, 16 (4): 479-484.

Qin D H, Ding Y J, Xiao C D, et al. 2018. Cryospheric science: Research framework and disciplinary system. National Science Review, 5 (2): 255-268.

Qin P H, Xie Z H. 2016. Detecting changes in future precipitation extremes over eight river basins in China using RegCM4 downscaling. Journal of Geophysical Research: Atmospheres, 121 (12): 6802-6821.

Racoviteanu A, Williams M W. 2012. Decision tree and texture analysis for mapping debris-covered glaciers in the Kangchenjunga Area, Eastern Himalaya. Remote Sensing, 4: 3078-3109.

Ragettli S, Immerzeel W W, Pellicciotti F. 2016. Contrasting climate change impact on river flows from high-altitude catchments in the Himalayan and Andes Mountains. Proceedings of the National Academy of Sciences,

113: 9222-9227.

Regonda S K, Rajagopalan B, Clark M. 2005. Seasonal cycle shifts in hydroclimatology over the western United States. Journal of Climate, 18 (2): 372-384.

Ren W, Yang T, Shi P, et al. 2018. A probabilistic method for streamflow projection and associated uncertainty analysis in a data sparse alpine region. Global and Planetary Change, 165: 100-113.

Räisänen J. 2008. Warmer climate: Less or more snow? Climate Dynamics, 30: 307-319.

Sachindra D A, Ahmed K, Rashid M M, et al. 2018. Statistical downscaling of precipitation using machine learning techniques. Atmospheric Research, 212: 240-258.

Safeeq M, Shukla S, Arismendi I, et al. 2016. Influence of winter season climate variability on snow-precipitation ratio in the western United States. International Journal of Climatology, 36 (9): 3175-3190.

Samadianfard S, Delirhasannia R, Azad M T, et al. 2016. Intelligent analysis of global warming effects on sea surface temperature in Hormuzgan Coast, Persian Gulf. International Journal of Global Warming, 9 (4): 452-466.

Schlesinger H, Jasechko S. 2014. Transpiration in the global water cycle. Agricultural and Forest Meteorology, 189: 115-117.

Screen J A, Simmonds I. 2012. Declining summer snowfall in the Arctic: Causes, impacts and feedbacks. Climate Dynamics, 38 (11-12): 2243-2256.

Serquet G, Marty C, Dulex J P, et al. 2011. Seasonal trends and temperature dependence of the snowfall/precipitation-day ratio in Switzerland. Geophysical Research Letters, 38 (7): L07703.

Shangguan D H, Bolch T, Ding Y J, et al. 2015. Mass changes of Southern and Northern Inylchek Glacier, Central Tian Shan, Kyrgyzstan, during 1975 and 2007 derived from remote sensing data. The Cryosphere, 9: 703-717.

Shangguan D H, Ding Y J, Liu S, et al. 2017. Quick release of internal water storage in a glacier leads to underestimation of the hazard potential of Glacial Lake outburst floods from Lake Merzbacher in Central Tian Shan Mountains. Geophysical Research Letters, 44 (19): 9786-9795.

Sharifi E, Saghafian B, Steinacker R. 2019. Downscaling satellite precipitation estimates with multiple linear regression, artificial neural networks, and spline interpolation techniques. Journal of Geophysical Research: Atmospheres, 124: 789-805.

Shi Y F, Shen Y P, Kang E, et al. 2007. Recent and future climate change in Northwest China. Climatic Change, 80 (3-4): 379-393.

Shen Y J, Shen Y J, Fink M, et al. 2018. Trends and variability in streamflow and snowmelt runoff timing in the Southern Tianshan Mountains. Journal of Hydrology, 557: 173-181.

Shen Y P, Wang G Y, Ding Y J, et al. 2009. Changes in Merzbacher Lake of inylchek glacier and glacial flash floods in Aksu River Basin, Tianshan during the period of 1903—2009. Journal of Glaciology and Geocryology, 31 (6): 993-1002.

Sidjak R W, Wheate R D. 1999. Glacier mapping of the Illecillewaet icefield, British Columbia, Canada, using Landsat TM and digital elevation data. International Journal of Remote Sensing, 20: 273-284.

Singh P, Arora M, Goel N K. 2006. Effect of climate change on runoff of a glacierized Himalayan basin. Hydrological Processes, 20 (9): 1979-1992.

Skrzypek G, Mydlowski A, Dogramaci S, et al. 2015. Estimation of evaporative loss based on the stable isotope composition of water using Hydrocalculator. Journal of Hydrology, 523: 781-789.

Sodemann H, Schwierz C, Wernli H. 2008. Interannual variability of greenland winter precipitation sources:

Lagrangian moisture diagnostic and North Atlantic Oscillation influence. Journal of Geophysical Research-Atmospheres, 113: D03107.

Song C Q, Sheng Y W. 2016. Contrasting evolution patterns between glacier-fed and non-glacier-fed lakes in the Tanggula Mountains and climate cause analysis. Climatic Change, 135: 1-15.

Sorg A, Bolch T, Stoffel M, et al. 2012. Climate change impacts on glaciers and runoff in Tien Shan (Central Asia). Nature Climate Change, 2 (10): 725-731.

Stewart I T, Cayan D R, Dettinger M D. 2004. Changes in snowmelt runoff timing in Western North America under a "Business as Usual" climate change scenario. Climatic Change, 62: 217-232.

Stewart M K. 1975. Stable isotope fractionation due to evaporation and isotopic exchange of falling water drops: Applications to atmospheric processes and evaporation of lakes. Journal of Geophysical Research, 80 (9): 1133-1146.

Sun F B, Roderick M L, Farquhar G D. 2018. Rainfall statistics, stationarity, and climate change. Proceeding of the National Academy of Sciences of the United States of America, 115 (10): 2305-2310.

Sun G, Chen Y, Li W, et al. 2014. Intra-annual distribution and decadal change in extreme hydrological events in Xinjiang, Northwestern China. Natural Hazards, 70 (1): 119-133.

Sun M, Li Z, Yao X, et al. 2013. Rapid shrinkage and hydrological response of a typical continental glacier in the arid region of Northwest China-taking Urumqi Glacier No. 1 as an example. Ecohydrology, 6: 909-916.

Sun M, Li Z, Yao X, et al. 2015. Modeling the hydrological response to climate change in a glacierized high mountain region, Northwest China. Journal of Glaciology, 61: 127-136.

Sun R H, Zhang B P. 2016. Topographic effects on spatial pattern of surface air temperature in complex mountain environment. Environmental Earth Sciences, 75: 621.

Sung M K, Kwon W T, Baek H J, et al. 2006. A possible impact of the North Atlantic Oscillation on the east Asian summer monsoon precipitation. Geophysical Research Letters, 33 (21): L21713.

Syed T H, Famiglietti J S, Rodell M, et al. 2008. Analysis of terrestrial water storage changes from GRACE and GLDAS. Water Resources Research, 44 (2): W02433.

Tachibana Y, Oshima K, Ogi M. 2008. Seasonal and interannual variations of Amur River discharge and their relationships to large- scale atmospheric patterns and moisture fluxes. Journal of Geophysical Research, 113: D16102.

Tang Y, Pang H, Zhang W, et al. 2015. Effects of changes in moisture source and the upstream rainout on stable isotopes in precipitation - A case study in Nanjing, eastern China. Hydrology and Earth System Sciences, 19 (10): 4293-4306.

Tang Y, Song X, Zhang Y, et al. 2017. Using stable isotopes to understand seasonal and interannual dynamics in moisture sources and atmospheric circulation in precipitation. Hydrological Processes, 31 (26): 4682-4692.

Tang Z G, Wang X R, Wang J, et al. 2017. Spatiotemporal variation of snow cover in tianshan mountains, central asia, based on cloud- free modis fractional snow cover product, 2001—2015. Remote Sensing, 9 (10): 1045.

Tian L, Yao T, MacClune K, et al. 2007. Stable isotopic variations in west China: A consideration of moisture sources. Journal of Geophysical Research-Atmospheres, 112: D10112.

Treichler D, Kääb A, Salzmann N, et al. 2019. Recent glacier and lake changes in High Mountain Asia and their relation to precipitation changes. The Cryosphere, 13 (11): 2977-3005.

Truffer M, Motyka R J. 2016. Where glaciers meet water: Subaqueous melt and its relevance to glaciers in various settings. Reviews of Geophysics, 54 (1): 220-239.

Tăut I, Şimonca V, Badea O, et al. 2015. The favorable climatic regime in triggering the decline of oak stands. ProEnvironment Promediu, 8: 583-589.

van der Ent R J, Savenije H H G, Schaefli B, et al. 2010. Origin and fate of atmospheric moisture over continents. Water Resources Research, 46 (9): W09525.

van der Ent R J, Wang-Erlandsson L, Keys P W, et al. 2014. Contrasting roles of interception and transpiration in the hydrological cycle–Part 2: Moisture recycling. Earth System Dynamics, 5 (2): 471-489.

van Vuuren D P, Edmonds J, Kainuma M, et al. 2011. The representative concentration pathways: An overview. Climatic Change, 109: 5-31.

Vandal T, Kodra E, Ganguly A R. 2019. Intercomparison of machine learning methods for statistical downscaling: The case of daily and extreme precipitation. Theoretical and Applied Climatology, 137: 557-570.

Veh G, Korup O, Roessner S, et al. 2018. Detecting Himalayan glacial lake outburst floods from Landsat time series. Remote Sensing of Environment, 207: 84-97.

Wallace J, Corr D, Kanaroglou P. 2010. Topographic and spatial impacts of temperature inversions on air quality using mobile air pollution surveys. Science of the Total Environment, 408: 5086-5096.

Wang C, Xu J H, Chen Y N, et al. 2018. A hybrid model to assess the impact of climate variability on streamflow for an ungauged mountainous basin. Climate Dynamics, 50 (7-8): 2829-2844.

Wang C, Xu J H, Chen Y N, et al. 2019. An approach to simulate the climate-driven streamflow in the data-scarce mountain basins of Northwest China. Journal of Earth System Science, 128 (4): 95.

Wang H, Chen Y, Li W. 2015. Characteristics in streamflow and extremes in the Tarim River, China: Trends, distribution and climate linkage. International Journal of Climatology, 35 (5): 761-776.

Wang H J, Chen Y N, Shi X, et al. 2013. Changes in daily climate extremes in the arid area of Northwestern China. Theoretical and Applied Climatology, 112 (1): 15-28.

Wang H Y, Chen Y N, Chen Z S. 2013. Spatial distribution and temporal trends of mean precipitation and extremes in the arid region, Northwest of China, during 1960—2010. Hydrological Processes, 27 (12): 1807-1818.

Wang J, Li H, Hao X. 2010. Responses of snowmelt runoff to climatic change in an inland river basin, Northwestern China, over the past 50 years. Hydrology and Earth System Sciences, 14: 1979-1987.

Wang J, Zhang M J, Wang S J, et al. 2016. Decrease in snowfall/rainfall ratio in the Tibetan Plateau from 1961 to 2013. Journal of Geographical Sciences, 26 (9): 1277-1288.

Wang P Y, Li Z Q, Li H L, et al. 2012. Glacier No. 4 of Sigong River over Mt. Bogda of eastern Tianshan, central Asia: Thinning and retreat during the period 1962—2009. Environmental Earth Sciences, 66: 265-273.

Wang P Y, Li Z Q, Wang W B, et al. 2013. Changes of six selected glaciers in the Tomor region, Tian Shan, Central Asia, over the past 50 years, using high-resolution remote sensing images and field surveying. Quaternary International, 311: 123-131.

Wang S J, Zhang M J, Che Y J, et al. 2016b. Contribution of recycled moisture to precipitation in oases of arid central Asia: A stable isotope approach. Water Resources Research, 52 (4): 3246-3257.

Wang S J, Zhang M J, Crawford J, et al. 2017. The effect of moisturesource and synoptic conditions on precipitation isotopes in arid central Asia. Journal of Geophysical Research: Atmospheres, 122 (5): 2667-2682.

Wang S J, Zhang M J, Hughes C E, et al. 2016a. Factors controlling stable isotope composition of precipitation in arid conditions: An observation network in the Tianshan Mountains, Central Asia. Tellus B: Chemical and Physical Meteorology, 68 (1): s26206.

Wang S J, Zhang M J, Sun M P, et al. 2013. Changes in precipitation extremes in alpine areas of the Chinese

Tianshan Mountains, central Asia, 1961—2011. Quaternart International, 311: 97-107.

Wang W, Huang X D, Deng J, et al. 2014. Spatio-temporal change of snow cover and its response to climate over the Tibetan Plateau based on an improved daily cloud-free snow cover product. Remote Sensing, 7: 169-194.

Wang X, Guo X Y, Yang C D, et al. 2020. Glacial lake inventory of high-mountain Asia in 1990 and 2018 derived from Landsat images. Earth System Science Data, 12: 216-218.

Wang X, Liu Q H, Liu S Y, et al. 2016. Heterogeneity of glacial lake expansion and its contrasting signals with climate change in Tarim Basin, Central Asia. Environmental Earth Sciences, 75: 1-11.

Wang Z L, Xie P W, Lai C G, et al. 2017. Spatiotemporal variability of reference evapotranspiration and contributing climatic factors in China during 1961—2013. Journal of Hydrology, 544: 97-108.

Wangchuk S, Bolch T. 2020. Mapping of glacial lakes using Sentinel-1 and Sentinel-2 data and a random forest classifier: Strengths and challenges. Science of Remote Sensing, 2: 100008.

Wei H, Chang S Q, Xie C L, et al. 2017. Moisture sources of extreme summer precipitation events in North Xinjiang and their relationship with atmospheric circulation. Advances in Climate Change Research, 8 (1): 12-17.

Willmes S, Bareiss J, Haas C, et al. 2009. Observing snowmelt dynamics on fast ice in Kongsfjorden, Svalbard, with NOAA/AVHRR data and field measurements. Polar Research, 28: 203-213.

Winsemius H C, Aerts J C, van Beek L P, et al. 2016. Global drivers of future river flood risk. Nature Climate Change, 6 (4): 381-385.

Xia Q, Gao X, Chu W, et al. 2012. Estimation of daily cloud-free, snow-covered areas from MODIS based on variational interpolation. Water Resources Research, 48 (48): 9523.

Xie Z Y. 2012. Remote Sensing Monitoring and Early-warning of Glacier Lake Outbrust Flood of Merzbarcher Lake, Tienshan Mountains, Center Asia. Lanzhou: Cold and Arid Regions Environmental and Engineering Research Institute (CAREERI), Chinese Academy of Sciences.

Xing W C, Li Z Q, Zhang H, et al, 2017. Spatial-temporal variation of glacier resources in Chinese Tianshan Mountains since 1959. Acta Geographica Sinica, 72: 1594-1605.

Xu B, Lu Z, Liu S, et al. 2015. Glacier changes and their impacts on the discharge in the past half-century in Tekes watershed, Central Asia. Physics and Chemistry of the Earth, Parts A/B/C, 89: 96-103.

Xu C, Zhao J, Deng H, et al. 2016. Scenario-based runoff prediction for the Kaidu River basin of the Tianshan Mountains, Northwest China. Environmental and Earth Sciences, 75 (15): 1126.

Xu J H, Chen Y N, Bai L, et al. 2016. A hybrid model to simulate the annual runoff of the Kaidu River in Northwest China. Hydrology and Earth System Sciences, 20: 1447-1457.

Xu J H, Chen Y N, Li W H, et al. 2014. Integrating wavelet analysis and BPANN to simulate the annual runoff with regional climate change: A case study of Yarkand River, Northwest China. Water Resources Management, 28 (9): 2523-2537.

Xu J H, Chen Y N, Lu F, et al. 2011. The nonlinear trend of runoff and its response to climate change in the Aksu River, western China. International Journal of Climatology, 31: 687-695.

Xu J H, Xu Y W, Song C N. 2013. An integrative approach to understand the climatic-hydrological process: A case study of Yarkand River, Northwest China. Advances in Meteorology: 272715.

Xu M, Kang S C, Wu H, et al. 2018. Detection of spatio-temporal variability of air temperature and precipitation based on long-term meteorological station observations over Tianshan Mountains, Central Asia. Atmospheric Research, 203: 141-163.

Xu W, Chen W, Liang Y J. 2018. Feasibility study on the least square method for fitting non-Gaussian noise data. Physical A: Statistical Mechanics and its Applications, 492: 1917-1930.

Yang J, Jiang L, Ménard C B, et al. 2015. Evaluation of snow products over the Tibetan Plateau. Hydrological Processes, 29 (15): 3247-3260.

Yang X, Pavelsky T M, Allen G H. 2020. The past and future of global river ice. Nature, 577: 69-73.

Yang Y H, Chen Y N, Li W H, et al. 2012. Climatic change of inland river basin in an arid area: A case study in northern Xinjiang, China. Theoretical and Applied Climatology, 107 (1-2): 143-154.

Yao T L, Thompson W, Yang W, et al. 2012. Different glacier status with atmospheric circulations in Tibetan Plateau and surroundings. Nature Climate Change, 2 (9): 663-667.

Yao X J, Liu S Y, Han L, et al. 2018. Definition and classification system of glacial lake for inventory and hazards study. Journal of Geographical Sciences, 28 (2): 193-205.

Ye Z, Liu H, Chen Y, et al. 2017. Analysis of water level variation of lakes and reservoirs in Xinjiang, China using ICESat laser altimetry data (2003—2009). PLoS One, 12: e183800.

Zhang F Y, Li L H, Ahmad S. 2017. Streamflow Pattern Variations Resulting from Future Climate Change in Middle Tianshan Mountains Region in China. Sacramento, California: World Environmental and Water Resources Congress: 437-446.

Zhang G Q, Bolch T, Allen S, et al. 2019. Glacial lake evolution and glacier-lake interactions in the Poiqu River basin, central Himalaya, 1964—2017. Journal of Glaciology, 65: 347-365.

Zhang G Q, Yao T D, Piao S L, et al. 2017. Extensive and drastically different alpine lake changes on Asia's high plateaus during the past four decades. Geophysical Research Letters, 44: 252-260.

Zhang Q, Shen Z X, Pokhrel Y, et al. 2023. Oceanic climate changes threaten the sustainability of Asia's water tower. Nature, 615: 87-93.

Zhang Y, Luo Y, Sun L, et al. 2016. Using glacier area ratio to quantify effects of melt water on runoff. Journal of Hydrology, 538: 269-277.

Zhao P, Gao L, Wei J H, et al. 2020. Evaluation of ERA-interim air temperature data over the Qilian Mountains of China. Advances in Meteorology, 1: 1-11.

Zhao Q D, Zhang S Q, Ding Y J, et al. 2015. Modeling hydrologic response to climate change and shrinking glaciers in the highly glacierized Kunma Like River Catchment, Central Tian Shan. Journal of Hydrometeorology, 16: 2383-2402.

Zhao Y, Zhang H. 2016. Impacts of SST warming in tropical Indian Ocean on CMIP5 model-projected summer rainfall changes over Central Asia. Climate Dynamics, 46 (9-10): 3223-3238.

Zheng F, Li J P, Li Y J, et al. 2016. Influence of the summer NAO on the spring-NAO-based predictability of the East Asian Summer Monsoon. Journal of Applied Meteorology and Climatology, 55: 1459-1476.

Zheng G, Allen S K, Bao A, et al. 2021. Increasing risk of glacial lake outburst floods from future Third Pole deglaciation. Nature Climate Change, 11 (5): 411-417.

Zheng G X, Bao A M, Li J L, et al. 2019. Sustained growth of high mountain lakes in the headwaters of the Syr Darya River, Central Asia. Global and Planetary Change, 176: 84-99.

Zhong Y, Wang B B, Zou C B, et al. 2017. On the teleconnection patterns to precipitation in the eastern Tianshan Mountains, China. Climate Dynamics, 49: 3123-3139.

Zuo J P, Xu J H, Chen Y N, et al. 2019. Downscaling precipitation in the data-scarce inland river basin of Northwest China based on Earth system data products. Atmosphere, 10: 613.